教育部高等学校化工类专业教学指导委员会推荐教材

化工原理

（下册）

潘艳秋　吴雪梅　主编

化学工业出版社

·北京·

《化工原理》介绍化工过程中主要单元操作的基本原理、过程计算、过程强化及典型设备，全书共10章，分为上、下两册。本书为下册，详细介绍与物质分离和纯化有关的单元操作，包括蒸馏、气体吸收、液-液萃取、干燥及其他分离过程。

本书强调基本理论与工程实践相结合，突出工程观点和过程强化方法，可作为高等学校化工、石油、材料、生物、制药、轻工、食品、环境等专业本科生教材或参考书，也可供化工及相关专业工程技术人员参考。

图书在版编目（CIP）数据

化工原理（下册）/潘艳秋，吴雪梅主编. —北京：化学工业出版社，2017.1（2022.11重印）

教育部高等学校化工类专业教学指导委员会推荐教材

ISBN 978-7-122-28670-3

Ⅰ.①化… Ⅱ.①潘… ②吴… Ⅲ.①化工原理-高等学校-教材 Ⅳ.①TQ02

中国版本图书馆 CIP 数据核字（2016）第 304905 号

责任编辑：徐雅妮　杜进祥　　　　　　　　　　文字编辑：丁建华
责任校对：边　涛　　　　　　　　　　　　　　装帧设计：关　飞

出版发行：化学工业出版社（北京市东城区青年湖南街 13 号　邮政编码 100011）
印　　装：北京科印技术咨询服务有限公司数码印刷分部
787mm×1092mm　1/16　印张 19¾　字数 496 千字　2022 年 11 月北京第 1 版第 2 次印刷

购书咨询：010-64518888　　　　　　　　　售后服务：010-64518899
网　　址：http://www.cip.com.cn
凡购买本书，如有缺损质量问题，本社销售中心负责调换。

定　　价：39.00 元

序

化学工业是国民经济的基础和支柱性产业，主要包括无机化工、有机化工、精细化工、生物化工、能源化工、化工新材料等，遍及国民经济建设与发展的重要领域。化学工业在世界各国国民经济中占据重要位置，自 2010 年起，我国化学工业经济总量居全球第一。

高等教育是推动社会经济发展的重要力量。当前我国正处在加快转变经济发展方式、推动产业转型升级的关键时期。化学工业要以加快转变发展方式为主线，加快产业转型升级，增强科技创新能力，进一步加大节能减排、联合重组、技术改造、安全生产、两化融合力度，提高资源能源综合利用效率，大力发展循环经济，实现化学工业集约发展、清洁发展、低碳发展、安全发展和可持续发展。化学工业转型迫切需要大批高素质创新人才，培养适应经济社会发展需要的高层次人才正是大学最重要的历史使命和战略任务。

教育部高等学校化工类专业教学指导委员会（简称"化工教指委"）是教育部聘请并领导的专家组织，其主要职责是以人才培养为本，开展高等学校本科化工类专业教学的研究、咨询、指导、评估、服务等工作。高等学校本科化工类专业包括化学工程与工艺、资源循环科学与工程、能源化学工程、化学工程与工业生物工程等，培养化工、能源、信息、材料、环保、生物工程、轻工、制药、食品、冶金和军工等领域从事工程设计、技术开发、生产技术管理和科学研究等方面工作的工程技术人才，对国民经济的发展具有重要的支撑作用。

为了适应新形势下教育观念和教育模式的变革，2008 年"化工教指委"与化学工业出版社组织编写和出版了 10 种适合应用型本科教育、突出工程特色的"教育部高等学校化学工程与工艺专业教学指导分委员会推荐教材"（简称"教指委推荐教材"），部分品种为国家级精品课程、省级精品课程的配套教材。本套"教指委推荐教材"出版后被 100 多所高校选用，并获得中国石油和化学工业优秀教材等奖项，其中《化工工艺学》还被评选为"十二五"普通高等教育本科国家级规划教材。

党的十八大报告明确提出要着力提高教育质量，培养学生社会责任感、创新精神和实践能力。高等教育的改革要以更加适应经济社会发展需要为着力点，以培养多规格、多样化的应用型、复合型人才为重点，积极稳步推进卓越工程师教育培养计划实施。为提高化工类专业本科生的创新能力和工程实践能力，满足化工学科知识与技术不断更新以及人才培养多样化的需求，2014 年 6 月 "化工教指委" 和化学工业出版社共同在太原召开了 "教育部高等学校化工类专业教学指导委员会推荐教材编审会"，在组织修订第一批 10 种推荐教材的同时，增补专业必修课、专业选修课与实验实践课配套教材品种，以期为我国化工类专业人才培养提供更丰富的教学支持。

本套 "教指委推荐教材" 反映了化工类学科的新理论、新技术、新应用，强化安全环保意识；以 "实例—原理—模型—应用" 的方式进行教材内容的组织，便于学生学以致用；加强教育界与产业界的联系，联合行业专家参与教材内容的设计，增加培养学生实践能力的内容；讲述方式更多地采用实景式、案例式、讨论式，激发学生的学习兴趣，培养学生的创新能力；强调现代信息技术在化工中的应用，增加计算机辅助化工计算、模拟、设计与优化等内容；提供配套的数字化教学资源，如电子课件、课程知识要点、习题解答等，方便师生使用。

希望 "教育部高等学校化工类专业教学指导委员会推荐教材" 的出版能够为培养理论基础扎实、工程意识完备、综合素质高、创新能力强的化工类人才提供系统的、优质的、新颖的教学内容。

教育部高等学校化工类专业教学指导委员会

2015 年 1 月

前言

　　化工原理课程内容包括化工过程典型单元操作的基本原理、典型过程及设备的设计与操作分析，是化学工程与工艺及相近、相关专业的重要专业技术基础课，具有基础理论和工程实践并重的特点。通过本门课程的学习，培养学生分析和解决工程实际问题的能力，这在创新型工程技术人才培养过程中具有重要意义。

　　本书借鉴了国内外同类教材的长处，并结合编者们多年的化工原理教学实践经验编写而成。教材介绍了化工过程中主要的单元操作，各章按照单元操作的基本原理、过程计算、过程强化和过程典型设备的主线编写，重点介绍过程的设计计算。在编写过程中，力争理论与实践相结合，突出工程观点和解决工程实际问题能力的培养及过程强化的方法。书中标*部分为拓展学习内容。

　　本教材包括 10 章，分为上、下两册。上册主要介绍与流体流动和传热有关的单元操作，包括绪论、流体流动与输送设备、机械分离与流态化、传热过程与换热器、蒸发。上册主编为大连理工大学王瑶、贺高红，参加编写的有贺高红、焉晓明（第 1 章），潘艳秋、俞路（第 2 章），姜晓滨、阮雪华（第 3 章），吴雪梅、张宁、郑文姬（第 4 章），董宏光（第 5 章）。下册介绍与质量传递有关的单元操作，包括蒸馏、气体吸收、液-液萃取、干燥和其他分离过程。下册主编为大连理工大学潘艳秋、吴雪梅，参加编写的有王瑶（第 6 章），贺高红、肖武、张文君（第 7 章），肖武、张秀娟（第 8 章），韩志忠（第 9 章），李祥村、姜晓滨（第 10 章）。大连理工大学化工原理教研室的全体同事在本书的编写过程中给予了无私的帮助和支持，在此一并表示衷心的感谢！

　　限于编者水平，书中难免有不妥和疏漏之处，敬请读者指正。

编　者
2016 年 7 月

目录

第8章　液-液萃取 / 188

第6章

蒸　馏

6.1　概述

在工业生产过程中，为了获得符合工艺要求的产品或中间产品，常常需要对液体均相混合物进行分离。例如石油炼制工业中将原油裂解后的混合物分离成汽油、煤油、柴油和润滑油等不同沸程的产品；石油化工工业中从石脑油和轻柴油等反应后的混合物中分离出高纯度的单体（如乙烯、丙烯等）。工业上分离均相液体混合物最常用的方法是蒸馏。

蒸馏操作是根据溶液中各组分挥发能力的差异而实现将其中各组分分离的目的。液体具有挥发而成为蒸气的能力，但不同液体在一定温度下的挥发能力各不相同。溶液中较易挥发的组分称为易挥发组分（或轻组分），较难挥发的组分称为难挥发组分（或重组分）。将不同组分组成的均相液体混合物加热使之部分汽化，形成气液两相时，气相中所含的易挥发组分的量比液相中的多，将蒸气引出并全部冷凝后，即可得到含易挥发组分浓度较高的液体。这样，原溶液就得到了初步的分离。同理，当混合蒸气部分冷凝时，冷凝液中所含的难挥发组分比气相中多，也能实现对气体混合物一定程度的分离。这种利用液体混合物中各组分挥发能力的差异，实现易挥发组分在气相中富集，而难挥发组分在液相中富集，从而使混合物得以分离的方法称为蒸馏。由以上分析可知，采用蒸馏方法分离混合物的必要条件是：一是通过加热或冷却、冷凝方法使混合物形成气、液两相共存的体系，可为相际传质提供必要的条件；二是混合物中各组分之间挥发能力存在足够大的差异，以保证蒸馏过程的传质推动力。否则，不宜采用蒸馏方法进行分离。

在工业中，蒸馏的应用非常广泛，其过程可按不同的方法分类。按蒸馏操作方式可分为简单蒸馏、平衡蒸馏（闪蒸）、精馏和特殊精馏等。其中，简单蒸馏和平衡蒸馏为单级蒸馏过程，常用于混合物中各组分的挥发度相差较大、对分离要求又不高的场合；精馏为多级蒸馏过程，适用于难分离物系或对分离要求较高的场合；特殊精馏适用于某些普通精馏难以分离或无法分离的物系。精馏在工业生产中的应用最为广泛。按蒸馏操作流程可分为间歇蒸馏和连续蒸馏。间歇蒸馏为非稳态操作过程，具有操作灵活、适应性强等优点，主要应用于小规模、多品种或某些有特殊要求的场合；连续蒸馏为稳态操作过程，具有生产能力大、产品质量稳定、操作方便等优点，主要应用于生产规模大、产品质量要求高等场合。按被分离物系中组分的数目可分为双组分蒸馏和多组分（三组分及三组分以上）蒸馏。工业生产中，绝大多数为多组分蒸馏，但由于双组分蒸馏的原理及计算原则同样适用于多组分蒸馏，只是在处理多组分蒸馏过程时更为复杂些，因此常以双组分蒸馏为基础。按操作压力可分为加压、常压和减压蒸馏。若混合物在常压下为气态（如空气、石油气）或常压下泡点为室温，常采用加压蒸馏；若混合液在常压下的泡点为室温至150℃左右，一般采用常压蒸馏；对于常压下泡点较高或热敏性混合物（高温下易发生分解、聚合等变质现象），宜采用减压蒸馏，以降低操作温度。操作压力的选择除了考虑物料的性质外，通常还要考虑精馏装置的上、下工序，设备材料的来源，冷量、热量的来源，能量综合利用等具体情况，应因地制宜选择合理的操作压力。

　　本章主要以双组分混合物的蒸馏为基础，建立蒸馏过程的基本概念，介绍蒸馏过程的原理、蒸馏过程的设计计算和蒸馏过程的基本操作分析。在此基础上，介绍多组分蒸馏的特点和基本处理方法、特殊蒸馏和板式塔。

6.2　双组分溶液的气液相平衡

　　蒸馏过程是在气、液两相间进行传质的过程，传质过程的极限状态是气、液两相达到传质的相平衡。所谓气液相平衡是指在一定条件下，气、液两相经过长时间的接触，各相的性质和数量均不随时间变化时，称此系统达到相平衡状态。此时从宏观上看，没有物质由一相向另一相的净迁移，但从微观上看，不同相间分子转移并未停止，只是两个方向的迁移速率相同。平衡状态下各组分在各相的浓度（摩尔分数等）之间构成的函数关系称为该组分在此条件下的相平衡关系。相平衡关系是分析蒸馏过程原理和进行精馏过程计算的理论基础，取决于体系的热力学性质。本节介绍双组分溶液的气液相平衡，并讨论其在蒸馏过程中的应用。

　　双组分混合物处于气液两相平衡状态时，描述该状态的变量有温度、总压和气、液两相的组成。根据相律可知其自由度为2，故只需规定其中任意两个变量，另外两个参数就可被确定，即该系统的平衡状态唯一确定。通常，蒸馏过程是在一定压力下进行的，即系统的压力是确定的，此时，物系只剩下一个自由度。如已知体系的温度，平衡时气、液两相的组成就被唯一确定下来。体系在一定温度和压力条件下的相平衡关系通常通过实验的方法测定，也可通过热力学方程计算。

6.2.1　理想体系气液相平衡

　　所谓理想体系是指气相是理想气体，服从道尔顿（Dalton）分压定律，液相是理想溶液，服从拉乌尔（Raoult）定律。严格地说，没有完全理想的溶液，工程上将组分分子结构相似的溶液近似看作理想溶液，如苯-甲苯混合液、烃类同系物组成的溶液等。尽管理想体系实际上不存在或少有，但对研究实际混合物或溶液相平衡关系却十分有意义。

6.2.1.1　相平衡组成计算式
　　理想体系气相遵从道尔顿分压定律，即总压等于各组分分压之和，对双组分体系有

$$p = p_A + p_B \tag{6.2.1}$$

式中　　p——气相总压，Pa；

p_A，p_B——A、B组分在气相中的分压，Pa。

根据拉乌尔定律，液相上方各组分的平衡蒸气压为

$$p_A = p_A^{\circ} x_A, p_B = p_B^{\circ} x_B \tag{6.2.2}$$

式中　p_A°，p_B°——纯组分 A、B 在溶液温度下的饱和蒸气压，Pa；

　　x_A，x_B——溶液中组分 A、B 的摩尔分数。

所以，双组分理想体系气液相平衡时，系统总压与液相组成的关系为

$$p = p_A + p_B = p_A^{\circ} x_A + p_B^{\circ} x_B = p_A^{\circ} x_A + p_B^{\circ}(1 - x_A) \tag{6.2.3}$$

由式（6.2.3）导出

$$x_A = \frac{p - p_B^{\circ}}{p_A^{\circ} - p_B^{\circ}} \tag{6.2.4}$$

式（6.2.4）称为泡点方程。该方程描述了在一定压力下平衡物系的温度与液相组成之间的关系。它表示在一定压力下，液体混合物被加热产生第一个气泡时的温度，称为混合液体在此压力下的泡点温度，该温度也是同样组成的混合蒸气全部冷凝成液体时的温度。

对于理想气体，气相组成摩尔分数在数值上等于其分压，故平衡的气相组成为

$$y_A = \frac{p_A}{p} = \frac{p_A^{\circ} x_A}{p} = \frac{p_A^{\circ}}{p} \times \frac{p - p_B^{\circ}}{p_A^{\circ} - p_B^{\circ}} \tag{6.2.5}$$

式（6.2.5）称为露点方程。该方程描述了在一定压力下平衡物系的温度与气相组成之间的关系。它表示在一定压力下，气体混合物出现第一滴液滴时的温度，称为气体在此压力下的露点温度，该温度也是同样组成的混合液体全部汽化时的温度。

纯组分 i 的饱和蒸气压一般由实验测定，可查有关手册，也可由安托因（Antoine）方程或其他经验方程式确定。安托因方程表达式为

$$\ln p_i^{\circ} = A_i - \frac{B_i}{T + C_i} \tag{6.2.6}$$

式中，A_i、B_i 及 C_i 为组分 i 的 Antoine 常数，均可在相关化工手册上查得，需要注意的是 Antoine 方程的使用条件和公式中变量的单位；T 为温度，K。

在总压一定的条件下，对于理想溶液，只要已知溶液的泡点温度，即可确定纯组分的饱和蒸气压，进而根据泡点方程确定液相组成，根据露点方程确定与液相组成相平衡的气相组成。

【例 6.1】　已知苯（A）和甲苯（B）的饱和蒸气压可用以下 Antoine 方程计算

$$\ln p_A^{\circ} = 15.9 - \frac{2788.5}{T - 52.36}, \ln p_B^{\circ} = 16.014 - \frac{3096.5}{T - 53.67}$$

式中，p_A° 及 p_B° 为纯组分苯和甲苯的饱和蒸气压，mmHg；T 为温度，K。试求总压力为 101.3kPa 时，苯-甲苯溶液在 100℃时的气、液相平衡组成。已知该体系可近似按理想体系处理。

解：由 Antoine 方程分别计算苯、甲苯给定条件的饱和蒸气压 p_A° 及 p_B°。

分别求得苯、甲苯的饱和蒸气压为

$$\ln p_A^{\circ} = 15.9 - \frac{2788.5}{373.2 - 52.36} = 7.029, p_A^{\circ} = 1351.5\text{mmHg} = 180.2\text{kPa}$$

$$\ln p_B^{\circ} = 16.014 - \frac{3096.5}{373.2 - 53.67} = 6.323, p_B^{\circ} = 557.2\text{mmHg} = 74.3\text{kPa}$$

则苯的液相组成为

$$x_A = \frac{p - p_B^{\circ}}{p_A^{\circ} - p_B^{\circ}} = \frac{101.3 - 74.3}{180.2 - 74.3} = 0.25$$

对应的气相组成为

$$y_A = \frac{p_A^\circ x_A}{p} = \frac{180.2 \times 0.25}{101.3} = 0.44$$

甲苯的液相和气相组成分别为 $x_B = 1 - x_A = 1 - 0.25 = 0.75$，$y_B = 1 - y_A = 1 - 0.44 = 0.56$。

同样，若已知系统的总压和液相组成，也可利用泡点方程求解泡点温度和与液相组成相平衡的气相组成。或已知系统的总压和气相组成，则可利用露点方程求解露点温度和与气相组成相平衡的液相组成。

【例 6.2】 已知苯、甲苯混合液中苯的摩尔分数为 0.8、甲苯的摩尔分数为 0.2，求常压下与该液相混合物呈相平衡的气相组成及泡点温度。苯、甲苯的饱和蒸气压可按 [例 6.1] 给出的公式计算。

解： 由题目已知条件 $x_A = 0.8$，$p = 101.3$ kPa，气相组成可利用式 (6.2.5) 计算

$$y_A = \frac{p_A^\circ x_A}{p}$$

由 [例 6.1] 可知，饱和蒸气压与温度的关系为已知，为求 p_A°，需先确定温度 t_b，故要采用试差法求解该题。因 $x_A = \frac{p - p_B^\circ}{p_A^\circ - p_B^\circ} = 0.8$，此式可作为试差计算中所设温度是否正确的判据。设泡点初值为 $t_b = 85℃$，利用 [例 6.1] 中的饱和蒸气压计算式计算苯、甲苯的饱和蒸气压 p_A°、p_B° 得

$$p_A^\circ = 116.9 \text{kPa}, \quad p_B^\circ = 45.8 \text{kPa}$$

由式 (6.2.4) 计算液相苯的组成 x_A

$$x_A = \frac{101.3 - 45.8}{116.9 - 45.8} = 0.78 < 0.80$$

计算的液相组成偏低。重新设温度初值：$t_b = 84.5℃$。计算得

$$p_A^\circ = 115.2 \text{kPa}, \quad p_B^\circ = 45 \text{kPa}$$

由式 (6.2.4) 计算得

$$x_A = \frac{101.3 - 45}{115.2 - 45} = 0.802 \approx 0.8$$

可以认为以上计算结果已达到允许计算误差，说明所设温度正确。所得温度为给定条件下体系的平衡温度，即泡点，其值为 84.5℃，与该液相呈平衡的气相组成 y_A 为

$$y_A = \frac{115.2}{101.3} \times 0.8 = 0.91$$

【例 6.3】 乙苯-苯乙烯混合物可视为理想体系，纯乙苯（A）和纯苯乙烯（B）的饱和蒸气压可分别用下式计算

$$\ln p_A^\circ = 6.95719 - \frac{1424.225}{213.206 + T}, \quad \ln p_B^\circ = 6.95711 - \frac{1445.58}{209.43 + T}$$

式中，p° 的单位为 mmHg；T 的单位为℃。试求当操作压力为 8kPa（60mmHg），气相组成中乙苯的摩尔分数为 0.60 时，该气体混合物的露点温度和与此气体平衡的液相组成。

解： 与 [例 6.2] 类似，该问题也需采用试差法求解。

设露点温度为 $T = 60℃$，代入乙苯和苯乙烯的饱和蒸气压计算式得

$$p_A^\circ = 55.486 \text{mmHg}, p_B^\circ = 39.065 \text{mmHg}$$

根据式 (6.2.5) 计算出气相组成

$$y_A = \frac{p_A^\circ}{p} \times \frac{p - p_B^\circ}{p_A^\circ - p_B^\circ} = \frac{55.486}{60} \times \frac{60 - 39.065}{55.486 - 39.065} = 1.179$$

与给定气相组成 $y_A = 0.6$ 的条件不符。重新假定露点温度为 $T = 65.5℃$，则 $p_A^\circ = 70.316 \text{mmHg}$，$p_B^\circ = 50.017 \text{mmHg}$，重新计算的气相组成为

$$y_A = \frac{p_A^\circ}{p} \times \frac{p - p_B^\circ}{p_A^\circ - p_B^\circ} = \frac{70.316}{60} \times \frac{60 - 50.017}{70.316 - 50.017} = 0.576$$

与已知组成 $y_A = 0.6$ 接近，故可得出露点温度为 65.5℃，此时平衡的液相组成用式 (6.2.4) 计算得

$$x_A = \frac{p - p_B^\circ}{p_A^\circ - p_B^\circ} = \frac{60 - 50.017}{70.316 - 50.017} = 0.491$$

6.2.1.2 双组分气液相平衡图

气液相平衡关系用相图来表达比较直观、清晰，应用于双组分蒸馏计算中较为方便。对双组分体系，常用的相图有用直角坐标表示的一定总压下的温度-组成图和气-液相组成图。对于三个或三个以上组分的体系，不能用直角坐标表示其平衡关系，只能用其他坐标（如三个组分体系可采用三角坐标）或其他方法来描述其平衡关系。

(1) 温度-组成图（$t \sim x \sim y$）

温度-组成图表示在一定总压下，温度与互呈平衡的气-液组成（y_i，x_i）（以易挥发组分组成表示）之间的对应关系。图 6.2.1 为常压下苯、甲苯的温度-组成图，图中 A 点为纯苯在常压下的沸点 t_A，B 点为纯甲苯在常压下的沸点 t_B。曲线 $t \sim x$ 为体系恒定压力下，平衡的液体组成与温度（泡点）之间的关系，故该线称为饱和液体线或泡点曲线。$t \sim y$ 线则为平衡时蒸气的组成和温度（露点）的关系曲线，故称为饱和蒸气线或露点曲线。这两条曲线将温度-组成图划分为三个区域：在 $t \sim x$ 线下方表示溶液尚未沸腾，称为过冷液相

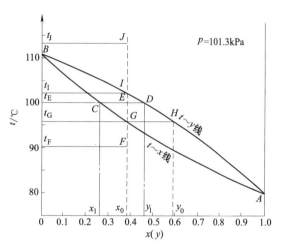

图 6.2.1　常压下苯、甲苯的温度-组成图

区，在 $t \sim y$ 线上方表示温度高于露点的气相，称为过热气相区，两线之间（包括两线）表示气液两相同时存在，称为气液两相共存区。

温度-组成（$t \sim x \sim y$）图可以确定双组分混合物在传热、传质过程中所处的状态。如图 6.2.1 中的 F 点表示温度为 90℃，苯的摩尔分数为 $x_0 = 0.38$ 的过冷苯、甲苯混合液体。当加热使其温度升至 G 点时，则混合物开始沸腾，产生第一个气泡，其液相、气相组成分别为 G 点的 x_0 值和 H 点的 y_0 值，相应的温度为 t_G 称为泡点，也可由泡点温度下各组分不同的饱和蒸气压来分别求算各组分的组成。此时该混合液达到饱和，即为泡点状态。当不移出所产生的气相，继续加热溶液时，溶液的温度不断升高，混合液不断发生汽化，形成互成平衡的气、液两相（如图 6.2.1 中的 E 点），其温度为相平衡状态下的平衡温度 t_E（100℃），气相组成为 D 点所对应的 y_1，液相组成为 C 点对应的 x_1，且 $y_1 > x_1$，互呈平衡的两相的量符合杠杆定理。将混合物继续加热至 I 点，液体全部汽化，达到饱和蒸气状态，此时的温度称为露点。若继续加热至 J 点，则变为过热蒸气状态，此时，气体混合物的组成与原液

体混合液组成相同。若将此过热蒸气冷却，则过程与升温过程相反。由以上论述，混合物在两相区外，无论温度如何变化，其组成维持不变。只有在气液两相共存区内，才可形成组成不同的互呈平衡的气、液两相，且气相中易挥发组分的含量大于液相中易挥发组分的含量，于是可籍液体的部分汽化或蒸气的部分冷凝使混合物得到一定程度的分离。

通常，$t\sim x\sim y$ 关系的数据由实验测得。对双组分理想体系，也可利用式（6.2.4）和式（6.2.5）计算得到。

（2）气、液平衡组成图（$x\sim y$ 图）

蒸馏计算中用得更多的是气、液平衡组成图，又称 $x\sim y$ 图。$x\sim y$ 图绘制方法是将获得的气、液平衡组成绘制在直角坐标系中，通常该图的直角坐标选择一正方形，纵坐标从 $0\sim1$ 表示易挥发组分气相组成 y，横坐标从 $0\sim1$ 表示易挥发组分的液相组成 x，同时联结对角线作为参考线，如图 6.2.2 所示。由于易挥发组分气相组成 y 总大于液相组成 x，所以平衡线居于对角线上方。平衡曲线（$x\sim y$）与对角线相对位置的远近，反映了两组分挥发能力差异的大小或分离的难易程度。平衡曲线离对角线越远，说明两组分挥发能力的差异越大，越易于分离，即有利于蒸馏过程。反之，两组分挥发能力差异越小，越不易分离。当平衡曲线趋近或与对角线重合时，则不能采用常规蒸馏方法进行分离。

$x\sim y$ 图通常也是在常压下实测出 $x\sim y$ 平衡数据做出的，也可由 $t\sim x\sim y$ 图直接转换至直角坐标 $x\sim y$ 中的方法获得，如图 6.2.3 所示。

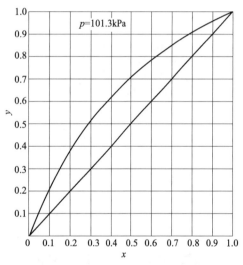

图 6.2.2 苯-甲苯气液相平衡图

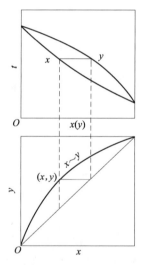

图 6.2.3 温度-组成图与气液相平衡组成图的转换

以上温度-组成图（$t\sim x\sim y$）和平衡组成图（$x\sim y$）都是在一定总压下绘制的，如果改变体系的压力，则曲线位置将随之变化。当压力提高时，$t\sim x\sim y$ 图中泡点曲线及露点曲线上移，且两曲线相对靠拢，如图 6.2.4 所示。$x\sim y$ 图中平衡曲线向对角线靠近，如图 6.2.5 所示。可见，随系统总压升高，混合物泡点温度和露点温度升高的同时，其泡点和露点温度差减小，气液相平衡的两相区缩小，即混合物中各组分挥发能力的差异减小，对分离过程不利。但当总压变化不大时，它所引起的 $x\sim y$ 变化很小，工程上可以忽略不计。所以只有总压变化很大时才考虑压力对相平衡的影响。因此，蒸馏操作中压力的选择（如果可以选择的话）往往不是着眼于分离的难易程度，而是主要考虑物系的工艺特性或其他特殊要求（如能量的综合利用）。一般情况下应尽可能在常压下操作。

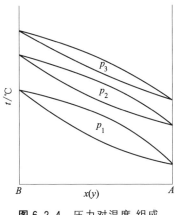

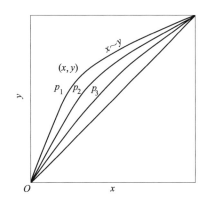

图 6.2.4　压力对温度-组成
图的影响（$p_3 > p_2 > p_1$）

图 6.2.5　压力对平衡-组成
图的影响（$p_3 > p_2 > p_1$）

6.2.1.3　相平衡常数和相对挥发度法

除了相图以外，为了便于蒸馏计算，气液相平衡关系还用解析表达式 $y = f(x)$ 表示。

（1）相平衡常数法

对于任一组分 i，气液两相平衡组成之间的关系可以用式（6.2.7）表示。

$$y_i = K_i x_i \tag{6.2.7}$$

式中　$y_i，x_i$——组分 i 的气、液相平衡组成，摩尔分率；

K_i——组分 i 的相平衡常数。

由式（6.2.7）可见，相平衡常数表示任一组分 i 的气相组成与液相组成之比，定量地反映了组分 i 挥发的难易程度。若 K_i 已知，则很容易利用式（6.2.7）由 x_i 求 y_i，或反之。但实际上，K_i 并不是常数，它和许多复杂因素有关，往往很难计算。对于理想物系，相平衡常数 K_i 可表示为

$$K_i = \frac{p_i^{\circ}}{p} \tag{6.2.8}$$

式中，p_i°、p 分别为纯组分 i 在溶液温度下的饱和蒸气压和系统的总压，Pa。

由于组分的饱和蒸气压是温度的函数，故总压一定时，相平衡常数 K_i 是温度的函数。

（2）相对挥发度法

衡量任意一个组分 i 挥发能力大小的标志是组分的挥发度 ν_i。纯组分的挥发度由给定条件下该组分的饱和蒸气压 p_i° 来表示。当该组分与其他组分混合时，其挥发度 ν_i 则由混合条件下，相平衡时该组分所能产生的分压 p_i 与液相摩尔分数 x_i 的比值来表示，于是组分 i 在混合物中的挥发度一般表示为

$$\nu_i = \frac{p_i}{x_i} \qquad (i = 1, 2, \cdots, C) \tag{6.2.9}$$

在蒸馏分离过程中起决定性作用的是体系中各组分挥发能力的差异，这种差异由组分的相对挥发度 α 来描述。对此，通常选择基准组分 h 来定义各组分的相对挥发度 α_{ih}，其表达式为

$$\alpha_{ih} = \frac{\nu_i}{\nu_h} = \frac{p_i / x_i}{p_h / x_h} (i = 1, 2, \cdots, C) \tag{6.2.10}$$

式中　ν_h——基准组分挥发度；

x_h ——基准组分摩尔分数；

α_{ih} ——组分 i 对基准组分 h 的相对挥发度。

压力不太高时，气体遵循道尔顿分压定律，上式可写成

$$\alpha_{ih} = \frac{p y_i / x_i}{p y_h / x_h} = \frac{y_i / y_h}{x_i / x_h} \tag{6.2.11}$$

由式（6.2.11）可知，相对挥发度 α_{ih} 值的大小表示两组分在气相中的浓度比是液相中浓度比的倍数，所以 α_{ih} 值可作为混合物用蒸馏方法分离的难易标志，α_{ih} 值越大，同一液相组成 x 对应的气相组成 y 越大，组分越易分离。当 $\alpha_{ih} = 1$ 时，说明溶液产生的气相组成与液相组成相同，此混合液不能用普通蒸馏方法分离。

对于理想溶液则有

$$\alpha_{ih} = \frac{x_i p_i^\circ / x_i}{x_h p_h^\circ / x_h} = \frac{p_i^\circ}{p_h^\circ} \tag{6.2.12}$$

由式（6.2.12）可以看出，理想溶液组分间的相对挥发度是两个纯组分的饱和蒸气压之比。各组分间的相对挥发度仅为温度的函数，与系统压力和体系的组成无关。且由于 p_i° 及 p_h° 均随温度沿相同方向变化，因而两者的比值变化不大，因此，温度对相对挥发度的影响较小。当操作温度变化不大时，相对挥发度可近似为一常数。

对于双组分理想体系，若以难挥发组分 B 为基准组分，则易挥发组分 A 的相对挥发度 α_{AB} 为

$$\alpha_{AB} = \frac{K_A}{K_B} = \frac{y_A / y_A}{y_B / x_B} \tag{6.2.13}$$

习惯上用易挥发组分表示组成，并略去下标则有：

$$\alpha = \frac{y/x}{(1-y)/(1-x)} = \frac{y/(1-y)}{x/(1-x)} \tag{6.2.14}$$

式中，α 为组分 A 对 B 的相对挥发度。

整理式（6.2.14）可得

$$y = \frac{\alpha x}{1 + (\alpha - 1)x} \tag{6.2.15}$$

或

$$x = \frac{y}{\alpha - (\alpha - 1)y} \tag{6.2.16}$$

式（6.2.15）和式（6.2.16）均称为双组分体系的相平衡方程。在操作温度变化范围内，相对挥发度 α 可近似地取为常数。α 可取操作温度范围内 α_i 的算术平均值或几何平均值，一般由蒸馏塔两端的 α_i 值计算其平均值

$$\bar{\alpha} = (\alpha_1 + \alpha_N)/2 \tag{6.2.17}$$

或

$$\bar{\alpha} = \sqrt{\alpha_1 \alpha_N} \tag{6.2.18}$$

式中　α_1, α_N ——蒸馏塔两端的相对挥发度；

$\bar{\alpha}$ ——操作温度范围内相对挥发度的平均值。

【例 6.4】 利用表 6.2.1 所给出的苯和甲苯饱和蒸气压数据，计算苯、甲苯在常压下 85℃ 和 105℃ 的相对挥发度 α_i 及平均相对挥发度 $\bar{\alpha}$。

表 6.2.1　常压下苯、甲苯体系在不同温度下的饱和蒸气压

t_i / ℃	80.1	85.0	90.0	95.0	100.0	105.0	110.6
p_A° /kPa	101.33	116.9	135.5	155.7	179.2	204.2	240
p_B° /kPa	40	46.0	54	63.3	74.3	86	101.33

解： 低压下苯、甲苯混合体系可近似按理想体系处理，其相对挥发度可由式（6.2.12）计算。温度 $t_i = 85$℃ 时，有

$$\alpha_i = \frac{p_A^\circ}{p_B^\circ} = \frac{116.9}{46.0} = 2.54$$

温度 $t_i = 105$℃ 时，有

$$\alpha_i = \frac{p_A^\circ}{p_B^\circ} = \frac{204.2}{86.0} = 2.37$$

由式（6.2.17）计算操作温度范围内的平均相对挥发度 $\bar{\alpha}$

$$\bar{\alpha} = \frac{2.54 + 2.37}{2} = 2.46$$

6.2.2　非理想体系的气液相平衡关系*

　　实际生产所遇到的物系大多为非理想体系，它包含气相不服从理想气体定律及道尔顿分压定律和（或）液相不服从拉乌尔定律的情况，以后者居多。溶液非理想性的原因在于不同种分子之间的作用力不同于同种分子之间的作用力，表现为溶液中各组分的平衡蒸气压与拉乌尔定律发生偏差。本节介绍气相属于理想气体或接近理想气体，而液相为非理想溶液的体系。其他类型的非理想体系请参考化工热力学教材或相关专著。

　　非理想溶液的蒸气分压 p_i 与拉乌尔定律计算值存在一定偏差，可表示为

$$p_i = \gamma_i p_i^\circ x_i \qquad (6.2.19)$$

式中，γ_i 为组分 i 的活度系数，各组分的活度系数值与其组成有关，一般可通过实验数据求取或用热力学公式计算。

　　非理想溶液活度系数 γ_i 的大小体现该溶液偏离理想溶液的程度。当溶液中不同种分子间的作用力小于同种分子间的作用力时，活度系数 $\gamma_i > 1$，在相同温度下溶液产生的总压高于拉乌尔定律计算值，这种混合液称为具有正偏差的溶液，如乙醇-水溶液。对于某些正偏差溶液，当偏差大到一定程度，使溶液在某一组成时溶液总压出现一个最高点，相应最高压力点处形成一个最低沸点的共沸物，如图 6.2.6 和图 6.2.7 所示的常压乙醇-水系统，此共沸物中各组分的相对挥发度 $\alpha = 1$。反之，当不同种分子之间的作用力大于同种分子间的作用力，活度系数 $\gamma_i < 1$，使得各组分的蒸气分压小于拉乌尔定律的计算值，说明溶液存在

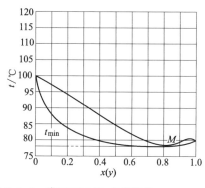

图 6.2.6　常压下乙醇-水溶液的 $t \sim x \sim y$ 图

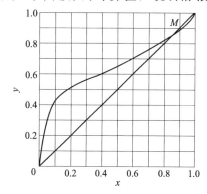

图 6.2.7　常压下乙醇-水溶液的 $x \sim y$ 图

负偏差，如氯仿-丙酮溶液。对于负偏差溶液，当偏差大到使其总压出现一个最低点，则该体系在对应最低压力点处形成最高沸点共沸物，如图6.2.8和图6.2.9所示的氯仿-丙酮系统，其共沸物各组分相对挥发度 $\alpha = 1$。此类体系不能采用常规蒸馏方法进行完全分离，而只能采用共沸蒸馏、萃取蒸馏或萃取等其他方法进行混合物的完全分离。

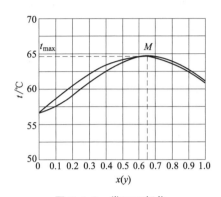

图6.2.8　常压下氯仿-
丙酮溶液的 $t \sim x \sim y$ 图

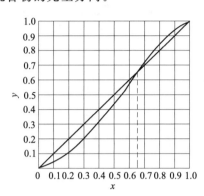

图6.2.9　常压下氯仿-
丙酮溶液的 $x \sim y$ 图

需要说明的是，非理想溶液并非都具有恒沸点，如甲醇-水溶液。只有非理想性足够大时才有恒沸点。且具有恒沸点的溶液在总压改变时，其恒沸组成可能不同。如乙醇-水体系，当总压为101.3kPa（绝压）时，恒沸组成为 $x = 0.894$；总压为12.7kPa（绝压）时，其恒沸组成为 $x = 0.99$。实际所用的各种溶液的气、液平衡数据一般由实验测得，大量物系的实验数据已列入专门书籍或手册中供查阅。

6.3　蒸馏方式

如前所述，一般蒸馏过程按操作方式可分为简单蒸馏、平衡蒸馏和精馏。本节对这三种蒸馏方式作简要介绍。

6.3.1　简单蒸馏

对于组分挥发度相差较大和分离要求不太高的场合（如原料液的组分分割或多组分初步分离），可采用简单蒸馏。

(1) 简单蒸馏流程

简单蒸馏又称为微分蒸馏或瑞利蒸馏，其流程如图6.3.1所示。将原料液一次加入蒸馏釜内，在恒定压力下，由内置间接加热器加热，使原料液部分汽化，产生的气相从釜上方排出，经冷凝器冷凝为液相产品排入产品罐中。在操作过程的任意瞬间，气相组成 y（用易挥发组分的组成表示，下同）与釜液组成 x 呈相平衡关系，如图6.3.2所示。由于气相中易挥发组分的含量高于液相，随着蒸馏过程的进行，气相不断引出，釜内液体易挥发组分浓度不断降低，相应产生的气相中易挥发组分的浓度也随之下降，对应的温度将随之升高。当釜液中易挥发组分的组成降至规定的要求时，结束蒸馏过程，排出残留釜液，开始下一批操作。可见，简单蒸馏是一个不稳定的间歇操作过程。由该蒸馏过程可知，所获得的塔顶产品组成是蒸馏过程中获得气相冷凝液的平均组成。当然，也可根据需要，在不同时间段收集不同组成的产品，分装在各产品罐中（图 6.3.1）。

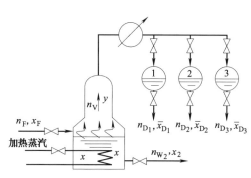

图 6.3.1　简单蒸馏流程

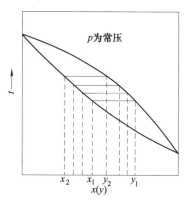

图 6.3.2　简单蒸馏组分变化关系

(2) 简单蒸馏的计算

简单蒸馏计算的主要内容是根据原料液的量和组成，确定馏出液与釜内残液的量和组成之间的关系，此关系的确定需借助于物料衡算和相平衡关系。由于简单蒸馏为非稳态过程，虽然瞬时形成的气液两相达到平衡，但气相冷凝形成的馏出液平均组成与剩余的釜液并不是平衡关系。因此，简单蒸馏的计算应该进行微分衡算。

设釜内某一时刻的釜液量 n_W，其气、液组成分别为 y 和 x（摩尔分数）。经微分时间 $d\tau$ 蒸馏釜内移出微分蒸气量 dn_V 时，釜中也减少相同釜液量 dn_W。对过程进行总物料衡算及易挥发组分的物料衡算，则有

$$dn_V = -dn_W \tag{6.3.1}$$

$$y\,dn_V = n_W x - (n_W - dn_W)(x - dx) \tag{6.3.2}$$

由式（6.3.1）和式（6.3.2），略去高阶微分，分离变量可得

$$\frac{dn_W}{n_W} = \frac{dx}{y - x} \tag{6.3.3}$$

将式（6.3.3）积分，得

$$\int_{n_{W2}}^{n_{W1}} \frac{dn_W}{n_W} = \int_{x_2}^{x_1} \frac{dx}{y - x}$$

即

$$\ln \frac{n_{W1}}{n_{W2}} = \int_{x_2}^{x_1} \frac{dx}{y - x} \tag{6.3.4}$$

式中　n_{W1}，n_{W2}——蒸馏开始及结束时的釜液量，kmol；

　　　　x_1，x_2——蒸馏开始及结束时釜液的摩尔分数。

式（6.3.4）为瑞利方程式。为进一步积分，应确定某一瞬时 y 与 x 间的平衡关系。若在操作温度变化范围内，物系的相对挥发度可近似为常数，则 y 与 x 间的相平衡关系可由式（6.2.15）表示。将其代入式（6.3.4）中积分整理，可得

$$\ln \frac{n_{W1}}{n_{W2}} = \frac{1}{\alpha - 1} \left(\ln \frac{x_1}{x_2} + \alpha \ln \frac{1 - x_2}{1 - x_1} \right) \tag{6.3.5}$$

若在所涉及的浓度范围内物系的平衡关系可近似地表示为直线 $y = mx + b$ 时，将此直线关系代入式（6.3.4），积分求得

$$\ln \frac{n_{W1}}{n_{W2}} = \frac{1}{m - 1} \ln \frac{(m-1)x_1 + b}{(m-1)x_2 + b} \tag{6.3.6}$$

对于稀溶液，相平衡关系可用通过原点的直线来表示；若蒸馏过程物系的浓度变化区域不大，则也可用直线近似地代替曲线。

如果气液相平衡关系难以用简单的解析式表达，则可利用式（6.3.4）由数值积分或图解积分进行求解。

所获得的馏出液的总量 n_D 和其平均组成 $\overline{x}_D$ 可通过物料衡算求得，即

$$n_D = n_{W1} - n_{W2} \tag{6.3.7}$$

$$\overline{x}_D = \frac{n_{W1}x_1 - n_{W2}x_2}{n_{W1} - n_{W2}} \tag{6.3.8}$$

如果需要按不同沸程收集塔顶部的冷凝产品，则不同沸程范围内对应的釜内残液量 n_W 应对应不同的釜内初始液体量 n_{W1i} 和最终的釜内残留量 n_{W2i}，此时对应的组成 $\overline{x}_{Di}$ 由式（6.3.8）计算确定。

6.3.2 平衡蒸馏

平衡蒸馏可实现易挥发组分的初步分离，适用于大批量、粗分离的场合，如石油炼制和石油裂解过程中的粗分等。

(1) 平衡蒸馏流程

平衡蒸馏又称为闪蒸，是一种连续、稳定的单级蒸馏过程。平衡蒸馏的流程如图 6.3.3（a）所示，具有一定压力的液体混合物，先经过预热升温，使之温度高于分离器压力下料液的泡点，然后通过节流阀减压到预定的压力，此时液体瞬时处于过热状态，部分混合液迅速汽化，该过程称为闪蒸。闪蒸形成的气、液两相的温度相等，进入分离器分离，其中含较多易挥发组分的气相从上部排出、含较多难挥发组分的液相从下部排出，从而使混合物达到一定程度的分离。

对于气体混合物，如果将其冷却至露点以下而部分冷凝，形成互呈平衡的气、液两相，进入分离器进行两相分离，如图 6.3.3（b）所示。其过程原理与闪蒸相同，在此一并讨论。

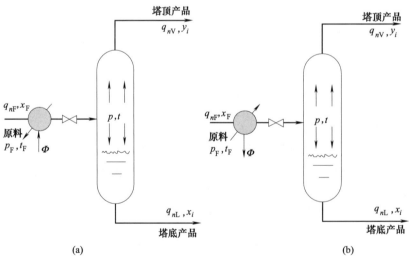

图 6.3.3 平衡蒸馏及气体的部分冷凝装置简图

(2) 平衡蒸馏过程计算

平衡蒸馏的计算类型很多，通常是已知原料液的流量 q_{nF} 及其组成 x_F，以及闪蒸后的

气相流率 q_{nV}（或液相流率 q_{nL}），需要确定的是气、液相组成 y_D、x_W。解决平衡蒸馏过程的计算问题需要利用物料衡算关系和气液相平衡关系。

双组分平衡蒸馏系统的总物料衡算和易挥发组分的物料衡算为

$$q_{nF} = q_{nL} + q_{nV} \tag{6.3.9}$$

$$q_{nF} x_F = q_{nL} x_W + q_{nV} y_D \tag{6.3.10}$$

将式（6.3.9）和式（6.3.10）联立，并整理得

$$\frac{q_{nL}}{q_{nF}} = \frac{x_F - x_W}{y_D - x_W} \tag{6.3.11}$$

式中 q_{nF}，x_F ——进料的流量及组成，kmol/h 及摩尔分数；

       q_{nL}，x_W ——平衡蒸馏获得的液相流量及组成，kmol/h 及摩尔分数；

       q_{nV}，y_D ——平衡蒸馏获得的气相流量及组成，kmol/h 及摩尔分数。

若令液相产物占进料的分率 $q = \dfrac{q_{nL}}{q_{nF}}$，称为液化率，则汽化率 $q_{nV}/q_{nF} = 1 - q$。

将 $q = \dfrac{q_{nL}}{q_{nF}}$ 代入式（6.3.11）中，并整理，得

$$y_D = \frac{q}{q-1} x_W - \frac{x_F}{q-1} \tag{6.3.12}$$

式（6.3.12）为平衡蒸馏的物料衡算式，表示平衡蒸馏的气、液相组成之间的关系。对规定汽化率和原料组成的闪蒸过程，y_D 与 x_W 呈线性关系。在 $y \sim x$ 图上式（6.3.12）是一过点（x_F，x_F），斜率为 $\dfrac{q}{q-1}$ 的直线。

在闪蒸过程中，气液两相处于相平衡状态。故两相组成满足相平衡关系

$$y_D = f(x_W) \tag{6.3.13}$$

当进料组成 x_F 与 q 已知，联立式（6.3.11）和式（6.3.12）即可求得 y_D、x_W，进而确定闪蒸的平衡温度。

根据平衡关系的不同表达方式，可采用不同的求解方法。若平衡关系可用一数学方程式表示，则可采用解析法计算求解。如对于理想物系，当给定闪蒸压力后，即可在一定温度范围内确定其相对挥发度 α，则其相平衡关系可表示为

$$y = \frac{\alpha x}{1 + (\alpha - 1)x} \tag{6.3.14}$$

联立式（6.3.12）和式（6.3.14）即可求出求得 y_D、x_W。

若物系的平衡关系表示在 $y \sim x$ 图上，则可采用图解法。如图 6.3.4 所示，由平衡线与物料衡算关系线的交点可读出两相组成 x_W 及 y_D。

【例6.5】 常压下将含苯 50%（摩尔分数，下同）和甲苯 50% 的混合液进行分离，原料处理量为 100kmol/h，物系的相对挥发度为 2.5。设汽化率为 2/3，试求：（1）采用平衡蒸馏时，气相和液相产物的组成；（2）采用简单蒸馏时，馏出液量及平均组成。

解：（1）采用平衡蒸馏

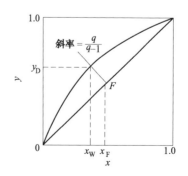

图 6.3.4 图解法解平衡蒸馏问题

由已知 $x_F = 0.5$, $q = 1 - 2/3 = 1/3$, 得物料衡算式为

$$y = \frac{\frac{1}{3}}{\frac{1}{3} - 1} x - \frac{0.5}{\frac{1}{3} - 1} = -0.5x + 0.75$$

相平衡方程为

$$y = \frac{2.5x}{1 + 1.5x}$$

联立上述二式，可解得平衡蒸馏的气、液相组成分别为：$y = 0.575$, $x = 0.351$。

(2) 采用简单蒸馏

每小时处理原料100kmol。由题意知，馏出液量为

$$n_D = 2/3 \times n_{W1} = 2/3 \times 100 = 66.7 \text{kmol}$$

则釜残液量 $\qquad\qquad\qquad n_{W2} = 33.3 \text{kmol}$

将有关数据代入式（6.3.5）中，可求得釜残液组成

$$\ln \frac{1}{1 - \frac{2}{3}} = \frac{1}{2.5 - 1} \left(\ln \frac{0.5}{x_2} + 2.5 \ln \frac{1 - x_2}{1 - 0.5} \right)$$

解得釜残液组成 $\qquad\qquad\qquad x_2 = 0.258$

由式（6.3.8）计算得蒸馏出液的平均组成

$$\overline{x_D} = \frac{n_{W1} x_1 - n_{W2} x_2}{n_D} = \frac{100 \times 0.5 - 33.3 \times 0.258}{66.7} = 0.621$$

由以上计算结果可以看出，在原料液组成一定，相同汽化率条件下，简单蒸馏较平衡蒸馏可获得更好的分离效果，而平衡蒸馏的优点是连续操作。

6.3.3 精馏

简单蒸馏与平衡蒸馏只进行一次部分汽化和冷凝的过程，故只能将混合物进行初步的分离。为了获得较高纯度的产品，理论上可采用多次部分汽化和多次部分冷凝的方法，但需众多的设备并消耗大量的能量，很不经济。工业上采用精馏的方法实现混合物的高纯度分离。

(1) 精馏过程

实现精馏操作的主体设备是精馏塔，如图 6.3.5 所示（以板式精馏塔为例）。板式精馏塔是一圆形筒体，塔内装有多层塔板。塔中部适宜位置设有进料口，塔顶设有冷凝器，塔底装有再沸器，塔上部和下部分别设置液相回流和气相回流口。

开车时原料液由进料板进入精馏塔，或由开工线将料液直接加入塔釜，以节省时间。当釜中的料液建立起一定液位时，再沸器开始加热，使液体部分汽化返回塔内。回流的气相沿塔气相通道上升，依次通过塔内各层塔盘至塔顶，再由塔顶冷凝器将其全部冷凝。开车的初始阶段将凝液全部返回塔内作回流液，该操作称为全回流。通过一段时间的全回流操作，塔顶组成达到分离要求时，此时可将塔顶蒸气的凝液一部分作为塔顶产品取出，称其为馏出液，另一部分凝液作为塔顶回流液返回塔内。回流液从塔顶通过液相通道流下，在下降过程中与来自塔底上升的蒸气多次逆向接触进行热、质交换。最终液相流至塔底部，被再沸器加热至一定温度，使之部分汽化，产生的气相返回塔内作气相回流，而未汽化的液相则作为塔底产品采出，即开始塔的正常操作。

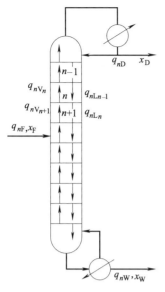

图 6.3.5　精馏塔物流示意图

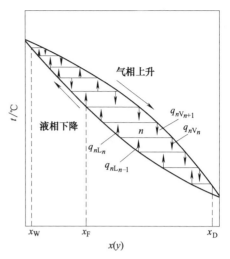

图 6.3.6　双组分体系 $t\sim x\sim y$ 图

通常，将原料液进入的那层板称为进料板，进料板以上的塔段称为精馏段，进料板以下（包括进料板）的塔段称为提馏段。

（2）精馏原理

从以上板式塔的操作过程可见，该过程的实质是不平衡的两相在传质设备中密切接触，使其组成向平衡组成趋近，然后再使两相分开的过程。板式塔内的一层塔板就是一个接触级。精馏塔的塔板一般从上至下排序。现以塔内任意第 n 板为例进行分析，如图 6.3.5 所示，进入第 n 板的液相来自上一层（$n-1$）塔板，其组成为 x_{n-1}，流量为 $q_{nL_{n-1}}$；进入第 n 板的气相是来自下一层（$n+1$）板的上升蒸气，其流量为 $q_{nV_{n+1}}$，组成为 y_{n+1}。进入第 n 块板的气、液两相温度不同（$t_{n+1}>t_{n-1}$），组成不呈相平衡关系。当两相在第 n 板上接触时，液相被加热，发生部分汽化，液相中易挥发组分向气相中转移。而气相被部分冷凝，气相中难挥发组分向液相中转移。可见，在此过程中同时发生了传热和传质过程。由于有传质过程发生，使气、液两相每通过一次接触，气相中易挥发组分就得到一次增浓，而液相中的难挥发组分也得到一次浓缩。在液相继续下降和气相的不断接触过程中，将逐级发生类似的过程，下降液体中的易挥发组分被上升气相不断提馏出来，即其难挥发组分不断增浓。到达塔底时，液相中难挥发组分的浓度增至最高。只要塔板数足够多，气相回流量足够大，即可从塔底获得所需纯度的难挥发组分产品，如图 6.3.6 所示。同理，气相在逐级上升的过程中，与流下的液相多次接触进行传热传质而得到精制，使其中的难挥发组分不断向液相中转移；同时，液相中易挥发组分向气相中转移。随气相逐级上升，其中的易挥发组分不断增浓。到达塔顶时，气相中的易挥发组分浓度达到最高。只要塔板数足够多，塔顶的液相回流量足够大，在塔顶即可获得所要求纯度的易挥发组分产品。综上所述，在精馏段，各板起到精制气相中易挥发组分的作用，而在提馏段的各板上，液相的易挥发组分被上升气相逐级提馏出来，使液相的难挥发组分不断增浓，各板起到提浓液相难挥发组分的作用。

由以上塔内精馏操作分析可知，为实现精馏分离操作，必须从塔顶引入下降液流（即回流液）和从塔底产生的上升蒸气流，以提供不平衡的气液两相，构成气液两相接触传质的必要条件。因此，塔底上升蒸气流和塔顶液体回流是精馏过程连续进行的必要条件。回流是精馏与普通蒸馏的本质区别。

（3）理论板（平衡级）概念

在实际操作的传质设备中，不平衡的气液两相在接触过程中的传质过程十分复杂，它不仅与物系有关，而且还与传质设备结构和操作条件有关。同时在传质过程中还伴随传热过程，故对该过程进行准确的数学描述较为困难。但在一定的操作条件、体系以及进入塔板的气液相流量、组成及热状态已知的条件下，气液两相接触传热和传质过程的极限——气液相平衡状态是唯一确定的，并可通过实验研究和热力学方法加以确定或推算。因此为简化问题、方便工程应用，提出了理论板（平衡级）和塔板效率的概念。

所谓理论板是指这样一块板，不论进入该板的气液两相组成如何，气液两相通过在该板上接触进行传热和传质，离开该塔板时，气液两相在传热和传质方面都达到了平衡，即离开该板的两相的温度和压力均相等，且气液两相的组成呈平衡关系。理论板又常称为理论级或平衡级，如图 6.3.7 所示。

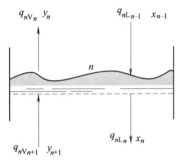

图 6.3.7 无进料和采出理论塔板的物流情况

理论板显然是一种理想的情况，实际上，由于气液两相间的接触面积和接触时间是有限的，因此离开实际塔板的气液两相难以达到平衡状态，即实际塔板分离能力一般低于理论板。为描述实际塔板的分离能力，将实际塔板接近理论板分离能力的程度定义为塔板效率。塔板效率有不同的表示方法，常用的两种表示方法是总板效率和单板效率。若达到相同分离要求所需要的理论板数为 N_T，实际板数为 N_P，则塔的总板效率 E_T 可表示为

$$E_T = \frac{N_T}{N_P} \quad (6.3.15)$$

显然，当已知总板效率和达到规定分离要求所需的理论板数 N_T 时，即可由式（6.3.15）确定所需的实际板数 N_P。总板效率 E_T 是全塔塔板的平均板效率，可通过实验研究、生产实际确定或由经验公式估算，而达到规定分离要求所需要的理论板数 N_T 可通过严格的模拟计算确定，从而可计算出所需的实际板数。

由于塔内每块实际塔板接触状态、温度、压力等均存在一定差异，故各板的效率也会存在差别。为反映塔内某一塔板上传质的优劣，塔板效率又常用单板效率或称默弗里（Murphree）板效率来表示。如图 6.3.8 所示，经过第 n 块实际塔板，气相中易挥发组分的浓度变化为 $(y_n - y_{n+1})$，而理论上可达到的最大浓度变化是 $(y_n^* - y_{n+1})$，两者之比定义为该块塔板的气相 Murphree 效率，即

$$E_{mV} = \frac{y_n - y_{n+1}}{y_n^* - y_{n+1}} \quad (6.3.16)$$

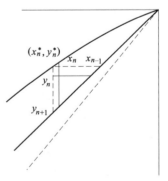

图 6.3.8 单板效率示意图

式中　E_{mV} ——第 n 块实际塔板的气相 Murphree 效率；

　　y_{n+1} ——进入第 n 块塔板的气相平均组成，摩尔分数；

　　y_n ——离开第 n 块塔板的气相平均组成，摩尔分数；

　　y_n^* ——与离开第 n 块塔板液相组成 x_n 呈相平衡的气相组成，摩尔分数。

类似地，第 n 块实际塔板的 Murphree 效率亦可以液相组成来表示

$$E_{mL} = \frac{x_{n-1} - x_n}{x_{n-1} - x_n^*}$$

(6.3.17)

式中　E_{mL} —— 第 n 块实际塔板的液相 Murphree 效率；

　　　x_{n-1} —— 进入第 n 块塔板的液相平均组成，摩尔分数；

　　　x_n —— 离开第 n 块塔板的液相平均组成，摩尔分数；

　　　x_n^* —— 与离开第 n 块塔板气相组成 y_n 呈相平衡的液相组成，摩尔分数。

Murphree 塔板效率主要用于塔板研究工作中，其值常通过实验来测定。单板效率可直接反映该层塔板的传质效果，但各层塔板的单板效率通常不相等。即使塔内各板的单板效率相等，总板效率在数值上也不等于单板效率。这是因为两者定义的基准不同：全塔效率是基于所需理论板数的概念，而单板效率基于该板理论增浓程度的概念。

(4) 其他精馏方式 *

在实际生产中，除了前面介绍的塔顶为全凝器、塔底再沸器间接加热、一股进料、两股出料的简单塔连续精馏外，为满足不同的物料、不同的操作条件、不同的分离要求等需求，还可以采用一些其他方式的精馏。

① 水蒸气直接加热的精馏　如果所分离的混合物是由水和比水易挥发的组分组成的混合物时，通常可将水蒸气直接加入塔釜以汽化釜液，这样的直接传热既提高了传热效率，又可节省一台换热设备（塔底再沸器），如图 6.3.9 所示。水蒸气直接加热与间接加热的主要区别，是加热蒸汽不但将热量加入塔内，同时也参与质量传递，使塔多加入一股物料。

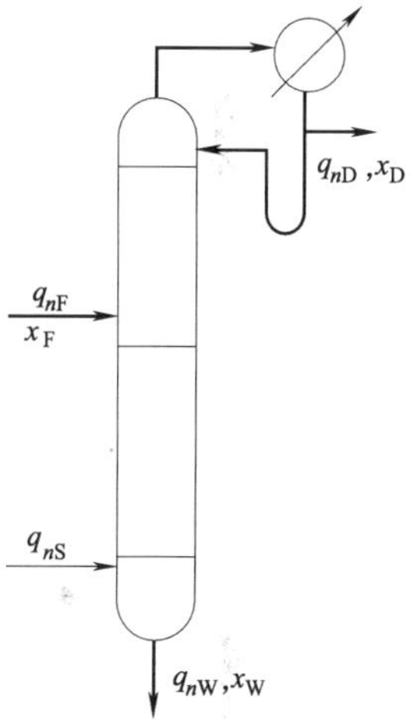

② 带侧线采出的精馏　在实际生产中，常常会遇到将混合物分离以获得组分相同但含量不同的几种产品的情况，对此类分离可采用带侧线的精馏方式进行，如图 6.3.10 所示。侧线产品可以是气相、也可以是液相。采出位置可在精馏段，也可在提馏段。侧线产品数量可以是一个，也可采出多个。具体方案要视生产工艺要求和体系的性质及操作条件而定。

图 6.3.9　水蒸气直接加热的精馏

侧线采出对精馏过程的分离和生产过程的节能不利，且难以保证侧线产品的质量。所以，对于精度要求较高的产品一般不从侧线采出。但是，在精馏过程中，增加一个产品，通常应增加一个精馏塔，而应用采出侧线产品的流程可省去一个塔设备的投资费及操作费。故综合比较，设侧线采出的精馏方法是经济合理的。

③ 多股进料　当两股（或两股以上）组分相同而组成不同的物料在同一塔内分离时，为避免物料的返混以减少分离过程的能耗，常将两股（或两股以上）物料分别加入塔的两个（或两个以上）不同的适宜位置，此为多股进料。

图 6.3.11 所示为两股进料的精馏过程。两股进料避免了返混，提高了部分塔段的分离能力，对分离有利。

④ 回收塔　只有提馏段没有精馏段的塔常称为回收塔或气提塔、蒸出塔。图 6.3.12 所示为无回流的塔底间接加热的回收塔。在该塔中，原料液经预热到泡点后从塔顶进入，热量从塔底再沸器或以直接蒸气加入，脱除的轻组分随蒸气从塔顶排出，经冷凝后作为产品；重组分作为釜液从塔底采出。

回收塔多用于轻、重组分相对挥发度相差较大，对轻组分产品纯度要求不高，主要考虑重组分提纯，或回收稀溶液中易挥发组分的过程。如原油加工中轻质油的汽提、稀氨水中提取氨、废水处理中汽提方法脱除水中的氨和甲醇等。

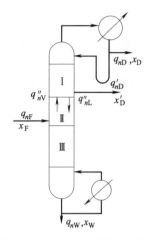

图 6.3.10　带一股侧线采出的精馏过程（液相侧线采出）

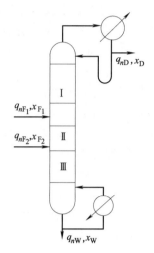

图 6.3.11　两股进料的精馏过程

⑤ 冷回流和塔顶加设部分冷凝器（分凝器）　塔顶蒸气应全部冷凝，若凝液冷至泡点温度，并在此温度下回流至塔内，称此回流为泡点回流。为避免塔顶蒸气因不全凝而影响塔压控制，一般情况下，常将冷凝液冷至泡点以下，使之存在一定的过冷度，或者因为回流液输送而导致其温度低至泡点以下，泡点以下的凝液回流称为冷回流。冷回流的结果是使塔内部实际的回流液体量增大，增加精馏过程的能耗，但对分离有利。虽然生产中的精馏塔多为冷回流操作，但塔顶蒸汽中也有可能含有少量很轻的组分，在现有条件下不能冷凝，称其为不凝气。当塔长期运行时，由于不凝气积累会影响冷凝器的传热效果，导致塔压升高。所以，设计冷凝器时必须设排不凝气的出口。

此外，由于体系中含一定量的很轻的组分，如果将气相全部冷凝，则需要提高冷剂的品位，引起生产成本提高。为此，塔顶可设部分冷凝器（分凝器），如图 6.3.13 所示。在分凝器中，未凝的轻组分气体从分凝器中以气相排出，然后用高品位冷剂将其全部冷凝作为产

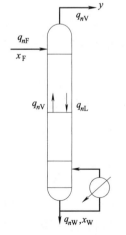

图 6.3.12　无回流的回收塔

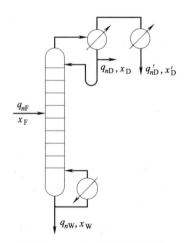

图 6.3.13　带分凝器的精馏塔

品，这样既节省了高品位冷剂，又实现了分离要求。

6.4 简单塔双组分连续精馏计算

所谓简单塔是指具有一个进料口、塔底设一个再沸器、塔顶设一个全凝器，并仅从塔顶、塔底各获得一种产品的精馏塔。工业生产中的精馏在多数情况下采用连续操作，且多为多组分精馏。但简单塔双组分连续精馏的计算和分析是多组分连续精馏计算的基础，因此，本节主要介绍简单塔双组分连续精馏的计算。

精馏过程的计算有两种类型：一种是给定精馏系统的输入和输出条件，求满足该条件的精馏过程系统参数，此为设计型问题；另一种是给定输入条件及精馏系统条件，求该精馏过程所能达到的分离结果等，这类问题为操作型问题。无论是操作型还是设计型问题，其对精馏过程进行数学描述的数学模型是一致的，只是输入与输出条件不同和求解方法不同。

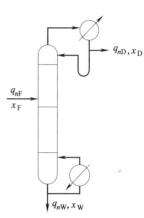

图 6.4.1　简单塔的双组分连续精馏流程

6.4.1 精馏过程的物料衡算与热量衡算

对精馏过程进行严格的模拟计算，需对全塔及各板进行物料衡算和热量衡算，并确定分离体系的相平衡关系。相平衡关系上一节已经作了介绍，这里介绍精馏过程的物料衡算和热量衡算。

6.4.1.1 全塔物料衡算

简单塔的双组分连续精馏流程如图 6.4.1 所示。设塔的进料、塔顶及塔底产品流量分别为 q_{nF}、q_{nD} 及 q_{nW}，对应的组成分别为 x_F、x_D、x_W。

全塔物料衡算的主要目的是确定流入与流出塔的物流之间的关系。双组分稳态连续精馏过程的全塔总物料衡算式为

$$q_{nF} = q_{nD} + q_{nW} \tag{6.4.1}$$

全塔易挥发组分的物料衡算式为

$$q_{nF}x_F = q_{nD}x_D + q_{nW}x_W \tag{6.4.2}$$

以上两个方程中共含有 6 个变量，所以，只要给定其中 4 个变量，余下的两个未知变量即为可求。对于设计型计算，通常给定进料的流量 q_{nF} 及组成 x_F，给定塔两端的产品的分离要求，如给定组成 x_D 和 x_W，以确定塔两端的采出量 q_{nD} 和 q_{nW}。

$$q_{nD} = q_{nF}\frac{x_F - x_W}{x_D - x_W} \tag{6.4.3}$$

$$q_{nW} = q_{nF} - q_{nD}$$

或

$$q_{nW} = q_{nF}\frac{x_D - x_F}{x_D - x_W} \tag{6.4.4}$$

$$q_{nD} = q_{nF} - q_{nW}$$

精馏塔的分离要求除了可用塔顶、塔底的产品组成表示外，也可由组分在塔两端的回收

率表示。组分回收率的定义有两个,一是馏出液中易挥发组分的回收率

$$\varphi_D = \frac{q_{nD} x_D}{q_{nF} x_F} \times 100\% \tag{6.4.5}$$

二是釜液中难挥发组分的回收率

$$\varphi_W = \frac{q_{nW}(1 - x_W)}{q_{nF}(1 - x_F)} \times 100\% \tag{6.4.6}$$

如果规定某组分在塔一端分离出产品的纯度要求 x_D(或 x_W),同时规定该组分的回收率 φ_D(或 φ_W),则由该条件可确定采出量分别为

$$q_{nD} = \frac{q_{nF} x_F \varphi_D}{x_D}$$

$$q_{nW} = q_{nF} - q_{nD}$$

或

$$q_{nW} = \frac{q_{nF}(1 - x_F)\varphi_W}{1 - x_W}$$

$$q_{nD} = q_{nF} - q_{nW}$$

可见,对双组分的精馏过程,若规定了两组分在塔两端的产品组成或规定一个组分在塔一端的组成及对应的回收率时,则塔两端的采出率(q_{nD}/q_{nF} 或 q_{nW}/q_{nF})或采出量就被确定。因此,精馏过程的产品组成和流率必须符合全塔物料衡算关系,这是塔正确设计和正常操作的必要条件。如果提出的产品分离要求和产量指标违背了物料衡算关系,则无论如何优化设计和操作条件,均不能达到规定的要求。

需要说明的是,精馏计算中物流的流量和组成多以摩尔流量和摩尔分数计,但有时也采用质量流量和质量分率计。精馏计算时采用两种计量单位均可,但需要保持计量单位的对应和统一。

【例 6.6】 将 5000kg/h 含苯 30% 和甲苯 70% 的液相混合物在连续精馏塔中进行分离,要求釜液中含苯不大于 3%(以上均为质量分数),塔顶馏出液中易挥发组分的回收率为 92.88%,操作压强为常压,试求馏出液摩尔流量和组成以及釜液的摩尔流量。

解:苯的摩尔质量为 78kg/kmol,甲苯的摩尔质量为 92kg/kmol。以摩尔分数表示的原料液和釜液组成为

$$x_F = \frac{\dfrac{0.3}{78}}{\dfrac{0.3}{78} + \dfrac{0.7}{92}} = 0.3358, \quad x_W = \frac{\dfrac{0.03}{78}}{\dfrac{0.03}{78} + \dfrac{0.97}{92}} = 0.0352$$

进料的平均摩尔质量

$$M_F = 78 \times 0.3358 + 92 \times (1 - 0.3358) = 87.39 \text{kg/kmol}$$

故进料的摩尔流量

$$q_{nF} = \frac{5000}{87.3} = 57.3 \text{kmol/h}$$

依题意

$$\varphi_D = \frac{q_{nD} x_D}{q_{nF} x_F} \times 100\% = \frac{q_{nD} x_D}{57.3 \times 0.3358} \times 100\% = 92.88\%$$

所以

$$q_{nD} x_D = 17.87$$

由式(6.4.1)和式(6.4.2)

$$q_{nF} = q_{nD} + q_{nW}$$

$$q_{nF}x_F = q_{nD}x_D + q_{nW}x_W$$

将上述数据代入物料衡算式中，得：
$$q_{nD} = 18.34 \text{kmol/h}, \quad q_{nW} = 38.96 \text{kmol/h}, \quad x_D = 0.974$$

【例 6.7】 某连续精馏塔的进料流量为 100kmol/h，组成为 0.4（摩尔分数，下同），馏出液组成 x_D 为 0.95，釜液组成 x_W 为 0.03，试求馏出液的采出率 q_{nD}/q_{nF} 和塔顶易挥发组分的回收率。

解： 根据物料衡算式
$$q_{nF} = q_{nD} + q_{nW}$$
$$q_{nF}x_F = q_{nD}x_D + q_{nW}x_W$$

可得
$$100 = q_{nD} + q_{nW}$$
$$100 \times 0.40 = 0.95 q_{nD} + 0.03 q_{nW}$$

解得
$$q_{nD} = 40.217 \text{kmol/h}$$
$$q_{nW} = 59.783 \text{kmol/h}$$

所以
$$q_{nD}/q_{nF} = 40.22\%$$

塔顶易挥发组分的回收率
$$\varphi_D = \frac{q_{nD}x_D}{q_{nF}x_F} \times 100\% = \frac{0.95}{0.40} \times 0.4022 \times 100\% = 95.52\%$$

6.4.1.2 塔板物料衡算与热量衡算

板式塔的塔板一般可分为两大类：常规塔板（无进料和采出的塔板）和带进料或采出的塔板，这两类塔板的物料与热量衡算分别讨论如下。

(1) 常规塔板的物料衡算与热量衡算

塔内无进料和采出的第 n 板，如图 6.4.2 所示。其总物料衡算和易挥发组分的物料衡算可分别表示为

$$q_{nV_{n+1}} + q_{nL_{n-1}} = q_{nL_n} + q_{nV_n} \quad (6.4.7)$$
$$q_{nV_{n+1}}y_{n+1} + q_{nL_{n-1}}x_{n-1} = q_{nL_n}x_n + q_{nV_n}y_n \quad (6.4.8)$$

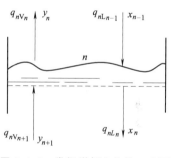

图 6.4.2 常规塔板上物流示意图

该塔板的热量衡算式为
$$q_{nV_{n+1}} H_{mV_{n+1}} + q_{nL_{n-1}} H_{mL_{n-1}} = q_{nL_n} H_{mL_n} + q_{nV_n} H_{mV_n} \quad (6.4.9)$$

联立式（6.4.7）和式（6.4.9），并消去式中的 q_{nL_n}，解得 $q_{nV_{n+1}}$
$$q_{nV_{n+1}} = \frac{q_{nV_n}(H_{mV_n} - H_{mL_n}) + q_{nL_{n-1}}(H_{mL_n} - H_{mL_{n-1}})}{H_{mV_{n+1}} - H_{mL_n}} \quad (6.4.10)$$

式中，H_{mV}，H_{mL} 为第 n 板上气、液两相的焓，kJ/kmol；

若精馏过程满足以下条件，一是混合物的摩尔汽化热与组成无关，即易挥发组分与难挥发组分各板上混合物的摩尔汽化热近似相等，$r_{n+1} = r_n = r$；二是由于组成不同引起的泡点变化导致液体的焓变与摩尔汽化热相比很小，且数值相差悬殊，故液相焓变可忽略不计，于是有 $H_{mL_n} = H_{mL_{n-1}} = H_{mL}$；三是塔内设备保温良好，热损失可以忽略。在以上所述条件下，将式（6.4.10）进行化简可得

$$H_{mV_n} - H_{mL_n} = r_n = r \quad (6.4.11)$$
$$H_{mL_n} - H_{mL_{n-1}} = 0 \quad (6.4.12)$$

$$H_{mV_{n+1}} - H_{mL_n} = r_{n+1} = r \tag{6.4.13}$$

将式（6.4.11）～式（6.4.13）代入式（6.4.10）中可得

$$q_{nV_{n+1}} = q_{nV_n} = q_{nV} \tag{6.4.14}$$

将式（6.4.14）代入式（6.4.7）中得

$$q_{nL_n} = q_{nL_{n-1}} = q_{nL} \tag{6.4.15}$$

式（6.4.14）和式（6.4.15）说明，在塔的精馏段或提馏段的各板上（无进料、无采出）气相的摩尔流量相等、液相的摩尔流量也相等，称为恒摩尔流假定。恒摩尔流假定对精馏段和提馏段均适用，但由于加料的影响，两段的气、液相摩尔流量不一定相等。恒摩尔流假定虽然是一项简化假定，但对多数有机同系物和许多相近的理想溶液体系，混合物中各组分的摩尔汽化热差别不大，能基本符合恒摩尔流假设条件，本章介绍的精馏计算均是以恒摩尔流为前提的。

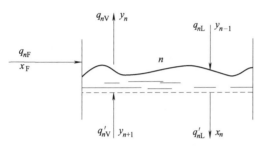

图 6.4.3　进料塔板的物流示意图

严格地说，由于各板上组成、温度和压力均不相同，其物性存在差异，使得塔内气、液两相流量偏离恒摩尔流的假设。对于偏离较大的体系应按非恒摩尔流处理，进行严格的热量衡算和物料衡算，并求解各板上的气、液相的流量。这种体系的计算往往借助计算机完成。

（2）进料塔板的物料衡算与热量衡算

如图 6.4.3 所示，根据恒摩尔流假定，对进料塔板进行总物料衡算及易挥发组分的物料衡算，有

$$q_{nF} + q'_{nV} + q_{nL} = q'_{nL} + q_{nV} \tag{6.4.16}$$

$$q_{nF} x_F + q'_{nV} y_{n+1} + q_{nL} x_{n-1} = q'_{nL} x_n + q_{nV} y_n \tag{6.4.17}$$

式中　q_{nL}，q_{nV}——精馏段的液相和气相流量，kmol/h；

　　　q'_{nL}，q'_{nV}——提馏段的液相和气相流量，kmol/h；

　　　x_n，y_n——离开第 n 板的液相和气相中易挥发组分的摩尔分数；

　　　x_{n-1}，y_{n+1}——进入第 n 板的液相和气相中易挥发组分的摩尔分数；

　　　q_{nF}，x_F——第 n 板上进料的流量和组成，kmol/h 或摩尔分数。

同样地，根据恒摩尔流假设对图 6.4.3 所示的进料板进行热量衡算可得

$$q_{nF} H_{mF} + q'_{nV} H_{mV} + q_{nL} H_{mL} = q'_{nL} H_{mL} + q_{nV} H_{mV} \tag{6.4.18}$$

式中　q_{nL}，q_{nV}——精馏段液相、气相流量，kmol/h；

　　　q'_{nL}，q'_{nV}——提馏段液相、气相流量，kmol/h；

　　　H_{mL}，H_{mV}——塔内液相、气相焓，kJ/kmol；

　　　H_{mF}——塔进料焓，kJ/kmol。

联立式（6.4.16）和式（6.4.18），消去式中（$q'_{nV} - q_{nV}$）项，经整理可得

$$\frac{H_{mV} - H_{mF}}{H_{mV} - H_{mL}} = \frac{q'_{nL} - q_{nL}}{q_{nF}} \tag{6.4.19}$$

令式（6.4.19）的比值为 q，则有

$$q = \frac{H_{mV} - H_{mF}}{r} = \frac{每千摩尔进料变成饱和蒸气所需热量}{进料的千摩尔汽化热} \tag{6.4.20}$$

式中，q 为进料的热状态参数。

根据给定进料的组成、温度和压力，可确定式（6.4.20）中的 H_{mV}、H_{mF}、r。其中，

r 值的确定可按恒摩尔流假定原则计算 1kmol 进料混合物汽化热，也可近似取任一组分摩尔汽化热。q 值的大小体现了进料热状态对塔内精馏段和提馏段气、液两相流量的影响。对精馏段与提馏段，气、液两相流量存在以下关系

$$q'_{nL} = q_{nL} + q q_{nF} \tag{6.4.21}$$

$$q'_{nV} = q_{nV} + (q - 1) q_{nF} \tag{6.4.22}$$

生产过程中待分离混合物有五种可能的热状况，这五种进料状态对应的 q 值及其对精馏段和提馏段的物流影响讨论如下。

a. 过冷液体进料。此时进入塔板的过冷液体与进入该板的蒸气接触，被加热至饱和温度，与此同时，部分蒸气被冷凝下来，使上升的蒸气流量减少、流至下板的液体流量增大，如图 6.4.4（a）所示。从热量衡算分析可知，1kmol 冷进料完全气化所需的热量必大于 1kmol 饱和液体完全气化所需的热量，故 $q > 1$。

b. 泡点进料。此时进料为饱和液体，汽化每千摩尔进料所需热量等于 r，故 $q = 1$。如图 6.4.4（b）所示，进料以饱和液体状态全部进入提馏段，使得精馏段和提馏段的气体流量相等，即 $q'_{nL} = q_{nL} + q_{nF}$，$q_{nV} = q'_{nV}$。

c. 气、液两相混合状态进料。此时 q 值等于混合进料中液相所占的比例，$0 < q < 1$。如图 6.4.4（c）所示，进料中的气相进入精馏段，而其液相则流至提馏段。此种进料对塔两段气液相流量均有影响，此时两段的气相或液相的流量不再相等。

d. 饱和蒸气进料。此时不再需要提馏段提供热量使进料汽化，故 $H_{mV} - H_{mF} = 0$，所以，$q = 0$。如图 6.4.4（d）所示，进料全部以饱和气相状态进入精馏段，两段液相流量相等，即 $q_{nL} = q'_{nL}$，$q'_{nV} = q_{nV_n} - q_{nF}$。

e. 过热蒸气进料。此时蒸气过热部分的热量将流入该板的部分液体汽化，从而使过热

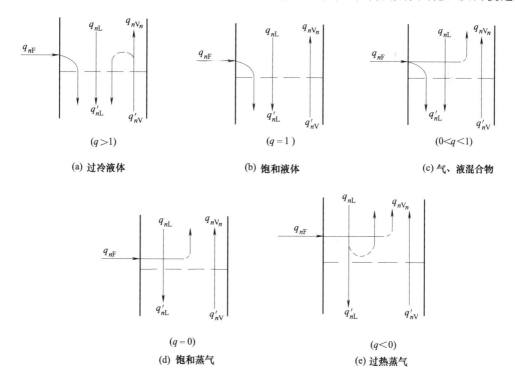

图 6.4.4　五种不同进料热状态下物流影响示意图

蒸气温度下降，成为饱和蒸气。如图 6.4.4（e）所示，该过程使得该板的上升蒸气流量增加，而流出该板的液相流量减小，即 $q'_{nL} < q_{nL}$。从热量衡算分析可知，此时 $q < 0$。

进料热状态对塔内气、液流量的影响如表 6.4.1 所示。

表 6.4.1 进料热状态对塔内气、液流量的影响

进料热状态	H_{mF} 范围	q 值范围	精馏段、提馏锻的液、气相流量关系
过冷液体	$H_{mF} < H_{mL}$	>1	$q_{nL} > q_{nL} + q_{nF}$ $q'_{nV} > q_{nV}$
饱和液体	$H_{mF} = H_{mL}$	1	$q'_{nL} = q_{nL} + q_{nF}$ $q'_{nV} = q_{nV}$
气液混合物	$H_{mV} > H_{mF} > H_{mL}$	$0 \sim 1$	$q'_{nL} > q_{nL}$ $q'_{nV} < q_{nV}$
饱和蒸气	$H_{mF} = H_{mV}$	0	$q'_{nL} = q_{nL}$ $q'_{nV} = q_{nV} - q_{nF}$
过热蒸气	$H_{mF} > H_{mV}$	<0	$q'_{nL} < q_{nL}$ $q'_{nV} < q_{nV} - q_{nF}$

从以上分析可见，进料热状态影响了塔内气、液两相流量的分布，从而导致对塔的分离能力及塔板水力学性能的影响，为此也将影响精馏塔的设计和操作。

【例 6.8】 采用常压连续精馏塔分离苯-甲苯混合物。进料中苯的摩尔分数为 0.44，进料温度为 20℃，试求该进料的热状态参数 q。已知常压下苯、甲苯的相变热分别为 394.4kJ/kg 和 362.2kJ/kg。

解：由题目已知条件，可得

苯的摩尔相变热 r_A $r_A = 394.4 \times 78 = 30763$kJ/kmol

甲苯的摩尔相变热 r_B $r_B = 362.2 \times 92 = 33322$kJ/kmol

则进料的平均摩尔相变热 r 为

$$r = r_A x_{FA} + r_B (1 - x_{FA}) = 30763 \times 0.44 + 33322 \times 0.56 = 32196 \text{kJ/kmol}$$

实际上，作为工程计算，亦可任取 r_A 或 r_B 作为 r。对于进料组成 $x_F = 0.44$ 的苯-甲苯混合液，其平均摩尔质量 $M_m = 78 \times 0.44 + 92 \times 0.56 = 85.84$kg/kmol。作为粗略计算，不计温度的影响，近似取为苯和甲苯的比热容均为 1.8kJ/(kg·℃)，故混合物的平均比热容 $C_{pm} = 1.8$kJ/(kg·℃)。

以 0℃液态为基准，得 $t_F = 20$℃进料液体的摩尔焓为

$$H_{mF} = M_m c_{pm} t = 85.84 \times 1.8 \times 20 = 3090 \text{kJ/kmol}$$

由图 6.2.2 查得 $x_F = 0.44$ 时，苯-甲苯混合物的泡点 $t_b = 94$℃，故饱和液体的摩尔焓为

$$H_{mL} = 85.84 \times 1.8 \times 94 = 14524 \text{kJ/kmol}$$

饱和蒸气的摩尔焓 H_{mV} 为

$$H_{mV} = H_{mL} + r = 14524 + 32196 = 46720 \text{kJ/kmol}$$

根据进料的热状态参数定义式有

$$q = \frac{H_{mV} - H_{mF}}{r} = \frac{46720 - 3090}{32196} = 1.355$$

6.4.1.3 精馏过程的热量衡算

精馏过程由热能驱动，热量由进料及塔底再沸器加入塔内，若不计系统的热损失，热量则由采出的产品及塔顶冷凝器移出，如图 6.4.5 所示。

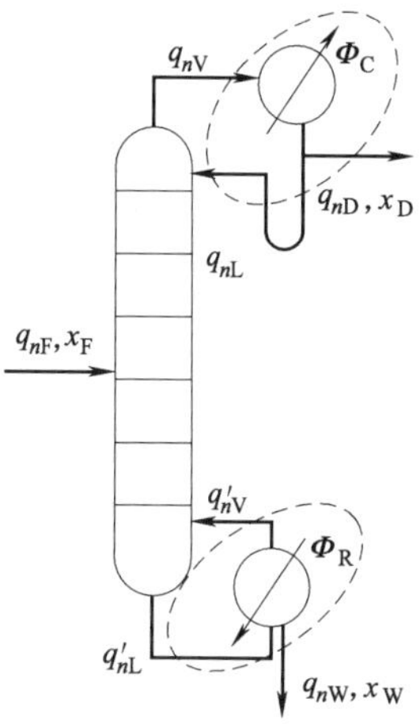

不计热损失时，全塔热量衡算式为

$$q_{nF}H_{mF} + \Phi_R = \Phi_C + q_{nD}H_{mD} + q_{nW}H_{mW} \qquad (6.4.23)$$

式中　Φ_C，Φ_R——冷凝器及再沸器的热流量，kJ/h；

H_{mD}，H_{mW}——塔顶馏出液和塔底采出液的焓，kJ/kmol。

为给再沸器和冷凝器设计提供基础数据，现分别对塔底及塔顶进行热量衡算以确定 Φ_R 及 Φ_C。

(1) 再沸器的热流量 Φ_R

如图 6.4.5 所示，对塔底再沸器进行物料衡算和热量衡算：

$$q'_{nL} = q_{nW} + q'_{nV} \qquad (6.4.24)$$

$$\Phi_R + q'_{nL}H_{mL} = q_{nW}H_{mW} + q'_{nV}H_{mV} \qquad (6.4.25)$$

联立式（6.4.24）及式（6.4.25），并消去 q'_{nL}，解得 Φ_R 为

$$\Phi_R = q_{nW}(H_{mW} - H_{mL}) + q'_{nV}(H_{mV} - H_{mL}) \qquad (6.4.26)$$

根据恒摩尔流假设，有：$H_{mW} = H_{mL}$，$H_{mV} - H_{mL} = r'$

于是，将式（6.4.26）化简可得

$$\Phi_R = q'_{nV}r' \qquad (6.4.27)$$

式中　　　r'——塔底釜液蒸气的汽化热，kJ/kmol；

q'_{nL}，H_{mL}——流入再沸器的液相流量及液相焓，kmol/h、kJ/kmol；

q_{nW}，H_{mW}——流出再沸器的液相流量及液相焓，kmol/h、kJ/kmol；

q'_{nV}，H_{mV}——流出再沸器的气相流量及气相焓，kmol/h、kJ/kmol。

如采用相变热为 r_S 的水蒸气作为再沸器的加热热源，则水蒸气的用量 q_{nS} 为

$$q_{nS} = \frac{\Phi_R}{r_S}$$

图 6.4.5 精馏塔热量衡算示意图

(2) 冷凝器的热流量 Φ_C

加入塔内的热量，主要由塔顶冷凝器移出，其热流量以 Φ_C 表示。蒸气上升至塔顶进入冷凝器被全部冷凝时，称冷凝器为全凝器。此时若冷凝温度为上升蒸气的泡点，凝液在此温度下返回塔顶作为回流，称为饱和液体回流或泡点回流。若将凝液冷至泡点以下进行回流，称为冷回流。在实际生产中回流液一般存在一定的过冷度，即冷回流。

如果塔顶蒸气中，含有比产品组分更轻的组分，在冷凝过程中不能全部冷凝下来，冷凝器在排出凝液的同时也排出未凝气体，此时的气、液两相互呈相平衡。所以，该冷凝器具有一定的分离能力，相当一块理论板，则称该冷凝器为部分冷凝器或分凝器。

对图 6.4.5 所示的塔顶全凝器（蒸气冷凝至泡点）进行物料衡算和热量衡算。

$$q_{nV} = q_{nL} + q_{nD}$$

$$q_{nV}H_{mV} = q_{nL}H_{mL} + q_{nD}H_{mL} + \Phi_C \qquad (6.4.28)$$

式中　　q_{nV}，H_{mV}——进入冷凝器的气相流量及气相焓，kmol/h、kJ/kmol；

q_{nL}，H_{mL}——返回塔顶的液相回流量及液相焓，kmol/h、kJ/kmol；

q_{nD}——塔顶产品采出流量，kmol/h；

Φ_C——冷凝器移出的热流量，kJ/h。

将物料衡算关系代入式（6.4.28）中，消去 q_{nL} 整理可得

$$\Phi_C = q_{nV}(H_{mV} - H_{mL}) = q_{nV}r \qquad (6.4.29)$$

如采用循环冷却水作为冷却剂，则冷却水的消耗量 q_{mC} 为

$$q_{mC} = \frac{\Phi_C}{c_p(t_2 - t_1)}$$

式中　q_{mC}——冷却水消耗量，kg/h；

c_p——冷却水的平均比热容，kJ/(kg·℃)；

t_1，t_2——冷却水的进口温度、出口温度，℃。

在精馏操作中，将塔顶液相回流量 q_{nL} 与塔顶产品采出量 q_{nD} 之比定义为回流比，用符号 R 表示。由回流比的定义可知：$q_{nV} = (R+1)q_{nD}$，所以式（6.4.29）可表示为以下形式

$$\Phi_C = (R+1)q_{nD}r \qquad (6.4.30)$$

将式（6.4.30）代入式（6.4.23）中，整理可得

$$\Phi_R = (R+1)q_{nD}r + q_{nD}H_{mD} + q_{nW}H_{mW} - q_{nF}H_{mF} \qquad (6.4.31)$$

由式（6.4.31）可见，若产品物流 q_{nD} 和 q_{nW} 带出的热量与进料 q_{nF} 带入的热量相差不大时，再沸器与冷凝器热流量存在以下关系

$$\Phi_R \approx (R+1)q_{nD}r = \Phi_C$$

即在产品带出的热量与进料带入的热量相差不大时，再沸器在塔底加入塔内的热量近似等于冷凝器从塔顶移出的热量。且随着操作回流比 R 的增加，再沸器热流量 Φ_R 和冷凝器热流量 Φ_C 均随之增加，即精馏操作的能耗或操作费用随之提高。

6.4.2　精馏过程的操作线方程及其图示

精馏塔内相邻两塔板下降液体组成与上升蒸气组成之间的关系称为操作关系，描述这一关系的解析式称为操作方程。操作方程可利用物料衡算来获得，由于进料的影响，将使精馏段和提馏段的物流情况有所不同，所以操作方程需分段建立。

(1) 精馏段操作方程

如图 6.4.6 所示，在图 6.4.6 虚线所划定的范围内，对精馏段做总物料衡算和易挥发组分物料衡算，可得

$$q_{nV} = q_{nL} + q_{nD} \qquad (6.4.32)$$

$$q_{nV}y_{n+1} = q_{nL}x_n + q_{nD}x_D \qquad (6.4.33)$$

由式（6.4.32）和式（6.4.33）可得

$$y_{n+1} = \frac{q_{nL}}{q_{nV}}x_n + \frac{q_{nD}}{q_{nV}}x_D = \frac{q_{nL}}{q_{nL} + q_{nD}}x_n + \frac{q_{nD}}{q_{nL} + q_{nD}}x_D \qquad (6.4.34)$$

将回流比 $R = \dfrac{q_{nL}}{q_{nD}}$ 带入式（6.4.34）中，可写成

$$y_{n+1} = \frac{R}{R+1}x_n + \frac{x_D}{R+1} \qquad (6.4.35)$$

式（6.4.34）及式（6.4.35）均称为精馏段操作方程，该操作线方程关联了在一定操作条件下，精馏段任意板（第 n 板）下降液体组成 x_n 和与其相邻的下一层塔板（第 $n+1$ 板）上升蒸气组成 y_{n+1} 的关系。根据恒摩尔流假设，q_{nL} 及 q_{nV} 为常数，稳态操作时，q_{nD} 和 x_D 为

定值，故回流比 R 也为定值。所以，式（6.4.35）为一直线方程式，即精馏段操作线在 $x \sim y$ 直角坐标系中为一斜率为 $\dfrac{R}{R+1}$，在 y 轴上的截距为 $\dfrac{x_\mathrm{D}}{R+1}$ 的直线。令 $x_n = x_\mathrm{D}$，则由式（6.4.35）可得 $y_{n+1} = x_\mathrm{D}$，可见该直线经过点（x_D，x_D）。

（2）提馏段操作方程

在图 6.4.7 所示的虚线范围对提馏段进行物料衡算，可得

$$q'_{n\mathrm{L}} = q'_{n\mathrm{V}} + q_{n\mathrm{W}} \tag{6.4.36}$$

$$q'_{n\mathrm{L}} x_n = q'_{n\mathrm{V}} y_{n+1} + q_{n\mathrm{W}} x_\mathrm{W} \tag{6.4.37}$$

式（6.4.37）可写成

$$y_{n+1} = \frac{q'_{n\mathrm{L}}}{q'_{n\mathrm{V}}} x_n - \frac{q_{n\mathrm{W}}}{q'_{n\mathrm{V}}} x_\mathrm{W} \tag{6.4.38}$$

或

$$y_{n+1} = \frac{q'_{n\mathrm{L}}}{q'_{n\mathrm{L}} - q_{n\mathrm{W}}} x_n - \frac{q_{n\mathrm{W}}}{q'_{n\mathrm{L}} - q_{n\mathrm{W}}} x_\mathrm{W} \tag{6.4.39}$$

由式（6.4.21）可知，$q'_{n\mathrm{L}} = q_{n\mathrm{L}} + q q_{n\mathrm{F}}$，将其代入式（6.4.39）中，可得

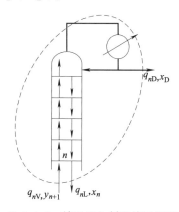

图 6.4.6 精馏段物料衡算示意图

$$y_{n+1} = \frac{q_{n\mathrm{L}} + q q_{n\mathrm{F}}}{q_{n\mathrm{L}} + q q_{n\mathrm{F}} - q_{n\mathrm{W}}} x_n - \frac{q_{n\mathrm{W}}}{q_{n\mathrm{L}} + q q_{n\mathrm{F}} - q_{n\mathrm{W}}} x_\mathrm{W} \tag{6.4.40}$$

式（6.4.38）～式（6.4.40）均称为提馏段操作线方程，它们表示在一定操作条件下，提馏段内任意塔截面上气、液相组成 y_{n+1} 和 x_n 之间的关系。当进料组成和状态、分离要求及操作回流比为常数时，式（6.4.38）中的斜率和截距也为常数，故提馏段操作线在 $x \sim y$ 图中也为一直线。该直线过点（x_W，x_W），斜率为 $\dfrac{q'_{n\mathrm{L}}}{q'_{n\mathrm{V}}}$，在 y 轴上的截距为 $-\dfrac{q_{n\mathrm{W}}}{q'_{n\mathrm{V}}} x_\mathrm{W}$。

（3）q 线方程

由于精馏段和提馏段的操作线方程均需满足进料板上的物料衡算关系，故两操作线必定

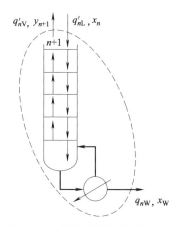

图 6.4.7 提馏段物料衡算示意图

交于进料塔板。即两条操作线在交点处时，精馏段操作线方程和提馏段操作线方程中的变量相同，略去变量的下标，联立求解精馏段操作线方程［式（6.4.35）］和提馏段操作线方程［式（6.4.40）］，可得两线的交点坐标为

$$x_q = \frac{(R+1) x_\mathrm{F} + (q-1) x_\mathrm{D}}{R+q} \tag{6.4.41}$$

$$y_q = \frac{R x_\mathrm{F} + q x_\mathrm{D}}{R+q} \tag{6.4.42}$$

由式（6.4.41）和式（6.4.42）联立消去 x_D，整理得方程式

$$y_q = \frac{q}{q-1} x_q - \frac{x_\mathrm{F}}{q-1} \tag{6.4.43}$$

式（6.4.43）称为 q 线方程（或进料方程）。该方程表示了在一定的进料状态和组成下，精馏段操作线和提馏段操作线交点的轨迹。在进料组成及状态一定时，q 线方程的斜率 $\dfrac{q}{q-1}$

和在 y 轴上的截距 $-\dfrac{x_F}{q-1}$ 为常数，故式（6.4.43）为一直线方程，且该直线经过点（x_F，x_F）。不同的进料热状态，q 值不同，q 线在 $x \sim y$ 图上的位置也不相同。

（4）操作线方程和 q 线方程的图示

在精馏设计计算中，通常给定进料的条件，如进料的流量 q_{nF}、组成 x_F、温度 t_F 和压力 p_F，同时给定分离要求，选定适宜回流比 R，由此可确定精馏段和提馏段操作线。由前面讨论可知，精馏段操作线通过点 $D(x_D、x_D)$ 和 $C\left[0, x_D/(R+1)\right]$，$q$ 线的斜率为 $\dfrac{q}{q-1}$，经过点（x_F，x_F），而提馏段操作线则通过 $W(x_W, x_W)$ 及 $Q(x_q, y_q)$ 点。故首先根据过程的回流比 R 和分离要求 x_D，在 $x \sim y$ 图中绘出精馏段操作线 DC，再根据进料组成 x_F 和进料的热状态参数 q 绘出 q 线 FQ，最后利用 q 线和精馏段操作线的交点 $Q(x_q, y_q)$ 及 $W(x_W, x_W)$ 绘出提馏段操作线 QW，如图 6.4.8 所示。

由图 6.4.8 可见，在一定的分离要求、进料组成和操作回流比 R 条件下，不同的进料热状态将影响 q 线和提馏段操作线的位置，如图 6.4.9 所示。

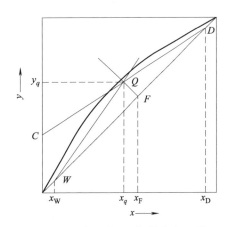

图 6.4.8　精馏过程的操作线和 q 线

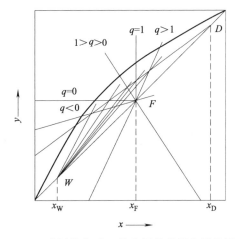

图 6.4.9　进料状态对 q 线和提馏段操作线的影响

由图 6.4.9 可见，当进料流量和组成一定时，若规定分离要求及操作回流比 R，则随着进料状态参数 q 值减小，提馏段操作线斜率增大。

6.4.3　理论板数的计算

对精馏过程的设计型计算，通常是给定进料条件，确定达到规定分离要求所需的理论板数。双组分连续精馏塔所需理论板数的计算方法主要有逐板计算法、图解法和简捷法。

6.4.3.1　逐板计算法

现以塔顶冷凝器为全凝器，泡点回流，塔底再沸器采用间接加热（图 6.4.10）的精馏过程为例，介绍逐板计算法。

塔顶蒸气全凝时，塔顶馏出液组成 x_D 等于塔顶蒸

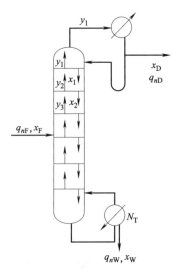

图 6.4.10　精馏塔物流示意图

气的组成 y_1，即 $x_D = y_1$。离开第 1 块理论板的液相组成 x_1 与气相组成 y_1 呈相平衡关系，故由相平衡关系式（6.2.16）求得 x_1。而离开第一块理论板的液相组成 x_1 与第二块理论板上升的气相组成 y_2 符合物料衡算关系，故可由精馏段操作线方程式（6.4.35）可确定 y_2。同理，x_2 与 y_2 满足相平衡关系，可求出 x_2，而 y_3 与 x_2 符合物料衡算关系，可计算出 y_3。依此类推，交替使用相平衡关系和物料衡算关系，逐级计算各板上的气、液相组成。当计算到液相组成 $x_j \leqslant x_q$（x_q 为精馏段和提馏段操作线交点的液相组成）时，该板作为进料板。此后，改用相平衡方程和提馏段操作线方程计算提馏段各塔板上的气、液相组成，直至计算出的液相组成 $x_n \leqslant x_W$（分离要求规定的釜液组成），结束计算。在逐板计算过程中，使用相平衡关系的次数即是完成以上规定分离要求所需的理论板数。对于间接加热的再沸器，可认为离开它的气、液两相达到平衡，故再沸器相当于一块理论板。所以所需塔内的理论板数为 $N_T = n - 1$。采用逐板计算法求解理论板数的计算框图如图 6.4.11 所示。

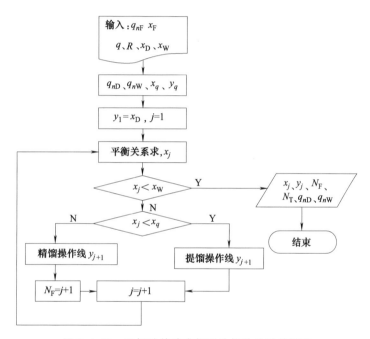

图 6.4.11　逐板计算法求解理论板数的计算框图

【例 6.9】　常压下用连续精馏塔分离含苯 50%（摩尔分数，下同）的苯、甲苯混合物。已知进料为泡点液体，进料流量为 100kmol/h。要求馏出液中含苯不小于 90%、釜液中含苯不大于 10%。设该物系为理想体系，苯-甲苯的平均相对挥发度为 2.47，塔顶设全凝器、泡点回流，操作回流比为 3。试计算精馏塔两端产品的流量及所需的理论板数。

解：（1）由全塔物料衡算，得到

$$q_{nF} = q_{nD} + q_{nW}$$
$$q_{nF} x_F = q_{nD} x_D + q_{nW} x_W$$

代入已知数据，可得

$$100 = q_{nD} + q_{nW}$$
$$100 \times 0.50 = 0.9 q_{nD} + 0.1 q_{nW}$$

求解以上方程，得到塔两端产品流量为 $q_{nD}=50.0\text{kmol/h}$、$q_{nW}=50.0\text{kmol/h}$

（2）逐板法计算理论板数

精馏段操作方程为

$$y_{n+1}=\frac{R}{R+1}x_n+\frac{x_D}{R+1}$$

$$y_{n+1}=\frac{3}{3+1}x_n+\frac{0.90}{3+1}=0.75x_n+0.225$$

又 $q_{nL}=Rq_{nD}=3\times 50=150\text{kmol/h}$，泡点液体进料时，$q=1$，故提馏段操作方程为

$$\begin{aligned}y_{n+1}&=\frac{q_{nL}+qq_{nF}}{q_{nL}+qq_{nF}-q_{nW}}x_n-\frac{q_{nW}}{q_{nL}+qq_{nF}-q_{nW}}x_W\\&=\frac{150+100\times 1}{150+100\times 1-50}x_n-\frac{50\times 0.1}{150+1\times 100-50}\\&=1.25x_n-0.025\end{aligned}$$

由式（6.2.15）得相平衡方程为

$$y_n=\frac{\alpha x_n}{1+(\alpha-1)x_n}=\frac{2.47x_n}{1+1.47x_n}$$

或由式（6.2.16）得

$$x_n=\frac{y_n}{\alpha-(\alpha-1)y_n}=\frac{y_n}{2.47-1.47y_n}$$

对于泡点进料：$x_q=x_F=0.44$。

由塔顶开始计算，第 1 块板上升的蒸气组成 $y_1=x_D=0.90$。第 1 块板下降的液体组成 x_1 由相平衡方程式（6.2.16）计算

$$x_1=\frac{0.90}{2.47-1.47\times 0.90}=0.785$$

第 2 板上升的蒸气组成 y_2 由精馏段操作方程计算

$$y_2=0.75\times 0.785+0.225=0.814$$

第 2 板下降的液体组成 x_2 由相平衡方程（6.2.16）计算，可得 $x_2=0.639$。

如此逐板往下计算，可得

$$y_3=0.705,\quad x_3=0.492$$

因为 $x_3<x_q=0.50$，故第 3 板为进料板。习惯上，将进料板包括在提馏段内，故精馏段有 2 块理论塔板。自第 4 板开始，应改用提馏段操作线方程式，由以上计算出的 x_3 求下一板上升蒸气组成 y_4。

故 $y_4=1.25\times 0.492-0.025=0.590$。从第 4 板下降的液体组成 x_4 由相平衡关系式（6.2.16）计算

$$x_4=\frac{0.59}{2.47-1.47\times 0.59}=0.368$$

如此继续计算，可得

$$y_5=0.435,\quad x_5=0.376$$

$$y_6=0.273,\quad x_6=0.132$$

$$y_7=0.139,\quad x_7=0.0613$$

因 $x_7<x_W=0.10$，故所求的总塔板数为 7 块（包括再沸器），塔内理论板数为 $7-1=6$ 块。

用逐板计算法计算理论板数，计算结果准确，但用手算比较繁琐，尤其是所需的理论板数较多时。若采用计算机编程计算，则可提高计算速度。

6.4.3.2　图解法

上述应用精馏段与提馏段操作线方程和相平衡方程逐板求解所需理论板数的过程也可以在 $x \sim y$ 图上用图解法进行。图解法实质上也是逐板计算法，只是形式不同而已。该法将由给定条件确定的体系相平衡关系、精馏段及提馏段的操作线、q 线均标绘在同一直角坐标系中，然后，从塔顶逐级向下（或从塔底逐级向上）在平衡线和操作线之间作梯级，确定满足规定分离要求所需的理论板数 N_{T} 及进料位置 N_{TF}。此方法称为麦卡布-蒂得（McCabe-Thibele）法，简称 M-T 法，具体图解步骤如下（图 6.4.12）。

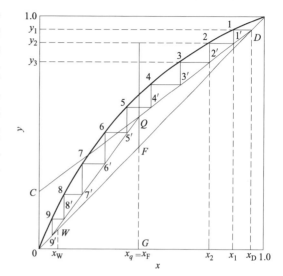

图 6.4.12　图解法求理论板数

① 绘出相平衡曲线。在直角坐标系中，根据给定体系的平衡数据标绘平衡曲线 $y \sim x$ 图，也可由相对挥发度 α 按式（6.2.15）绘制，如图 6.4.12 所示，并作出对角线。

② 绘出精馏段操作线。根据精馏段操作方程式（6.4.35），过对角线上点 D $(x_{\mathrm{D}}, x_{\mathrm{D}})$、$y$ 轴上点 $C\left(0, \dfrac{x_{\mathrm{D}}}{R+1}\right)$ 作精馏段操作线 DC。

③ 绘出 q 线。根据 q 线方程式（6.4.43），q 线通过对角线上的点 F $(x_{\mathrm{F}}, x_{\mathrm{F}})$，斜率为 $\dfrac{q}{q-1}$。所作 q 线交精馏段操作线于 Q 点。

④ 绘出提馏段操作线。根据提馏段操作线方程式（6.4.40），过对角线上点 W $(x_{\mathrm{W}}, x_{\mathrm{W}})$ 及 Q 点作提馏段操作线 QW。

⑤ 画直角梯级。从图 6.4.12 中的 D 点出发，向左作水平线相交平衡线于 1 点，过 1 点向下作垂线交精馏段操作线于 1' 点，完成一个梯级，即获得第 1 个理论板。依此类推，在相平衡线与精馏段操作线之间逐级向下作梯级，当水平线达到或跨过 Q 点时，操作线应换成提馏段操作线，继续在提馏段操作线与平衡线之间作梯级，直至梯级达到或跨过 W 点结束。由图解获得的梯级数即为该塔需要的理论板塔板数（包括再沸器）。图 6.4.12 中获得的理论板数为 9，塔内理论板数为 $(n-1)$，即 $N_{\mathrm{T}}=8$ 块（不含再沸器）。

⑥ 确定进料板位置。将跨过两操作线交点的理论板作为最佳理论进料板 N_{TF}，因为对一定的分离任务，在此进料板位置进料，所需的理论板数最少。交点 Q 以上的梯级数目为精馏段理论板数，交点 Q 及以下梯级数目则为提馏段理论板数。图 6.4.12 中进料板为第 5 块。进料板以上（不含进料板）为精馏段，含 4 块理论板。在进料板以下（含进料板）为提馏段，其理论板数为 4（不含再沸器）。

若从塔底点 W 开始作梯阶，将得到基本一致的结果。值得注意的是，如果塔顶采用的不是全凝器，而是采用图 6.3.13 所示的分凝器。在分凝器中，存在气相的部分冷凝，冷凝的液相和未凝的气相呈平衡状态，故分凝器也相当一块理论塔板。为此，在逐级计算或图解理论板数时，塔内所需的理论板数应再减去 1，即塔内所需理论板数为 $n-2$。

利用图解法求解所需的理论板数时，不仅从图中可获得理论板数，还可获得离开各理论板的互为平衡的气、液相组成及传质过程的推动力。以图 6.4.12 第 3 点为例说明，图中点 3 对应的 x_3 表示离开第 3 块理论板的液相组成，而 y_3 表示与 x_3 相平衡的离开第 3 块理论板的气相组成。线段 $\overline{33'}$ 及 $\overline{2'3}$ 则表示了第 3 块理论板气、液相传质推动力 Δy、Δx 的大小。进入第 3 块理论板的气相组成为 y_4，进入第 3 块理论板的液相组成为 x_2。y_4 和 x_2 通过在第 3 块理论板上的传质和传热，离开时气、液相的组成，分别为 y_3 和 x_3。经过第 3 块理论板气、液两相组成的变化分别为 $\Delta y_3 = y_3 - y_4$、$\Delta x_3 = x_2 - x_3$，该组成变化即为第 3 块理论板的传质推动力。由此可见，任一直角梯级代表了一块理论板，其中水平线段表示液相组成的变化，而垂直线段则表示其气相组成的变化。梯级的线段越长，表明该理论板的分离作用越大，达到同样分离要求所需的理论板数越少。

图解方法避免了繁琐的计算，而且形象直观，便于理解和分析问题。但当平衡曲线与对角线比较靠近，或分离要求较高，或回流比较小时，所需理论板数较多，图解法易引起较大的误差，故为获得更满意的计算结果，常借助计算机对精馏塔进行逐板计算。

【例 6.10】 用连续精馏塔分离含苯 0.44（摩尔分数，下同）的苯-甲苯混合物。要求馏出液中含苯大于 0.94，釜液中含苯小于 0.08。精馏塔塔顶为全凝器，泡点回流，操作回流比为 3。该物系可视为理想体系，组分间的平均相对挥发度为 2.46。试利用图解法分别求取 20℃液体和饱和蒸气进料这两种情况下所需的理论板数 N_T 及相应的进料位置 N_{TF}。

解：（1）进料为 20℃液体

由［例 6.8］的计算结果可知，摩尔组成为 0.44，进料为 20℃液体的热状态参数 $q = 1.355$，根据题目给定条件，在直角坐标中做出平衡曲线、精馏段操作线、q 线和提馏段操作线。由图解法可求得此时的 $N_T = 9$（包括釜），进料应为第 5 块理论塔板，如图 6.4.13（a）所示。

（2）进料为饱和蒸气

此时 $q = 0$，由上述类似方法可在图 6.4.13（b）上求得 $N_T = 11$（包括釜），进料应为第 7 块理论塔板。

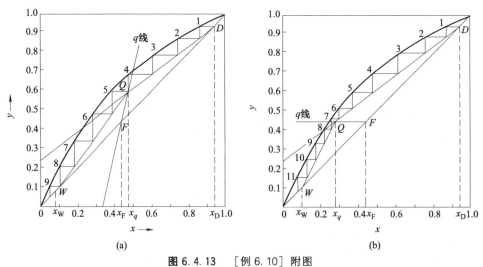

图 6.4.13 ［例 6.10］附图

由该例题可以看出，当其他条件相同，若进料热状态参数 q 值较大（如 $q = 1.355$），则完成规定分离任务所需要的理论板数较少，但差别并不很大。实际生产中的进料热状态往往是由前一工序所决定的，有时将进料预热甚至变为气态加入塔中，主要是为了回收系统中温度较低热源的热量或其他目的，而不是考虑塔板数的增减。

6.4.3.3 部分参数对理论板数的影响及其选择

(1) 进料位置

在精馏塔的设计中，进料的流量、进料组成以及进料热状态是恒定的，但塔内从上至下的各理论板上气、液平衡状态是渐变的，即存在一定组成、温度等参数的分布，当原料进入到某一块板上时，如果进料与塔板上体系的组成及热状态存在差异，将会造成塔板上物料的返混。这种差异越大，返混现象越严重。为此，应选择热力学状态与进料最接近的塔板作为进料板，该板称为最佳进料板。

最佳的进料位置一般应在塔内液相或气相与进料组成相近或相同的塔板上。当采用逐板计算法（含图解法）计算理论板数时，跨过两操作线交点 Q 的理论板为上述的最佳进料位置，如图 6.4.14 中的第 8 板。在精馏塔的设计中，在一定回流比条件下，达到相同的分离要求，在最佳位置进料时所需的理论板数最少。进料位置高于或低于最佳进料板，都会使理论板数增加。如图 6.4.14 中，如果不在第 8 板进料，将进料位置继续下移至第 8 板以后，则应继续在精馏段操作线和平衡线间作梯级，如图 6.4.14 中第 9 块塔板附近虚线所示，由于精馏段操作线的下方逐渐靠近平衡曲线，而最终在 A 点交于平衡线，所以在这一区域里的理论板的分离能力明显下降，完成相同分离要求所需要的理论板数 N_T 显著增加。选择在这一区域的任何一块板进料，将导致全塔所需理论板数增加。即如果将进料位置继续下移至最佳进料板以后，此处每块理论板的分离能力将骤减，且逐步趋向零，使塔内形成恒浓区。这时，无论如何增加理论板数，也不能越过 A 点达到分离要求。同理，如果高于最佳进料板进料也会出现类似情况。可见，选择确定最佳进料位置是十分必要的。一般，精馏塔设置几个进料口，以适应生产上进料的组成和热状况的变化，调节进料位置，保证能在最适宜的进料塔板位置进料。

根据设计经验，选择液相关键组分的比与进料关键组分比接近的塔板作为最佳进料板。

(2) 进料热状态参数 q

如前所述，在一定的分离要求、进料组成和操作回流比条件下，不同的进料热状态，将使提馏段气、液相流量发生改变，从而改变塔的最佳进料位置及提馏段操作线的斜率，引起提馏段内各塔板分离能力的变化，从而影响完成规定分离要求所需要的理论板数。由图 6.4.9 可见，当进料流量和组成一定，并规定分离要求及操作回流比时，随着进料状态参数 q 的减小，进料所携带的热量随之增加。受系统的热量衡算关系的约束，提馏段气相流量及再沸器热流量随之减小，导致提馏段操作线斜率的增大。提馏段操作线向平衡线靠近，提馏段内各板分离能力下降，达到分离要求所需的理论板数增加。相反，q 值越大，提馏段操作线斜率降低，提馏段操作线就越远离平衡线，每块塔板的分离能力增加，故所需的理论板数就越少。

通常进料状态由前一工序来的原料的状态所

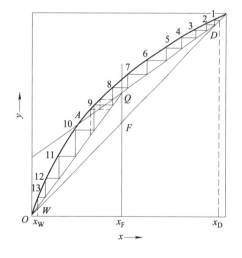

图 6.4.14 最佳进料位置

决定。

(3) 回流比 R

回流是精馏操作的必要条件。精馏过程中的回流比是一重要的设计和操作参数，直接关系到设备投资和操作费用的大小。对于一定物系、一定的分离要求而言，增大回流比，使精馏段操作线斜率增大而远离平衡线，塔内每块板的分离能力提高了，从而使完成相同分离要求所需要的理论板数 N_T 减少（见图6.4.15），精馏塔高度随之降低，即过程的设备费用减少。然而，由于回流比 R 的增大，使塔内气、液相流量增加，引起辅助设备（如冷凝器和再沸器）尺寸增大、塔径变大及塔板结构的改变，从而影响到设备的投资费用。同时，回流比增大，将使冷凝器、再沸器的热负荷都增大，导致操作费用增加。如减小回流比，变化的情况刚好与上述相反。由此可见，操作回流比的变化对精馏装置生产成本的影响有利有弊，所以设计时存在操作回流比的优选问题。现就回流比的最大与最小两种极限情况以及适宜回流比的选择分别介绍如下。

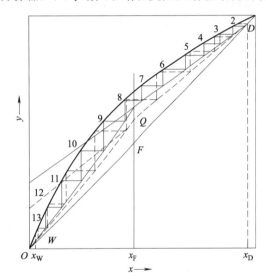

图 6.4.15　回流比对理论板数的影响

① 全回流与最少理论板数　全回流是指精馏塔在操作过程中，塔顶蒸气经冷凝器全部冷凝，且其凝液全部返回塔顶作为回流的操作，如图6.4.16（a）所示。全回流操作的特点是：塔顶和塔底均无产品采出，回流比 $R = \infty$，为了维持物料平衡，塔不进料。在精馏塔内，全塔的蒸气流量与液体流量相等，即 $q_{nL} = q_{nV}$，而且全塔无精馏段与提馏段之分，两操作线斜率相等且等于1，与对角线重合，如图6.4.16（b）所示。操作线方程可表示为

$$y_{n+1} = x_n \qquad (6.4.44)$$

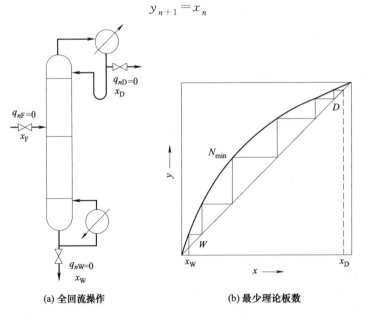

(a) 全回流操作　　　　　　　(b) 最少理论板数

图 6.4.16　全回流和最少理论板数

全回流操作时，因其操作线与对角线重合，操作线与平衡曲线之间的距离达到最大，故可使塔内每块理论板的分离能力达到最大。所以，对于一定体系，要达到规定的分离要求，采用全回流操作时，所用的理论板数为最少，称其为最少理论板数（N_{min}）。最少理论板数的确定可采用逐板计算法、图解法和芬斯克方程法。采用逐板计算法时，计算方法同前，此时操作线方程为 $y_{n+1}=x_n$。利用图解法确定最少理论板数时，可根据分离要求，从点 D $(x_D，x_D)$ 开始，在对角线和平衡线之间做直角梯级，直至 $x_n \leqslant x_W$ 为止。所得梯级的数目即为最少理论板数（包括再沸器），如图 6.4.16（b）所示。如果塔内各板上组分间的相对挥发度近似为常数，则最少理论板数 N_{min} 可由芬斯克（Fenske）方程确定。芬斯克方程的推导过程如下。

设任意第 j 板上，多组分物系中 A 组分对 B 组分的相对挥发度为 α_j，由相平衡关系式（6.2.13）可得

$$\left(\frac{y_A}{y_B}\right)_j = \alpha_j \left(\frac{x_A}{x_B}\right)_j \tag{6.4.45}$$

全回流时，进入第 j 板的气相组成与离开第 j 板的液相组成之间的关系由物料衡算关系（操作线方程）确定，为

$$\left(\frac{y_A}{y_B}\right)_{j+1} = \left(\frac{x_A}{x_B}\right)_j \tag{6.4.46}$$

这样，对第 1 板有

$$\left(\frac{y_A}{y_B}\right)_1 = \alpha_1 \left(\frac{x_A}{x_B}\right)_1$$

对第 2 板有

$$\left(\frac{y_A}{y_B}\right)_2 = \alpha_2 \left(\frac{x_A}{x_B}\right)_2$$

$$\cdots\cdots$$

对第 N 板有

$$\left(\frac{y_A}{y_B}\right)_N = \alpha_N \left(\frac{x_A}{x_B}\right)_N$$

将上述诸式两边分别相乘，并将 $\left(\dfrac{y_A}{y_B}\right)_{n+1} = \left(\dfrac{x_A}{x_B}\right)_n$ 的关系带入，可简化得

$$\left(\frac{y_A}{y_B}\right)_1 = \alpha_1 \alpha_2 \cdots \alpha_N \left(\frac{x_A}{x_B}\right)_N \tag{6.4.47}$$

当塔顶为全凝器时，$\left(\dfrac{y_A}{y_B}\right)_1 = \left(\dfrac{x_A}{x_B}\right)_D$，又达到规定的分离要求时，$\left(\dfrac{x_A}{x_B}\right)_N \leqslant \left(\dfrac{x_A}{x_B}\right)_W$。若各板相对挥发度的变化不大，它们都近似以塔顶和塔底相对挥发度的几何或算术平均值 α 代替，则式（6.4.47）变为

$$\left(\frac{x_A}{x_B}\right)_D = \alpha^N \left(\frac{x_A}{x_B}\right)_N \tag{6.4.48}$$

由式（6.4.48）解出 N，此时的 N 即为达到规定分离要求时所需的最少理论板数 N_{min}（含再沸器）

$$N_{min} = \frac{\lg\left[\left(\dfrac{x_A}{x_B}\right)_D \bigg/ \left(\dfrac{x_A}{x_B}\right)_W\right]}{\lg\alpha} \tag{6.4.49}$$

式（6.4.49）称为芬斯克方程，对双组分分离体系，式（6.4.49）还可略去下标，表示为

$$N_{min}=\frac{\lg\left[\left(\dfrac{x_D}{1-x_D}\right)\Big/\left(\dfrac{x_W}{1-x_W}\right)\right]}{\lg\alpha} \tag{6.4.50}$$

由于在推导过程中，并未对物系的组分数加以限制，所以 Fenske 方程也可用于多组分精馏计算中，并采用轻、重关键组分确定最少理论板数 N_{min}。有时也可用于多组分精馏中任意两组分的近似计算中。Fenske 方程的适用条件是在全塔操作范围内，α 可取平均值，塔顶设全凝器，塔釜间接蒸气加热。若将式中的 x_W 换成 x_F，α 取塔顶和进料板间的平均值，则式（6.4.50）可用来计算精馏段的理论板数。

需要说明的是，全回流操作时，装置的生产能力为零，因此对正常生产并无实际意义，但在精馏的开工阶段或操作中因发生意外而使产品纯度低于分离要求时，采用全回流操作可缩短稳定时间并便于过程控制。全回流操作也用于实验研究测定塔的分离效能。

② 最小回流比 R_{min} 在精馏塔设计中，当分离体系、进料组成、进料状态以及分离要求给定时，则图 6.4.17 中的相平衡曲线、q 线和 D、W 两点均被确定。如果不断减小回流比，则两操作线的交点 Q 将沿 q 线逐渐向平衡曲线靠近，即两操作线将同时向平衡曲线靠近，此时达到分离要求所需要的理论板数增多。当继续减少回流比，使 Q 点移至平衡曲线上时（如图 6.4.17 中 E 点所示），对应的回流比称为相应设计条件下的最小回流比，用 R_{min} 表示。两操作线交点落在平衡线上，说明进入这一块理论板的气相组成与离开该板的液相组成互为平衡关系，而根据理论板的定义，离开该板的气相组成与离开该板的液相组成平衡。因此，进入该板和离开该板的气相组成相同，说明经过该板气相组成没有变化，即该板没有分离作用，E 点称为夹紧点。若从 D 点出发作直角梯级则可发现，越趋近 E 点，每块板的分离能力越低，即经过各板的气、液组成变化很小，所以此区称为恒浓区。此时，无论作多少个梯级也不能跨越 E 点进入提馏段，即完成规定分离任务需要的理论板数为无穷多。

当回流比较 R_{min} 还要低时，操作线和 q 线的交点就落在平衡线之外，精馏操作无法完成指定的分离程度。

最小回流比的确定方法有两种：图解法和解析法。

图解法 依据平衡曲线形状不同，图解方法有所不同。对于较常规体系（如理想体系），其平衡曲线无明显下凹，如图 6.4.17 所示。在 R_{min} 条件下，精馏段操作线斜率可表示为

$$\frac{R_{min}}{R_{min}+1}=\frac{x_D-y_e}{x_D-x_e} \tag{6.4.51}$$

由此解得

$$R_{min}=\frac{x_D-y_e}{y_e-x_e} \tag{6.4.52}$$

式中，x_e、y_e 为 E 点对应的液相和气相的平衡组成，摩尔分数。

此外，R_{min} 也可由精馏段操作线在 y 轴上的截距 y_C 确定，即

$$y_C=\frac{x_D}{R_{min}+1} \tag{6.4.53}$$

解得

$$R_{min}=\frac{x_D}{y_C}-1 \tag{6.4.54}$$

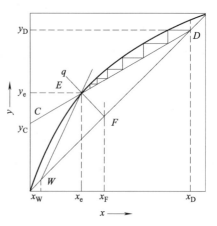

图 6.4.17 常规体系最小回流比的计算

对于非常规体系（如非理想性较大的体系），当平衡线出现明显的下凹时，减小回流比过程中，在操作线与 q 线的交点尚未落到平衡线上之前，精馏段操作线或提馏段操作线就有可能与平衡线相交或在某点相切，如图 6.4.18 所示。显然，这时的切点即为夹紧点，故应由切点 e 对应的坐标 (x_e, y_e) 或由切线与 q 线交点 d 的坐标 (x_q, y_q) 代替式（6.4.52）中的 E 点坐标，确定其最小回流比 R_{min}。

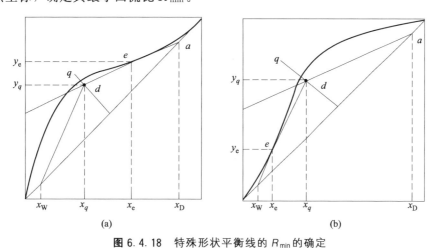

图 6.4.18 特殊形状平衡线的 R_{min} 的确定

解析法 对于相对挥发度 α 可取为常数的物系，则其相平衡方程为

$$y = \frac{\alpha x}{1+(\alpha-1)x}$$

若已知进料状态参数 q，则夹紧点 E 的坐标值 y_e 和 x_e 可由相平衡方程和 q 线方程联立求解确定，将所得坐标值代入式（6.4.52）计算 R_{min}。

对于泡点进料（$q=1$），$x_e = x_F$，可将相平衡方程代入式（6.4.50），推导出相应的 R_{min} 计算式为

$$R_{min} = \frac{1}{\alpha-1}\left[\frac{x_D}{x_F} - \frac{\alpha(1-x_D)}{1-x_F}\right] \tag{6.4.55}$$

对于饱和蒸气进料（$q=0$）时，$y_e = x_F$，则有

$$R_{min} = \frac{1}{\alpha-1}\left(\frac{\alpha x_D}{x_F} - \frac{1-x_D}{1-x_F}\right) - 1 \tag{6.4.56}$$

以上分析可见，最小回流比是对精馏塔设计过程中一定的分离要求而言的，分离要求改变，最小回流比也会改变。此外，最小回流比 R_{min} 的大小还与进料热状态、所分离的物料的性质如相平衡关系等有关。在实际塔操作过程中，若采用的回流比小于最小回流比，操作仍能够进行，但不能达到规定的分离要求。

③ **适宜回流比** 适宜回流比是指操作费用和设备费用之和（称为总费用）为最小时的回流比，其值应介于最小回流比和全回流之间，根据经济核算来确定。

精馏操作的总费用主要包括设备费用和操作费用。精馏过程的设备费用主要是指精馏塔、再沸器、冷凝器及其他辅助设备的按使用年限计算的设备折旧费。当设备类型和材质被选定后，设备费用主要取决于设备的尺寸，与塔板数及塔径、回流比、进料状态和分离程度等参数有关。精馏过程的操作费用主要是指再沸器中的加热介质消耗、塔顶冷凝器冷却介质消耗及动力消耗等费用，这些消耗又取决于塔内上升的蒸气量，即

$$q_{nV} = (R+1)q_{nD}$$
$$q'_{nV} = (R+1)q_{nD} + (q-1)q_{nF}$$

当进料量及进料状态、塔顶产品采出量一定时，这些费用取决于回流比 R。

图 6.4.19 表示了精馏费用和回流比之间的定性关系。由图可见，当 $R=R_{min}$ 时，对应的理论板数 $N_T=\infty$，故设备费用为无限大。当 R 稍大于 R_{min}，N_T 即从无限多迅速降至有限多，设备费用急剧下降。当回流比增大至一定程度，其对 N_T 及相应的塔设备费用的影响已不明显（如图 6.4.19 中曲线 1）。而随回流比的增大，冷凝器和再沸器的负荷增加，故操作费用增加（如图 6.4.19 中曲线 2），且此时冷凝器和再沸器的传热面积以及塔的直径和塔板也要相应增大，这些又使设备费用增加。所以总费用（如图 6.4.19 中曲线 3）存在一个最低值，与此值对应的回流比即为适宜的回流比 R_{opt}。适宜回流比准确的值较难确定，通常初步设计时可取一经验数据，工程设计一般取 $R_{opt}=(1.2\sim2.0)R_{min}$。

以上回流比的确定考虑的是一般原则，在精馏设计中，实际回流比的选取还应考虑一些具体情况。如对难分离的物系，宜选用较大的回流比，而在能源相对紧张的地区，为减少加热介质的消耗量，可考虑选取回流比较小的操作。

6.4.3.4 理论板数的简捷计算法

简捷计算法将回流比 R、最小回流比 R_{min}、理论板数 N_T 和最少理论板数 N_{min} 这四个参数之间的关系进行定量关联，方法有多种，其中常见的一种经验关联如图 6.4.20 所示，称为吉利兰（Gilliland）图。

吉利兰图为双对数坐标图，其横坐标为 $(R-R_{min})/(R+1)$，纵坐标为 $(N_T-N_{min})/(N_T+1)$。其中，N_T 和 N_{min} 分别表示全塔的理论板数和最少理论板数（均含再沸器）。由图可见，曲线左端延长线表示在最小回流比下的情况，此时，$(R-R_{min})/(R+1)$ 接近于零，而 $(N_T-N_{min})/(N_T+1)$ 接近于 1，即 $N_T=\infty$；而曲线右端代表在全回流时的操作，此时 $(R-R_{min})/(R+1)$ 接近于 1（即 $R=\infty$），$(N_T-N_{min})/(N_T+1)$ 接近于零，即 $N_T=N_{min}$。

吉利兰图绘制的依据是用八种物系在广泛的精馏条件下，由逐板计算得出的结果。精馏

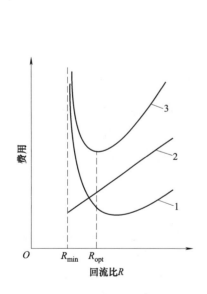

图 6.4.19 回流比对精馏费用的影响
1—设备费用；2—操作费用；3—总费用

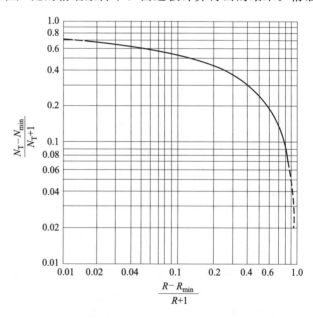

图 6.4.20 吉利兰图

条件为组分数 2~11，$R_{\min}=0.53\sim7.0$，组分间的相对度为 1.26~4.05，理论板数为2.4~43.1，包括五种进料状态。图 6.4.20 中的曲线可近似为下式：

$$\frac{N_T-N_{\min}}{N_T+1}=0.75\left[1-\left(\frac{R-R_{\min}}{R+1}\right)^{0.5668}\right] \tag{6.4.57}$$

实际应用时可依据前面介绍的方法，根据相平衡关系、分离要求和进料条件等计算出 $R_{\min}$ 和 $N_{\min}$，并选定适宜的回流比 R，再利用式（6.4.57）或查图 6.4.20 求得所需要的理论板数 N_T。

简捷法不仅适用于双组分精馏的计算，且可应用于多组分精馏。另外，以精馏段最少理论板数 $N_{r,\min}$（含进料板）代替全塔的最少理论板数 $N_{\min}$（含再沸器相当的一块理论板），可确定适宜的理论进料板位置 N_{TF}。

【例6.11】 在常压连续精馏塔中分离苯-甲苯混合液，原料液含苯 0.40（摩尔分数，下同），塔顶馏出液中含苯 0.95，塔底产品中含苯 0.05。塔顶采用全凝器，泡点回流，进料为饱和液体。若操作条件下塔顶组分间的相对挥发度为 2.6，塔釜组分间的相对挥发度为 2.34，进料组分间的相对挥发度为 2.44，取回流比为最小回流比的 1.5 倍，试用简捷法确定完成该分离任务所需要的理论板数及进料位置。

解：（1）需要的理论板数

相对挥发度采用塔顶与塔底相对挥发度的几何平均值，即

$$\alpha=\sqrt{\alpha_D\alpha_W}=\sqrt{2.6\times2.34}=2.47$$

因为是泡点液体进料，$x_e=x_F=0.40$，故有

$$y_e=\frac{2.47\times0.40}{1+(2.47-1)\times0.40}=0.62$$

最小回流比为

$$R_{\min}=\frac{0.95-0.62}{0.62-0.40}=1.50$$

最小理论板数为

$$N_{\min}=\frac{\lg\left[\left(\frac{0.95}{1-0.95}\right)\Big/\left(\frac{0.05}{1-0.05}\right)\right]}{\lg2.47}=6.51$$

操作回流比为 $R=1.5R_{\min}=1.5\times1.50=2.25$

则

$$\frac{R-R_{\min}}{R+1}=\frac{2.25-1.50}{2.25+1}=0.23$$

由图 6.4.20，可查得 $\dfrac{N-N_{\min}}{N+1}=0.43$，将 $N_{\min}=6.51$ 代入该式，可得全塔理论板数为

$$N=12.2（包括塔釜）$$

（2）进料板位置

相对挥发度采用塔顶与进料相对挥发度的几何平均值，即

$$\alpha=\sqrt{\alpha_D\alpha_F}=\sqrt{2.6\times2.44}=2.52$$

由 $N_{r,\min}=\dfrac{\lg\left[\left(\frac{x_D}{1-x_D}\right)\Big/\left(\frac{x_F}{1-x_F}\right)\right]}{\lg\alpha}$，得 $N_{r,\min}=\dfrac{\lg\left[\left(\frac{0.95}{1-0.95}\right)\Big/\left(\frac{0.40}{1-0.40}\right)\right]}{\lg2.52}=3.62$。

由 $\dfrac{N_r-N_{r,\min}}{N_r+1}\approx\dfrac{N_T-N_{\min}}{N_T+1}=0.43$，将 $N_{r,\min}=3.62$ 代入可求得精馏段理论板数 $N_r=7$（含进料板），故应在第 7 块理论板进料。

6.4.4　实际板数和填料层高度

实现精馏过程的气液传质设备，主要有板式塔和填料塔两大类，如图 6.4.21 所示。

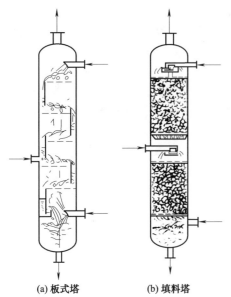

(a) 板式塔　　(b) 填料塔

图 6.4.21　精馏过程的板式塔与填料塔

在板式塔内，装有提供气、液两相接触传质的多层塔板。气、液两相逐级接触进行传热传质，使气、液两相组成发生阶跃式变化，故也称板式塔为逐级接触式设备。在填料塔内，装有供液相附着的特制塔填料。气、液相在填料表面接触，进行传热和传质，使气、液两相的组成发生连续变化，故称填料塔为微分接触式设备。在精馏过程中以上两种类型的塔均得到广泛的应用。故完成规定分离要求所需要的理论板数确定之后，应根据体系的特点、操作条件及塔板的性能，确定与理论板具有相同分离能力的是实际板数或填料层高度。

(1) 实际板数

由理论板与塔总板效率的概念可知，一块实际塔板的分离能力低于一块理论塔板的分离能力。塔的总板效率 E_T 描述了上述差异，它反映实际塔板分离能力接近理论塔板的程度。如果已知塔的总板效率 E_T，即可由式（6.4.58）确定所需要的实际板数 N_P。

$$N_P = N_T / E_T \tag{6.4.58}$$

需要说明的是，式（6.4.58）中的 N_T 不含再沸器及分凝器所相当的理论板数。

影响总板效率的因素主要有气、液两相的物理性质（如液相的黏度、扩散系数、组分的相对挥发度、表面张力、密度等）、塔的结构和操作参数（气液相流率、温度、压力等）。这些因素的影响极为复杂，难以准确地定量计算。到目前为止，主要是根据经验公式或采用生产塔及中间试验塔的实测数据来估算。O'Connell 收集了几十个工业精馏塔（泡罩和筛板塔）的总板效率数据，并以相对挥发度和进料组成下液体黏度的乘积 $\alpha \eta_L$ 为变量进行关联，得到图 6.4.22 所示的关联曲线。

图中 $\eta_L = \sum \eta_{Li} x_i$，其中 η_{Li} 为 i 组分的液相黏度，mPa·s；x_i 为进料中 i 组分的摩尔分数。图中 α 和 η_L 的取值均按塔顶、塔底的平均温度计。

图 6.4.22 的曲线也可近似以下式表示

$$E_T = 0.49(\alpha \eta_L)^{-0.245} \tag{6.4.59}$$

根据操作条件，确定体系的液相黏度 η_L 和相对挥发度 α，即可由式（6.4.59）估算总板效率 E_T。

【例 6.12】 求［例 6.9］中完成规定分离任务所需要的实际板数和实际进料位置。已知全塔效率为 0.52。

解： 由［例 6.9］的计算结果可知，完成规定分离任务所需的理论板数为 7（含再沸器），则由式（6.4.58）可求得实际板数为

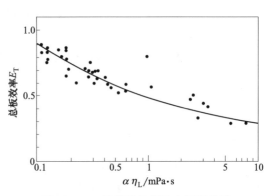

图 6.4.22　精馏塔总板效率关联曲线

$$N_P = \frac{N_T}{E_T} = \frac{7-1}{0.52} = 11.5$$

实际板数应为整数,故塔内实际板数为 12 层。

由 [例 6.9] 求得的精馏段理论板数 $N = 2$,故精馏段实际板数为

$$N_{P,r} = \frac{N_{T,r}}{E_T} = \frac{2}{0.52} = 3.8$$

取为 4 层,则实际进料板为第 5 层。在实际设计时,往往精馏段、提馏段都多加一层至几层塔板作为余量,以保证产品质量,并便于操作。

【例 6.13】 用一精馏塔分离某二元理想混合物,进料量为 100kmol/h,其中易挥发组分的摩尔分率为 0.5,进料为饱和液体,塔顶采用全凝器,且为泡点回流,塔釜用间接蒸汽加热。已知操作条件下两组分间的平均相对挥发度为 2.0,操作回流比为最小回流比的 1.8 倍。若要求塔底产品中易挥发组分的摩尔分率为 0.05,塔顶产品中易挥发组分的摩尔分率为 0.95,塔顶第 1 块实际板的液相默弗里板效率为 0.6,求塔顶第 2 块实际板上升蒸气的组成。

解: 根据已知条件,该过程的相平衡方程为

$$y = \frac{2x}{1+x}$$

饱和液体进料,则 $q = 1$,故 $x_e = x_F = 0.5$,则由相平衡方程得

$$y_e = \frac{2 \times 0.5}{1+0.5} = 0.67$$

最小回流比为

$$R_{min} = \frac{x_D - y_e}{y_e - x_e} = \frac{0.95 - 0.67}{0.67 - 0.5} = 1.65$$

故有,操作回流比

$$R = 1.8 R_{min} = 1.8 \times 1.65 = 2.97$$

精馏段操作线方程为

$$y_{n+1} = \frac{R}{R+1} x_n + \frac{x_D}{R+1} = \frac{2.97}{2.97+1} x_n + \frac{0.95}{2.97+1} = 0.75 x_n + 0.24$$

塔顶第 1 块板上升蒸气组成

$$y_1 = x_D = 0.95$$

与 y_1 平衡的液相组成

$$x_1^* = \frac{0.95}{2 - 0.95} = 0.905$$

$$E_{mL} = \frac{x_D - x_1}{x_D - x_1^*} = \frac{0.95 - x_1}{0.95 - 0.905} = 0.6$$

解得

$$x_1 = 0.923$$

则第 2 块实际板上升蒸气组成为

$$y_2 = 0.75 \times 0.923 + 0.24 = 0.932$$

(2) 填料层高度

精馏过程在填料塔内进行时,需要计算完成分离任务所需的填料层高度。将完成一个理论级的分离任务所需要的填料层高度定义为理论级当量高度(H_{th}),则完成规定的分离任务所需的填料层高度为

$$h = N_T H_{th} \tag{6.4.60}$$

式中,N_T 为完成分离任务所需的理论板数(不包括再沸器所相当的理论板),理论级当量高度(H_{th})依填料的种类而定,其影响因素也颇为复杂,在设计时应采用相同或相近

条件下的实测数据。缺乏数据时，也可采用经验公式估算。

6.4.5 精馏过程的操作型问题*

精馏过程的操作型问题是指在连续精馏塔的设备条件（理论板数和进料位置）已确定的条件下，寻求其在运行中的进料状况（包括流量、组成及其热状态）、操作条件（包括回流比、塔釜蒸发量和操作压力）与分离效果（x_D、x_W）之间的相互关系。例如，当进料状况不变，而某一操作条件改变时，其产品组成将如何变化；或进料状况改变而要使产品组成不变，应如何改变操作条件等。

(1) 精馏操作分析

在实际生产过程中，由于操作条件、塔性能、辅助设备性能或上下游工序操作条件等的变化，均会导致精馏塔操作的波动，影响塔的分离效果。对精馏操作中出现的问题进行分析，认识故障产生的本质，提出解决故障的有效措施是企业稳定生产的基本保证。对精馏操作的分析应掌握三个平衡，即气液相平衡、物料平衡和热量平衡。现对精馏操作过程中一些参数变化对塔分离效果的影响进行初步分析。

① 采出量　维持精馏装置的物料平衡是保证塔稳定操作的必要条件。在给定进料条件和规定分离要求后，塔的采出量 q_{nD} 或 q_{nW} 就唯一确定下来，并由全塔物料衡算关系确定。

塔顶采出量 q_{nD} 应满足关系式：$\dfrac{q_{nD}x_D}{q_{nF}x_F} \leqslant 1$。如果塔顶实际采出量 q'_{nD} 大于按物料衡算关系计算的采出量 q_{nD}，将造成难挥发组分更多地进入塔顶，导致塔顶产品组成 x_D 下降，即塔顶产品不合格。此时在塔底，因塔顶采出量的提高，塔釜中轻重组分必遵循操作条件下的相平衡关系及物料衡算关系，首先是易挥发组分向塔顶转移，之后难挥发组分也向塔顶转移。其结果是，在塔釜的易挥发组分降至更低，低于设计的分离指标 x_W，造成过度分离。反之，塔顶采出量 q'_{nD} 低于计算采出量，即 $q'_{nD} < q_{nD}$，使部分易挥发组分不能按规定从塔顶采出，只得从塔底排出，导致塔顶过度分离（x_D 增大）、塔釜易挥发组分增多（x_W 增大），即塔底产品不合格，同时造成塔顶易挥发组分的回收率下降。

产品采出量偏离按物料衡算得出的计算值，多数情况是因为进料流量 q_{nF} 或进料组成 x_F 发生变化，而没有及时调整采出量引起的。显然当进料流量提高或其中易挥发组分增多时，应适当增大采出量 q_{nD}，以保证塔两端分离产品合格。由以上分析可知，塔的操作必须满足系统的物料衡算关系。如果采出量不适宜，无论如何优化塔的操作，也将导致塔一端的分离达不到设计要求。

物料平衡对精馏过程的制约也可以体现在塔顶产品的纯度的规定上。当进料流量和组成一定，并规定塔顶产品量 q_{nD} 时，即使精馏塔的塔板数无穷多，回流比无穷大，塔顶产品 x_D 的最大值也必须满足以下关系式

$$x_{D,max} = \frac{q_{nF}x_F}{q_{nD}}$$

在实际操作过程中，塔顶产品组成 x_D 不能超过这个最大值。

② 回流比　回流比是影响精馏操作的一个重要参数，也是生产上用于调节控制操作的主要手段。对于操作中的精馏塔来说，增大回流比，将使精馏段操作线的斜率增加，提馏段操作线的斜率变小，传质推动力增加，各板的分离能力提高。在理论板数不变的情况下，x_D 增加，x_W 减小。反之，回流比降低，x_D 减小，x_W 增加。需要说明的是，改变回流比对 x_D 和 x_W 的改变程度，受精馏段塔板数和精馏塔分离能力的限制。

增大回流比可以有两种途径,一是保持塔顶产品采出量不变,增大液体回流量。采用这种方法增大回流比,冷凝器和再沸器的热负荷也相应增大,从而冷却剂和加热剂的用量也随之增大,操作费用增加。这时应考虑塔顶冷凝器和塔底再沸器的传热面积是否留有足够的裕度。另外一种增大回流比的途径是降低产品采出量。在此条件下,塔内上升蒸气量不变,故再沸器和冷凝器的热负荷不变,但因产品采出量减少,导致易挥发组分的回收率降低。

③ 进料组成及热状态　如前述讨论,最适宜的进料板位置应在两条操作线交点的板上,提前进料和推迟进料,都将导致进料附件的板分离能力降低,在一定的理论板数的情况下,分离程度下降。因此,在精馏塔操作过程中,进料组成 x_F 发生变化时,还需调整进料位置,以保证塔在最佳进料条件下的操作工况。

而进料热状态不同,将造成塔内精馏段和提馏段气液两相流量的变动,从而影响塔内各板的分离能力、再沸器和冷凝器的热负荷。对于操作中的精馏塔,若进料 q 值减小,而操作回流比 R 不变,则进料带入的热量增加,要保持全塔的热量平衡,再沸器蒸发量减少,导致塔内提馏段上升蒸气量减少,使提馏段操作线的斜率增大,操作线向平衡线靠近,传质推动力降低,这将会削弱提馏段的分离能力。若进料 q 值减小,而再沸器热负荷不变,则操作回流比增加。在这种情况下,塔内提馏段上升蒸气量不变,但精馏段气相流率增加,塔顶冷凝器的热负荷也相应增加,塔顶采出量不变的情况下,液体回流量增加,精馏段操作线的斜率增大,操作线远离平衡线,塔分离能力提高。反之,如果进料的 q 值增加,而再沸器热流量不变,则将使操作回流比减小,降低分离效果(如 x_D 下降)。若进料的 q 值增加,而回流比不变,则应加大再沸器热流量,提馏段各板分离能力提高(如 x_W 减小)。需要说明的是,进料热状态的改变,也使进料位置偏离了最佳进料位置,降低了进料附近的塔板效率。

(2) 精馏过程操作型计算

对于精馏塔的操作型计算,也必须满足全塔物料衡算式、相平衡方程和精馏、提馏两段的操作线方程。由于操作型计算求解的是一些非线性方程组,求解过程较繁琐,故进行操作型计算的定量计算时,需要采用迭代(试差)法。

【例6.14】 用一有44块实际塔板的连续操作的精馏塔分离乙苯-苯乙烯混合液,塔的总板效率为0.6。塔顶设全凝器,泡点回流。塔釜间接蒸汽加热,釜液汽化量为 75kmol/h。从塔顶向下数第23块实际塔板加料,进料为饱和液体,其中乙苯的含量为0.6(摩尔分数,下同)。操作条件下,精馏段的平均相对挥发度 $\alpha=1.45$,全塔平均相对挥发度 $\alpha=1.43$。若要求馏出液组成为0.95,试求馏出液的产量和乙苯的回收率。

解:(1) 馏出液的产量

第23块实际塔板为进料板,则精馏段理论板数(含进料板)$N_{Tr}=E_T N_{Pr}=0.6\times23=13.8$。试差求解达到规定要求分离要求时所需的回流比。为避免试差,本题利用吉利兰图确定回流比 R。

由于饱和液体进料 $x_e=x_F=0.6$,则与 x_e 平衡的气相组成 y_e 为

$$y_e=\frac{\alpha x_e}{1+(\alpha-1)x_e}=\frac{1.43\times0.6}{1+0.43\times0.6}=0.682$$

最小回流比为

$$R_{min}=\frac{x_D-y_e}{y_e-x_e}=\frac{0.95-0.682}{0.682-0.6}=3.268$$

精馏段最少进料理论板数(含进料板)为

$$N_{Tr,min} = \frac{\lg\left(\dfrac{x_D}{1-x_D} \middle/ \dfrac{x_F}{1-x_F}\right)}{\lg\alpha} = \frac{\lg\left(\dfrac{0.95}{1-0.95} \middle/ \dfrac{0.6}{1-0.6}\right)}{\lg 1.45} = 6.833$$

则

$$\frac{N_{Tr} - N_{Tr,min}}{N_{Tr}+1} = \frac{13.8-6.833}{13.8+1} = 0.471$$

查吉利兰图，得

$$\frac{R-R_{min}}{R+1} = \frac{R-3.268}{R+1} = 0.17$$

解得操作回流比为 $\qquad R = 4.142$

由 $q'_{nV} = q_{nV}$ 和 $q_{nV} = (R+1)q_{nD}$ 得

$$q_{nD} = \frac{q_{nV}}{R+1} = \frac{75}{4.142+1} = 14.59 \text{kmol/h}$$

（2）乙苯的回收率

对全塔来说，$\dfrac{R-R_{min}}{R+1} = 0.17$ 及 $\dfrac{N_T - N_{min}}{N_T+1} = 0.471$ 均不变。而全塔的理论板数为

$$N_T = E_T N_P = 0.6 \times 44 = 26.4 \quad （不含再沸器）$$

则

$$\frac{N_T - N_{min}}{N_T+1} = \frac{(26.4+1) - N_{min}}{(26.4+1)+1} = 0.471$$

解得全塔最小理论板数为，$N_{min} = 14.49$（含再沸器）。

又由 $\qquad N_{min} = \dfrac{\lg\left(\dfrac{x_D}{1-x_D} \middle/ \dfrac{x_W}{1-x_W}\right)}{\lg\alpha} = \dfrac{\lg\left(\dfrac{0.95}{1-0.95} \middle/ \dfrac{x_W}{1-x_W}\right)}{\lg 1.43} = 14.49$

解得塔底釜液组成为 $x_W = 0.096$。

所以，乙苯的回收率为

$$\phi_D = \frac{q_{nD} x_D}{q_{nF} x_F} \times 100\% = \frac{(x_F - x_W) x_D}{(x_D - x_W) x_F} \times 100\% = \frac{(0.6-0.096) \times 0.95}{(0.95-0.096) \times 0.6} \times 100\% = 93.44\%$$

6.5 间歇精馏

间歇精馏又称分批精馏，主要用于一些批量小、种类多、产品组成又经常变化、且分离要求较高的液体混合物的分离；或化学反应分批进行，反应产物的分离也要求分批进行；或欲用一个塔把多组分混合物分离为几个产品。间歇精馏的流程如图 6.5.1 所示。

间歇精馏与连续精馏在原理上一致，都发生多次部分汽化和部分冷凝的过程。而在操作上间歇精馏类似于简单蒸馏，即原料在操作前一次加入釜中，在蒸馏过程中，随着釜液被加热汽化，釜液中易挥发组分的浓度不断降低。产生的蒸气在塔内逐级上升至塔顶被冷凝器冷凝，凝液一部分作为塔顶产品采出，另一部分作为回流液返回塔内。返回塔内的回流液与逐板上升的气相接触传质。随着蒸馏过程进行，各塔板上气、液相的组成也相应地随时间而变，当釜液组成达到某一规定指标时，则停止精馏，排出釜底残液，完成一个生产周期。由于间歇精馏结构简单、操作灵活方便，在精细化工、医药等生产中得到广泛应用。

间歇精馏的特点是：

① 间歇精馏与简单蒸馏同属动态过程，间歇操作，随着过程的进行，塔釜内釜液量、组成以及塔内气、液组成分布、温度分布均发生改变。与简单蒸馏的不同的是，间歇精馏有回流，有多于 1 个的理论塔板，分离效果大大提高。

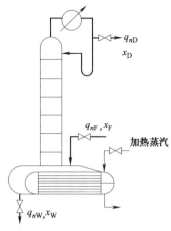

图 6.5.1　间歇精馏流程

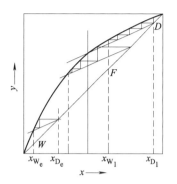

图 6.5.2　恒定回流比的间歇精馏操作

② 与连续精馏相比，间歇精馏只有精馏段没有提馏段。此外，考虑运行周期，间歇精馏所需塔釜容积较大。

③ 塔顶产品组成随操作方式不同而异。

间歇精馏过程的操作可以有两种基本操作方式，一是维持回流比 R 恒定的操作；二是维持馏出液组成 x_D 恒定的操作。此外，还可将两种基本操作方式结合起来进行。

6.5.1　恒定回流比的操作

在一定的理论板数条件下进行间歇精馏，在操作过程中若回流比保持不变，则随着塔顶不断馏出液相产品，易挥发组分在塔顶馏出液及釜液中的摩尔分数均随之下降，残留釜液量也不断减少。如图 6.5.2 所示，对具有 4 层理论塔板的间歇精馏过程，维持回流比 R 恒定的操作，其操作线的斜率在整个操作中恒定不变。初始馏出液组成为 x_{D_1} 时，相应的釜液组成为 x_{W_1}，随着蒸馏操作的进行，釜液中和馏出液中易挥发组分不断降低，间歇精馏过程的操作线将从 D 点开始平行下移，直至釜液或馏出液组成低于某规定值，操作即停止。此时，所获产品的组成是蒸馏过程中馏出液的平均组成 $\overline{x}_D$。

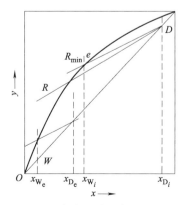

图 6.5.3　恒定回流比操作的 $R_{\min}$

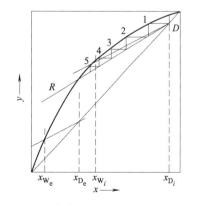

图 6.5.4　恒定回流比操作的理论板数

(1) 理论板数的确定

当给定分批进料量 q_{nF}、组成 x_F、操作条件（如操作压力）等，同时规定易挥发组分在产品中的平均摩尔分数 $\overline{x}_D$ 及釜液中最终的摩尔分数 x_{W_e}，即可确定完成规定分离要求所需的理论板数。为方便设计，忽略塔内持液量对分离的影响。

为保证产品规定的平均组成 $\overline{x}_D$，初始产品组成 x_{D_i} 必须大于 $\overline{x}_D$。由于 x_{D_i} 所对应的釜液初始组成 x_{W_i} 等于进料组成 x_F、初始釜液量 q_{nW_i} 等于进料量 q_{nF}，所以计算时由初始工况的组 x_{D_i} 及 x_F 确定最小回流比 R_{min}。如图 6.5.3 所示。由操作线 De 的斜率可得

$$\frac{R_{min}}{R_{min}+1}=\frac{x_{D_1}-y_{F_e}}{x_{D_1}-x_F} \tag{6.5.1}$$

整理后得

$$R_{min}=\frac{x_{D_1}-y_{F_e}}{y_{F_e}-x_F} \tag{6.5.2}$$

式中，y_{F_e} 为与初始釜液组成 x_F 呈平衡的气相组成，摩尔分数。

在式（6.5.2）中，需事先给定产品初始组成 x_{D_1} 的初值，才能确定最小回流比 R_{min}，然后选择适宜的操作回流比 R，用图解法确定满足规定分离要求所需的理论板数 N_T，如图 6.5.4 所示。由于 x_{D_1} 的初值是给定的，故所得理论板数 N_T 是否满足分离要求，还需做下一步的校核计算，检验所得产品是否达到规定的产品平均组成 $\overline{x}_D$。

(2) 设计校核计算

对以上设计结果的校核，应用与简单蒸馏类似的方法，在 dT 时间内对间歇精馏系统作物料衡算，通过积分可得

$$\ln\frac{n_{W_i}}{n_{W_e}}=\int_{x_{W_e}}^{x_{W_i}}\frac{\mathrm{d}x_W}{x_D-x_W} \tag{6.5.3}$$

式中　x_W，x_D——瞬时釜液组成及相应的馏出液组成；

n_{W_i}，n_{W_e}——t_1、t_2 时刻的釜液量；

x_{W_i}，x_{W_e}——t_1、t_2 时刻釜液的组成。

应用图解或数值积分方法，可确定式（6.5.3）的积分值 λ

$$\ln\frac{n_{W_i}}{n_{W_e}}=\lambda \tag{6.5.4}$$

已知间歇精馏初始工况存在以下关系

$$n_{W_i}=n_F,\quad x_{W_i}=x_F$$

所以，式（6.5.4）可表示为

$$n_{W_e}=n_F\mathrm{e}^{-\lambda} \tag{6.5.5}$$

由全塔全过程的间歇精馏物料衡算可得塔顶馏出产品量

$$n_D=n_F-n_{W_e}=n_F(1-\mathrm{e}^{-\lambda})$$

最终所得产品的平均组成 $\overline{x}'_D$ 为

$$\overline{x}'_D=\frac{n_{W_i}x_{W_i}-n_{W_e}x_{W_e}}{n_D} \tag{6.5.6}$$

将 n_{W_e} 和 n_D 代入式（6.5.6）中整理得

$$\overline{x}'_D=\frac{x_F-\mathrm{e}^{-\lambda}x_{W_e}}{1-\mathrm{e}^{-\lambda}} \tag{6.5.7}$$

如果计算所得馏出液平均组成 $\overline{x}_D'$ 大于或等于规定的产品组成，则以上设计可行。否则，需要重新给定 x_{D_i} 的初值返回迭代求解，直至满足设计要求。

【例6.15】 在一常压间歇精馏塔中分离含有正庚烷摩尔分数为 0.40 的正庚烷-正辛烷混合液，已知该塔的理论板数为 8（含再沸器），恒定回流比 $R=4.29$，进料量为 15kmol/h。常压下正庚烷-正辛烷混合液可视为理想溶液，平均相对挥发度为 2.16。试求釜液中正庚烷摩尔分数为 0.10 时的馏出液量及其平均组成。

解： 根据式（6.5.3）有

$$\ln \frac{n_F}{n_W} = \int_{x_W}^{x_F} \frac{1}{x_D - x_W} dx_W$$

恒定回流比操作条件下，操作过程中 x_D 不断降低，每一瞬间 x_D 必有一个釜液组成 x_W 与之对应。为获得 x_D 与 x_W 的关系，需要设一系列 x_D 值，并通过逐板计算求出一系列对应的 x_W 值。操作初始时的馏出液组成 x_{D_i} 应大于平均馏出液组成，设 $x_{D_i}=0.984$

此时操作线方程 $\quad y_{n+1} = \dfrac{4.29}{4.29+1} x_n + \dfrac{0.984}{4.29+1} = 0.811 x_n + 0.186$

相平衡方程 $\quad x = \dfrac{y}{\alpha - (\alpha-1)y} = \dfrac{y}{2.16 - 1.16y}$

逐板计算得到此时对应的釜液组成为 $x_{W_i}=0.400$。

依此类推，逐板计算出一系列 x_D 对应的 x_W，计算结果列于附表。

[例6.15] 附表 馏出液及釜液组成

馏出液 x_D	釜液 x_W	$\dfrac{1}{x_D - x_W}$	馏出液 x_D	釜液 x_W	$\dfrac{1}{x_D - x_W}$
0.580	0.100	2.06	0.968	0.300	1.50
0.782	0.150	1.58	0.978	0.350	1.59
0.898	0.200	1.43	0.984	0.400	1.71
0.947	0.250	1.43			

由数值积分得

$$\int_{x_W}^{x_F} \frac{1}{x_D - x_W} dx_W = 0.468$$

按式（6.5.3）

$$\frac{n_{W_i}}{n_{W_e}} = e^{0.468} = 1.6$$

$$\frac{n_D}{n_F} = 1 - \frac{n_{W_e}}{n_{W_i}} = 1 - \frac{1}{1.6} = 0.375$$

$$n_D = 15 \times 0.375 = 5.6 \text{kmol}$$

馏出液的平均组成

$$\overline{x}_D' = \frac{n_{W_i} x_{W_i} - n_{W_e} x_{W_e}}{n_D}$$

$$= \frac{x_{W_i} - \dfrac{n_{W_e}}{n_{W_i}} x_{W_e}}{\dfrac{n_D}{n_{W_i}}} = \frac{0.4 - 0.1/1.6}{0.375} = 0.9$$

6.5.2 恒定馏出液组成的操作

由于塔内理论板数为定值，为维持产品组成 x_D 恒定，必须连续加大回流比 R。随着回流比 R 的不断增大，塔内气液相流量随之增大，使得操作周期前后塔内气液相流量相差较大，而导致所需的塔以及辅助设备的尺寸较大，增加了投资，同时，也很难使操作在最佳工况下进行。为此，不能完全采用增大加热量的方法来增加回流比，而是当加热量增大到一定量时，采用减少塔顶采出量的方法增大回流比，以保障塔顶产品组成 x_D 恒定不变，同时，也使塔内气液相流量变化不大，这样使塔的设计和操作均可行。

当釜液组成达到规定的 x_{W_e} 时，仍需保证塔顶产品组成达到规定值 x_D，由于此时的分离程度最高，故理论板数的确定应按最终操作情况确定。所以，应由 x_D 和 x_{W_e} 确定最小回流比 R_{min}，如图 6.5.5 所示。

由图 6.5.5 中操作线 De 确定最小回流比 R_{min}，可得

$$R_{min} = \frac{x_D - y_{W_e}}{y_{W_e} - x_{W_e}}$$

式中，y_{W_e} 为与最终釜液组成 x_{W_e} 呈平衡的气相组成，摩尔分数。

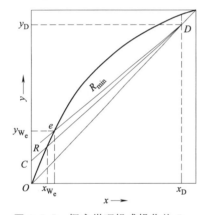

图 6.5.5 恒定塔顶组成操作的 R_{min}

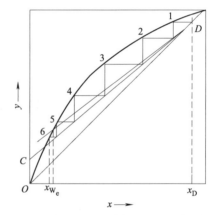

图 6.5.6 恒定塔顶组成操作的理论板数 N_T

根据确定的 R_{min}，选定适宜的实际回流比 R，绘制操作线 DC，如图 6.5.6 中所示。在 DC 与平衡线之间作梯级，图解所需的理论板数 N_T。在以上设计过程中，未涉及给定参数初值的问题，因此，该设计过程不必进行迭代计算，而是直接通过图解获得塔板数 N_T。

在实际生产中，恒定回流比的操作难以获得组成和回收率都较高的产品，而恒定产品组成的操作，其操作周期内回流比变化幅度较大，同时也很难实现连续增大回流比的操作。所以，常将这两种操作方式结合起来操作。即首先采用恒定回流比 R 的操作，并维持产品组成 x_D 大于或等于规定的产品指标。当 x_D 下降到接近规定的产品指标时，则提高回流比 R，重复以上恒定回流比操作。如此阶跃式地增大回流比 R，以保持馏出液平均组成 x_D 大于或等于规定的分离要求。当再沸器、冷凝器或塔的能力限制了塔增大回流比时，则可采用减少采出量的方法来增大回流比，以充分挖掘塔的生产能力。这样既保证了产品的质量，同时又提高了产品收率，减少了物耗。

【例 6.16】 在一常压间歇精馏塔中分离正庚烷—正辛烷混合液，已知该塔的理论板数为 8（含釜），进行恒定馏出液组成为 0.90 的间歇精馏操作，进料量为 15kmol/h，其中含有正庚烷摩尔分数为 0.40。常压下正庚烷-正辛烷混合液可视为理想溶液，平均相对挥发度

为 2.16。操作结束时的回流比取该时最小回流比的 1.32 倍，塔釜汽化速率为 0.003kmol/h，试求釜液中正庚烷摩尔分数为 0.10 时的精馏时间及塔釜总汽化量。

解：操作结束时的釜液摩尔分数 $x_{W_e}=0.10$，与此釜液组成相平衡的气相组成为

$$y_W = \frac{\alpha x_W}{1+(\alpha-1)x_W} = \frac{2.16 \times 0.1}{1+1.16 \times 0.1} = 0.194$$

由 x_D 和 x_{W_e} 确定最小回流比 R_{min}

$$R_{min} = \frac{x_D - y_{W_e}}{y_{W_e} - x_{W_e}} = \frac{0.9 - 0.194}{0.194 - 0.10} = 7.55$$

故操作结束时的回流比为 $R = 1.32 \times 7.55 = 10$

操作线方程为

$$y_{n+1} = \frac{R}{R+1}x_n + \frac{x_D}{R+1} = \frac{10}{10+1}x_n + \frac{0.9}{10+1} = 0.909x_n + 0.0818$$

相平衡方程为

$$x = \frac{y}{\alpha - (\alpha-1)y} = \frac{y}{2.16 - 1.16y}$$

在保持馏出液组成不变的间歇过程中，每一瞬时的釜液组成必对应于一定的回流比。故可设一瞬时的回流比 R，由 $x_D = 0.9$ 开始交替使用上述操作线方程和相平衡方程各 8 次，便可得到该瞬时的釜液组成 x。这样，假设一系列回流比可求出对应的釜液组成列于附表中。

[例 6.16] 附表　回流比与釜液组成的关系

回流比	1.79	2.16	2.64	3.30	4.30	6.10	10.0
釜液组成 x	0.40	0.35	0.30	0.25	0.20	0.15	0.10
$\dfrac{R+1}{(x_D-x)^2}\mathrm{d}x$	11.18	10.43	10.10	10.19	10.84	12.62	17.19

该表同时列出 $\dfrac{R+1}{(x_D-x)^2}\mathrm{d}x$，数值积分得

$$\int_{x_W}^{x_F} \frac{R+1}{(x_D-x)^2}\mathrm{d}x = 3.39$$

由此得到精馏时间为

$$\tau = \frac{n_F}{q_{nV}}(x_D - x_F)\int_{x_{W_e}}^{x_F} \frac{R+1}{(x_D-x)^2}\mathrm{d}x$$

$$= \frac{15}{0.003}(0.90 - 0.40) \times 3.39 = 8475s = 2.35h$$

釜总汽化量

$$n = 2.35 \times 0.003 = 0.0071kmol$$

6.6　多组分精馏*

在实际生产中常遇到的是多组分混合物的精馏问题。虽然双组分精馏的基本原理和许多关系式也都适用于多组分精馏过程，但由于多组分精馏的组分数目增多，需要获取的产品也

多，所以导致分离系统的物流、能流、信息流和所需的设备都多，计算过程也更为复杂。

6.6.1 多组分精馏分离序列

对于小批量的多组分混合物，可以采用间歇精馏方式，用一个塔顺序得出多个较纯的或一定沸点范围的产品。而对于生产规模较大的多组分混合物分离时，则应采用连续精馏。将一混合物完全分离成相对较纯组分产品的分离称为锐分离。对双组分混合物进行锐分离，仅有一个方案，需要一个精馏塔。而多组分混合物采用简单塔进行锐分离时，组分间分割方式不同，得到的分离流程（分离序列）不同。如利用简单塔分离 C 个组分的混合物时需要 $(C-1)$ 个塔，这 $(C-1)$ 个塔又可以不同方式组合成各种流程，其分离序列数为 $\dfrac{[2(C-1)]!}{C!(C-1)!}$。对于同一混合物要求达到相同的分离目标，不同分离序列中各个塔的操作条件和结构也会有所不同，导致生产成本不同。因此，如何在这些分离序列中寻找最优分离序列是多组分精馏首先需要考虑的问题。

最优分离序列的评价指标是使年度总分离费用最小，但同时也要考虑如环境等的其他因素。一般来说，根据挥发度从大到小依次分离混合物的流程比较经济，这是因为在一分离序列中，组分汽化的次数越多，则序列中物流所需的热量越多，能耗就越高。以 A、B、C 三组分（按挥发度递减顺序）物系的分离为例，完成该 3 组分的分离可有图 6.6.1 中的两种分离流程。方案（b）中，A 组分汽化两次，B 组分汽化一次。方案（a）是根据挥发度递减的原则依次分出各组分，该流程称为顺序流程（或直接序列），该流程中 A、B 组分各汽化一次，因而再沸器和冷凝器的热负荷较小，能耗较低，且塔径也较小。从这个角度考虑，方案（a）优于方案（b）。

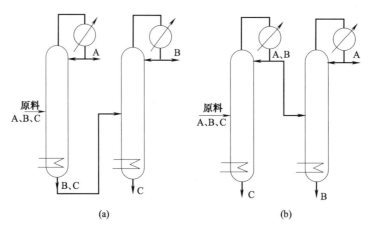

(a)   (b)

图 6.6.1　三组分精馏的流程方案

然而，精馏过程的能耗不只取决于组分汽化的次数，而是取决于加入系统总的热流量，总的热流量又与流程中各个塔顶的采出量和操作回流比有关。除需考虑能耗等操作费用，适宜分离序列的确定还应考虑设备投资费用。如考虑到后序设备材料的防腐问题及产品污染问题，混合物中的易腐蚀和有毒组分应尽早分离出；为避免处理量较大的第 1 个塔的理论板数过多或回流比过大（对应塔径和塔高也较大），混合物中最难分离的组分应最后分离出去；混合物中份额很大的组分应先分出，不然会使全系统设备尺寸普遍增大。由此可见多组分精馏时，多塔流程方案的选择是比较复杂的，通常需经严格的计算、分析和比较多个方案后才能确定。

当然，若不要求将混合物中各组分都分离成纯组分，而只要求将进料分割成不同沸程的馏分（例如炼油工业中将原油分割为汽油、煤油、柴油和其他重馏分），则可在同一精馏塔中采用侧线引出的方法来实现。

6.6.2 多组分系统的气液相平衡

多组分精馏除了流程复杂外，其气液相平衡关系也很复杂。多组分系统的相平衡关系表示通常采用相平衡常数法和相对挥发度法。

(1) 相平衡常数法

多组分物系的平衡关系多采用相平衡常数法表示，根据式（6.2.7），当多组分系统在恒定的温度和压力下达到平衡时，气相中任一组分 i 的平衡组成 y_i 与液相中 i 组分的平衡组成 x_i 的关系可表示为

$$y_i = K_i x_i \qquad (i=1,2,\cdots,C) \tag{6.6.1}$$

对理想体系，相平衡常数 K 是组分性质、总压及系统温度的函数。而对液相为非理想溶液，气相为理想气体的非理想体系，其相平衡常数 K 不仅与体系温度、压力有关，还与液相的组成有关。相平衡常数法将多组分物系的气液相平衡关系归结为各个组分相平衡常数 K 的求取，关于 K 的确定可参见化工热力学相关部分。

需要说明的是，在精馏塔中，由于各层塔板上的温度是不相等的，因此平衡常数也是变量。

(2) 相对挥发度法

用相对挥发度法表示多组分体系的相平衡关系时，通常选择较难挥发的组分 h 作为基准组分。根据式（6.2.11）和式（6.2.13），对于理想体系有

$$y_i = K_i x_i = \alpha_{ih} K_h x_i \qquad (i=1,2,\cdots,C) \tag{6.6.2}$$

式中　　y_i——组分 i 在气相中的平衡组成，摩尔分数；

x_i——组分 i 在液相中的平衡组成，摩尔分数；

K_i——组分 i 的平衡常数；

K_h——基准组分 h 的平衡常数；

α_{ih}——组分 i 对基准组分 h 的相对挥发度。

由式（6.6.2）可知，对于理想体系，各组分的相对挥发度仅为温度的函数，与系统压力和体系的组成无关。一般情况下，在蒸馏过程中，若温度变化范围不大，相对挥发度随温度的变化较缓，即相对挥发度对温度的变化不敏感。所以，在一定温度范围内，相对挥发度 α 可近似地取为常数。以相对挥发度表示体系的气、液相平衡关系，可使平衡关系表达式得以简化，使用更为方便。

由气相组成的归一方程可得

$$\Sigma y_i = \sum_{i=1}^{C} \alpha_{ih} K_h x_i = 1 \tag{6.6.3}$$

将式（6.6.2）和式（6.6.3）两式相比即得

$$y_i = \frac{\alpha_{ih} K_h x_i}{\sum\limits_{i=1}^{C} \alpha_{ih} K_h x_i} = \frac{\alpha_{ih} x_i}{\sum\limits_{i=1}^{C} \alpha_{ih} x_i} \tag{6.6.4}$$

与式（6.6.2）对比，可得

$$K_i = \frac{\alpha_{ih}}{\sum\limits_{i}^{C} \alpha_{ih} x_i} = \alpha_{ih} K_h \qquad (i = 1, 2, \cdots, C) \qquad (6.6.5)$$

对于基准组分 h，其 $\alpha_{hh} = 1$，故有

$$K_h = \frac{1}{\sum\limits_{i=1}^{C} \alpha_{ih} x_i} \qquad (6.6.6)$$

同理，也可导得以下关系式

$$x_i = \frac{y_i / \alpha_{ih}}{\sum\limits_{i=1}^{C} (y_i / \alpha_{ih})} = \frac{y_i}{\alpha_{ih} K_h} \qquad (6.6.7)$$

式中 $\qquad\qquad K_h = \sum (y_i / \alpha_{ih}) \qquad (i = 1, 2, \cdots, C) \qquad (6.6.8)$

对于非理想体系，因各组分的相对挥发度与其平衡常数有关，所以，相对挥发度 α 也将随温度和组成而改变，故在操作温度范围内不能近似为常数。

对一般非理想性不强的体系，体系的组成、温度、压力对相对挥发度均有影响。然而因体系非理想性不强，压力不太高时，在一定温度范围，α_{ih} 仍可由其平均值代替。但当压力变化较大，导致温度变化得很快，或在高真空下压差与总压之比相当大时，α_{ih} 随温度的变化应予以考虑。

(3) 泡、露点温度计算

利用平衡关系进行组成计算时，需要知道系统的温度和压力，才能算出相平衡常数或相对挥发度。设计时一般规定系统的压力，而温度要根据压力和组成来确定，为此，需要进行泡、露点温度的计算。

① 泡点温度计算　当给定系统的操作压力 p 以及液相的组成 x_i 时，即可求该体系在压力 p 下的泡点 t_b。首先假定泡点初值 t_b，然后确定各组分的相平衡常数 K_i，进而由相平衡关系式 (6.6.1) 计算与 x_i 呈平衡的气相组成 y_i。所得气相组成 y_i 必须满足归一方程

$$\begin{aligned} \sum y_i = \sum K_i x_i &= 1 \\ &= K_1 x_1 + K_2 x_2 + \cdots + K_C x_C = 1 \end{aligned} \qquad (6.6.9)$$

或

$$f_n = \sum K_i x_i - 1 = 0 \qquad (6.6.10)$$

当计算出的气相组成 y_i 使目标函数 f_n 达到规定的精度 ε（例如，$\varepsilon = 10^{-3}$），即 $f_n < \varepsilon$，则计算所得 t_b 即为所求泡点 t_b。若迭代精度不满足要求，则应重新给定 t_b 的初值，返回迭代计算，直至满足目标函数规定的精度要求。

② 露点温度计算　当给定系统压力 p 及气相组成 y_i 时，即可确定该体系的露点 t_d 及平衡液相组成 x_i。由式 (6.6.4) 及式 (6.6.7) 可导出露点计算公式

$$\sum_{i=1}^{C} x_i = \sum_{i=1}^{C} y_i / K_i = \frac{y_1}{K_1} + \frac{y_2}{K_2} + \cdots + \frac{y_C}{K_C} = 1 \qquad (6.6.11)$$

或目标函数 f_n

$$f_n = \sum_{i=1}^{C} y_i / K_i - 1 = 0 \qquad (i = 1, 2, \cdots, C) \qquad (6.6.12)$$

同理，给定温度 t_d 初值，确定 K_i，再由式 (6.6.7) 求得 x_i，然后通过目标函数式

(6.6.12) 进行检验，如果计算结果达到了精度要求，则所假设的 t_d 为所求露点，否则，返回迭代计算。

6.6.3 全塔物料衡算

多组分精馏的设计计算主要内容是理论板数的计算。和双组分精馏一样，为了进行理论板数的计算，除了知道进料的流量、组成外，还需要知道塔顶馏出液和塔底釜液的组成。在双组分精馏中，只要给定进料流量、进料组成和塔的分离要求，即可确定进料中两组分在塔两端的分布和产品的采出量。然而，由于多组分精馏时，进料中组分多，可能进入塔两端的组分数也多。由于系统自由度的约束，对一个塔只能任意规定两个组分的分离要求。也就是说，确定了这两个组分在塔两端的组成，其余组分的组成就因设备的分离能力而被确定下来，不能随意规定。为确定塔两端的组成分布，可根据体系的相平衡关系及热力学性质，对系统进行严格的物料衡算及热量衡算，但该计算过程十分繁琐和复杂。本节只介绍全塔物料衡算的近似估算方法。

(1) 关键组分及分离要求的规定

确定了多组分混合物的分离序列之后，流程中每个塔需要完成的生产任务已被规定。根据每个塔的分离任务，可以确定工艺中最关心的两个组分，称这两个组分为关键组分。通常选择分割点相邻的两个组分为关键组分。如图 6.6.2 中所示的四组分混合物的分离序列，塔 1 分割点为 B、C 之间，所以 B、C 组分可选作塔 1 分离过程中的关键组分，并称其中相对轻的组分 B 为轻关键 (l) 组分，相对重的组分 C 为重关键 (h) 组分。此外，混合物中比轻关键组分轻的组分如 A 组分为轻非关键组分 (或轻组分)，比重关键组分重的组分如 D 组分为重非关键组分 (或重组分)。在多组分精馏中，通过规定关键组分的分离要求，对塔的分离结果进行控制。

关键组分分离要求通常有以下几种规定方法：①规定轻关键组分在塔顶产品中的浓度不低于某一值，重关键组分在塔底的浓度必须大于某一值；②规定轻关键组分在塔顶组成必须大于某一值，其回收率必须大于某一值；③规定轻关键组分在塔顶的回收率及重关键组分在塔釜浓度必须大于某一值，也可规定轻关键组分浓度在塔底必须小于某一值、重关键组分浓度在塔顶必须小于某一值

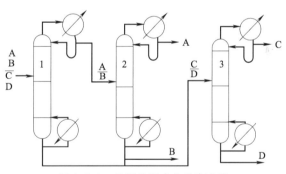

图 6.6.2 四组分混合物分离方案

等，以保证多组分精馏达到规定的分离要求。

在多组分精馏中，一般是先规定关键组分在塔两端产品中的组成或回收率，非关键组分在塔两端的预分配可通过物料衡算或近似估算得到，待求出理论板数之后，再核算塔顶和塔底产品的组成。

(2) 非关键组分在两端产品中的预分配

由全塔的总物料衡算及任意组分 i 的物料衡算可得

$$q_{nF} = q_{nD} + q_{nW} \tag{6.6.13}$$

$$q_{nF} x_{Fi} = q_{nD} x_{Di} + q_{nW} x_{Wi} \qquad (i = 1, 2, \cdots, C) \tag{6.6.14}$$

根据规定的关键组分的分离要求，可由其物料衡算关系式 (6.6.13) 和式 (6.6.14) 确

定关键组分在塔两端的分配。而非关键组分在塔内的分配，则需根据体系的热力学性质和相平衡关系，联立物料衡算关系确定，计算过程颇为复杂。为简化计算过程，可结合分离过程的工程实际情况和基本原理，对非关键组分在塔两端产品中的分配进行近似估算，待理论板数确定之后再进一步核算。下面根据混合物中各组分间挥发度的差异，分两种情况讨论非关键组分在塔两端产品中的预分配。

① 清晰分割情况　如果两关键组分相邻且挥发度相差较大，当分离要求较高，即控制轻关键组分在塔釜中浓度很低，而控制重关键组分在塔顶的浓度又很小时，则可认为进料中轻非关键组分全部进入塔顶产品中，而重非关键组分全部进入塔底产品中，称此分割情况为清晰分割。按清晰分割情况，在塔顶的产品中重非关键组分近似为零。同理，在塔底产品中轻非关键组分也近似为零。这样，进料中各组分在塔两端的分配可以通过物料衡算确定，计算过程见［例 6.17］。

【例 6.17】 采用加压精馏塔分离乙烯、乙烷、丙烯和丙烷混合物，进料组成如下所示。

组分	乙烯(A)	乙烷(B)	丙烯(C)	丙烷(D)
$x_{\mathrm{F}i}$（摩尔分数）	0.3414	0.0282	0.5017	0.1287

若要求馏出液中丙烯组成小于 0.002，釜液中乙烷组成小于 0.001（以上均为摩尔分数）。又已知进料流量为 1000kmol/h，试按清晰分割情况确定馏出液和釜液的组成。

解：根据题目要求，乙烷 B 为轻关键组分，丙烯 C 为重关键组分。因为是清晰分割，可认为轻组分 A 在釜液中的组成为 0，重组分 D 在馏出液中的组成为 0，即 $x_{\mathrm{WA}} = x_{\mathrm{DD}} = 0$，其他各组分由物料衡算求得。

对全塔作任一组分 i 的物料衡算，有

$$q_{n\mathrm{F}i} = q_{n\mathrm{F}} x_{\mathrm{F}i} = q_{n\mathrm{D}} x_{\mathrm{D}i} + q_{n\mathrm{W}} x_{\mathrm{W}i} = q_{n\mathrm{D}i} + q_{n\mathrm{W}i}$$

式中　$q_{n\mathrm{F}i}$——进料中组分 i 的流量，kmol/h，$q_{n\mathrm{F}i} = q_{n\mathrm{F}} x_{\mathrm{F}i}$；

$q_{n\mathrm{D}i}$——馏出液中组分 i 的流量，kmol/h，$q_{n\mathrm{D}i} = q_{n\mathrm{D}} x_{\mathrm{D}i}$；

$q_{n\mathrm{W}i}$——釜液中组分 i 的流量，kmol/h，$q_{n\mathrm{W}i} = q_{n\mathrm{W}} x_{\mathrm{W}i}$。

① 塔顶及塔底产品流量 $q_{n\mathrm{D}}$、$q_{n\mathrm{W}}$

由各组分物料衡算可得

$$q_{n\mathrm{F}_A} = q_{n\mathrm{D}_A} + q_{n\mathrm{W}_A} = q_{n\mathrm{D}_A}$$

$$q_{n\mathrm{F}_B} = q_{n\mathrm{D}_B} + q_{n\mathrm{W}_B} = q_{n\mathrm{D}_B} + 0.001 q_{n\mathrm{W}}$$

$$q_{n\mathrm{F}_C} = q_{n\mathrm{D}_C} + q_{n\mathrm{W}_C} = 0.002 q_{n\mathrm{D}} + q_{n\mathrm{W}_C}$$

$$q_{n\mathrm{F}_D} = q_{n\mathrm{D}_D} + q_{n\mathrm{W}_D} = q_{n\mathrm{W}_D}$$

塔顶采出量

$$\begin{aligned} q_{n\mathrm{D}} = \sum q_{n\mathrm{D}i} &= q_{n\mathrm{D}_A} + q_{n\mathrm{D}_B} + q_{n\mathrm{D}_C} + q_{n\mathrm{D}_D} \\ &= q_{n\mathrm{F}_A} + (q_{n\mathrm{F}_B} - 0.001 q_{n\mathrm{W}}) + 0.002 q_{n\mathrm{D}} + 0 \\ &= q_{n\mathrm{F}_A} + q_{n\mathrm{F}_B} - 0.001(q_{n\mathrm{F}} - q_{n\mathrm{D}}) + 0.002 q_{n\mathrm{D}} \end{aligned}$$

代入已知条件整理得

$$0.998 q_{n\mathrm{D}} = q_{n\mathrm{F}_A} + q_{n\mathrm{F}_B} - 0.001 q_{n\mathrm{F}}$$

$$0.998 q_{n\mathrm{D}} = 1000 \times 0.3414 + 1000 \times 0.0282 - 0.001 \times 1000$$

解得

$$q_{n\mathrm{D}} = 369.7 \mathrm{kmol/h}, \quad q_{n\mathrm{W}} = 1000 - 369.71 = 630.29 \mathrm{kmol/h}$$

② 塔两端组成 x_{D}、x_{W}

$$x_{\mathrm{DA}}=q_{n\mathrm{DA}}/q_{n\mathrm{D}}=341.4/369.71=0.9234$$

同理
$$x_{\mathrm{DB}}=0.0746, \quad x_{\mathrm{Dc}}=0.002, \quad x_{\mathrm{DD}}=0$$

$$x_{\mathrm{WA}}=0, \quad x_{\mathrm{WB}}=q_{n\mathrm{WB}}/q_{n\mathrm{W}}=0.001, \quad x_{\mathrm{Wc}}=0.7948, \quad x_{\mathrm{WD}}=0.2042$$

② 非清晰分割情况　若分离的情况不满足清晰分割的条件，如两关键组分不是相邻组分，或者是进料中非关键组分的挥发度与关键组分的相差不大。此时，塔顶和塔底产品中或者含有挥发度介于两关键组分之间的组分，或者是一部分轻组分可能和轻关键组分一起进入釜液，一部分重组分可能和重关键组分一起进入馏出液，这种情况称为非清晰分割。非清晰分割时，组分在塔两端产品中的分配不能通过物料衡算求得。

非清晰分割时，两关键组分的分离要求常以回收率的形式给出，即规定轻关键组分在馏出液中的回收率 ϕ_{Dl} 和重关键组分在釜液中的回收率 ϕ_{Wh}，而其余各组分的组成常采用亨斯特别克（Hengstebeck）法近似地预计。该法假设回流比为无限大时关键组分在两端产品中流量的分配关系也适用于非关键组分，且与有限回流比时的相同。当回流比为无限大时，对于轻、重关键组分，由芬斯克方程式（6.4.49），有

$$N_{\min}=\frac{\lg\left[\left(\dfrac{x_1}{x_\mathrm{h}}\right)_{\mathrm{D}}\Big/\left(\dfrac{x_1}{x_\mathrm{h}}\right)_{\mathrm{W}}\right]}{\lg\alpha_{\mathrm{lh}}} \tag{6.6.15}$$

式中　l，h——轻关键组分和重关键组分的下标；

　　　　α_{lh}——轻关键组分对重关键组分的相对挥发度；

　　$(x_1/x_\mathrm{h})_{\mathrm{D}}$——塔顶产品中轻、重关键组分摩尔分数的比；

　　$(x_1/x_\mathrm{h})_{\mathrm{W}}$——塔底产品中轻、重关键组分摩尔分数的比。

在以上假设条件下，在同一精馏塔、同一工况下，由非关键组分求得的 $N_{\min}$ 也必等于由关键组分求得的 $N_{\min}$，于是有

$$\frac{\lg\left[\left(\dfrac{x_i}{x_\mathrm{h}}\right)_{\mathrm{D}}\Big/\left(\dfrac{x_i}{x_\mathrm{h}}\right)_{\mathrm{W}}\right]}{\lg\alpha_{ih}}=\frac{\lg\left[\left(\dfrac{x_1}{x_\mathrm{h}}\right)_{\mathrm{D}}\Big/\left(\dfrac{x_1}{x_\mathrm{h}}\right)_{\mathrm{W}}\right]}{\lg\alpha_{\mathrm{lh}}}=N_{\min} \tag{6.6.16}$$

式中　$(x_i/x_\mathrm{h})_{\mathrm{D}}$，$(x_i/x_\mathrm{h})_{\mathrm{W}}$——非关键组分 i 与重关键组分在塔两端产品中的组成比；

　　　　α_{ih}——非关键组分 i 对重关键组分的相对挥发度，可取塔顶和塔底或者塔顶、进料口和塔底的几何平均值。

式（6.6.16）中两关键组分摩尔分数的比可转换成以下关系

$$\left(\frac{x_1}{x_\mathrm{h}}\right)_{\mathrm{D}}=\left(\frac{x_1}{x_\mathrm{h}}\right)_{\mathrm{D}}\frac{q_{n\mathrm{D}}}{q_{n\mathrm{D}}}=\frac{q_{n\mathrm{D_l}}}{q_{n\mathrm{D_h}}}$$

$$\left(\frac{x_1}{x_\mathrm{h}}\right)_{\mathrm{W}}=\left(\frac{x_1}{x_\mathrm{h}}\right)_{\mathrm{W}}\frac{q_{n\mathrm{W}}}{q_{n\mathrm{W}}}=\frac{q_{n\mathrm{W_l}}}{q_{n\mathrm{W_h}}} \tag{6.6.17}$$

同理，对非关键组分 i 有

$$\left(\frac{x_i}{x_\mathrm{h}}\right)_{\mathrm{D}}=\frac{q_{n\mathrm{D}_i}}{q_{n\mathrm{D_h}}}, \quad \left(\frac{x_i}{x_\mathrm{h}}\right)_{\mathrm{W}}=\frac{q_{n\mathrm{W}_i}}{q_{n\mathrm{W_h}}} \tag{6.6.18}$$

将式（6.6.17）和式（6.6.18）代入式（6.6.16）中，整理得

$$\lg\left(\frac{q_{n\mathrm{D}i}}{q_{n\mathrm{W}i}}\right)=N_{\min}\lg\alpha_{ih}+\lg\frac{q_{n\mathrm{D_h}}}{q_{n\mathrm{W_h}}} \tag{6.6.19}$$

当分离要求一定时，式（6.6.19）中 $N_{\min}$ 为常数，故式（6.6.19）为一线性方程，若各组分 i 对重关键组分 h 的相对挥发度 α_{ih} 及关键组分在塔两端的流量已知，利用该方程可

确定进料中组分 i 在塔两端产品中的分配比 q_{nD_i}/q_{nW_i}，进而确定各组分在塔两端产品的流量 q_{nD_i}、q_{nW_i}（$i=1$，2，$\cdots$，C），最终确定产品流量 q_{nD}、q_{nW} 及组成 x_{D_i}、x_{W_i}（$i=1$，2，$\cdots$，C）。

由式（6.6.17）求得 q_{nD_i}/q_{nW_i}，则

$$\frac{q_{nD_i}}{q_{nW_i}}+1=a_i$$

$$\frac{q_{nD_i}+q_{nW_i}}{q_{nW_i}}=\frac{q_{nF_i}}{q_{nW_i}}=a_i$$

于是可求得

$$q_{nW_i}=q_{nF_i}/a_i，\quad q_{nD_i}=q_{nF_i}-q_{nW_i}$$

$$q_{nD}=\sum_{i=1}^{m}q_{nD_i}，\quad q_{nW}=\sum_{i=1}^{m}q_{nW_i}$$

$$x_{D_i}=q_{nD_i}/q_{nD}，x_{W_i}=q_{nW_i}/q_{nW}\quad(i=1,2,\cdots,C)\qquad(6.6.20)$$

式中　q_{nD_i}，q_{nW_i}，q_{nF_i}——i 组分在塔顶、塔底产品及进料中的摩尔流量，kmol/h。

【例 6.18】　用精馏方法将含有异丁烷（A）、正丁烷（B）、异戊烷（C）和正戊烷（D）的混合物进行分离，混合物的组成及操作压力下各组分的平均相对挥发度（以重关键组分 C 为基准组分）如下所示。

组分	异丁烷(A)	正丁烷(B)	异戊烷(C)	正戊烷(D)
x_{F_i}（摩尔分数）/%	7	18	32	43
α_{ih}	2.52	1.99	1.0	0.84

已知进料及回流液均为饱和液体，若要求在馏出液中回收进料中 96% 的正丁烷，在釜液中回收 96% 的异戊烷，试估算各组分在两端产品中的组成。

解： 依题意，正丁烷 B 为轻关键组分，异戊烷 C 为重关键组分。由于重组分正戊烷 D 的相对挥发度和重关键组分 C 的相对挥发度比较接近，馏出液和釜液中将均含有正戊烷 D，若按清晰分割预计产品组成将会引起较大误差，故应按亨斯特别克法预计两端产品的组成。

取进料流量 100kmol/h 为计算基准，估算步骤如下。

① 由两关键组分确定 $N_{\min}$

轻关键组分 l（B组分）在塔顶和塔底的分布为

根据

$$\varphi_{D_l}=\frac{q_{nD_l}}{q_{nF_l}}，\quad \varphi_{W_l}=\frac{q_{nW_l}}{q_{nF_l}}=1-\varphi_D$$

$$\frac{\varphi_{D_l}}{\varphi_{W_l}}=\frac{q_{nD_l}}{q_{nW_l}}=\frac{\varphi_{D_l}}{1-\varphi_{D_l}}=\frac{0.96}{1-0.96}=24$$

同理，重关键组分 h（C组分）在塔顶和塔底的分布为

$$\frac{q_{nD_h}}{q_{nW_h}}=\frac{1-\varphi_{W_h}}{\varphi_{W_h}}=\frac{1-0.96}{0.96}=\frac{1}{24}$$

$$N_{\min}=\frac{\lg\left[\left(\dfrac{q_{nD_l}}{q_{nW_l}}\right)\bigg/\left(\dfrac{q_{nD_h}}{q_{nW_h}}\right)\right]}{\lg\alpha_{ih}}=\frac{\lg 24^2}{\lg 1.99}=9.237$$

$$\lg\left(\frac{q_{nD}}{q_{nW}}\right)_h=\lg\frac{1}{24}=-1.380$$

由式 (6.6.17) 得

$$\lg \left(\frac{q_{nD}}{q_{nW}}\right)_i = 9.237 \lg \alpha_{ih} - 1.380$$

② 计算各组分分配比 $\left(\frac{q_{nD}}{q_{nW}}\right)_i$

对异丁烷

$$\lg \left(\frac{q_{nD}}{q_{nW}}\right)_A = 9.237 \lg 2.52 - 1.380 = 2.328$$

$$\left(\frac{q_{nD}}{q_{nW}}\right)_A = 212.52$$

同理，对正戊烷有

$$\left(\frac{q_{nD}}{q_{nW}}\right)_D = 0.00833$$

③ 计算采出量及组成

由式 (6.6.18) 可得 A 组分在塔两端的流量

$$q_{nW_A} = q_{nF} x_{FA} / \left[\left(\frac{q_{nD}}{q_{nW}}\right)_A + 1\right]$$
$$= 100 \times 0.07/(212.52 + 1) = 0.0328 \text{kmol/h}$$
$$q_{nD_A} = q_{nF_A} - q_{nW_A} = 7 - 0.0328 = 6.967 \text{kmol/h}$$
$$q_{nW_B} = 0.72 \text{kmol/h}, q_{nD_B} = 18.28 \text{kmol/h}$$

同理求得
$$q_{nW_C} = 30.72 \text{kmol/h}, q_{nD_C} = 1.28 \text{kmol/h}$$
$$q_{nW_D} = 42.65 \text{kmol/h}, q_{nD_D} = 0.355 \text{kmol/h}$$

塔顶产品采出量为
$$q_{nD} = \sum q_{nD_i} = 25.882 \text{kmol/h}$$

塔底产品采出量为
$$q_{nW} = \sum q_{nW_i} = 74.123 \text{kmol/h}$$

因此，产品组成为
$$x_{DA} = q_{nD_A}/q_{nD} = \frac{6.967}{25.882} = 0.2692$$

同理求得 $\quad x_{DB} = 0.6676, \quad x_{DC} = 0.0495, \quad x_{DD} = 0.0137$

$$x_{WA} = q_{nW_A}/q_{nW} = 0.0328/74.123 = 0.000443$$

同理求得 $\quad x_{WB} = 0.00971, \quad x_{WC} = 0.4144, \quad x_{WD} = 0.5754$

以上计算结果表明重非关键组分进到了塔顶产品中，而轻非关键组分也进入了塔底的产品中，为非清晰分割。

6.6.4 多组分精馏过程的回流比

与双组分精馏一样，为计算完成一定分离任务所需的理论板数，多组分精馏也需根据最小回流比确定设计回流比。

进行多组分精馏塔设计时，如回流比减小至最小回流比，也会在塔内形成夹紧点或恒浓区。但此夹紧点有可能是两个，一个在进料板的上方，称为"上夹紧点"，另一个在进料板的下方，称为"下夹紧点"。造成这种现象的原因是进料中各组分往往不一定全部在塔顶及塔底产品中同时出现。例如，进入进料板上的重组分，若其相对挥发度很小，在进料板以上经少数几块板分离后，其组成迅速下降，并趋近于零，故不在塔顶产品中出现。同理，进入进料板上的轻组分，若其相对挥发度较大，在进料板以下经少数几块板分离之后，其组成迅速下降并接近零，故不在塔底产品中出现。通常称进料板上方恒浓区为上恒浓区，进料板下方的则称为下恒浓区。若所有组分都在塔顶出现时，上恒浓区下移，靠近进料板；若所有组分都出现在塔底时，则下恒浓区上移靠近进料板；若所有组分在塔两端产品中同时出现时，上、下两恒浓区在进料板附近合并为一个恒浓区。

计算最小回流比 R_{min} 的关键是确定夹紧点的位置。但多组分精馏的夹紧点位置较难确定，所以精确计算多组分精馏的最小回流比也比较困难。当物系中各组分的相对挥发度近似为常数，且在塔内气液相以按恒摩尔流假设处理的条件下，Underwood（安德伍德）提出了多组分精馏过程最小回流比 R_{min} 的估算方法。Underwood 公式为，

$$\sum_{i=1}^{C} \frac{\alpha_{ih} x_{Fi}}{\alpha_{ih} - \theta} = 1 - q \qquad (6.6.21)$$

$$R_{min} = \sum_{i=1}^{C} \frac{\alpha_{ih} x_{Di}}{\alpha_{ih} - \theta} - 1 \qquad (6.6.22)$$

式中　α_{ih}——i 组分对基准组分 h（一般为重关键组分或重组分）的相对挥发度；

　　　θ——式（6.6.21）的根，其值介于轻、重关键组分的相对挥发度之间；

　　　q——进料热状态参数。

若轻、重关键组分为相邻组分，θ 仅有一个值。若两关键组分之间有 k 个中间组分，则 θ 有 $k+1$ 个值，所求的 θ 介于两关键组分的相对挥发度之间（$\alpha_{lh} > \theta > \alpha_{hh}$）。各组分的相对挥发度在塔内均有一定变化，通常取其平均值，如塔两端或塔两端与进料处的相对挥发度的平均值可表示为

$$\alpha_{ih} = (\alpha_{ihD} \alpha_{ihW})^{\frac{1}{2}}$$

$$\alpha_{ih} = (\alpha_{ihD} \alpha_{ihF} \alpha_{ihW})^{\frac{1}{3}}$$

式中　α_{ihD}，α_{ihW}，α_{ihF}——塔顶、塔底产品及进料中 i 组分的相对挥发度。

计算 R_{min} 的步骤是，确定进料热状态参数 q，估算两端产品中各组分的组成 x_{Di}，x_{Wi} 及平均相对挥发度 α_{ih}。然后采用试差方法求式（6.6.21）的解 θ，最后，由式（6.6.22）计算最小回流比 R_{min}。若两关键组分之间有中间组分时，可求得多个 R_{min} 值，设计时可取 R_{min} 的平均值。

【例 6.19】　求［例 6.18］条件下的最小回流比 R_{min}。

解： 由［例 6.18］的计算结果可知的主要数据如下：

组分	异丁烷（A）	正丁烷（B）	异戊烷（C）	正戊烷（D）
x_{Fi}（摩尔分数）	0.07	0.18	0.32	0.43
x_{Di}（摩尔分数）	0.2692	0.6676	0.0495	0.0137
α_{ih}	2.52	1.99	1.0	0.84

依题意，各组分的相对挥发度为常数，气、液两相为恒摩尔流，且轻、重关键组分为相邻组分，故最小回流比可采用 Underwood 公式计算。

因为是泡点液体进料，故 $q=1$，由式（6.6.21）有

$$\sum_{i=1}^{4} \frac{\alpha_{ih} x_{F_i}}{\alpha_{ih} - \theta} = 0$$

θ 值介于轻、重关键组分的相对挥发度之间，即在 1.99 与 1 之间。设 $\theta = 1.60$，代入式 (6.6.21) 左边，得

$$\sum_{i=1}^{4} \frac{\alpha_{ih} x_{F_i}}{\alpha_{ih} - \theta} = \frac{2.52 \times 0.07}{2.52 - 1.60} + \frac{1.99 \times 0.18}{1.99 - 1.60} + \frac{1.0 \times 0.32}{1 - 1.60} + \frac{0.84 \times 0.43}{0.84 - 1.60} = 0.1016 > 0$$

重设 $\theta = 1.575$，得

$$\sum_{i=1}^{4} \frac{\alpha_{ih} x_{F_i}}{\alpha_{ih} - \theta} = 0.0018 \approx 0$$

故可以认为 $\theta = 1.575$，将它代入式 (6.6.22)，得

$$R_{\min} = \sum_{i=1}^{4} \frac{\alpha_{ih} x_{D_i}}{\alpha_{ih} - \theta} - 1 = \frac{2.52 \times 0.2692}{2.52 - 1.575} + \frac{1.99 \times 0.6676}{1.99 - 1.575} + \frac{1.0 \times 0.0495}{1 - 1.575} + \frac{0.84 \times 0.0137}{0.84 - 1.575} - 1$$
$$= 2.82$$

6.6.5　多组分精馏的理论板数计算

多组分精馏所需理论板数的计算，可通过简化及合理的假设，运用简捷法、逐板计算法等方法求解。

(1) 简捷法

如果将多组分的精馏简化为轻、重关键组分的双组分精馏，则可采用双组分精馏的简捷计算法确定多组分精馏的理论板数。具体计算方法是：

① 根据分离要求确定关键组分。

② 根据进料组成及分离要求估算各组分在塔顶和塔底产品中的组成，并计算各组分的相对挥发度。

③ 根据塔顶和塔底产品中的轻、重关键组分的组成及其平均相对挥发度，用芬斯克方程求 $N_{\min}$。

④ 用 Underwood 公式求最小回流比 $R_{\min}$。

⑤ 根据 $R_{\min}$ 确定适宜回流比 R。

⑥ 由简捷法公式 (6.4.57) 或图 6.4.20 所示吉利兰图确定理论板数 N_T。

⑦ 可按照双组分精馏计算中所采用的方法确定进料板位置。

简捷法使理论板数的计算大为简化，是一个十分方便的工程估算和分析方法，但其误差较大。此外，当采用计算机进行精馏塔的严格设计计算时，也可运用简捷法计算出的理论板数 N_T 作为初值。所以简捷法在工程设计和分析中是常用到的方法。

【例 6.20】　若在［例 6.18］条件下，操作回流比为最小回流比的 1.5 倍，总板效率为 60%，用简捷法求解完成分离任务所需的实际板数及进料位置。

解：（1）估算所需实际板数

由［例 6.19］的计算结果可知，在操作条件下的最小回流比 $R_{\min} = 2.82$，则实际回流比为 $R = 1.5 \times 2.82 = 4.23$，所以

$$\frac{R - R_{\min}}{R + 1} = \frac{4.23 - 2.82}{4.23 + 1} = 0.270$$

最小理论板数为

$$N_{\min} = \frac{\lg\left[\left(\dfrac{x_{lk}}{x_{hk}}\right)_D \middle/ \left(\dfrac{x_{lk}}{x_{hk}}\right)_W\right]}{\lg\alpha_{lk\cdot hk}} = \frac{\lg\left[\left(\dfrac{0.6676}{0.0495}\right) \middle/ \left(\dfrac{0.00971}{0.4144}\right)\right]}{\lg 1.99} = 9.24$$

由 $\dfrac{R-R_{\min}}{R+1} = 0.270$ 查吉利兰图得

$$\frac{N-N_{\min}}{N+1} = 0.40$$

代入相关数据，解得 $N = 16.1$（包括塔釜）。则完成分离任务所需的实际板数为

$$N_p = \frac{N-1}{E_T} = \frac{16.1-1}{0.6} = 25.2$$

故取实际板数为 26 块。

（2）估算进料板位置

精馏段最小理论板数为

$$N'_{\min} = \frac{\lg\left[\left(\dfrac{x_{lk}}{x_{hk}}\right)_D \middle/ \left(\dfrac{x_{lk}}{x_{hk}}\right)_F\right]}{\lg\alpha_{lk\cdot hk}} = \frac{\lg\left[\left(\dfrac{0.6676}{0.0495}\right) \middle/ \left(\dfrac{0.180}{0.320}\right)\right]}{\lg 1.99} = 4.62$$

由（1）可知 $\dfrac{R-R_{\min}}{R+1} = 0.270$，查吉利兰图得 $\dfrac{N'-N'_{\min}}{N'+1} = 0.40$，即

$$\frac{N'-4.62}{N'+1} = 0.40$$

解得 $N' = 8.4$（包括进料板）。则实际进料位置为 $N_F = \dfrac{8.4}{0.6} = 14$（块）。

（2）逐板计算法

逐板计算有多种计算方法。本节介绍是由路易斯-麦提逊（Lewis-Matheson）提出的逐板计算法，简称 L-M 法。L-M 法与双组分精馏逐板计算法的原理是一致的，在计算过程中也是交替使用相平衡关系和物料衡算关系，依次逐板计算，即可得到所需的理论板数。不同的是，多组分精馏需要根据选定的关键组分及分离要求估算进料中各组分在塔两端产品中的组成分布。且由于多组分的相平衡关系通常难以表达成简单的数学关系，所以运用平衡关系并不是简单的代入，而是通过泡点（或露点）的计算，确定互呈相平衡的组成及其泡点（或露点）。多组分逐板计算可从塔的任意一端开始计算到另一端，使之满足全塔的物料衡算。也可从塔两端开始，同时向进料板进行逐板计算，达到进料板后，在进料板上进行契合，使之满足全塔的物料衡算。如果未能满足全塔物料衡算，应修正塔两端非关键组分的分配，重新进行逐板计算，直至满足规定的精度要求，所得理论板数 N_T 即为满足工艺要求所需的理论板数。L-M 法的计算步骤如下：

① 根据进料流量、组成及关键组分的分离要求，估算塔两端各组分的组成 x_{Di} 和 x_{Wi}，再由物料衡算求得产品采出流量 q_{nD} 和 q_{nW}。

② 计算最小回流比 $R_{\min}$，并以此选定适宜的回流比 R。根据进料热状况和回流比，确定精馏段和提馏段气、液两相的流量，写出精馏段及提馏段操作方程。如果分离混合物近似为理想体系，则可按恒摩尔流假设处理，精馏段操作方程

$$y_{n+1,i} = \frac{R}{R+1}x_{ni} + \frac{x_{Di}}{R+1} \quad (i = 1,2,\cdots,C) \tag{6.6.23}$$

提馏段操作方程

$$y_{n+1,i}=\left(\frac{q_{nL}+qq_{nF}}{q_{nL}+qq_{nF}-q_{nW}}\right)x_{ni}-\frac{q_{nW}x_{Wi}}{q_{nL}+qq_{nF}-q_{nW}} \quad (i=1,2,3,\ldots,C) \quad (6.6.24)$$

③ 逐板计算求解理论板数 N_T。

如果两关键组分居中，为减少计算误差，通常从塔两端开始分别向进料板逐板计算，求解精馏段和提馏段的理论板数，进而求得总理论板数，如图 6.6.3 所示。

a. 精馏段理论板数计算　如果塔顶采用全凝器，则塔顶第 1 板上的蒸气组成等于塔顶产品组成，即 $y_{1i}=x_{D_i}$。由气相组成 y_{1i} 通过相平衡关系式（6.6.7）求与 y_{1i} 呈平衡的第 1 板下降液相组成 x_{1i}。由液相组成 x_{1i} 通过精馏段操作线方程（6.6.23）求解进入第 1 板的气相组成 y_{2i}，依此类推，交替使用相平衡关系和物料衡算关系，逐板计算至第 n 层及第 $(n-1)$ 层板上的液相中轻、重关键组分满足以下条件

$$\left(\frac{x_1}{x_h}\right)_{n-1}\geqslant\left(\frac{x_1}{x_h}\right)_q\geqslant\left(\frac{x_1}{x_h}\right)_n \quad (6.6.25)$$

式中，$(x_1/x_h)_q$ 为两关键组分操作线方程交点的轻、重关键组成比。和双组分精馏相仿，由式（6.4.41）可导出以下关系

$$\left(\frac{x_1}{x_h}\right)_q=\frac{(R+1)x_{Fl}+(q-1)x_{Dl}}{(R+1)x_{Fh}+(q-1)x_{Dh}} \quad (6.6.26)$$

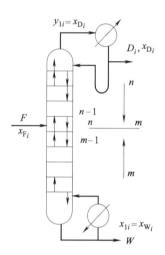

图 6.6.3　多组分精馏逐板计算法示意图

b. 提馏段理论板数计算　从塔底第 1 板开始向上进行逐板计算，由液相组成 $x_{1i}=x_{Wi}$，通过相平衡关系式（6.6.2）求与之呈平衡的气相组成 y_{1i}，而由 y_{1i} 通过提馏段物料衡算关系式（6.6.24）求进入第 1 板的液相组成 x_{2i}，即上层塔板流下的液相组成。依次交替使用相平衡方程和提馏段操作线方程，逐板向上计算至第 m 层和第 $(m+1)$ 层板上液相的轻、重关键组分的组成比满足以下条件

$$\left(\frac{x_1}{x_h}\right)_m\leqslant\left(\frac{x_1}{x_h}\right)_q\leqslant\left(\frac{x_1}{x_h}\right)_{m+1}$$

由塔顶计算得到的 x_{ni} 和由塔底计算得到的 x_{mi} 基本吻合，即二者的差值小于一允许的值时称为"契合"，此时，第 n 层板和第 m 层板重合。即从塔顶往下数的第 n 层塔板为进料板，精馏段的理论板数为 $n-1$，提馏段的理论板数为 m。则全塔的理论板数总和为

$$N_T=m+n-1 \quad (6.6.27)$$

式中，N_T 含再沸器所相当的一块理论板。如果从塔顶和塔底同时进行的计算在进料板未达到规定的精度要求，则应重新调整塔两端产品中非关键组分的组成以及产品流量或改变回流比，然后重复上面计算，直至契合为止。由于以上迭代初值的调整比较繁琐，达到契合收敛条件较难，所以现在一般较少使用。在实际工程设计中，常常是对精馏过程建立严格的数学模型，运用计算机对过程进行严格的模拟计算。

6.7　精馏过程的强化与节能技术

蒸馏过程能耗大、设备数量多，在化工厂的设备投资和操作费用中占有很高的比例。因

此，开展蒸馏过程的强化与节能研究对过程的技术经济指标具有重要意义。

6.7.1 精馏过程的强化

精馏过程强化的目的是为最大限度地提高单位体积设备的生产能力，从而缩小设备尺寸、降低投资成本和操作费用。目前，精馏过程的强化从以下三个方面开展。一是改进设备结构，改善气液两相的流动和传递过程。对于板式塔，通过开发和优化新型塔板结构，如通过多溢流技术来降低液面梯度，促使液体均匀流动，提高塔板效率。而对于填料塔，通过开发或优化通量大、压降小、传质性能优越的新型规整和散堆填料结构，提高填料的开孔率及通量，降低塔内气液流动阻力。同时，不断优化塔内件，如开发新型气体或液体分布器、液体收集器和液体再分布器，使塔内气、液分布更加均匀，改善气、液接触状态。这些措施可减小设备尺寸，降低能耗。二是引入质量分离剂（包括催化剂、吸附剂、反应组分等）的各种耦合精馏技术，添加的质量分离剂可改变混合物中目标组分与其他组分的物理化学性质。如萃取精馏、恒沸精馏、催化反应精馏、吸附精馏等技术。三是引入第二能量分离剂，第二能量分离剂包括磁场、电场和激光等，利用外场能量与体系内目标组分相互作用，提高组分间的相对挥发度，或改变一种或几种的化学形态，实现目标组分的分离。本节简介超重力强化技术和反应精馏技术。

(1) 超重力精馏技术

超重力精馏技术是一种新型的过程强化精馏技术，具有传质传热系数高、体积小和操作灵活等特点。所谓的超重力是指在比地球重力加速度大得多的环境下，物质所受到的力。将超重力原理应用于精馏过程称为超重力精馏技术。在超重力精馏中，气液传质是在几十倍于重力的超重力场中进行的。在超重力环境下，液体被巨大的剪切力撕裂成微米至纳米级的液膜、液丝和液滴，产生巨大和快速更新的相界面，微观混合和传质过程得到强化，使相间传质速率比传统的精馏过程提高 1~2 个数量级。气液两相在较短的时间内能达到相平衡，从而达到降低理论塔板高度的目的。并且，气体的线速度也得到大幅度提高，使单位设备体积的生产效率提高 1~2 个数量级。

超重力精馏技术对分离过程具有明显的强化作用，并且在塔板压降和设备体积等方面都具有传统塔设备无法比拟的优势。在实际应用中，可以通过旋转产生的离心力来模拟超重力环境。

(2) 反应精馏技术

在特定的条件下，将反应过程与精馏过程进行集成，使反应与精馏在同一设备中同时进行而实现传质分离的单元操作称为反应精馏。反应精馏根据目的的不同，可分为反应型反应精馏和精馏型反应精馏。反应型反应精馏主要应用于一些特定的反应，如连串反应、可逆反应。在反应精馏过程中，借助于精馏的作用可使生成物及时移出反应区，对于连串反应，生成物不断离开反应区可抑制副反应的发生，提高了反应的选择性。而对于可逆反应，生成物的离开则破坏其化学平衡，使反应向生成产物的方向进行，从而提高了转化率。如在乙醇和醋酸的酯化反应中，生成的醋酸乙酯与水、醇形成三元恒沸物的沸点低于乙醇和醋酸的沸点，故在反应过程中产物醋酸乙酯可不断地从塔顶蒸出。提高了反应过程物料的转化率。精馏型反应精馏则是借助反应提高精馏过程的分离能力。对于某些难分离的体系，可引入反应夹带剂，使其与某一组分进行快速可逆反应，增大预分离组分的相对挥发度，而将混合物分离。例如采用异丙苯钠（IPNa）和二甲苯混合物（MX）反应，分离间位、对位二甲苯混合物。

为了提高反应速率，反应精馏中的反应通常是在催化剂存在的条件下进行。催化剂多采用均相催化剂，它可以与反应物混在一起，也可分别加入，即根据反应物挥发度、反应停留时间的要求，在进料上方或下方加入塔内。另一类是非均相催化反应精馏，根据反应与精馏操作耦合方式的不同，催化精馏塔可以有两种结构形式。一是固体催化剂在塔内既起到催化作用，同时也起精馏填料层的作用，即催化反应和精馏同时进行；二是固体催化剂和塔板（或填料层）间隔放置，即催化反应和精馏分离交替进行。

由于反应精馏包含了反应和精馏两个过程，所以，必须同时满足这两个过程的条件。对于反应，必须提供适宜温度、压力、反应物的浓度分布等。对于精馏，则要求反应物与生成物的挥发能力差异足够大，可采用精馏方法进行分离。为了同时满足和促进两个过程的进行，必须针对不同反应过程的需要和体系中各组分的性质，选择精馏流程、进料方式、塔板结构以及操作条件等。

6.7.2 精馏过程的节能技术

精馏过程由于处理量大、连续操作的优势而在石油化工和化学工业等领域广泛应用。但由于精馏过程由热能驱动，能量消耗大，常常成为降低整个系统生产成本的瓶颈。因此，精馏过程的节能新技术成为科研和生产的热点。

根据热力学原理，用能过程对能量除了有量的要求还有品位的要求。如精馏塔底再沸器所用热源必须高于塔底釜液泡点的温位才有可能将热量加入塔内。同理，塔顶冷凝器所用冷剂也只有低于塔顶蒸气露点的温位，才有可能将塔内的热量从塔顶部部分或全部移出，使蒸气部分或全部冷凝。无热量损失的情况下，从塔顶冷凝器移出的热量及塔两端产品物流携带出的热量的总和必等于加入塔的热量，服从能量守恒定律。然而，从塔内移出的热量尽管其量未减少，但温位却大幅度降低，不能重新返回塔内驱动精馏过程，说明其品位或做功的能力已降低，即损失了有效能。由此可见，用能过程是能量贬值的过程，节能不仅要从用能的量方面考虑，还要从减少用能过程的有效能损失考虑，使能量利用更经济和合理。精馏过程的节能工作从优化精馏塔操作、优选分离序列和能量集成几个方面开展。优化精馏塔的操作，使其在最佳工况下运行，减少操作裕度，从而降低过程能耗。对多组分精馏过程，优选分离序列也可以达到降低能耗的目的。本节主要介绍精馏过程的能量集成技术。

为了充分回收利用系统能量，进一步降低能耗，最有效的方法就是从全过程系统用能的供求关系进行分析，将过程系统中的反应、分离、换热等用能过程与公用工程（加热蒸汽、冷却水、电等）的使用一同考虑，综合利用能量，此技术被称为能量集成技术。对蒸馏过程而言，常用的能量集成策略有多效精馏、热泵技术、增设中间冷凝器和中间再沸器、塔耦合技术等。

（1）多效精馏

在由多塔组成的分离系统中，如果一精馏塔 A 塔顶排出蒸气的温位，可满足另一精馏塔 B 再沸器热源的需要，且热流量也较适宜，则可将塔 A 塔顶蒸气作为塔 B 再沸器的热源，使塔 A 的冷凝器与塔 B 的再沸器合并为一个换热器，A、B 塔的这种能量集成称为多效精馏。例如乙烯、水合乙醇的分离系统中，萃取精馏塔 C-201 与乙醇精馏塔 C-205 能量集成如图 6.7.1 所示。萃取精馏塔 C-201 经提压操作使塔顶温度由原常压操作下的 98℃升至加压操作下的 146℃。此时

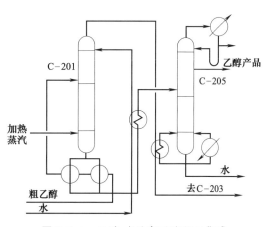

图 6.7.1 乙醇-水分离系统能量集成

C-201 塔顶蒸气直接作为乙醇精馏塔 C-205 塔再沸器的热源，加热 112℃的釜液，使两塔的总能耗大幅度下降，同时还省去 C-201 塔顶的冷凝器和所用的冷却水。但应注意的是，多效精馏增加了塔设备和控制系统的投资，也提高了装置操作的难度。

如果按照精馏塔的操作条件，无法实现能量集成，则可在工艺和设备允许的条件下，调整塔的操作压力，以改变再沸器和冷凝器的热负荷及温位，使之有可能满足能量集成的条件。

(2) 热泵技术

精馏塔用能过程是将热量从塔底加入，从塔顶排出。在能量使用过程中，能量的品位降低。通过由外部输入的能量做功来提高排出热量的温位，再返回塔底作为自身再沸器的热源，回收其相变热，则此技术称为热泵技术。

塔顶和塔底的温度差是精馏分离的推动力，把塔顶蒸汽加压升温到塔底热源的水平，所需能量较大。因此，目前热泵精馏多用于混合物中各组分沸点比较接近的物系，因为沸点接近，所以需要的压力变化较小，从而使压缩功费用降低。将蒸汽加压的方式有蒸汽压缩机方式和蒸汽喷射泵方式。图 6.7.2 所示的直接蒸汽压缩式热泵最经济，但有时塔顶蒸汽不适于直接压缩，如产物的聚合、分解、腐蚀性、安全性等要求的限制，这时，可采用辅助介质进行热泵循环，如图 6.7.3 所示。离开压缩机的高压辅助介质蒸汽进入蒸馏塔再沸器作为热源加热塔底釜液，辅助介质本身放热后冷凝，经节流阀闪蒸液化并降温，该低温液相辅助介质作为冷剂去蒸馏塔塔顶冷凝器，冷凝冷却塔顶蒸汽，辅助介质本身吸热后汽化，又被吸入压缩机，如此构成辅助介质的循环过程。常用的辅助介质是水、氨以及其他类型的冷剂。

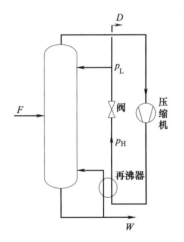 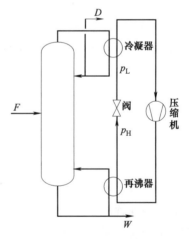

图 6.7.2 直接蒸汽压缩式热泵   图 6.7.3 采用辅助介质的热泵
精馏系统流程示意图

(3) 中间冷凝器及中间再沸器

在组分很轻的混合物分离时，例如石油裂解气的分离，塔顶温度很低，需要用品位很高的冷剂去冷凝。而对于组分很重的混合物的分离，则塔底温度很高，需要温位很高的热源去加热。为此，当塔内靠近塔顶或靠近塔底温度分布发生明显变化时，从减少系统有效能损失的角度出发，在靠近塔顶温度变化较大处设置中间冷凝器，而在靠近塔底温度变化明显处设置中间再沸器，以减少高品位的冷量和热量的消耗。如图 6.7.4 及图 6.7.5 所示。若维持塔总冷凝负荷不变，采用中间冷凝器后，则因减少了塔顶高品位冷量的使用量，使中间冷凝器以上塔段的气、液两相减少相同流量，引起中间冷凝器以上塔段的分离能力变差。同理，采用中沸器，将降低主再沸器的能耗，同时，引起中间再沸器下方各板上的气、液相流量以相同量减小，导致其操作线斜率增大而使其中各板的分离能力变差。从以上分析可知，采用中间冷凝器和中间再沸器节省高品位冷剂和热源的节能方式是以降低部分塔段的分离效果为代价的。因此，在设计过程中采用节能措施，应适当增加塔板数。

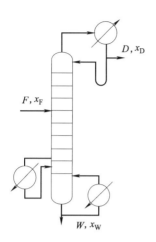

图 6.7.4　加设中间再沸器的精馏

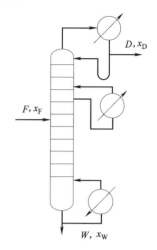

图 6.7.5　加设中间冷凝器的精馏

若中间再沸器与塔底再沸器使用同样的热源，则增设中间再沸器就没有节能效果，而且还浪费了资源。因此，只有系统中有不同温度的热源可供使用，增设中间再沸器才有意义。类似地，中间冷凝器回收的热能有适当的用户，或者中间冷凝器可以采用冷却水冷却，以减少塔顶冷凝器低温冷剂的用量时，采用中间冷凝器才有节能效果。

（4）复杂塔与热耦合塔

为实现蒸馏过程的能量集成，降低能耗，也可采用复杂塔或热耦合塔操作。采用复杂塔操作时，可以采用多侧线进料或多侧线出料作为产品，这在节省能源和减少设备投资方面是有效的。图 6.7.6 所示为分离一含 3 个组分 A、B、C 混合物的三种方案。方案（a）采用 3个简单塔操作，能量消耗较大。方案（b）是在方案（a）的基础上把塔 2、塔 3 合并为一个塔，由侧线引出产品 B，即采用了复杂塔操作方案。该方案与方案（a）相比，减少了设备投资费用，同时还能节省操作费用，节省了能量。方案（c）省去了方案（b）中塔 1 的再沸

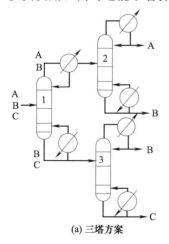

(a) 三塔方案

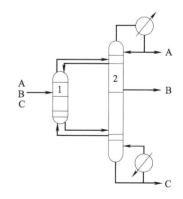

(b) 二塔合并、侧线采出方案

(c) 热耦合方案

图 6.7.6　复杂塔和热耦合塔

器和冷凝器，该塔称为热耦合塔。热耦合塔可以较大幅度提高热力学效率，据报道，采用热耦合塔操作的分离方案可节能 20％～30％。

6.8　特殊蒸馏*

对于一些特定的物系（如各组分的相对挥发度接近或等于 1 的混合物、含有高沸点物质混合物、热敏性物料）不宜采用一般的蒸馏和精馏方法进行分离。对于这类物系的分离可以根据物系性质的不同，采用不同的特殊蒸馏方法。特殊蒸馏可以分为两类，一类是针对恒沸物或组分间相对挥发度相差很小的混合物，采用加入第三组分使原两组分的相对挥发度增大的办法使其分离，如恒沸精馏和萃取精馏等；另一类是针对高沸点物质，特别是热敏性物质的分离与提纯，蒸馏过程需在较低的温度下进行，例如水蒸气蒸馏和分子蒸馏。精馏过程也可以与其他过程耦合，如化学反应与精馏操作耦合的反应精馏。

6.8.1　恒沸精馏

在混合物中加入第三组分，该组分能与原溶液中一个（或两个）组分形成新的恒沸物，且其沸点比原混合物中的任一组分或原恒沸物的沸点低很多，使精馏过程变为新的恒沸物与混合物中剩余组分（原混合物中除去形成新恒沸物组分的剩余组分）间的分离，其相对挥发度较大，可用普通的精馏方法进行分离。这种精馏操作称为恒沸精馏（共沸精馏），加入的第三组分称为夹带剂或恒沸剂。

图 6.8.1 为常压下乙醇-水溶液的恒沸精馏流程示意图。由于乙醇-水在常压下可形成恒沸物（恒沸组成：乙醇摩尔分数为 89.4％，沸点为 78.3℃），故用一般精馏方法分离乙醇-水的稀溶液只能得到工业酒精（组成接近恒沸组成，但略低）而不能得到无水乙醇。工业上采用恒沸精馏获得无水乙醇。图 6.8.1 中，塔 1 为恒沸精馏塔，工业酒精由塔中部某一位置加入，塔内加入适量的夹带剂——苯，苯、乙醇、水在常压（101.3kPa）下，形成新的三组分最低恒沸物（沸点温度为 64.6℃，摩尔分数表示的组成为：苯 54.4％，乙醇 23.0％，水 22.6％），新恒沸物中水与乙醇的摩尔比为 0.98，比工业酒精中水与乙醇的摩尔比 0.12 大得多，只要加入的苯量适当，就可使体系中几乎全部的水进入恒沸物中，并与乙醇构成挥发能力差异较大的混合物，形成新的恒沸物与乙醇组成的两组分体系。在塔 1 中，若理论板数和操作回流比较适宜，塔底将得到无水乙醇，三元恒沸物以气相形式从塔顶排出，经冷凝后送分离器分层。分离器的上层主要是苯，全部送入塔 1 作为回流，循环使用。下层主要是乙醇和水，被送至塔 2 以回收其中含有的少量苯。在塔 2 中也形成苯-乙醇-水三元恒沸物，该气相恒沸物从塔 2 顶部排出，冷凝后冷凝液并入塔 1 的分离器中，塔底得到的稀乙醇水溶液送至塔 3，用常规精馏方法回收其中的乙醇。塔 3 顶部馏出液送回塔 1 作为进料，塔底则排出废水。在此过程中，作为夹带剂的苯循环使用，但因过程中有苯的损耗，操作中需定期补充苯。

恒沸精馏的流程取决于夹带剂与原有组分所形成的恒沸物的性质。而夹带剂的选择，则关系到能否采用恒沸精馏方法对混合物进行分离，以及恒沸精馏是否经济合理。在恒沸精馏中，对夹带剂的基本要求是：

① 能与被分离组分形成新的具有比原混合物中各组分（或原恒沸物）更低沸点的恒沸物，且该恒沸物易于和塔底组分分离。

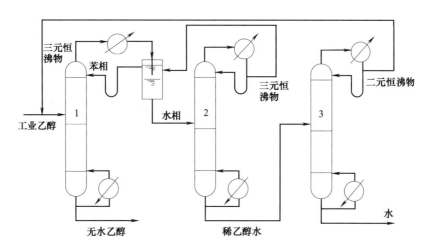

图 6.8.1　乙醇-水的恒沸精馏流程

② 形成的新恒沸物中，夹带剂的组成越小越好，以减少夹带剂的用量，降低操作费用。

③ 形成的新恒沸物本身应易于分离，以回收其中的夹带剂。例如上例中的乙醇-苯-水恒沸物冷凝后为非均相，可用简单的分层方法回收所含的苯。

④ 其他如经济、安全等要求。如热稳定好、无腐蚀性、无毒无害、价廉易得等。

6.8.2　萃取精馏

萃取精馏中，添加的第三组分与原来溶液中各组分的分子作用力不同，从而比较显著地改变原组分之间的相对挥发度，使原混合物易于分离。加入的第三组分称为萃取剂，其沸点应比原两组分都高很多，且不形成恒沸物，在蒸馏过程中不汽化，在塔底排出。这种精馏方法称为萃取精馏。

以常压下苯和环己烷的分离为例，苯和环己烷的沸点很接近（分别为80.2℃和80.73℃），相对挥发度为0.98，用普通的精馏方法分离时，需要较多的理论板数或者很大的回流比，不经济。若以糠醛（沸点161.7℃）为萃取剂，则由于糠醛分子对不饱和烯烃（包括苯）有很强的分子吸引力，能显著降低苯的蒸气压，而对环己烷影响不明显。故加入糠醛后，使苯由易挥发组分变为难挥发组分，环己烷变为易挥发组分，而且两者具有较大的相对挥发度。不同糠醛浓度时，环己烷对苯的相对挥发度如表6.8.1所示。

表 6.8.1　不同糠醛浓度下环己烷对苯的相对挥发度 α

糠醛摩尔分数	0	0.2	0.4	0.6	0.7
环己烷对苯的相对挥发度 α	0.98	1.38	1.86	2.35	2.7

可见，若加入足够的糠醛，就可使苯和环己烷的分离相对容易得多。上述萃取精馏的流程如图6.8.2所示。为使萃取剂在各块塔板中发挥作用，糠醛（E）由萃取精馏塔1的上部附近加入。由于糠醛的存在，顶部得到较纯的环己烷（A）产品，而底部得到苯和糠醛的混合液；该混合液送至塔2分离。塔2顶部得到另一产品苯（B），釜液糠醛则送回塔1循环使用。考虑到萃取剂亦有一些挥发性，故在塔1糠醛入口以上常增设几块塔板（萃取剂回收段）以脱除上升蒸气中的少量糠醛。

对萃取剂的要求如下。

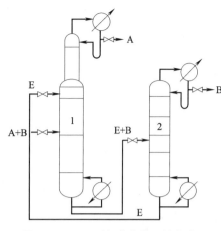

图 6.8.2　环己烷-苯的萃取精馏流程
1—萃取精馏塔；2—溶剂分离塔

① 选择性强，使被分离组分间的相对挥发度显著增大。

② 溶解度大，能与任何浓度的原溶液完全互溶，以充分发挥各块塔板上萃取剂的作用。

③ 本身的挥发性小，使塔顶产品中不致混有萃取剂，也易于和另一组分分离。

④ 其他经济和安全要求。

如果加入的萃取剂是固体的盐类，则该精馏过程称为溶盐精馏，可用于难分离混合物的分离。如对于有机水溶液（如乙醇-水、丙醇-水、水-醋酸等）的分离，由于盐类（如 $CaCl_2$、KAc 等）与水有很强的相互作用，加入盐类可使有机物与水的相对挥发度增大，有利于采用精馏方法进行分离。溶盐精馏的缺点是若加入固体盐，则溶解比较困难，同时易结晶析出堵塞管道，造成输送困难，使应用受到限制。在一般液体萃取剂中溶入少量盐，形成加盐的溶剂（混合溶剂）可以显著增大萃取剂提高组分相对挥发度的效果，同时又没有使用固体盐的困难，这种萃取精馏称为加盐萃取精馏。

一些物系的分离即可采用恒沸精馏也可采用萃取精馏，二者的主要区别体现在以下几个方面：

① 第三组分的选择。恒沸精馏用的夹带剂必须和被分离组分形成最低恒沸物，夹带剂的选择不易。萃取精馏用的萃取剂，其选择范围要广得多。

② 能量消耗。恒沸精馏中的夹带剂以气态离塔，消耗的相变热较多，而萃取精馏时的萃取剂基本不汽化，一般来说，萃取精馏较经济。

③ 操作条件。总压一定时，恒沸精馏形成的恒沸物，其组成和温度都是恒定的。而萃取精馏时，由于被分离组分的相对挥发度和萃取剂的配比有关，故其操作条件可在一定范围内变化，无论是设计还是操作都比较灵活和方便。但萃取剂必须不断地由塔顶加入，故萃取精馏不能简单地用于间歇操作，而恒沸精馏则无此限制。

④ 操作温度。恒沸精馏时的操作温度一般比萃取精馏的低，故适用于分离热敏性物料。

6.8.3　分子蒸馏

分子蒸馏广泛应用于科学研究、化工、石油、医药、轻工以及油脂等工业中，用以浓缩和提纯高相对分子质量、高沸点、高黏度的物质及稳定性差的有机化合物。

分子蒸馏过程是在高真空条件下，蒸发面与冷凝面间距离小于或等于蒸发分子的平均自由程，混合物中各组分以不同速度在液相主体向蒸发界面扩散，自蒸发面逸出的分子不与任何分子碰撞，直接奔射并冷凝在冷凝面上，即完成一级分子蒸馏过程，实现一次分离。经过多级的分子蒸馏，即可使混合物达到规定的分离要求。分子蒸馏有以下特点：

① 分子蒸馏可在任何温度下进行，只要冷、热两面存在一定温差，就可达到分离目的。

② 分子蒸馏过程的蒸发和冷凝是不可逆的，即奔射至冷凝面上的分子不再返回蒸发面。

③ 分子蒸馏是在液层表面上的自由蒸发，而不是在液体内鼓泡。

④ 表示分离能力的分离因数，不仅与两组分的饱和蒸气压之比有关，而且还与两组分的摩尔质量比有关。

6.9 板式塔

精馏过程为气、液两相的传质过程，需要在一定的传质设备中进行。两相传质设备的种类较多，其共同的特点是要求其既能使两相充分接触传质，又能很好实现两相分离。实际生产中使用的气、液传质设备大多为塔设备，其主体结构是一圆筒状塔体，塔体内部装有传质元件及其他附属结构，两相流体在塔内的传质元件上充分接触进行传质，实现混合物的分离。从传质元件的结构特征上可以将塔设备分为板式塔和填料塔。在板式塔内，气液两相逐级通过塔板，进行多次接触和分离，使两相组成发生阶跃式变化。而在填料塔内，气液两相则是逆向微分接触，两相组成发生连续变化。这两种形式的塔设备在工业生产中均得到了广泛的应用，本节介绍板式塔的结构、流体力学特性及其工艺设计。填料塔的结构、流体力学特性及其工艺设计详见本书第7章。

6.9.1 板式塔结构和主要类型

板式塔的功能在于为气、液两相提供充分接触的机会，使传质和传热过程能够迅速有效地进行，同时，还要能使接触后的气液两相及时分开，互不夹带。评价板式塔性能的一些主要指标包括：

① 生产能力，指通过单位塔截面上单位时间的流体流量；

② 分离效率，指塔板所能达到的分离程度；

③ 操作弹性，指在生产负荷波动时维持稳定操作，且能保持较高分离效率的能力；

④ 流动阻力，指气相通过每层塔板的压力降；

此外，还应考虑塔的结构是否简单，是否易于加工制造和维修以及长期运转的可靠性等因素。

板式塔的生产能力大、操作稳定、具有较大的操作弹性、造价低、制造维修方便，是目前工程中应用的主要塔设备之一。

(1) 板式塔的结构

如图 6.9.1、图 6.9.2 所示，板式塔由一圆筒形壳体和塔内按一定间距装有的多层水平塔板组成。操作时，液体在重力作用下自上而下依次流经各层塔板，并在各块塔板上形成流动的液层，最后在塔底排出。气体则在压力差作用下自下而上穿过塔板上的液层，最后由塔顶排出。

板式塔内，气、液两相接触的场所是塔板，按照塔内气、液流动方式，可将塔板分为逆流流动的无溢流型塔板和错流流动的溢流型塔板两大类。无溢流塔板 [图 6.9.2 (b)] 也称穿流塔板，其结构特征是塔板上无降液管，气、液两相均通过分布在塔板上的通道穿过塔板，两相呈逆流流动。这种塔板的结构简单，造价低，塔板面积利用率高，但其塔板效率较低，操作弹性较小，应用较少，一般仅用于一些特殊场合。溢流型塔板 [图 6.9.1 (b)] 上装有溢流堰、降液管和受液盘。塔板上的液相沿降液管流至下一层塔板的受液盘，然后横向流过塔板的传质区，进入该塔板的降液管，流向下层相邻塔板。这种塔板的塔板效率高，操作弹性大，应用最为广泛。

为保证气、液两相在塔板上充分接触传质，溢流型塔板包括：

① 气相通道。为使气相通过，在塔板上开设一定数量的气相通道。气相通道的形式很多，最简单的通道是在塔板上冲压出一定数量的圆形筛孔，这种塔板常称为筛板塔盘。气相

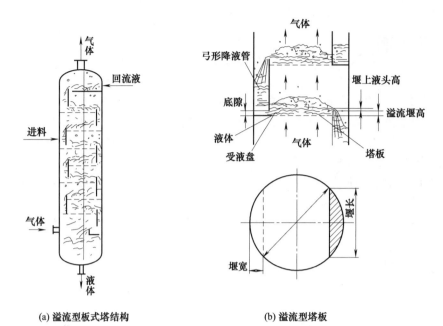

(a) 溢流型板式塔结构　　　　　(b) 溢流型塔板

图 6.9.1　溢流型板式塔

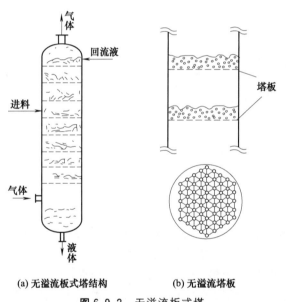

(a) 无溢流板式塔结构　　　　(b) 无溢流塔板

图 6.9.2　无溢流板式塔

穿过塔板上的筛孔与塔板上的液层接触，故气相通道的形式和数量对气、液两相接触状态、传质效果影响很大，各种类型的塔板具有不同的性能。

② 溢流堰。为维持塔板上一定的液层高度，在每层塔板的出口端装有高出板面的溢流堰。常见的溢流堰为弓形平直堰，其尺寸包括堰高和堰长。

③ 降液管。相邻两层塔板之间的液相通道称为降液管或溢流管。降液管通常由一平板与塔壁围成，其截面常为弓形。降液管的下端与塔板间留有一定间距，称为降液管底隙。降液管底隙高度应小于堰高，以保证液相从降液管顺畅流出并防止气相进入降液管。根据塔径和液体流量的大小，可设一个或多个降液管，分别称为单流型和多流型塔板。此外，还有一

些其他型式的降液管,如阶梯流型、折流型等。

④ 受液盘。塔板为接受上层塔板流入的液体,在降液管下方的区域不开设气相通道,这部分区域称为受液盘。有时为保证塔板上的液相流动更均匀及保证降液管的液封,在液相流出降液管底隙进入塔板处设有入口堰。

(2) 塔板类型

溢流型塔板种类很多,这类塔板的总体结构相似,其差别仅在于分布在塔板上的气相通道不同。工程中常用的溢流型塔板有泡罩塔板、筛孔塔板、浮阀塔板以及气体喷射型塔板等。

① 泡罩塔板 泡罩塔板是工业上应用最早的塔板,其结构特征是塔板上的气体通道由升气管和泡罩组成,如图 6.9.3 所示。泡罩的种类有多种,生产中用得比较多的是圆形泡罩,泡罩直径有 $\phi80mm$、$\phi100mm$ 和 $\phi150mm$ 三种,此外也有条形升气管和条形泡罩(称 S 形泡罩塔板)。泡罩下沿常开有长条形或锯齿形缝隙。操作状态下,塔板上的液层高度高于泡罩下端缝隙的高度,形成液封。气体经升气管穿过塔板,在泡罩的顶端回转并沿泡罩底端的缝隙分散成细小的气泡或流股进入塔板上的液相层,进行两相传质。泡罩塔板的优点是不易发生漏液现象,在气液负荷变动较大时也具有较好的操作性能,即操作弹性较大。此外,泡罩塔板不易堵塞,对物料的适应性强,历史上应用广泛。但泡罩塔板结构复杂,制造成本高,塔板阻力大,近年来已逐渐为其他型式的塔板所取代,其应用已逐渐减少。

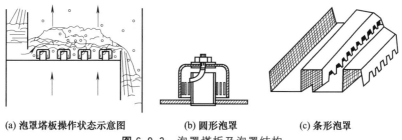

(a) 泡罩塔板操作状态示意图　　　(b) 圆形泡罩　　　(c) 条形泡罩

图 6.9.3　泡罩塔板及泡罩结构

② 筛板 筛孔塔板通常简称筛板,筛板的使用仅比泡罩塔板晚二十年左右,但当时由于对其流体力学研究不够,认为筛孔容易漏液,操作弹性小,在 19 世纪 50 年代初之前未能得到普遍应用。其后,由于大规模工业生产需要一种简单而价廉的塔板,而筛板突出的优点就是其结构简单、造价低廉,故对其性能研究不断深入,经过长期的研究和工业生产实践,目前已形成较为完善的设计方法,并积累了操作经验,筛板塔已成为应用广泛的塔型之一。

筛板的结构如图 6.9.4 所示,在塔板上冲压出许多均匀分布的小孔,小孔直径在 3~8cm 范围内的称为小筛孔筛板,孔径在 10~25mm 范围内的称为大筛孔筛板。工程中使用以小筛孔筛板居多。操作时,气体通过筛孔分散,穿过塔板上的液相层,在液相层内气液相充分接触进行传热、传质。通过筛孔的气流速度应该控制在能够阻止液相由筛孔向下一层塔板流动,避免由筛孔处发生液体的大量泄漏。这种塔板的突出优点是结构简单、造价低、塔板阻力小,若设计合理并操作得当,能很好满足生产过程的弹性要求,而且塔板效率较高,目前已经发展成为应用日趋广泛的常用塔板之一。

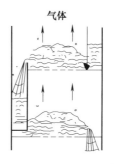
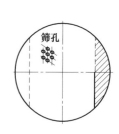

图 6.9.4　筛孔塔板结构示意图

③ 浮阀塔板　浮阀塔板是 20 世纪 50 年代出现的，它结合了筛板和泡罩塔板的特点，兼具了这两种塔板的长处。如图 6.9.5 所示，浮阀塔板的结构特点是在塔板上开出一些较大的孔，称为阀孔，在阀孔上安装可上下浮动的阀片称为浮阀。浮阀的开度可根据气体通过阀孔的气速自动调节，其最大开度由插入阀孔的三条阀腿限制，最小开度由阀片周边冲压出的几个略向下弯曲的定距片限定。操作时，气体通过阀孔上升，在阀片的阻挡作用下气流转向，经过阀片与塔板之间的间隙沿水平方向进入液体层，在液体层内实现气液相间的传质过程。由于浮阀塔板在气体负荷较低时，浮阀开度较小，气体负荷较高时，开度较大，能够保持在较低的气速下不发生大量漏液，在较高气速下不产生过大的气体流动阻力，因而这种塔板操作弹性大，一般为 3～4，最高可达 6。生产能力大，塔板效率高。常用的浮阀有 F1 和 V4 型两种，如图 6.9.5 所示。浮阀的直径较泡罩小，在塔板上可排列得更紧凑，从而可增大塔板的开孔面积。且气体以水平方向进入液层，带出的液沫减少而气液接触时间延长，故可增大气体流速而提高生产能力，板效率也有所增加。且压降比泡罩塔板小。

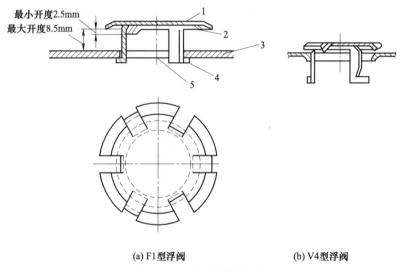

(a) F1 型浮阀　　　　　　　　(b) V4 型浮阀

图 6.9.5　常用浮阀形式

1—阀片；2—定距片；3—塔板；4—底脚；5—阀孔

浮阀塔板的主要缺点是浮阀长期使用后，由于频繁活动而易脱落或被卡住，操作失常。为避免腐蚀或浮阀与阀孔被粘住，浮阀和塔板一般均采用不锈钢材料。除 F1 和 V4 型浮阀之外，还有条形浮阀、方形浮阀和导向浮阀等，其结构如图 6.9.6 所示。其性能较常规浮阀有所改进。

近年来有关浮阀塔板的开发研究工作十分活跃，是目前新型塔板开发研究的主要方向。人们不断地从强化气相的分散性能，合理利用流体的能量以加强流体的导向作用，进一步改进浮阀塔板的性能以提高其塔板效率，增大生产能力。各种新型浮阀塔板不断出现，如梯形浮阀、双层浮阀、混合型浮阀、小直径浮阀等。

④ 喷射型塔板　喷射型塔板的主要特点是，气体通道中的气流方向和塔板倾斜一个较小的角度，并和液流方向一致。这样即使气速较高，液沫夹带量亦不致过大。这种类型的塔板一般都不设溢流堰，塔板上液层较薄，塔板阻力并不太大，而塔板的生产能力较大。由气体通道喷出的较高速度（20～30m/s）的气流，将液体分散成许多大小不一的液滴和雾沫并抛至塔板上方空间，落下后汇集成的液体再次被分散抛出，此时气相为连续相，液相为分散

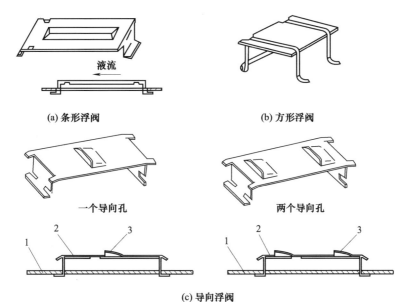

(a) 条形浮阀　　　　　　　　　(b) 方形浮阀

一个导向孔　　　　　　　　　两个导向孔

(c) 导向浮阀

图 6.9.6　条形浮阀、方形浮阀和导向浮阀
1—塔板；2—导向浮阀；3—导向孔

相，气液两相的这种接触状态即为喷射状态。喷射状态下，液滴多次形成和合并，使传质表面积不断更新，相际湍流加剧，促进了两相之间的传质。和液流方向一致的气流，还起着推动塔板上液体流动的作用，减小了液面落差，因而喷射型塔板的效率一般也较高。喷射型塔板的主要缺点是液体受到气体的喷射作用最后进入降液管时，气泡夹带的现象比较严重。喷射型塔板有舌形塔板（图 6.9.7）、浮舌塔板（图 6.9.8）和浮动喷射塔板（图 6.9.9）等类型。

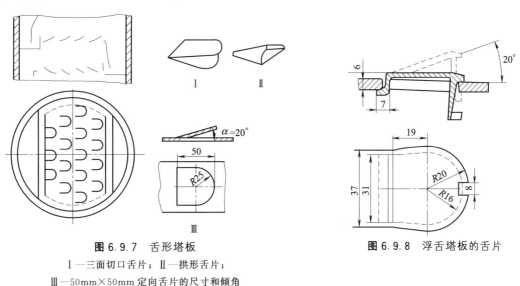

图 6.9.7　舌形塔板
Ⅰ—三面切口舌片；Ⅱ—拱形舌片；
Ⅲ—50mm×50mm 定向舌片的尺寸和倾角

图 6.9.8　浮舌塔板的舌片

⑤ 多降液管塔板　当液体流量很大时，为减小液面落差和液层高度，一般可采用多溢流液流型式。为减少降液管占去的塔板面积，亦可在单溢流基础上，采用多根悬挂式的降液管，如图 6.9.10 所示。这种塔板称为多降液管塔板，其结构特点是降液管并不插入下层塔板的液层。此时，为防止气体窜入，降液管底部供液体流出的缝隙不可过大，以保证管中始

终能维持一定的液位构成液封。为避免液体短路，相邻两块塔板的降液管位置交错成 90°。

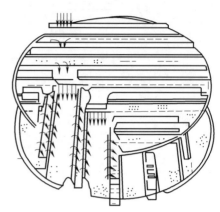

图 6.9.10　多降液管塔板

图 6.9.9　浮动喷射塔板示意图

⑥ 林德筛板（导向筛板）　林德筛板是为减压塔而设计的一种塔板，结构如图 6.9.11 所示。由于减压塔要求塔板阻力不能过大，因此塔板上的液层不宜过高。同时，为使气流分布均匀提高塔板效率，还应使较薄的液层各处厚度均匀。为此，林德筛板在结构上将液体入口处的塔板略为抬高形成斜台，以抵消液面落差的影响，并可在低气速时减少该处的漏液。另外，部分筛板上还开有导向孔，使该处气体流出的方向和液流方向一致，进一步减小液面落差。

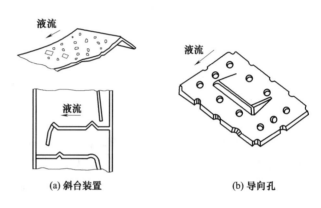

(a) 斜台装置　　　　　　(b) 导向孔

图 6.9.11　林德筛板

6.9.2　塔板的流体力学状况

塔板是气、液两相进行密切接触的场所，板上气、液两相的流动状态直接影响塔板的传质、传热性能。为保证板式塔的正常操作，使其具有较高的塔板效率，必须保证塔内的各项流体力学指标满足一定的条件。这里以筛板塔为例，分析塔板上的流体力学状况。

(1) 塔板上气、液两相接触状态

通过实验观察，气相穿过液相时的速度不同，气液两相的接触状况就不同。塔板上的气、液相接触状态大致可以分为五种状态。

① 鼓泡态。如图 6.9.12（a）所示，当气相进入液相的速度从零开始逐渐增大时，气相分散成不连续的气泡，以鼓泡形式穿过塔板上的清液层。由于气泡数量较少，液相层存在清晰的表面。在此状态下，液相为连续相，气相为分散相，气泡表面为两相的传质表面。因两相间湍动程度较弱，传质面积较小，故传质效率较低。

② 蜂窝状泡沫态。在鼓泡接触状态下，进一步增加气速，气泡互相碰撞，形成多面体结构，气泡间以液膜相隔，呈蜂窝状，如图 6.9.12（b）所示。该状态下气泡间的液膜是两相的传质界面，泡沫层具有明显的上界面，气泡层湍动程度较弱，其传质效率仍然较低。

③ 泡沫态。随气速进一步增大，气泡数量增加，液体成膜状分布在气泡之间，形成泡沫层。泡沫层中扰动剧烈，使得液膜与气泡不断地破裂与合并，引起泡沫层界面不断波动，如图 6.9.12（c）所示。在泡沫态下，液相仍为连续相、气相仍为分散相，气、液相间的传质面仍然是气泡间的液膜，但是由于泡沫不断地破裂、合并，使得两相的接触表面不断更新，传质效率较高。此外，泡沫层上方泡沫破裂而形成液滴群的表面，也成为气液传质表面，强化了传质过程。泡沫态是工业精馏塔板上主要气液接触状态之一。

④ 喷射态。当气速进一步提高时，液相将被分散成液滴群，导致泡沫层破坏，气相变为连续相，液相变为分散相，形成喷射态，如图 6.9.12（d）所示。在此状态下，分散的液滴表面为传质面，由于液滴多次分散与合并，表面不断更新，为气液两相传质创造了良好的条件。这是工业生产中，塔板上另一种重要的气液接触状态。气液两相由泡沫态转为喷射态是一个渐变的过程，许多情况下是两相以泡沫态和喷射态的混合接触状态存在。

⑤ 乳化态。若气泡在形成的初期，因高速的液流剪切作用，被剪切为细小的气泡夹带至液相中，形成均匀的两相混合物，即乳化态，如图 6.9.12（e）所示。乳化态仅在高压塔内高液相流量时，才有可能出现。

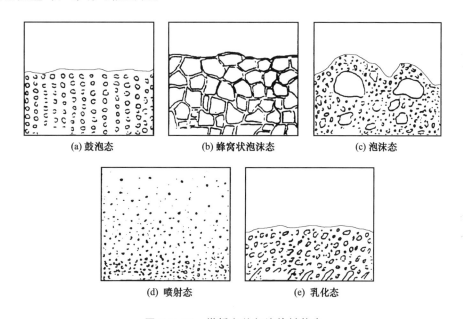

(a) 鼓泡态 (b) 蜂窝状泡沫态 (c) 泡沫态

(d) 喷射态 (e) 乳化态

图 6.9.12　塔板上的气液接触状态

工业应用板式塔的塔板上气、液两相的接触状态一般为泡沫态或喷射态。

(2) 塔板上气液两相的流动

① 塔板上气、液两相的正常流动。板式塔在正常操作时，气相穿过气相通道进入液体层，通常以泡沫或喷射状态与液体接触，形成较大的相际传质表面积，并促进两相间的湍动，实现了气、液两相之间的有效传质。在塔板上接触传质后，气体和液体分离，分别进入上一层和下一层塔板，继续进行上述传质过程。从总体上看，气液两相在板式塔内呈逆流流动，而在每一层塔板上呈错流流动。对塔板上气、液两相的理想流动要求是能够充分接触，分布均匀，传质面积大而传质阻力小，但在实际操作中，常常会出现一些偏离理想流动的情况。

a. 返混现象。与主流方向相反的流动称为返混现象，包括液相返混现象——液沫夹带和气相返混现象——气泡夹带。气体穿过液层时，部分液体被气体分散成液滴或雾沫，少量液滴和雾沫将被上升气体带至上块塔板，这种现象称为液沫夹带。造成液沫夹带的原因是由于气流冲击或气泡破裂造成液滴飞溅高度大于两塔板之间的距离，或者液滴沉降速度小于上升气相流速。可见，液沫夹带量与板间距和操作气速有关。板式塔在操作中液沫夹带是不可避免的，液沫夹带量常用每千克或千摩尔（kg 或 kmol）干气体所夹带的液体量（kg 或 kmol）表示。一般允许的液沫夹带量小于 0.1kg（液体）/kg（气体）。如果夹带量超过了允许量，即发生了过量液沫夹带现象，将造成严重液相返混，塔板效率显著下降。

同样，在塔板上与气体充分接触后的液体，越过溢流堰进入降液管时不可避免地夹带气泡。同时，液体落入降液管时又卷入一些气体形成新的气泡。若这些气泡在降液管内来不及释放，将被带至下层塔板，这种现象称为气泡夹带。降液管内的气泡夹带量与液体在降液管内的停留时间有关。为了降低气泡夹带量，通常要求液体在降液管内有足够的停留时间，保证液体中夹带的气泡能够充分释放。一般要求降液管内液体的停留时间大于 3～5s。

显然，无论是液沫夹带还是气泡夹带，都使得少部分在塔板上已经分离的气相或液相又和待分离的气、液相重新混合。这种返混现象导致塔内平均传质推动力和塔板效率降低，对传质过程不利。

b. 气、液两相的不均匀分布。塔板上气相和液相均存在不均匀分布的现象。对于气体来说，理想的情况是在塔板上各点气流流速相等。但是，由于液体横向流过塔板时要克服流动阻力，因此在塔板上液体进口处的液层厚度稍高于液体出口处，这个高度差称为液面落差或水力坡度。液面落差的存在将导致通过塔板的气流分布不均。在液体进口处，液层厚，阻力大，气体流速比平均值小。而在出口处，液层薄，阻力小，气体流速比平均值大。这种不均匀的气流分布对传质是不利的。显然，板上液体流量越大，流动距离越长，液面落差也就越大。为减轻气流分布的不均匀性，应尽量减小液面落差。

液体横向流过圆形塔板时，不同位置的流体具有不同的流程长度，同时，由于受到塔壁的作用将使速度分布不均。中央部分液体行程短，阻力小，流速较大，而靠近塔壁部分液体流程长，阻力大，流速较小。特别是在液体流量很低时，液流分布不均甚至可能在塔壁附近形成液层的滞留区。塔板上液相的不均匀分布，造成塔板效率下降，对传质是不利的。

② 板式塔的不正常操作。上述的两相非理想流动虽然对传质不利，但塔仍能正常操作。但若塔结构设计不合理或操作条件不当，将会造成塔内气、液两相的异常流动，破坏塔的正常操作。板式塔的不正常操作有两种，即液泛和严重漏液。

a. 液泛。在板式塔操作过程中，由于塔内液相流动不畅，在塔板上累积，最终导致液相充满整个塔板之间的空间，使塔的正常操作遭到破坏，这种现象称为液泛。液泛时，塔内气相压降大幅度上升，并剧烈波动，分离效果急剧变差。根据液泛发生的原因，可将液泛分为过量液沫夹带液泛和降液管液泛。

过量液沫夹带液泛 对于一定的液体流量，塔板上的液沫夹带使上层塔板的液层增厚，正常情况下液层增加得并不明显，塔板上液体流动尚能自动调节，维持液流畅通。但当气速大到某一数值时，液沫夹带量过大，使上层塔板液层（泡沫层）迅速增厚，而液层厚度的增加又促使液沫夹带量进一步增加，如此恶性循环，导致液相流动不畅，难以流至下一板，而在塔板上积累，以致充满两板间的空间，随气相作反向流动，进入上一层板，最终液体将充满全塔，随气体从塔顶溢出，这种现象称为过量液沫夹带液泛。工程上将开始出现过量液沫夹带液泛时的气速称为液泛气速，并将液泛气速作为塔板直径设计的重要参考参数。

降液管液泛 降液管内的液体要流至下一层塔板，需要克服塔板下方和上方的压力降及降液管内的流动阻力，克服这一阻力的推动力是降液管内泡沫层高度相当的静压头。当塔板压降和降液管内流动阻力之和增加，降液管内的液面随之升高。当流动阻力过大时，降液管内的液层将上升至上层塔板的出口堰以上，破坏了降液管的正常流动，使得上层塔板上的液相不能流出而逐步累积，直至充满整个塔板间的空间。这种由于降液管不能正常流动引起的液泛称为降液管液泛。

虽然从引起塔板发生液泛的原因出发将液泛分为两种，但这两种液泛现象是相互影响、密切相关的。过量的液沫夹带，将导致塔板上液层增厚，引起塔板压降增大，使降液管内液面升高，进而引起降液管液泛。同样，当发生降液管液泛时，液相在塔板上的积累使液层增厚，空间减小，随之引起过量的液沫夹带液泛。无论何种原因引起的液泛，其特征是塔板压降显著增大，因而仅从发生液泛的现象上难以确定发生液泛的原因。一般情况下，低压尤其是减压精馏，其气速较高、液相流量较小时，易出现喷射态，引起过量液沫夹带液泛。对于高压精馏塔，其气、液两相密度差变小，导致降液管内气、液两相分离难度提高。并且当操作压力高、液相流量大时，不仅引起塔板上液层增厚，同时也使降液管内流动阻力增大、塔板压降提高，易引起降液管液泛的发生。

b. 严重漏液。在正常情况下，塔板上要保持一定高度的液层，使气、液两相充分接触传质。对于多数型式的塔板，当通过气体通道的气速较小时，塔板上的部分液体可能会从气相通道漏下，称这种现象为漏液现象，产生漏液的原因是气速过小或气体分布不均匀。若漏液量较少，对塔板上气液相的传质过程影响不大，不会造成塔板效率的明显下降，属于塔板的正常操作情况。若漏液量过大，塔板上不能积累液层，将导致气液两相接触时间过短，传质效果变差，塔板效率显著降低，此种现象称为严重漏液。为保证塔正常操作，漏液量一般不大于液相量的10%，将漏液量为总液相量10%时的气速称为漏液点气速，该气速对应的气相负荷是塔板操作的气相负荷下限。

6.9.3 筛板塔的工艺设计计算

对于给定的分离任务，设计完成该分离任务所需要的不同板式塔的原则基本相同，只是涉及的计算内容大同小异，本节以筛板塔为例说明板式塔设计步骤。

(1) 塔板上液流型式确定

溢流型塔板流型可分为单流型、双流型、多程流型、阶梯流型和U形流型等型式，如图6.9.13所示。

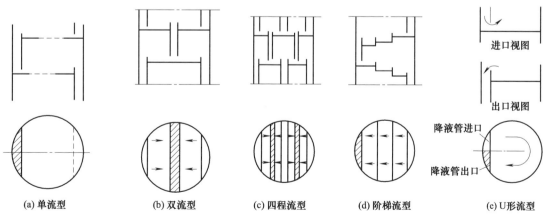

(a) 单流型　　(b) 双流型　　(c) 四程流型　　(d) 阶梯流型　　(e) U形流型

图6.9.13 溢流型塔板上的液流型式

液流的型式由塔板上液体流量和塔径的大小确定，流量适中时多采用单流型。因为单流型塔板结构简单，制作方便，且液体流道长，有利于达到较高的塔板效率。对于液体流率大（100m³/h），塔径也较大（2m以上）的场合，选择双流型或多流型。若液体流量较小，塔径也较小时，为延长流道长度，保证液体一定停留时间，则可采用U形流型。在实际使用中应尽量选用单流型，因为液流程数增加，则塔板结构变得复杂，流道长度变短，难以实现塔板上各部分气、液两相的均匀分布。设计之初，塔径尚未决定，可参照生产能力的大小对塔径进行大致估算，据此预先选定一种液流型式（工程设计上可参考表6.9.1选取），塔径计算出来后再检验液流型式是否合适。

表6.9.1 溢流型塔板上液流型式的选择

塔径/m	液体流量/m³·h⁻¹			
	U形流型	单流型	双流型	阶梯流型
1.0	<7	<45		
1.4	<9	<70		
2.0	<11	<90	90~160	
3.0	<11	<110	110~200	200~300
4.0	<11	<110	110~230	230~350
5.0	<11	<110	110~250	250~400
6.0	<11	<110	110~250	250~450

(2) 塔的有效高度计算

板式塔的有效高度由实际板数和板间距决定，即

$$Z = (N_P - 1)H_T \tag{6.9.1}$$

式中　Z——塔的有效高度，m；

　　　H_T——板间距，m。

可见，在实际板数一定的情况下，板间距的大小决定塔的有效高度。为了降低塔高，希望板间距要小。但减小板间距则需降低气速才能避免过量液沫夹带现象的发生，这样就使完成分离任务所需的塔径增加。原则上，板间距应由塔径和塔高对塔投资的综合影响决定。此外，考虑安装与维修的要求，还应对物流进料口、采出口及人孔处的板间距适当增大。目前，板间距的确定大多是经验值，可参照表6.9.2选取。在工业塔中，板间距范围为200~900mm，我国设计中常用的板间距有300mm、450mm、500mm、600mm、800mm。

表6.9.2 塔径和板间距之间的经验关系

塔径 D/m	0.3~0.5	0.5~0.8	0.8~1.6	1.6~2.0	2.0~2.4	≥2.4
板间距 H_T/m	0.2~0.3	0.3~0.35	0.35~0.45	0.45~0.6	0.5~0.8	≥0.6

(3) 塔径的计算

塔径的大小取决于气体的体积流率与气体的设计气速。其中气体的体积流率取决于生产任务要求，当塔内各段气体流率不同时，应分别计算。为防止产生过量液沫夹带液泛，设计气速必须小于液泛气速。常用的设计气速确定方法是：先确定给定气、液流量下的液泛气速 u_f，然后乘以一个安全系数作为适宜的空塔气速。空塔气速与液泛气速的比称为泛点率，设计过程中，对于一般液体，泛点率可取0.6~0.8，对于易起泡的液体，可取0.5~0.6。

液泛气速 u_f 可采用半经验公式［式（6.9.2）］计算。

$$u_f = C\sqrt{\frac{\rho_L - \rho_V}{\rho_V}} \tag{6.9.2}$$

式中　C——气体负荷因子；

ρ_L，ρ_V——液、气相密度，kg/m^3。

气体负荷因子 C 与塔板上的操作条件有关，需通过实验来确定。图 6.9.14 为费尔等整理得到的筛板塔的气体负荷因子 C_{20} 关联图。

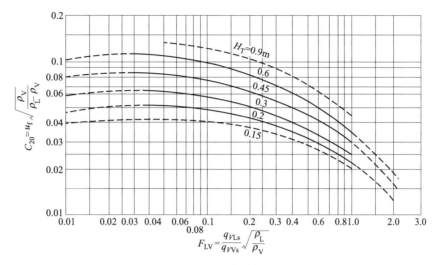

图 6.9.14　筛板塔泛点关联图

图 6.9.14 中的横坐标 $\dfrac{q_{VLs}}{q_{VVs}}\sqrt{\dfrac{\rho_L}{\rho_V}}$ 反映两相流动对负荷因子的影响，称为气液流动参数，简称流动参数，用 F_{LV} 表示，纵坐标 C_{20} 为液相表面张力 $\sigma=20\mathrm{dyn/cm}$（$1\mathrm{dyn}=10^{-5}\mathrm{N}$）时的气相负荷因子。在使用费尔关联图（图 6.9.14）时，应注意满足以下条件：

① 开孔率 $\phi\geqslant10\%$。若开孔率 $\phi<10\%$，按图 6.9.14 查得的负荷因子 C_{20} 应采用表 6.9.3 的校正系数进行校正。

表 6.9.3　不同开孔率时 C_{20} 的校正系数

开孔率	10%	8%	6%
校正系数	1.00	0.90	0.80

② 费尔原建议此关联仅适用于小于 6.35mm 的筛孔塔板，后经广泛实验数据检验，证明可推广用于筛孔小于等于 12.7mm 的筛板塔。

③ 要求物系不起泡或略微起泡，否则液泛气速 u_f 将减小。

④ 溢流堰的高度 h_W 不应超过板间距 H_T 的 15%。

选定板间距 H_T 的初值之后，根据给定的工艺条件确定气液流动参数 F_{LV}，由 F_{LV} 及 H_T 在图 6.9.14 中查得负荷因子 C_{20}。若塔内液相表面张力为其他值时，应按式（6.9.3）进行校正。

$$C=C_{20}\left(\frac{\sigma}{20}\right)^{0.2} \tag{6.9.3}$$

然后根据式（6.9.2）计算液泛气速。求出液泛气速后，根据物系的性质选定泛点率，就可确定设计气速 u，进而由式（6.9.4）计算气体流通截面积。

$$A=\frac{q_{VVs}}{u} \tag{6.9.4}$$

式中　A——气体流通截面积，m^2；

u——设计气速，m/s；

q_{VVs}——气体流量，m^3/s。

对于设有降液管的塔板，由式（6.9.4）计算出的气体流通截面积 A 并非是全塔截面积 A_T，而是全塔截面积 A_T 与降液管截面积 A_d 之差，即

$$A = A_T - A_d$$

$$\frac{A}{A_T} = 1 - \frac{A_d}{A_T}$$

$$A_T = \frac{A}{1 - \dfrac{A_d}{A_T}}$$

(6.9.5)

式（6.9.5）中，(A_d/A_T) 为降液管截面积与塔截面之比，一般先假设塔板上的液流形式后给定初值，待塔径确定之后进一步调整。对于常见的单流型弓形降液管塔板，根据经验一般选取 $A_d/A_T = 0.06 \sim 0.12$，多流型略大一些。当确定塔截面积 A_T 之后，即可由式（6.9.6）确定塔径 D。

$$D = \sqrt{\frac{4A_T}{\pi}}$$

(6.9.6)

由式（6.9.6）计算得到的塔径，应根据塔径系列标准进行圆整。常用的标准塔径 D（单位：m）为 0.4、0.5、0.6、0.7、0.8、1.0、1.2、1.4、1.6、1.8、2.0……

根据确定的塔径，结合表 6.9.1 和表 6.9.2 校核所选定的塔板间距 H_T 及液流型式是否适宜，若不合适，需要重新进行设计计算。若合适，则根据确定的塔径值，重新计算实际的操作气速 u 和泛点率。

(4) 溢流装置设计

如图 6.9.15 所示，塔板的溢流装置包括降液管、溢流堰和底隙等几部分。溢流装置设计包括降液管形式选择及降液管截面积、溢流堰的长度和高度、降液管底隙等参数的确定。

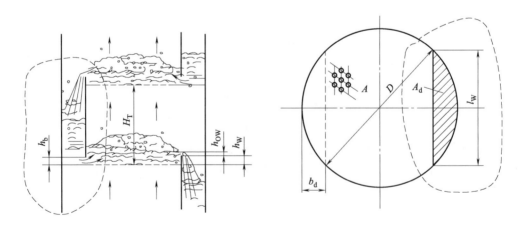

图 6.9.15 溢流装置

① 降液管形式 降液管具有不同的结构形式，如图 6.9.16 所示。工业上常用的形式为弓形垂直降液管 ［图 6.9.16 (a)］，这种形式的降液管将堰与塔壁之间的截面全部作为降液管面积 A_d，使塔截面利用率提高、结构简单、造价低。而弓形斜管降液管是对上一种弓形降液管的改进 ［图 6.9.16 (b)、(c)］，该结构体现了塔截面的合理利用。它的顶部有足够

大的空间供气、液两相分离，底部的缩小使下层塔板的有效面积增大。当降液管面积占塔截面的 20%～30% 时，这种结构形式的降液管尤为经济。此外，还有如图 6.9.16（d）、（e）、（f）所示的三种形式的降液管，称其为圆形降液管和导管式降液管，分别用于液体流量较小、液体泄漏量较小的场合，在工业装置上一般不采用。

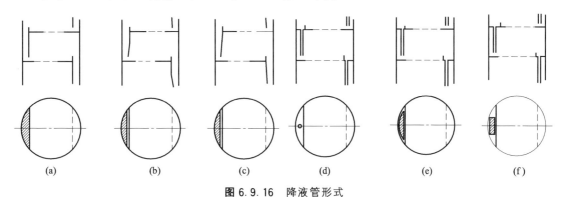

图 6.9.16　降液管形式

在设计弓形降液管时，通常是以其所占塔板的截面 A_d 为基准。A_d 应足够大以保证塔板上液相能畅通地流至下板，并使气、液混合物在降液管中进行较完善的分离。确定截面积 A_d 的常用方法是根据实际生产和设计经验，给定降液管截面积与塔总截面积的比值 A_d/A_T 或堰长与塔径的比 l_W/D 的值（A_d/A_T 与 l_W/D 互呈函数关系），然后根据该比值确定降液管上部截面。l_W/D 经验范围如表 6.9.4 所示。

表 6.9.4　l_W/D 经验范围

液流程数	l_W/D	
	弓形	带辅堰弓形
单流型	0.6～0.8	0.8～1.0
双流型	1.2～1.4	1.8～2.0
四程流型	3.4 左右	3.8～4.0

由于物系发泡性能不同，也可由液相在降液管内的流速 u_d 或停留时间来确定降液管截面积 A_d 的大小。不同文献推荐的降液管内清液层的最大允许流速差异较大，大致为 0.03～0.2m/s。降液管内清液层最大允许流速 u_d 的取值经验范围见表 6.9.5，可供设计时参考。液相在降液管中停留时间的经验范围，如表 6.9.6 所示。

表 6.9.5　降液管内清液层最大允许流速

起泡沫倾向	实例	降液管内清液层最大允许流速/m·s^{-1}		
		$H_T=450mm$	$H_T=600mm$	$H_T=750mm$
低	低压（<0.7MPa）轻烃类、空气、水模拟装置、醇类	0.12～0.15	0.15～0.18	0.18～0.21
中	中压（0.7～2.1MPa）轻烃类、原油蒸馏	0.09～0.12	0.12～0.15	0.15～0.18
高	高压（>2.1MPa）轻烃类、胺、甘油、二元醇	0.06～0.075	0.06～0.075	0.06～0.09

表 6.9.6　液相在降液管中停留时间

生成泡沫倾向	低	中	高	很高
最小停留时间/s	3	4	5	7

清液在降液管内停留时间 t 可按式（6.9.7）计算。

$$t = \frac{V_d}{q_{VLs}} \qquad (6.9.7)$$

式中 t——清液在降液管内停留时间，s；

V_d——降液管的体积，m^3；

q_{VLs}——清液体积流量，m^3/s。

对于弓形降液管，降液管面积过小对塔板上液流均匀分布不利，易造成死区，降低传质效率。更严重者还会发生降液管液泛，限制了塔的生产能力。因此，根据 A_d/A_T 或 l_w/D 的经验范围设计降液管截面积之后，还应根据表6.9.5及表6.9.6进行校核，使降液管面积足够大，避免降液管液泛的发生，这对于操作压力较高及易起泡的物系尤为重要。

② 降液管底隙 h_b 降液管底隙 h_b 是降液管底部到受液盘的高度。如图6.9.15所示，该底隙与塔壁构成液体流出降液管的矩形通道。h_b 大小取决于物系的结垢、腐蚀性质以及降液管的液封，并影响降液管的流动阻力。h_b 过小则阻力大，过大又不能保证液封。确定降液管底隙高度的原则是，保证液体流经此处时的阻力不太大，同时要有良好的液封。降液管底隙高度一般不宜小于 $20\sim25mm$，否则容易堵塞，或因安装偏差而使液流不畅，造成液泛。通常 h_b 在 $30\sim40mm$ 范围内，或液体通过底隙的流速限制在 $0.3\sim0.45m/s$ 范围内。

③ 溢流堰 溢流堰又称出口堰，其作用是维持塔上一定的液层高度，使液体比较均匀地横向流过塔板。溢流堰的型式有平直堰、溢流辅堰、三角形齿堰及栅栏堰，如图6.9.17所示。溢流堰的结构尺寸主要有堰高 h_T、堰长 l_w 和堰宽 b_d。溢流堰的高度 h_T 直接影响塔板上的液层厚度。h_T 过小则液层过低，使相际传质面积过小而不利于传质。但 h_T 过大则液层过高，将使液体夹带量增多而降低塔板效率，且塔板阻力亦过大。根据经验，对常压和加压塔，一般取 $h_T = 40\sim80mm$。对减压塔或要求塔板阻力很小的情况下，可取 $h_T = 25mm$ 左右。对于弓形降液管，当降液管截面积与塔截面积之比 A_d/A_T 选定后，堰长与塔径之比 l_w/D 即由几何关系随之而定。由于 A_d/A_T 和 l_w/D 互为函数关系，亦可先选取 l_w/D，从而确定 A_d/A_T。l_w/D 的选择范围如表6.9.4所示，A_d/A_T 的值可由图6.9.18查得，在求得塔径 D 后，即可确定 l_w。

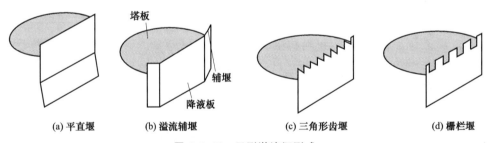

(a) 平直堰　(b) 溢流辅堰　(c) 三角形齿堰　(d) 栅栏堰

图6.9.17 弓形溢流堰形式

堰长 l_w 的大小对溢流堰上方的液头高度 h_{OW} 有影响，进而对液层高度也有显著影响。为使液层高度不过大，通常使单位堰长的液体流量 q_{VLh}/l_w，即溢流强度不大于 $100\sim130m^3/(m\cdot h)$。否则，需调整 A_d/A_T 或重新选取液流型式。

堰上方液头高度 h_{OW}(m) 可由式（6.9.8）计算。

$$h_{OW} = 2.84 \times 10^{-3} E \left(\frac{q_{VLh}}{l_w} \right)^{\frac{2}{3}} \tag{6.9.8}$$

式中 h_{OW}——堰上方液头高度，m；

q_{VLh}——液体流量，m^3/h；

l_w——堰长，m；

E——液流收缩系数。

考虑塔壁对液流收缩的影响，液流收缩系数可由图 6.9.19 查得，若 q_{VLh} 不过大，一般可近似取 $E=1$。若求得的 h_{OW} 过小，则由于堰和塔板安装时水平度误差引起液体横过塔板流动不均，导致塔板效率降低，故一般不应使 h_{OW} 小于 6mm。否则，需调整 l_W/D 亦即 A_d/A_T，或采用上缘开有锯齿形或栅栏形缺口的溢流堰。h_{OW} 也不宜过大，以免塔板阻力增大及液沫夹带量增加。

④ 受液盘和进口堰　塔径较大（>800mm）时，常采用受液盘，这种结构便于侧线采出，在液体流量较低时仍可形成良好的液封，且具有改变液体流向的缓冲作用。受液盘的结构有凹形和平形两种，凹形受液盘的深度一般在 50mm 以上，有侧线采出时宜取深些，但不能超过板间距的 1/3。凹形受液盘不适于易聚合或含有固体悬浮物的液体，对于这类物系，为避免形成死角而堵塞，可采用平形受液盘。

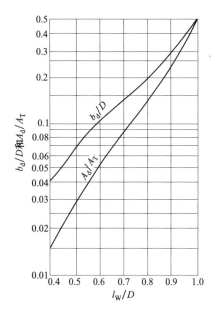

图 6.9.18　弓形降液管的宽度与面积

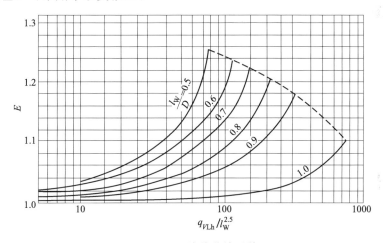

图 6.9.19　液流收缩系数

若采用平形受液盘，为了使降液管中流出的液体能在塔板上均匀分布，并保证降液管的液封，有时在液体进入塔板处设有进口堰。若出口堰高度大于降液管底隙高度，进口堰的高度可取与出口堰相等。若个别情况下，出口堰小于降液管底隙高度，则应取出口堰高于底隙高度，以保证液封。为保证液流顺畅，减小降液管流出阻力，进口堰与降液管间的水平距离不应小于底隙高度。对于弓形降液管而言，液体在塔板上的分布一般比较均匀，而进口堰又要占较多板面，还易使沉淀物在此处淤积，故多数不采用进口堰。

(5) 塔板布置

塔板有整块式和分块式两种。直径小于 800mm 的小塔采用整块式塔板，而直径在 900mm 以上的大塔，通常采用分块式塔板，以便通过人孔拆装塔板。以单流型溢流塔板为例，可将塔板分为受液区、液相入口安定区、有效传质区、液相出口安定区、降液区和边缘区六部分，如图 6.9.20 所示。

① 受液区和降液区　受液盘和降液管所占的区域分别称为受液区和降液区，一般这两

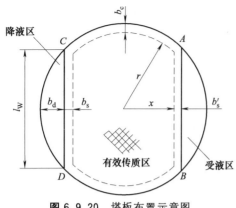

图 6.9.20 塔板布置示意图

个区域的面积相等，可按降液管截面积 A_d 计算。

② 入口安定区和出口安定区 在液体入口处塔板上宽度为 b'_s 的狭长带 AB 之间不开孔的区域称为（液相）入口安定区，该区域的设置是为防止气体窜入上一塔板的降液管或因降液管流出的液体冲击而漏液过多。类似地，为避免大量夹带气泡进入降液管，在靠近溢流堰处塔板上宽度为 b_s 的狭长带 CD 之间也是不开孔的，称为（液相）出口安定区。通常取 b_s 与 b'_s 相等，当塔径小于 1.5m 时，一般取 $b_s = b'_s = 50 \sim 75mm$。当直径大于 1.5m 时，取 $80 \sim 110mm$。小于 1m 的塔，b_s 与 b'_s 可适当减小。

③ 边缘区 在塔壁边缘需留出供支撑塔板边梁用的，宽度为 b_c 的环形区域，称为边缘区，其宽度视塔板支承的需要而定。一般小直径塔 b_c 取为 $30 \sim 50mm$，大塔可取为 $50 \sim 75mm$。

④ 有效传质区 塔板上开孔的区域称为有效传质区。对于单流型弓形降液管塔板，有效传质区的面积可根据几何关系由式（6.9.9）计算

$$A_a = 2\left(x \sqrt{r^2 - x^2} + r^2 \arcsin \frac{x}{r} \right) \tag{6.9.9}$$

$$r = \frac{D}{2} - b_c \tag{6.9.10}$$

$$x = \frac{D}{2} - (b_d + b_s) \tag{6.9.11}$$

式中 A_a——有效传质区面积，m^2；

      b_d——降液管宽度，m；

      b_s——安定区宽度，m；

      b_c——边缘区宽度，m。

$\arcsin \dfrac{x}{r}$ 为弧度。

对于双流型塔板，其降液管面积 A_d 是指其中间降液管的面积。设计时一般取它等于两侧弓形降液管面积之和。双流型塔板有效传质区的面积可按式（6.9.12）计算

$$A_a = 2\left(x \sqrt{r^2 - x^2} + r^2 \arcsin \frac{x}{r} \right) - 2\left(x_1 \sqrt{r^2 - x_1^2} + r^2 \arcsin \frac{x_1}{r} \right) \tag{6.9.12}$$

$$x_1 = \frac{b'_d}{2} + b_s \tag{6.9.13}$$

式中，b'_d 为中间降液管的宽度，其余符号的意义和前同。

⑤ 气流通道 不同类型塔板的气流通道结构形式不同，因而具有不同的设计和布置方法。筛板塔的气流通道是塔板上设置的筛孔，筛孔排列在有效传质区内，通常按正三角形排列，如图 6.9.21 所示。筛孔的总截面面积 A_o 与有效传质区面积 A_a 之比 A_o/A_a 称为筛板

的开孔率 φ。筛板的开孔率 φ 可由式（6.9.14）计算。

$$\varphi = \frac{\frac{1}{2} \times \frac{\pi}{4} d_o^2}{\frac{1}{2} t^2 \sin 60°} = 0.907 \left(\frac{d_o}{t}\right)^2 \tag{6.9.14}$$

式中　d_o——筛孔直径，m；

　　　t——孔中心距，m。

对于气液两相接触状态为泡沫态的筛板，筛孔直径 d_o 一般取 $3\sim8$mm，以 5mm 左右最适宜。而对于两相接触状态为喷射态的筛板，筛孔直径为 $12\sim25$mm。筛板开孔率 φ 的大小影响塔板的性能，在同样的空塔气速下，开孔率小则筛孔气速高，塔板阻力大，且易造成雾沫夹带量增加，既增加能耗又易产生液泛，限制了塔的生产能力。反之，开孔率大则筛孔气速小，易产生漏液，使操作弹性减小。筛板的开孔率 φ 一般取为 $5\%\sim15\%$，通常取 $8\%\sim12\%$，相当孔心距 $t = (3.5\sim2.5)d_o$。通常，减压操作的塔筛板的开孔率要取大一些，而加压塔筛板开孔率多小于 10%。

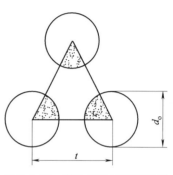

图 6.9.21　筛孔的正三角形排列

根据开孔率 φ，即可由式（6.9.15）计算筛孔总截面积 A_o，由式（6.9.16）计算出筛孔气速 u_o。

$$A_o = \varphi A_a \tag{6.9.15}$$

$$u_o = \frac{q_{VVs}}{A_o} \tag{6.9.16}$$

选定孔径 d_o 后，则可由式（6.9.17）求得筛孔数 n。

$$n = \frac{A_o}{\frac{\pi}{4} d_o^2} \tag{6.9.17}$$

筛孔一般按三角形排列，孔中心距 t 对塔板操作也有一定影响。当孔中心距过小时，易使气流互相干扰，过大则鼓泡不匀，影响传质效率。t/d_o 一般为 $2.5\sim5$，实际设计时，尽可能选择在 $3\sim4$ 之间，按所需的开孔面积 A_o 来考虑。

(6) 塔板流体力学性能核算

塔板流体力学性能校核的目的是校核上述各项工艺尺寸已经确定的塔板，在设计任务规定的气、液负荷下是否存在异常流动和严重影响传质性能的因素，必要时还应对初步设计的塔板工艺尺寸进行调整和修正。

① 液沫夹带量校核　液沫夹带是引起塔板效率降低和影响正常操作的重要因素。液沫夹带量可用单位质量（或摩尔）气体夹带的液体质量（或摩尔）e_V（kg 液体/kg 气体或 kmol 液体/kmol 气体）表示；或者用单位时间夹带至上块塔板的液体质量（或摩尔）e（kg/h 或者 kmol/h）表示。夹带的液体流量占横过塔板液体流量的分数 ψ，称为液沫夹带分率，可表示为

$$\psi = \frac{e}{q_{mL} + e} \tag{6.9.18}$$

式中，q_{mL} 为通过塔板上的液体量，kg/h。

因为

$$e = e_V q_{mV} \tag{6.9.19}$$

式中，q_{mV}为通过塔板上的气体量，kg/h。

将式（6.9.19）代入式（6.9.18）中，整理得到 e_V 和 ψ 的关系式。

$$e_V = \frac{\psi}{1-\psi} \times \frac{q_{mL}}{q_{mV}} \tag{6.9.20}$$

为防止液沫夹带量过大导致塔板效率过低，一般要求 $e_V \leqslant 0.1$ kg 液体/kg 气体。

费尔将筛板塔和泡罩塔的液沫夹带分率 ψ 关联为两相流动参数 F_{LV} 和泛点率的函数，如图 6.9.22 所示。

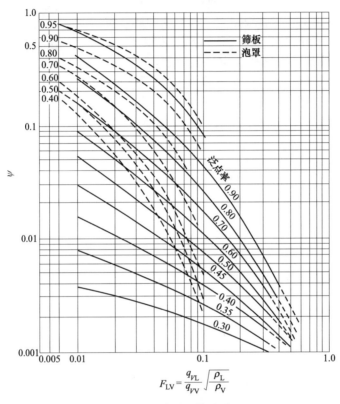

图 6.9.22　液沫夹带关联图

塔板上的液沫夹带量 e_V 可由 Hunt 提出的经验公式进行估算。

$$e_V = \frac{5.7 \times 10^{-3}}{\sigma} \left(\frac{u}{H_T - H_f} \right)^{3.2} \frac{\text{kg 液体}}{\text{kg 气体}} \tag{6.9.21}$$

式中　σ——液体表面张力，mN/m；

　　　u——实际操作气速，m/s；

　　　H_T——塔板间距，m；

　　　H_f——塔板上的泡沫层高度，一般可取 $H_f = 2.5(h_W + h_{OW})$，m。

② 塔板阻力计算和校核　由于塔内气体通过塔板时需要克服流动阻力，使得塔板下方的压力大于塔板上方的压力，该压力差称为塔板阻力。一般说来，塔板阻力增大，气相通过塔板时分布更趋于均匀，有利于气液两相充分接触，而且气液两相间的接触时间较长，使得塔板效率增大。过小的塔板阻力容易导致气体分布不均匀，气液相接触时间减少，造成塔板效率降低。但另一方面，由于塔板阻力增大，使得塔底压力升高，引起塔釜液温度升高，其结果导致塔底再沸器的传热温差减小，从而需要更大面积的再沸器或需要更高品位的加热热

源。而对于易结焦物料或热敏性物料,过高的塔釜温度容易使塔底物料结焦或物料变质。对于真空条件下操作的板式塔,对塔板阻力的要求更为严格,过大的塔板阻力需要塔顶更高的真空度,增加能耗。

以上分析表明塔板阻力过大和过小都可能导致不利的结果。因此在进行塔板设计时,应根据具体工艺情况综合考虑,在保证塔板具有较高板效率的前提下,尽量降低塔板阻力。气体穿过塔板的阻力可以用压降 Δp_f 表示,习惯上还以塔板上清液柱高度 h_f 表示,两者的关系为 $h_f = \Delta p_f / (\rho_L g)$。塔板阻力包括气体通过塔板时的阻力 h_o、气体穿越液层时的阻力 h_L 以及克服液体表面张力的阻力 h_σ,按照目前广泛采用的加合计算方法,气体通过塔板的阻力可用式(6.9.22)表示。

$$h_f = h_o + h_L + h_\sigma \tag{6.9.22}$$

a. 干板阻力 h_o 气体通过塔板筛孔的阻力,该阻力是气体通过筛孔时的扩大与收缩所引起的,可用式(6.9.23)计算。

$$h_o = \frac{1}{2g} \times \frac{\rho_V}{\rho_L} \left(\frac{u_o}{C_o} \right)^2 \qquad \text{m 液柱} \tag{6.9.23}$$

式中,C_o 为孔流系数,与筛孔直径 d_o 及板厚 δ 有关,其值可根据选取的 d_o/δ 比,从图 6.9.23 中查得。孔流系数 C_o 关联的曲线及公式较多,亦可选择其他方法进行计算。

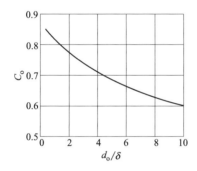

图 6.9.23 塔板孔流系数

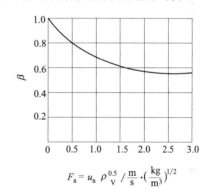

$$F_a = u_a \rho_V^{0.5} \; / \frac{m}{s} \cdot \left(\frac{kg}{m^3} \right)^{1/2}$$

图 6.9.24 充气系数与动能因子的关系

b. 液层阻力 h_L 该阻力是由气体通过泡沫层时需克服的静压力所引起的,其值可用式(6.9.24)计算。

$$h_L = \beta (h_W + h_{OW}) \qquad \text{m 液柱} \tag{6.9.24}$$

式中,h_W 为堰高;h_{OW} 为堰上方液头高度,可用式(6.9.8)计算;β 为塔板上液层充气系数,该值与气体的动能因子 $F_a = u_a \rho_V^{0.5}$ 有关,式中 u_a 是气体通过有效传质区的流速(气体体积流量除以流通截面 $A_T - 2A_d$);ρ_V 是气体密度。根据气体的动能因子 F_a 从图 6.9.24 中查得充气系数 β。

c. 克服液体表面张力阻力 h_σ 克服液体表面张力阻力 h_σ 用式(6.9.25)计算。

$$h_\sigma = \frac{4 \times 10^{-3} \sigma}{\rho_L g d_o} \qquad \text{m 液柱} \tag{6.9.25}$$

式(6.9.25)中符号的意义和单位与前同。一般 h_σ 很小,常可忽略不计。

③ 降液管液泛校核 为使液体能由上一层塔板稳定地流入下一层塔板,降液管内必须维持一定高度的液柱。但该液柱的液面不能高于该层塔板的出口堰顶,否则会发生降液管液

泛。如图 6.9.25 所示，为保证降液管液体正常流动，在降液管内液面上 1 截面和下层塔板垂直流动方向的 2 截面处列伯努利方程，得到式（6.9.26）。

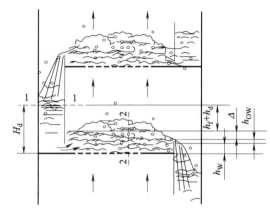

$$H_d + \frac{p_1}{\rho_L g} = h_w + h_{OW} + \Delta + \frac{p_2}{\rho_L g} + h_d$$

$$H_d = h_w + h_{OW} + \Delta + \frac{p_2 - p_1}{\rho_L g} + h_d$$

$$= h_w + h_{OW} + \Delta + h_f + h_d$$

$$(6.9.26)$$

图 6.9.25　液体流过降液管的机械衡算

式中　H_d——降液管中的清液柱高度，m；

p_1，p_2——截面 1、2 的压力，Pa；

h_f——塔板阻力，m 清液柱；

Δ——液面落差，m；

h_d——液体通过降液管的流动阻力，m 清液柱。

因筛板塔盘上液相流动阻力小，其液面落差 Δ 一般不大，常可忽略不计。若液体流量或塔径很大，Δ 可按式（6.9.27）计算

$$\Delta = 0.0476 \frac{(b + 4H_f)^2 \eta_L Z q_{VLs}}{(bH_f)^3 (\rho_L - \rho_V)} \tag{6.9.27}$$

式中　η_L——液体的黏度，mPa·s；

Z——液体横过塔板流动的行程，m；

b——液体横向流过塔板的平均宽度，$b = (D + l_W)/2$，m；

H_f——塔板上泡沫层高度，m；

q_{VLs}——液体的体积流量，m^3/s。

为了避免液面落差过大，引起气体严重的不均匀分布及倾向性漏液，一般要求液面落差 Δ 小于 0.5 倍的干板阻力。

液体通过降液管的流动阻力 h_d 主要是由降液管底隙处的局部阻力所造成。h_d 可按经验式（6.9.28）或式（6.9.29）计算。

塔板上不设进口堰时

$$h_d = \zeta \frac{u_d^2}{2g} = 0.153 \left(\frac{q_{VLs}}{l_W h_b} \right)^2 = 1.18 \times 10^{-8} \left(\frac{q_{VLh}}{l_W h_b} \right)^2 \quad \text{m 液柱} \tag{6.9.28}$$

塔板上装有进口堰时

$$h_d = 0.2 \left(\frac{q_{VLs}}{l_W h_b} \right)^2 = 1.54 \times 10^{-8} \left(\frac{q_{VLh}}{l_W h_b} \right)^2 \quad \text{m 液柱} \tag{6.9.29}$$

式中　ζ——局部阻力系数；

u_d——液体流经底隙处的速度，m/s；

q_{VLs}——液体体积流量，m^3/s；

q_{VLh}——液体体积流量，m^3/h；

l_W——堰长，m；

h_b——底隙，m。

按式（6.9.26）可计算出降液管中当量清液柱高度 H_d。实际降液管中液体和泡沫的总高度大于该值。为判断降液管液泛是否发生，还需确定降液管内实际泡沫层的高度 H'_d。泡沫高度 H'_d 与相应的清液层高度 H_d 之间关系是

$$H'_d \rho'_L g = H_d \rho_L g \tag{6.9.30}$$

由式（6.9.30）整理可得

$$H'_d = \frac{H_d}{\rho'_L / \rho_L} = \frac{H_d}{\phi}$$

$$\phi = \rho'_L / \rho_L \tag{6.9.31}$$

式中　ρ'_L——降液管中泡沫层平均密度，kg/m^3；

　　　ϕ——降液中泡沫层的相对密度。

泡沫层的相对密度 ϕ 和液体的起泡性质有关，对一般液体 ϕ 取 0.5～0.6；对易发泡的物系可取 ϕ 为 0.3～0.4；对不易发泡的物系，ϕ 取为 0.6～0.7。

为防止发生降液管液泛，应要求 H'_d 满足以下条件。

$$H'_d \leqslant H_T + h_W \tag{6.9.32}$$

④ 液体在降液管中停留时间校核　为避免严重的气泡夹带使塔板传质性能降低，液体通过降液管时应有足够的停留时间，以便释放出其中所夹带的绝大部分气体。液体在降液管中的平均停留时间可用式（6.9.33）计算。

$$\tau = \frac{A_d H_T}{q_{VLs}} \tag{6.9.33}$$

式中　τ——平均停留时间，s；

　　q_{VLs}——液体体积流量，m^3/s；

　　　A_d——降液管截面积，m^2；

　　　H_T——塔板间距，m。

根据经验，对于一般液体，应使 τ 不小于 3s。对于易起泡的液体，τ 不小于 5s。

⑤ 严重漏液校核　当减小筛孔气速 u_o 至某一值时，塔板开始发生严重漏液，此时的筛孔气速称为漏液点气速 u'_o，筛孔操作气速 u_o 与漏液点气速 u'_o 的比值称为稳定系数。若要维持塔板正常操作，塔板上的筛孔气速 u_o 应大于 u'_o，一般要求

$$k = \frac{u_o}{u'_o} > 1.5 \tag{6.9.34}$$

由于塔板上液层是起伏波动的，使得液层厚度分布不均且具有一定随机性。若塔板阻力中干板阻力占的比例较大，则气体分布可相对比较均匀，不易漏液；反之，若液层阻力占的比例较大，则易引起气体分布不均使漏液加剧。对于筛板塔，严重漏液时的干板阻力 h'_o 可按经验关联式（6.9.35）计算。

$$h'_o = 0.0056 + 0.13(h_W + h_{OW}) - h_\sigma \tag{6.9.35}$$

式中　h'_o——严重漏液时的干板阻力，m 液柱；

　　　h_σ——克服液体表面张力的阻力，m 液柱。

根据式（6.9.35）算出漏液点的干板阻力 $h'_{\circ}$ 值，由式（6.9.36）可求得漏液点气速 $u'_{\circ}$。

$$u'_{\circ}=C_{\circ}\sqrt{2g\frac{\rho_{L}}{\rho_{V}}h'_{\circ}} \tag{6.9.36}$$

或者利用式（6.9.37）计算漏液点气速 $u'_{\circ}$。

$$u'_{\circ}=u_{\circ}\sqrt{\frac{h'_{\circ}}{h_{\circ}}} \tag{6.9.37}$$

（7）塔板负荷性能图

根据物系性质和规定的操作条件设计的塔板，通过设计校核后，可确认所设计的塔板能在规定的气、液负荷下正常操作，并具有适宜的板效率。但在实际生产过程中，气、液相负荷有时不可避免地会有波动，对于结构参数确定的塔板，要维持其正常工作，必须将气、液相负荷控制在一定的范围内才能保证塔板在具有较高分离效率下正常操作。通常在以气相负荷 q_{VVh} 为纵坐标，液相负荷 q_{VLh} 为横坐标的直角坐标系中，标绘出各种界限条件下的 $q_{VVh}\sim q_{VLh}$ 关系曲线，从而得到允许的负荷波动范围，将此图形称为塔板负荷性能图。不同的塔板类型，有不同的界限曲线，对于有降液管的筛板，可用图 6.9.26 所示的五条曲线来确定塔板正常操作的范围。

① 过量液沫夹带线　该线以液沫夹带量 $e_V=0.1$kg 液体/kg 气体为限制条件，由式（6.9.21）来确定。由于式（6.9.21）中 H_f 包含的堰上方液头高度 h_{OW} 与液体流量 q_{VLh} 有关，气速 u 和气体流量 q_{VVh} 有关，故由该式可求得 $e_V=0.1$ 时 q_{VVh} 和 q_{VLh} 的关系曲线，如图 6.9.26 中曲线①所示。

② 液相下限线　液体流量过小时，堰上方液头高度 h_{OW} 过小，易引起塔板上液流分布严重不均而使塔板效率急剧下降。根据经验，以 $h_{OW}=6$mm 作为限制条件规定液相下限。低于此限，就不能保证板上液流的均匀分布。液相下限线可根据式（6.9.8）计算作出，该线和气体流量无关，如图 6.9.26 中曲线②所示。

③ 严重漏液线　气体流量过低时会出现严重漏液现象，严重漏液线表示不发生严重泄露现象的最低气相负荷。对于筛板塔，可利用式（6.9.35）确定，该式中隐含有 h_{OW}，反映了液体流量的影响，如图 6.9.26 中曲线③所示。

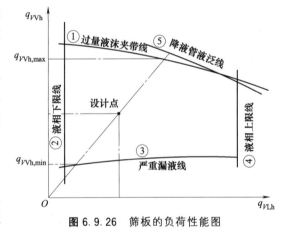

图 6.9.26　筛板的负荷性能图

④ 液相上限线　液体流量过大，将使液体在降液管中的停留时间不足而产生严重气泡夹带。根据对液相在降液管内停留时间的限制，一般规定最短停留时间为 3～5s，利用式（6.9.33）计算液体流量，作出液相上限线。该曲线为一垂线，如图 6.9.26 中曲线④所示。

⑤ 降液管液泛线　降液管液泛线可根据降液管内液层高度，按式（6.9.32）作出，该线表示降液管内泡沫层高度达到最大允许值时 $q_{VVh}\sim q_{VLh}$ 的关系，如图 6.9.26 中曲线⑤所示。该式隐含的 q_{VVh} 和 q_{VLh} 的关系比前稍微复杂，需作适当的推导和简化。

负荷性能图中各曲线包围的区域，即为所设计的塔板用于处理指定物系时的适宜操作区。在此区域内，塔板上的流体力学状况是正常的，但该区域内各点处的板效率并不完全相同。该区域越大，说明所设计塔板适应气、液负荷变动的范围越广。表示设计条件下气液相负荷的点称为设计点，设计点必须落在稳定操作区内，在适中位置可获得稳定良好的操作效果。如果设计点过于靠近某条曲线，则当气、液相负荷稍有波动，该塔板即可能不满足相应的限制条件，使效率急剧下降，甚至完全破坏塔的操作。

在一些蒸馏操作中，当负荷波动时，气液负荷比 q_{VVh}/q_{VLh} 大体不变，故设计点将沿过原点且斜率为 q_{VVh}/q_{VLh} 的直线上移动。该直线与负荷性能图曲线上的两个交点分别表示该 q_{VVh}/q_{VLh} 条件下负荷的上、下限。上、下限所对应的气体（或液体）流量 $q_{VVh,max}$（或 $q_{VLh,max}$）与 $q_{VVh,min}$（或 $q_{VLh,min}$）之比称为塔板的操作弹性，如图 6.9.26 所示。

操作过程中，q_{VVh}/q_{VLh} 的大小不同决定其负荷上、下限的限制条件亦有所不同。如图 6.9.27 所示，当 q_{VVh}/q_{VLh} 较大（直线 a）时，负荷的上、下限分别取决于过量液沫夹带线和液相下限线；当 q_{VVh}/q_{VLh} 很小（直线 c）时，则分别取决于液相上限线和严重漏液线；而当 q_{VVh}/q_{VLh} 居中（直线 b）时，又分别取决于降液管液泛线和严重漏液线。

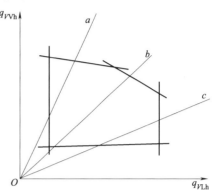

图 6.9.27　不同 q_{VVh}/q_{VLh} 条件下的极限负荷

物系和操作条件一定时，负荷性能图取决于塔板的结构尺寸。如果发现所设计塔板的设计点不太适宜，需要调整负荷性能图的某一条线的位置时，首先应分析影响该线的主要参数，然后由该参数确定需调整的相关结构参数。需要说明的是每改变一个结构参数将影响其他一些结构参数的变化，从而引起多个塔板性能参数的改变及多条负荷曲线位置的改变。因此，在调整塔板结构尺寸时，应综合考虑相关的各负荷性能曲线位置的改变，使总体变化比较适宜。

此外，还应指出，对于直径均一的塔，由于从底到顶各层塔板上的操作条件（温度、压力等）及物料组成和性质有所不同，因而各板上的气液相负荷都是不同的。设计计算中应考虑这一问题，对处于最不利情况下的塔板进行核算，看操作点是否在适宜操作区内，并按此薄弱环节上的条件确定该塔所允许的操作负荷范围。

6.9.4　板式塔的设计示例

板式塔的设计有许多相似之处，现以筛板精馏塔为例，说明板式塔的设计步骤。

【例 6.21】 欲将丙烯（A）、丙烷（B）混合物在加压条件下用一连续精馏塔进行分离。已知进料量为 80kmol/h，饱和液体进料，进料中丙烯含量 $z_F=0.65$（摩尔分数），要求塔顶馏出液中丙烯含量 $x_D=0.98$，釜液中丙烯含量 $x_W \leqslant 2\%$，若取塔顶操作压力为 1.63MPa（表压），总板效率为 0.6，$R/R_{min}=1.4$，试设计一筛板塔完成此分离任务。

解： 板式塔的设计应以模拟计算所获得的基础数据为基础，根据塔内气液相流量、温度、压力的分布，分段进行塔板设计。为简化过程，本例以塔底工艺条件为依据设计塔板。

（1）物性数据

为确定塔底工艺条件下流体的物性参数，首先应确定塔底的压力和温度。塔顶操作压力为 1.63MPa（表压），经试差计算确定塔底压力 1834.2kPa，泡点温度为 48.3℃。

已知塔底组成 $x_W=0.02$（摩尔分数），在操作压力和温度下，有关的物性数据如下：

液相密度：$\rho_L=451.03$kg/m³　　　表面张力：$\sigma=4.42$mN/m

气相密度：$\rho_V=45.12$kg/m³　　　黏度：$\eta=0.0746$mPa·s

（2）塔径估算

通过模拟计算得到：

提馏段气相流量 $q_{VVs}=849.3\text{kmol/h}=829.16\text{m}^3/\text{h}=0.23\text{m}^3/\text{s}$

提馏段液相流量 $q_{VLs}=876.8\text{kmol/h}=85.63\text{m}^3/\text{h}=0.024\text{m}^3/\text{s}$

两相流动参数 $F_{LV}=\dfrac{q_{VLs}}{q_{VVs}}\sqrt{\dfrac{\rho_L}{\rho_V}}=\dfrac{0.024}{0.23}\sqrt{\dfrac{451.03}{45.12}}=0.33$

初选塔板间距 H_T 为 0.45m，由筛板塔泛点关联图 6.9.14 查得 $C_{20}=0.055$，则气体负

荷因子 $C=C_{20}\left(\dfrac{\sigma}{20}\right)^{0.2}=0.055\times\left(\dfrac{4.42}{20}\right)^{0.2}=0.041$

液泛气速 $u_f=C\sqrt{\dfrac{\rho_L-\rho_V}{\rho_V}}=0.041\times\sqrt{\dfrac{451.03-45.12}{45.12}}=0.123\text{m/s}$

取泛点率为 0.7，则操作气速为

$$u=0.7u_f=0.7\times0.123=0.086\text{m/s}$$

气体流通截面积为

$$A=\frac{q_{VVs}}{u}=\frac{0.23}{0.086}=2.6744\text{m}^2$$

选取单流型弓形降液管塔板，并取 $A_d/A_T=0.10$，则塔板截面积为

$$A_T=\frac{A}{1-\dfrac{A_d}{A_T}}=\frac{2.6744}{1-0.10}=2.97\text{m}^2$$

塔径为 $D=\sqrt{\dfrac{4A_T}{\pi}}=\sqrt{\dfrac{4\times2.97}{\pi}}=1.945\text{m}$，按标准进行圆整，取塔径 D 为 2m。

对照表 6.9.1 和表 6.9.2，所取的流型和塔板间距合适。塔板实际结构参数为：

塔板截面积 $A_T=\dfrac{\pi}{4}D^2=\dfrac{\pi}{4}2^2=3.14\text{m}^2$

气体流道截面积 $A=A_T\left(1-\dfrac{A_d}{A_T}\right)=3.14\times(1-10\%)=2.826\text{m}^2$

实际操作气速 $u=\dfrac{q_{VVs}}{A}=\dfrac{0.23}{2.826}=0.081\text{m/s}$

泛点率 $f=\dfrac{u}{u_f}=0.081/0.123=0.66$

(3) 溢流装置

① 降液管截面积 A_d 单流型降液管截面积

$$A_d=0.10A_T=0.10\times3.14=0.314\text{m}^2$$

② 降液管底隙 h_b 取降液管底隙积

$$h_b=0.035\text{m}$$

③ 溢流堰长（l_W）和堰宽（b_d）   由 $A_d/A_T=0.10$，查图 6.9.18，得 $l_W/D=0.72$，则

$$l_W=0.72D=0.72\times2=1.44\text{m}$$

溢流强度 $q_{VLh}/l_W=85.63/1.44=59.47\text{m}^3/(\text{m}\cdot\text{h})$，不大于 $100\sim130\text{m}^3/(\text{m}\cdot\text{h})$。

由图 6.9.21，查出此时 $b_d/D=0.15$，则堰宽 $b_d=0.15D=0.15\times2=0.3\text{m}$，取溢流堰高 $h_W=0.045\text{m}$。

近似取 $E=1$，则堰上方液头高度 h_{OW} 为

$$h_{OW}=2.84\times10^{-3}E\left(\frac{q_{VLh}}{l_w}\right)^{2/3}=2.84\times10^{-3}\times1\times\left(\frac{85.63}{1.44}\right)^{2/3}=0.043\mathrm{m}$$

（4）塔板布置

① 受液区和降液区　两区域截面积相等，按降液管截面积 $A_d=0.314\mathrm{m}^2$ 计算。

② 入口安定区和出口安定区　取入口安定区宽度 b'_s 与出口安定区宽度 b_s 相等，且取为 $0.07\mathrm{m}$。

③ 边缘区　取边缘区宽度积

$$b_c=0.05\mathrm{m}$$

④ 有效传质区

$$r=\frac{D}{2}-b_c=\frac{2}{2}-0.05=0.95\mathrm{m}$$

$$x=\frac{D}{2}-(b_d+b_s)=\frac{2}{2}-(0.30+0.07)=0.63\mathrm{m}$$

故有效传质区面积为

$$A_a=2\left(x\sqrt{r^2-x^2}+r^2\arcsin\frac{x}{r}\right)=2\times\left(0.63\sqrt{0.95^2-0.63^2}+0.95^2\arcsin\frac{0.63}{0.95}\right)=2.205\mathrm{m}^2$$

（5）筛孔的尺寸和排列　选取塔板厚度为 $4\mathrm{mm}$。在有效传质区内，筛孔按正三角形排列。取筛孔直径 $d_o=5\mathrm{mm}$，孔中心距 $t=4.5d_o=4.5\times5=22.5\mathrm{mm}$，则开孔率为

$$\varphi=\frac{A_o}{A_a}=\frac{\frac{1}{2}\times\frac{\pi}{4}d_o^2}{\frac{1}{2}t^2\sin60°}=0.907\left(\frac{d_o}{t}\right)^2=0.907\times\left(\frac{5}{2.25}\right)^2=0.045$$

筛孔总截面积　　　$A_o=\varphi A_a=0.045\times2.205=0.099\mathrm{m}^2$

筛孔气速　　　$u_o=\frac{q_{VVs}}{A_o}=\frac{0.23}{0.099}=2.323\mathrm{m/s}$

筛孔数　　　$n=\frac{A_o}{\frac{\pi}{4}d_o^2}=\frac{0.099}{\frac{\pi}{4}\times0.005^2}=5042$

（6）塔板的校核

① 液沫夹带量校核　由 $F_{LV}=\frac{q_{VLs}}{q_{VVs}}\sqrt{\frac{\rho_L}{\rho_V}}=\frac{0.024}{0.23}\sqrt{\frac{451.03}{45.12}}=0.33$ 和泛点率 $f=0.66$，查图 6.9.22，得 $\psi=0.0028$，则根据式（6.9.20）得

$$e_V=\frac{\psi}{1-\psi}\times\frac{q_{mL}}{q_{mV}}=\frac{\psi}{1-\psi}\times\frac{q_{VLs}}{q_{VVs}}\times\frac{\rho_L}{\rho_V}=\frac{0.0028}{1-0.0028}\times\frac{0.024}{0.23}\times\frac{451.03}{45.12}=0.00293$$

或根据式（6.9.21）得

$$H_f=2.5(h_{OW}+h_W)=2.5\times(0.043+0.045)=0.22\mathrm{m}$$

$$e_V = \frac{5.7 \times 10^{-3}}{\sigma}\left(\frac{u}{H_T - H_f}\right)^{3.2} = \frac{5.7 \times 10^{-3}}{4.42}\left(\frac{0.081}{0.45 - 0.22}\right)^{3.2} = 0.0000457 \text{kg 液体/kg 气}$$

体 $e_V < 0.1$kg 液体/kg 气体，符合要求。

② 塔板阻力的计算

a. 干板阻力　根据 $\dfrac{d_o}{\delta} = \dfrac{5}{4} = 1.25$ 查图 6.9.23，得 $C_o = 0.81$，故

$$h_o = \frac{-\Delta p_{f,o}}{\rho_L g} = \frac{1}{2g} \times \frac{\rho_V}{\rho_L}\left(\frac{u_o}{C_o}\right)^2 = \frac{1}{2 \times 9.81} \times \frac{45.12}{451.03}\left(\frac{2.323}{0.81}\right)^2 = 0.0419 \text{m 液柱}$$

b. 液层阻力　气体通过有效传质区气速

$$u_a = \frac{q_{VVs}}{A_a} = \frac{0.23}{2.205} = 0.104 \text{m/s}$$

气体动能因子

$$F_a = u_a\sqrt{\rho_V} = 0.104\sqrt{45.12} = 0.700$$

查充气系数与动能因子关系图 6.9.24 可得充气系数 $\beta = 0.74$，故

$$h_L = \beta(h_w + h_{OW}) = 0.74 \times (0.045 + 0.043) = 0.0651 \text{m 液柱}$$

c. 克服液体表面张力　由式（6.9.25）得

$$h_\sigma = \frac{4 \times 10^{-3}\sigma}{\rho_L g d_o} = \frac{4 \times 10^{-3} \times 4.42}{451.03 \times 9.81 \times 0.005} = 0.000799 \text{m 液柱}$$

塔板阻力为

$$h_f = h_o + h_L + h_\sigma = 0.0419 + 0.0651 + 0.000799 = 0.108 \text{m 液柱}$$

③ 降液管液泛校核

a. 液面落差　液面落差 Δ 一般较小，这里取 $\Delta = 0$。

b. 液体通过降液管阻力　包括底隙阻力 h_{d1} 和进口堰阻力 h_{d2}，由于无进口堰，$h_{d2} = 0$

$$h_d = h_{d1} = \zeta\frac{u_d^2}{2g} = 0.153\left(\frac{q_{VLs}}{l_w h_b}\right)^2 = 0.153 \times \left(\frac{0.024}{1.44 \times 0.035}\right)^2 = 0.0347 \text{m}$$

$$H_d = h_w + h_{OW} + \Delta + h_f + h_d = 0.045 + 0.043 + 0.108 + 0.0347 = 0.231 \text{m}$$

取降液管中泡沫层相对密度 $\phi = 0.5$，则泡沫层高度

$$H_d' = H_d/\phi = 0.231/0.5 = 0.462 \text{m}$$

$$H_d' < (H_T + h_w = 0.45 + 0.045 =)0.495 \text{m}$$

故不会产生降液管液泛。

④ 液体在降液管中停留时间校核

停留时间

$$\tau = \frac{A_d H_T}{q_{VLs}} = \frac{0.314 \times 0.45}{0.024} = 5.89 \text{s} > 5 \text{s}$$

满足要求。

⑤ 严重漏液校核

a. 严重漏液时干板阻力

$$h_o' = 0.0056 + 0.13(h_w + h_{OW}) - h_\sigma = 0.0056 + 0.13 \times (0.045 + 0.043) - 0.000799 = 0.0162 \text{m}$$

b. 漏液点气速

$$u_o' = C_o\sqrt{2g\frac{\rho_L}{\rho_V}h_o'} = 0.81\sqrt{2 \times 9.81 \times \frac{451.03}{45.12} \times 0.0162} = 1.44 \text{m/s}$$

c. 稳定系数

$$k = \frac{u_{\mathrm{o}}}{u'_{\mathrm{o}}} = \frac{2.323}{1.44} = 1.61 > 1.5 \text{满足稳定性要求。}$$

（7）塔板的负荷性能图

① 过量液沫夹带线（气相负荷上限线） 令式（6.9.21）中的 $e_{\mathrm{V}} = 0.1$，将式（6.9.4）和式（6.9.8）代入，并整理得

$$0.1 = \frac{5.7 \times 10^{-3}}{\sigma} \left\{ \frac{\left(\dfrac{q_{\mathrm{VVh}}}{3600}\right)/A}{H_{\mathrm{T}} - 2.5 \left[0.045 + 2.84 \times 10^{-3} \left(\dfrac{q_{\mathrm{VLh}}}{l_{\mathrm{w}}}\right)^{\frac{2}{3}}\right]} \right\}^{3.2}$$

将选取的塔板结构尺寸及有关值代入得

$$q_{\mathrm{VVh}} = 2.826 \times 3600 \times 77.54^{\frac{1}{3.2}} \left[0.45 - 2.5 \left(0.045 + 2.84 \times 10^{-3} \frac{1}{1.44^{2/3}} q_{\mathrm{VLh}}^{2/3}\right)\right]$$

$$q_{\mathrm{VVh}} = 13373.1 - 220.62 q_{\mathrm{VLh}}^{2/3} \quad (\mathrm{m^3/h})$$

由上式可做出过量液沫夹带线，如图 6.9.28 中的曲线①。

② 液相下限线 令 $h_{\mathrm{OW}} = 2.84 \times 10^{-3} E \left(\dfrac{q_{\mathrm{VLh}}}{l_{\mathrm{w}}}\right)^{2/3} = 0.006\mathrm{m}$，整理得

$$q_{\mathrm{VLh}} = 3.07 l_{\mathrm{w}} = 3.07 \times 1.44 = 4.42 \mathrm{m^3/h}$$

由上式可做出液相下限线，如图 6.9.28 中的垂线②。

③ 严重漏液线（气相下限线） 由式（6.9.36），近似取孔流系数 C_{o} 为前计算值不变，即 $C_{\mathrm{o}} = 0.81$。因为 $u'_{\mathrm{o}} = \dfrac{q_{\mathrm{VVh}}/3600}{A_{\mathrm{o}}}$，所以

$$h'_{\mathrm{o}} = \frac{1}{2g}\left(\frac{u'_{\mathrm{o}}}{C_{\mathrm{o}}}\right)^2 \frac{\rho_{\mathrm{V}}}{\rho_{\mathrm{L}}} = \frac{1}{2 \times 9.81} \times \left(\frac{q_{\mathrm{VVh}}}{3600 \times 0.099 \times 0.81}\right)^2 \times \frac{45.12}{451.03}$$

又由式（6.9.35）得

$$h'_{\mathrm{o}} = 0.0056 + 0.13(h_{\mathrm{w}} + h_{\mathrm{OW}}) - h_{\sigma} = 0.0056 + 0.13\left[0.045 + 2.84 \times 10^{-3}\left(\frac{q_{\mathrm{VLh}}}{1.44}\right)^{2/3}\right] - 0.000799$$

$$q_{\mathrm{VVh}} = \sqrt{174088.93 + 4732.3 q_{\mathrm{VLh}}^{2/3}} \quad (\mathrm{m^3/h})$$

由上式可做出严重漏液线，如图 6.9.28 中的曲线③。

④ 液相上限线 令 $\tau = \dfrac{A_{\mathrm{d}} H_{\mathrm{T}}}{q_{\mathrm{VLh}}/3600} = 5\mathrm{s}$

$$q_{\mathrm{VLh}} = 720 H_{\mathrm{T}} A_{\mathrm{d}} = 720 \times 0.45 \times 0.314 = 102 \mathrm{m^3/h}$$

由上式可做出液相上限线，如图 6.9.28 中的垂线④。

⑤ 降液管液泛线 令 $H'_{\mathrm{d}} = \dfrac{H_{\mathrm{d}}}{\phi} = H_{\mathrm{T}} + h_{\mathrm{w}}$，将 H_{d}、h_{OW} 与 q_{VLh}，h_{d} 与 q_{VLh}，h_{f} 与 q_{VVh}、q_{VLh} 的关系全部代入前式，整理可得

$$\phi(H_{\mathrm{T}} + h_{\mathrm{w}}) = h_{\mathrm{w}} + 2.84 \times 10^{-3}\left(\frac{q_{\mathrm{VLh}}}{l_{\mathrm{w}}}\right)^{2/3} + 1.18 \times 10^{-8}\left(\frac{q_{\mathrm{VLh}}}{l_{\mathrm{w}} h_{\mathrm{b}}}\right)^2 + \frac{1}{2g}\frac{\rho_{\mathrm{V}}}{\rho_{\mathrm{L}}}\left(\frac{q_{\mathrm{VVh}}}{3600 A_{\mathrm{o}} C_{\mathrm{o}}}\right)^2$$

$$+ \beta\left[h_{\mathrm{w}} + 2.84 \times 10^{-3}\left(\frac{q_{\mathrm{VLh}}}{l_{\mathrm{w}}}\right)^{2/3}\right] + \frac{4 \times 10^{-3}\sigma}{\rho_{\mathrm{L}} g d_{\mathrm{o}}}$$

代入数据并整理，得

$$q_{VVh} = \sqrt{2760656 - 63500 q_{VLh}^{2/3} - 76.23 q_{VLh}^2}$$

由上式可做出降液管液泛线，如图 6.9.28 中的曲线⑤。

图 6.9.29 所示为图 6.9.28 局部放大后的性能图。

由图 6.9.29 可见，设计点位于正常操作的区域，在给定的气液负荷比条件下，塔板的气液相负荷的上、下限分别由降液管液泛和严重漏液所决定。查图 6.9.29 得

$$q_{VVh,\min} = 500 \text{m}^3/\text{h}, \quad q_{VLh,\max} = 900 \text{m}^3/\text{h}$$

故操作弹性为 $\dfrac{900}{500} = 1.8$。

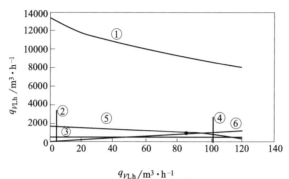

图 6.9.28 塔板负荷性能图
①过量液沫夹带线；②液相下限线；③严重漏液线；④液相上限线；⑤降液管液泛线；⑥操作线

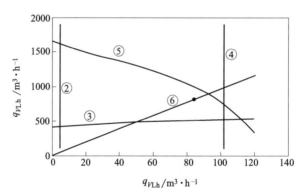

图 6.9.29 塔板负荷性能放大图
②液相下限线；③严重漏液线；④液相上限线；⑤降液管液泛线；⑥操作线

习　题

6-1　含乙苯 0.144（摩尔分数）的乙苯、苯乙烯液体混合物在系统总压为 13.6kPa（绝压）时达到相平衡，试求该液体的温度和与该液相呈平衡的气体组成。已知乙苯-苯乙烯混合物是理想物系，纯组分的蒸气压为

乙苯：$\lg p_A^\circ = 6.08240 - \dfrac{1424.225}{t + 213.206}$

苯乙烯：$\lg p_B^\circ = 6.08232 - \dfrac{1445.58}{t + 209.43}$

式中，压力的单位为 kPa，温度的单位为℃。

6-2 已知常压下苯、甲苯混合物的气相中含苯 20%（摩尔分数），试计算与之相平衡的液相组成和平衡温度。

6-3 在分离苯（A）、甲苯（B）混合物的精馏塔中，若塔顶操作压力为 100kPa，温度为 85℃，试确定塔顶蒸气的组成。已知苯和甲苯的蒸气压方程分别为

$$\lg p_A^\circ = 6.031 - \frac{1211}{t+220.8}, \quad \lg p_B^\circ = 6.080 - \frac{1345}{t+219.5}$$

式中，压力的单位为 kPa，温度的单位为℃。

6-4 将含苯 0.60（摩尔分数，下同）的苯-甲苯混合液进行简单蒸馏，该混合液可视为理想溶液，操作范围内的平均相对挥发度为 2.45，试计算汽化率为 30%时，气相产物的平均组成及釜液组成。

6-5 若习题 6-4 改用平衡蒸馏方法分离，并设汽化率仍为 1/3，则馏出液和釜液的组成分别为多少？

6-6 常压下将含易挥发组分 A 的摩尔分数为 0.6 的 A、B 混合物进行平衡蒸馏分离，操作条件下物系的相对挥发度为 2.43，进料量为 100kmol/h。（1）若要求得到的气相产品中含易挥发组分的摩尔分数为 0.7，试求气相、液相产品的量各为多少？（2）若要求得到 50kmol/h 的气相产品，试求气相、液相产品的组成各为多少？

6-7 在一连续精馏塔中分离 CS_2 和 CCl_4 混合物。已知进料流量为 4000kg/h，进料中含 CS_2 30%（质量分数，下同），若要求馏出液和釜液中 CS_2 组成分别为 97%和 5%，试求馏出液和釜液的摩尔流量。

6-8 用连续精馏方法分离乙烯和乙烷混合物。已知进料中含乙烯 0.3（摩尔分数，下同），流量为 175kmol/h。今要求馏出液中乙烯的组成为 0.95，且塔顶乙烯的回收率不低于 99%，试求所得馏出液、釜液的流量和釜液组成。

6-9 在常压下精馏含苯摩尔分数为 0.44 的苯-甲苯混合物，进料温度为 20℃，求此时进料的热状态参数。已知操作压力、温度下，苯和甲苯液体的平均比热容 1.84kJ/(kg·℃)，蒸汽的平均比热容 1.26kJ/(kg·℃)，苯的相变热为 394kJ/kg，甲苯的相变热为 362kJ/kg。

6-10 常压乙醇-水精馏塔，塔底用饱和水蒸气间接加热，进料含乙醇 14.4%（摩尔分数），进料流量为 80kmol/h。设精馏段上升蒸气的流量为 100kmol/h，塔顶全凝器中冷却水进、出口温度分别为 25℃ 和 30℃。若不计热损失，试分别计算：（1）进料为饱和液体；（2）进料为饱和蒸气，（3）进料为 $q=1.1$ 的过冷液体，三种情况下，再沸器的加热蒸汽消耗量和全凝器的冷却水消耗量。

6-11 从苯、甲苯精馏塔精馏段内的一块理论板上，经分析确定其流下的液体样品中含苯的摩尔分数为 $x_n = 0.575$，测得板上液体的温度为 90℃。已知塔顶产品组成 $x_D = 0.9$（摩尔分数），回流比为 2.5，相对挥发度为 2.51。试求进入该理论板的液相及气相的组成 x_{n-1}、y_{n+1} 以及离开塔板的蒸气组成 y_n。

6-12 用板式精馏塔在常压下分离苯-甲苯溶液，塔顶为全凝器，塔釜用间接蒸汽加热，相对挥发度 $\alpha = 2.47$。进料量为 150kmol/h，进料组成 $x_F = 0.4$（摩尔分数），进料热状态为饱和蒸气，回流比 $R = 4$，塔顶馏出液中苯的回收率为 0.97，塔釜采出液中甲苯回收率为 0.95，求：（1）塔顶馏出液组成 x_D 及釜液组成 x_W；（2）精馏段和提馏段的操作线方程；（3）回流比与最小回流比的比值。

6-13 用常压精馏塔分离某双组分混合液，进料量为 70kmol/h，进料的热状态参数为 1.5，该塔的操作线方程分别为：

精馏段：$y_{n+1} = 0.75x_n + 0.24$

提馏段：$y_{n+1} = 1.2x_n - 0.01$

（1）试求该条件下的回流比、馏出液组成和流量及釜液的组成；（2）若釜液的平均相变热为 30400kJ/kmol，试求塔底再沸器的热负荷。

6-14 用一连续精馏塔分离双组分理想溶液，如进料组成为 0.3（易挥发组分表示的摩尔分数，下同），饱和液体进料，塔顶馏出液采出量是进料量的 40%。操作条件下，系统的平均相对挥发度为 2，操作回流比为 4。试求：（1）当塔顶馏出液组成为 0.7 时，精馏段和提馏段的操作线方程；（2）理论板数为无穷多时，馏出液的最大浓度。

6-15 设计一分离苯-甲苯溶液的连续精馏塔，已知进料中含苯 0.5（摩尔分数，下同），饱和液体进料。塔顶采用全凝器，泡点回流，回流比取最小回流比的 1.5 倍。操作条件下，苯与甲苯的相对挥发度平

均可取为 2.5。要求馏出液中含苯 0.97，釜液中含苯低于 0.04，试用逐板计算法求所需的理论板数和进料位置。

6-16 用一连续精馏塔，在常压下分离乙醇-水混合液 5000kg/h，其中含乙醇为 0.25，泡点进料。要求塔顶馏出液含乙醇不低于 0.83，釜液中含乙醇不大于 0.005（以上均为摩尔分数）。塔顶设全凝器使液体在泡点下回流，取操作回流比为 2.06，操作条件下的平衡关系如附图所示。乙醇的相对分子质量为 46。试用图解法求理论板数及进料位置；若塔板效率取 0.7，求实际板数。

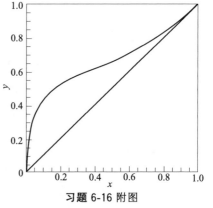

习题 6-16 附图

6-17 利用图解法求习题 6-16 条件下的最小回流比和最少理论板数。

6-18 某双组分溶液在操作条件下的相对挥发度为 2，连续精馏时，进料中气相占 1/4，混合组成等于 0.4（易挥发组分的摩尔分数，下同）。若要求馏出液组成为 0.98，试求此时的最小回流比和进料中的气、液相平衡组成。

6-19 欲用一常压连续精馏塔分离含苯 0.491（摩尔分数，下同）的混合液，要求塔顶馏出液含苯 0.957，釜液含苯 0.0235。泡点回流，且回流比为 3，操作条件下的体系的平均相对挥发度为 2.47，试用简捷法确定饱和液体进料时全塔所需的理论板数和进料位置。

6-20 常压下用连续精馏塔分离甲醇水溶液，其平衡数据如下所示。

x	0	0.02	0.06	0.1	0.2	0.3	0.4	0.5	0.6	0.7	0.8	0.9	0.95	1
y	0	0.134	0.304	0.418	0.578	0.665	0.729	0.779	0.825	0.87	0.915	0.958	0.979	1

精馏塔塔顶设全凝器，泡点回流，回流比为 2.5，塔釜间接加热。进料为饱和蒸气，其中含甲醇 40%，要求塔顶馏出液中含甲醇 95%，釜液中甲醇含量不大于 5%（以上均为摩尔分数）。试求：（1）完成该分离任务所需的理论板数及进料位置；（2）在给定条件下的最小回流比；（3）若要求甲醇在塔顶的回收率为 95%，而塔板数可不受限制，则釜液中甲醇的浓度将不低于多少？

6-21 一双组分精馏塔，塔顶在全凝器前设有分凝器。已知进入分凝器的塔顶上升蒸气组成 $y_1 = 0.96$（易挥发组分的摩尔分数，下同），由分凝器回流入塔的泡点液相组成 $x_0 = 0.95$，分凝器未冷凝的气相进入全凝器。设该物系的相对挥发度 $\alpha = 2$，试求：（1）出分凝器的气相组成；（2）出分凝器的液、气摩尔流率之比。

6-22 一常压操作的苯、甲苯精馏塔，在全回流条件下测得某相邻两块实际塔板的流下的液相组成（摩尔分数）分别为 0.28 和 0.18，设该物系的相对挥发度 $\alpha = 2.46$，试求其中下层塔板的气相和液相默弗里板效率。

6-23 在常压精馏塔内分离某双组分理想溶液。已知进料量为 100kmol/h，进料组成为 0.5（摩尔分数，下同），馏出液组成为 0.98，泡点进料，塔顶采用全凝器，泡点回流，操作回流比为最小回流比的 1.8 倍。在本题范围内，气液相平衡关系为 $y = 0.58x + 0.43$，第一块实际板的气相默弗里板效率为 0.5。若要求易挥发组分在塔顶回收率为 0.98，求：（1）釜液组成；（2）从塔顶向下第一块实际塔板下降的液相组成。

6-24 某一常压连续精馏塔用于分离甲醇水溶液（体系的平衡数据见习题 6-20），塔内共有 15 块实际塔板。进料中含甲醇 0.63，馏出液含甲醇 0.96，釜液中含甲醇 0.02（均为摩尔分数）。泡点进料，泡点回流，且操作回流比为最小回流比的 1.5 倍。试求：（1）全塔总板效率；（2）若进料甲醇含量下降为 0.55，仍为泡点进料，回流比保持不变，试问馏出液组成和釜液组成将如何变化；（3）若使馏出液组成仍保持 0.96，可采取什么措施。

6-25 操作中的精馏塔，若保持进料量、进料组成、进料的热状态参数及操作回流比不变，而塔釜上升蒸汽量降低，此时馏出液和釜液的组成将有何变化？

6-26 某一连续精馏经过一段时间操作，出现塔顶温度升高，塔底温度降低，试分析塔两端产品组成有何变化？产生此现象有可能是由于哪些原因？针对不同原因提出措施，使之恢复正常生产。

6-27 操作中的精馏塔，将进料位置由原来的最佳位置进料向下移动几块塔板，其余操作条件均不变

（包括进料量、进料组成、进料热状态参数、馏出液量和回流比），此时塔顶、塔底产品浓度将如何变化？

6-28　用常压精馏塔分离某二组分理想溶液，其平均相对挥发度 $\alpha=3$，原料液组成为 0.5（摩尔分数），进料量为 200kmol/h，饱和蒸气进料，塔顶产品量为 100kmol/h。已知精馏段操作线方程为 $y=0.8x+0.19$，塔釜用间接蒸气加热，塔顶为全凝器，泡点回流。试求：（1）塔顶、塔釜产品组成；（2）全凝器中每小时冷凝的蒸气量和再沸器中每小时产生的蒸气量；（3）最小回流比 R_{min}；（4）若塔顶第一块塔板的液相默弗里板效率为 0.6，则离开塔顶第二块塔板的气相组成为多少？（5）若该塔在操作条件不变的前提下，由于长期运行，默弗里板效率下降的原因，使得塔顶产品中易挥发组分含量下降（采出量 q_{nD} 不变），试定性说明为保证产品质量，应采取什么措施，同时应考虑什么问题？

6-29　简述精馏过程有哪些强化方法？

6-30　在精馏系统的设计和操作中，为降低系统的能耗可考虑采用哪些技术和措施？试举例说明。

6-31　将含正庚烷 0.4（摩尔分率）的正庚烷和正辛烷的混合液在 101.3kPa 下进行间歇精馏分离，精馏塔有 3 层理论板（含釜），每批处理量为 100kmol/h。已知正庚烷和正辛烷的混合液可视为理想溶液，相对挥发度 2.16。采用恒定回流比操作，回流比 R 为 6，求釜液组成降为 0.2 时的馏出液量及其平均组成。

6-32　对习题 6-31 中的分离任务，若精馏塔的理论板数为 8（含釜），采用恒馏出液组成不变的操作，馏出液组成为 0.90（摩尔分数），求釜液组成降为 0.1（摩尔分数）时的操作回流比。

6-33　苯（A）、甲苯（B）和乙苯（C）混合液的组成为 $x_A=0.4$，$x_B=0.4$，$x_C=0.2$（均为摩尔分数），试求其在总压为 101.3kPa 下的泡点和平衡气相组成。

6-34　一分离正己烷（A）、正庚烷（B）和正辛烷（C）的精馏塔，进料组成为 $x_{FA}=0.33$，$x_{FB}=0.34$，$x_{FC}=0.33$。要求馏出液中正庚烷组成 $x_{DB}<0.01$，釜液中正己烷组成 $x_{WA}<0.01$（以上均为摩尔分数），试以进料流量 100kmol/h 为基准，按清晰分割预计两端产品的流量和组成。

6-35　用一连续精馏塔分离 A、B 和 C 组成的三元混合物。要求馏出液回收进料中 98% 的 B、釜液回收进料中 96% 的 C，已知进料组成（摩尔分数）和操作条件下各组分的平均相挥发度如下：

组分 i	A	B	C
x_{Fi}	0.5	0.3	0.2
α_{iC}	3.8	3.3	1.0

试按 Hengstebeck 法预计各组分在两端产品中的组成。

6-36　用连续精馏塔分离含 A、B、C、D 4 组分的混合物，其中 B 组分为轻关键组分，C 为重关键组分。原料液、及要求的馏出液和釜液的组成（均为摩尔分数）及各组分对重关键组分的相对挥发度如下：

组分	原料液	馏出液	釜液	平均相对挥发度
A	0.25	0.5	0	5
B	0.25	0.48	0.02	2.5
C	0.25	0.02	0.48	1
D	0.25	0	0.5	0.2

泡点进料，试求：（1）最小回流比；（2）若操作回流比为最小回流比的 1.5 倍，用简捷法计算所需的理论板数。

6-37　苯、甲苯混合物在常压下用一连续精馏筛板塔进行分离，已知该塔精馏段的气相摩尔流量为 100kmol/h，液相摩尔流量为 70kmol/h，操作条件下，流体的物性数据如下：

气相密度 $\rho_V=2.7$ kg/m^3；液相密度 $\rho_L=820$ kg/m^3；液相表面张力 $\sigma=21$mN/m；苯的摩尔质量为 78kg/kmol。

若板间距取为 0.4m，泛点率取为 0.8，求操作气速。

6-38　一单流型弓形降液管的筛板塔，其主要尺寸为：塔径 1m，塔板间距 0.4m，筛孔直径 0.004m，开孔率 0.1，堰长 0.65m，堰高 0.05m，底隙 0.03m，降液管截面积 0.055m^2，有效传质区面积 0.502m^2，现拟用该塔完成习题 6-37 的分离任务，核算液沫夹带分率、单板压降、降液管内液面高度和液体停留时间。

本章符号说明

符号	意义与单位	符号	意义与单位
A,B,C	安托因常数	**希腊字母**	
c_p	定压比热容，kJ/(kg·K)	γ	活度系数
f	汽化分数	Φ	热负荷，W（kW）
E_T	总板效率	δ	进料中液相所占的分数
F	物系的自由度	θ	安德伍德法求 R_{min} 关系中的一个根
H_{mV}	气相摩尔焓，kJ/kmol	η_L	液体黏度，N·s/m^3
H_{mF}	进料摩尔焓，kJ/kmol	ρ	密度，kg/m^3
H_{mD}	馏出液摩尔焓，kJ/kmol	τ	时间，s
H_{mL}	液相摩尔焓，kJ/kmol	ϕ	相数
K	相平衡常数	ϕ_D	馏出液中易挥发组分的回收率
M	摩尔质量，kg/kmol	ϕ_W	釜液中难回收组分的回收率
N_T	理论板数	α	相对挥发度
N_P	实际板数	**下标**	
p	系统总压力，kPa；组分压力，kPa		
q	平衡蒸馏中液相产物占进料的分数；精馏进料热状态参数	A,B	组分名称
		C	冷凝器；冷却水
q_{nD}	馏出液摩尔流量，kmol/h	D	馏出液
q_{nD_i}	馏出液中某一组分 i 的摩尔流量，kmol/h	e	平衡
		F	进料
q_{nF}	进料摩尔流量，kmol/h	h	小时；重关键组分
q_m	质量流量，kg/h	i	组分名称
q_{nL}	液相摩尔流量，kmol/h	j	组分名称，或塔板序号
q_{nS}	直接蒸汽的摩尔流量，kmol/h	L	液相
q_{nV}	气相摩尔流量，kmol/h	l	轻关键组分
q_{nW}	釜液摩尔流量，kmol/h	min	最小
q_{nW_i}	釜液中某一组分 i 的摩尔流量，kmol/h	max	最大
		n	塔板序号
R	回流比	opt	适宜
r	摩尔相变潜热，kJ/mol	Q	精馏段与提馏段操作线交点
T	热力学温度，K	R	再沸器；加热蒸汽
t	摄氏温度，℃	V	气相
x	液相摩尔分数	W	釜液
x_F	进料的摩尔分数	**上标**	
y	气相摩尔分数	$'$	提馏段
		$°$	饱和

第7章

气体吸收

在化学工业中，为达到一定的生产目的，如回收或捕获气体混合物中的有用物质、除去工艺气体或放空尾气中的有害成分等，常常需要将气体混合物中的一种或几种组分加以分离，由此需要使用分离单元操作。

吸收（Absorption）是常用的分离单元操作之一。吸收的分离依据是利用气体混合物中各组分在某种溶剂中溶解度的差异或与溶剂中活性组分的化学反应活性的差异。将混合气体与该溶剂接触，使易溶组分较多地溶于溶剂形成溶液，而不溶或难溶组分全部或较多地留在气相中，从而实现气体混合物组分间的分离。吸收通常适合于气体混合物处理量大且分离要求不很高的场合。

7.1 概述

7.1.1 吸收过程及其应用

利用溶剂对气体混合物中的溶质组分进行吸收后，得到的吸收液中溶质含量较高，通常需要将其中的溶质与溶剂分离以便溶剂循环再利用。因此，吸收操作流程通常包括溶质吸收和吸收剂解吸（再生，Desorption）两部分。用洗油脱除煤气中粗苯（含苯、甲苯、二甲苯等）的分离过程即是一个典型的气体混合物的吸收分离单元操作（见图7.1.1）。现以该过程为例，说明吸收和解吸操作的流程。在城市煤气的生产过程中，通常气化炉产生的气化气中除 H_2、CO、CO_2、H_2S外还有苯、甲苯等碳氢化合物，应予以脱除，并分离回收。整个工艺流程包括两个基本过程：一是以苯吸收塔为核心的吸收过程。在该过程中，含苯煤气与含苯浓度较低的洗油（称为溶剂或吸收剂）在吸收塔中逆流接触，气相中的大部分粗苯被洗油吸收，在苯吸收塔塔底得到含有

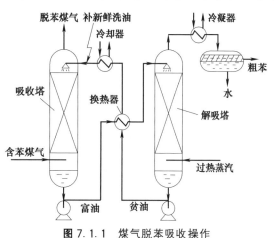

图 7.1.1 煤气脱苯吸收操作

较高粗苯浓度的洗油（称为富油、吸收液或溶液），塔顶则得到基本脱除粗苯的净化煤气。二是以苯解吸塔为核心的苯解吸过程。在该过程中，含粗苯浓度较高的富油被加热到约170℃后从解吸塔塔顶淋下，与塔底通入的过热水蒸气在解吸塔中逆流接触；富油中的粗苯在高温下从液相中解吸出来并被水蒸气带走，一起进入冷凝器冷凝，凝液分层并得到粗苯液体，而在塔底得到含粗苯浓度较低的洗油（称为贫油）经冷却后送回吸收塔循环使用。

吸收过程中，所用的液体称为溶剂或吸收剂，以 S 表示；气体混合物中，被吸收剂溶解吸收的组分称为吸收质或溶质，以 A 表示；不能被吸收剂溶解吸收（或微量吸收）的气相组分称为惰性组分或载体，以 B 表示；完成吸收操作后，含有较高溶质浓度的吸收剂称为富液（吸收液或溶液），它是溶质 A 溶解在溶剂 S 中所形成的溶液；吸收操作中排出的气体称为吸收尾气（或净化气），其主要成分是惰性气体 B，但仍含有少量未被吸收的溶质 A。除以制取液相产品为目的的吸收操作外，通常情况下，吸收操作中的吸收剂要重复使用，因而需要对富液进行解吸处理。从富液中将溶质分离出来，得到可以重复利用的吸收剂，称为贫液，这一过程称为吸收剂的解吸（再生）过程。

吸收单元操作是分离气体混合物的常用方法，在石油化工、无机化工、精细化工、环境保护等领域得到广泛应用。

① 资源型气体组分的回收。例如，用粗汽油回收富气（含有较多 C_3＋组分的天然气）中的 C_3、C_4，以获得液化气；在氮肥生产中，用甲基二乙醇胺（MDEA）溶剂洗涤变换气，将 CO_2 从变换气中分离出来。

② 工业气体的净化或精制。例如，在以煤或渣油为原料的合成氨生产中，H_2S 会使 CO 变换反应催化剂中毒，可以先采用低温甲醇将气化气中的 H_2S 脱除。

③ 有害气体的治理。例如，为避免污染大气，选用碱性吸收剂对工业生产排放废气中的 SO_2、NO_2、NO、HF 等有害成分进行吸收，是工业废气治理的常用方法之一。

④ 化工产品的制取。例如，用水吸收甲醛以制取福尔马林，用水吸收 SO_3 以制取硫酸，用水吸收 HCl 气体以制取盐酸等。

实际吸收过程往往同时兼有净化和回收等多重目的。例如，在聚氨酯合成革生产过程中的废气净化、二甲基甲酰胺（DMF）的回收利用等。

7.1.2 吸收过程的分类

由于吸收过程采用的吸收剂多种多样，而且工业生产中所遇到的气体混合物分离的情况比较复杂，因而与之相适应的吸收和解吸过程也不相同。工业上的吸收过程可以从不同的角度大致分类如下：

(1) 物理吸收与化学吸收

按吸收过程中溶质与吸收剂之间是否存在明显化学反应可分为化学吸收（Chemical Absorption）和物理吸收（Physical Absorption）。若吸收过程中溶质仅是溶解在吸收剂中，没有与吸收剂发生明显化学反应，称为物理吸收，如用水吸收废气中的 CO_2；若吸收过程中，溶质与吸收剂中的活性组分发生明显化学反应，则称为化学吸收，如以 K_2CO_3 水溶液吸收 CO_2 和用水吸收氮氧化物制取硝酸等。化学吸收可明显提高溶剂对溶质组分的吸收能力。

(2) 单组分吸收与多组分吸收

按吸收过程中溶质的数目可分为单组分吸收（Single-Component Absorption）和多组分吸收（Multi-Component Absorption）。若吸收过程中仅有一种溶质，称为单组分吸收，如用水为溶剂吸收空气中含有的氨；若在吸收过程中有两种以上溶质，称为多组分吸收，如洗油吸收焦炉煤气中的芳烃（苯、甲苯等）。

（3）等温吸收与非等温吸收

若气体溶解于液体的热效应很小，或被吸收组分在气相中的含量很低，且吸收剂用量很大时，吸收过程中系统温度基本不变，则认为是等温吸收（Isothermal Absorption）；反之则为非等温吸收（Non-Isothermal Absorption）。

（4）低浓度气体吸收与高浓度气体吸收

若气相溶质浓度较低或吸收的溶质量很少，在吸收过程中所引起的气相及液相的流量变化不大，称为低浓度气体吸收；反之，则称为高浓度气体吸收。通常根据生产经验，规定当混合气中溶质组分 A 的体积分数小于 0.1 且吸收率较小时，称为低浓度气体吸收；当混合气中溶质组分 A 的体积分数大于 0.1，且被吸收的溶质量较多时，则称为高浓度气体吸收。

7.1.3　吸收剂的选择

吸收操作是气液两相之间的接触传质过程，其技术经济性在很大程度上取决于吸收剂的性质，特别是气、液两相之间的相平衡关系。一般情况下，选择吸收剂要着重考虑如下问题：

① 对溶质的溶解度大　吸收剂应对溶质有较大的溶解度，或者说在一定的温度与浓度下，溶质的平衡分压要低。这样，从平衡的角度来看，对于一定的混合气体处理量和分离要求，所需吸收剂用量小，可以有效地减少吸收剂循环量，这对于减少过程功耗和再生能量消耗有利。同时，就过程速率来说，溶质平衡分压低，则过程的传质推动力大，传质速率快，可减小塔设备尺寸。

② 对溶质有较高的选择性　对溶质有较高的选择性，即要求选用的吸收剂应对混合气体中溶质有较大的溶解度，而对其他组分则溶解度要小或基本不溶，这样不但可以减小吸收过程中惰性组分 B 的损失和提高出口惰性气体的纯度，而且可以提高解吸塔中解吸后溶质产品的纯度。

③ 解吸性能好　在吸收剂解吸过程中，一般要对吸收液进行升温或气提处理，能量消耗较大，因而要求吸收剂有好的解吸性能，即溶质在吸收剂中的溶解度应对温度变化较敏感，即不仅在低温下溶解度要大，而且随着温度升高，溶解度应迅速下降，这样，被吸收的气体容易解吸。因此，选用具有良好解吸性能的吸收剂，能有效降低过程的能量消耗。

④ 不易挥发　吸收剂在操作条件下应具有较低的蒸气压，以避免吸收和解吸过程中吸收剂的损失，提高吸收过程的经济性。

以上四个方面，是选择吸收剂时应考虑的主要问题。此外，吸收剂还应满足：

⑤ 较好的稳定性　主要指吸收剂应具有良好的化学稳定性和热稳定性，以防止在使用中发生变质。

⑥ 较低的黏度　主要指吸收剂的黏度要小、不易发泡，以保证吸收剂具有良好的流动性能和分布性能。

⑦ 优良的经济安全性　要求吸收剂价廉易得、尽可能无毒、无易燃易爆性，对相关设备无腐蚀性（或较小的腐蚀性）等经济安全条件。

实际上很难找到一个理想的溶剂满足以上所有要求，选择吸收剂的关键取决于使用该溶剂的生产成本，因此，应对可供选择的溶剂作全面的技术经济评价，以便作出合理的选择。

7.1.4　吸收过程的技术经济评价

吸收过程的主要技术指标：

① 吸收率（Absorption Ratio），即溶解于溶剂的某一溶质的量与混合气中该溶质的量的比值；

② 产品质量，即吸收液产品浓度（以生产产品为目的）或净化后气体中某组分的浓度（回收或净化为目的）；

③ 溶剂单耗，即单位产品所消耗的溶剂量；

④ 能耗，即单位产品所消耗的电能、热能、冷剂等。

吸收过程的主要经济指标：

① 吸收过程的投资费用（Investment Costs），包括吸收塔、解吸塔以及输送和换热设备、管道、仪表、土建、安装等费用；

② 吸收过程的操作费用（Operating Costs），包括物料消耗费用、能量消耗费用、溶剂的再生费用、输送费用和维修费用等。

吸收过程的技术经济评价结果，就是要选择产品质量好、吸收率高、物料和能量消耗低、经济合理，且环境友好的工艺方案。

应该注意的是，在吸收过程中通常选用高压、低温操作条件，以增加溶质在溶剂中的溶解度；而在解吸操作中通常采用低压、高温操作，以降低溶质在溶剂中的溶解度、利于溶质的解吸。溶剂在吸收和解吸设备间循环，其间的加热、冷却与加压、泄压必然消耗较多能量。吸收剂循环量大，对于吸收是有利的，但必然增加溶剂再生成本；吸收剂再生后溶质含量越低，对吸收较有利，但会相应地增加再生过程的成本。因此，在技术经济评价中，要将吸收、解吸综合考虑。若吸收了溶质以后的溶液是过程的产品，此时不再需要溶剂的再生，这种吸收过程是最经济的。

7.2 吸收过程的气液相平衡关系

吸收过程首先是溶质从气相主体向相界面扩散，然后穿过相界面，再由相界面向液相主体扩散的过程。若将气体吸收中的传质过程和传热过程进行对照可知，它类似于传热过程中，热量由高温流体通过间壁再传至低温流体的传热过程。但吸收要比传热过程复杂得多。首先是过程推动力的差异，传热过程的推动力是温度差，而气体吸收过程的推动力是溶质在气相主体浓度和与其接触的液相呈平衡的气相浓度差，该推动力与相平衡关系（Phase Equilibrium Relation）密切相关；其次是过程极限的差异，传热过程的极限是温度相等，吸收过程的极限是溶质在气液两相达到平衡，而不是浓度或组成相等。所以气液相平衡关系是分析吸收过程的关键。相际间的传质过程受气液相平衡关系影响，掌握气液相平衡关系对解决吸收过程的计算十分必要。

对于双组分混合气体的单组分物理吸收系统，所涉及的组分数 $C=3$（溶质 A、惰性气体 B、吸收剂 S），相数 $\varphi=2$（气相、液相），根据相律，自由度数 $F=C-\varphi+2=3-2+2=3$。所以按相律分析，对于单组分吸收过程来说，当系统气液两相处于平衡态，其自由度数等于组分数。即在体系的温度 T、总压 p_0 以及气相分压 p_e（或组成 y）、液相浓度 c（或组成 x）四个变量中，独立变量只有三个，另一个变量为他们的函数。所以当系统的温度、总压一定的条件下，气液相平衡时，溶质在液相中的溶解度（平衡浓度）x 或 c 取决于其在气相中的分压 p_e 或摩尔分数 y，即

$$c=f(p_e), \quad y=f(x), \quad p_e=f(x) \tag{7.2.1}$$

式（7.2.1）即是气液相平衡关系，工程上常以列表形式或将气液相平衡数据绘制成曲线（称溶解度曲线）来表达。但随着化工过程中系统模拟计算的广泛应用，更适宜的表达形式是以数学公式即气液相平衡方程表达气液相平衡关系。由于表达物系组成的浓度单位不同，气液相平衡方程有多种形式。

7.2.1 溶解度曲线

气液两相处于平衡状态时，溶质在液相中的浓度称为溶解度，在二维坐标绘制的气液相平衡关系曲线称为溶解度曲线（Solubility Curve）。图 7.2.1 为不同温度下溶质 NH_3 的平衡分压随液相中 NH_3 的摩尔分数变化的溶解度曲线；图 7.2.2 为一定压力下 SO_2 与水在不同温度下的气液组成 $y\sim x$ 关系图；图 7.2.3 为不同压力下 SO_2 与水的 $y_e\sim x$ 关系图。从图 7.2.1～图 7.2.3 中可以看出影响平衡关系的主要因素是系统总压和温度。当系统的总压不很高（$p_0 < 510kPa$）时，总压的变化对溶解度的影响很小，一般可以忽略不计。但温度对溶解度的影响则很大。从图 7.2.1、图 7.2.2 中可以清楚地看到

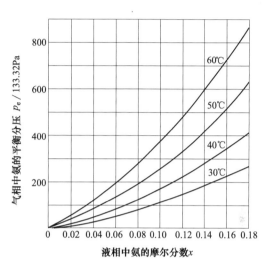

图 7.2.1　氨在水中的溶解度曲线

当气相分压 p_e（气相摩尔分数 y）一定时，随着系统温度升高，气体的溶解度 x 将下降。而在温度一定的条件下，气体的溶解度随着溶质在气相中的分压升高而增大。

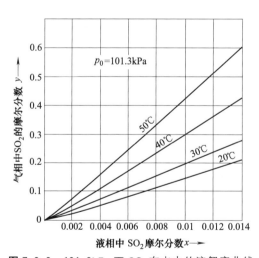

图 7.2.2　101.3kPa 下 SO_2 在水中的溶解度曲线

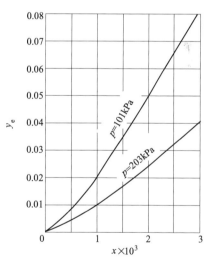

图 7.2.3　20℃ SO_2 在水中的溶解度曲线

以分压表示的溶解度曲线直接反映了相平衡的关系，用以分析问题较为直接；而以摩尔分数表示的相平衡关系，则可方便地与物料衡算等其他关系式一起对整个吸收过程进行数学描述。

7.2.2 气液相平衡方程

一般说来，气液相平衡方程（Vapor-Liquid Equilibrium Equation）都是较为复杂的

非线性方程，但对于稀溶液或难溶气体，在温度一定和总压不很高（$p_0 < 510\mathrm{kPa}$）的条件下，达到相平衡时，溶质在气相中的分压与该溶质在液相中的浓度成正比关系，即其溶解度曲线通常近似为一直线，此时气液相平衡关系可用亨利定律（Henry's Law）表达

$$p_e = Ex \qquad\qquad (7.2.2)$$

式中　p_e——与浓度为 x 的液相达到相平衡时溶质在气相中的平衡分压，kPa；

　　　x——溶质在液相中的摩尔分数；

　　　E——亨利常数，kPa。

在压力不高和温度一定的条件下，若液相为理想溶液，则在全部浓度范围内式（7.2.2）均成立。此时亨利定律与拉乌尔定律一致，亨利常数与同温度下溶质的饱和蒸气压相同，即 $E = p°$。亨利常数表示了气体溶解的难易程度，在相同温度下，亨利常数大，则溶质较难溶，反之则易溶。

若采用其他浓度单位表达溶质在两相中的浓度时，亨利定律也可表示为

$$p_e = Hc \qquad\qquad (7.2.3)$$

$$y_e = mx \qquad\qquad (7.2.4)$$

式中　H——亨利常数，$\mathrm{kPa/(kmol \cdot m^{-3})}$；

　　　m——亨利常数，无量纲，也称为相平衡常数；

　　　c——溶质在液相中的物质的量浓度，$\mathrm{kmol/m^3}$；

　　　y_e——与浓度为 x 的液相达到相平衡时的气相溶质摩尔分数；

　　　x——溶质在液相中的摩尔分数。

利用各种不同组成之间的换算关系，可以得到几种不同的亨利常数之间的数量关系，例如因 $Ex = Hc$，则 $E = H(c/x)$，而 $c = xc_0$，所以

$$E = Hc_0 \qquad\qquad (7.2.5)$$

而溶液的总物质的量浓度 c_0 与溶液密度 ρ_m 以及溶液的物质的量 M_m 之间的关系如下

$$c_0 = \rho_m / M_m \qquad\qquad (7.2.6)$$

对于稀溶液，因为溶剂的密度 $\rho_S \approx \rho_m$，溶剂的物质的量 $M_S \approx M_m$，所以 $c_0 \approx c_S$，则式（7.2.5）可写成：

$$E = Hc_S = H\rho_S / M_S \qquad\qquad (7.2.7)$$

式中　c_0——溶液的总物质的量浓度，$\mathrm{kmol/m^3}$；

　　　ρ_m——溶液密度，$\mathrm{kg/m^3}$；

　　　ρ_S——溶剂密度，$\mathrm{kg/m^3}$；

　　　c_S——溶剂的物质的量浓度，$\mathrm{kmol/m^3}$；

　　M_m——溶液的物质的量，$\mathrm{kg/kmol}$；

　　M_S——溶剂的物质的量，$\mathrm{kg/kmol}$。

若系统总压为 p_0，则由理想气体的道尔顿分压定律可得

$$p_e = p_0 y_e$$

将上式代入式（7.2.2）可得

$$p_0 y_e = Ex, \quad y_e = Ex / p_0$$

比较式（7.2.4），可以得到以下关系

$$m = E / p_0 \qquad\qquad (7.2.8)$$

亨利定律的最基本形式是式（7.2.2），采用了不同的单位可以得到其他形式。依相律分

析，影响亨利常数 E 的因素应该是温度和总压力，但如前所述，在总压力不太高时总压力对气相分压与溶解度之间的影响可以忽略，故总压力对亨利常数 E 的影响也可以忽略不计，所以在压力较低时，可以认为亨利常数 E 仅受温度影响。当温度升高时，E 增大，气体的溶解度下降，而当温度降低时，E 减小，气体的溶解度增大，由此可知，降温有利于吸收操作。

温度和压力对其他几种形式亨利常数的影响，可以依照式（7.2.5）～式（7.2.8）进行分析而得到，如依式（7.2.5）可知 H 取决于系统的温度和溶液的总物质的量浓度；而依式（7.2.8）则可知相平衡常数 m 取决于系统的温度和总压力，对于一定的物系，降低系统温度，提高总压力将使 m 值变小，有利于吸收操作。

在低浓度气体吸收过程中，当气相中的惰性组分不溶或极少溶于液相，且液相中溶剂没有明显的挥发情况时，可认为惰性组分 B 和液相中溶剂 S 的流量在吸收过程中保持不变。此时，采用摩尔比（混合物中溶质组分的量与惰性组分的量的比值）表示物系的组成，常用 Y 表示气相组成，用 X 表示液相组成。有些情况下，这样会使问题处理方便些。摩尔比与相应的摩尔分数之间的关系如下

$$Y = \frac{y}{1-y} \tag{7.2.9}$$

$$X = \frac{x}{1-x} \tag{7.2.10}$$

若用摩尔比 Y 和 X 分别表示溶质 A 在气、液相的组成时，则依据式（7.2.4），亨利定律可写成如下的形式

$$\frac{Y_e}{1+Y_e} = m\frac{X}{1+X} \tag{7.2.11}$$

整理后得到

$$Y_e = \frac{mX}{1+(1-m)X}$$

对于低浓度吸收过程（稀溶液），$(1-m)X$ 可忽略不计，则上式可简化为

$$Y_e = mX \tag{7.2.12}$$

式（7.2.12）表明当液相中溶质浓度足够低时，平衡关系在 $X \sim Y$ 图中可近似地用一条通过原点的直线表示，其斜率为 m。

【例 7.1】 在系统温度为 20℃、总压为 101.3kPa 的条件下，将含有 10%（体积分数）CO_2 的某种混合气与纯水接触，测得 100g 水中含有 0.017g CO_2。试求（1）亨利系数 E；（2）相平衡常数 m；（3）溶解度系数 H；（4）总压提高到 202.6kPa，且 CO_2 的分压保持不变时的 H、E、m 值。

解：（1）CO_2 的物质的量为 44，水的物质的量为 18，则液相中 CO_2 的摩尔分数

$$x = \frac{\dfrac{0.017}{44}}{\dfrac{0.017}{44} + \dfrac{100-0.017}{18}} = 6.95 \times 10^{-5}$$

由道尔顿分压定律可知

$$p_e = p_0 y_e = 101.3 \times 0.1 = 10.13\text{kPa}$$

由亨利定律 $p_e = Ex$ 可计算亨利常数 E

$$E = \frac{p_e}{x} = \frac{10.13}{6.95 \times 10^{-5}} = 1.46 \times 10^5 \, \text{kPa}$$

（2）相平衡常数 m

$$m = \frac{E}{p_0} = \frac{1.46 \times 10^5}{101.3} = 1441$$

（3）溶解度系数 H

水的密度为 $1000 \, \text{kg/m}^3$，由问题（1）液相中 CO_2 的摩尔分数可知，溶液的浓度很低，此时

$$H = \frac{EM_S}{\rho_S} = \frac{1.46 \times 10^5 \times 18}{1000} = 2628 \, \text{kPa/(kmol} \cdot \text{m}^{-3})$$

（4）总压提高到 $202.6 \, \text{kPa}$ 时，由于气相中 CO_2 的分压不变，所以此时对应的亨利系数 E 和溶解度系数 H 不变，而平衡常数 m 为

$$m = \frac{E}{p_0} = \frac{1.46 \times 10^5}{202.6} = 720.6$$

7.2.3 相平衡方程在吸收过程中的应用

（1）判断传质过程的方向

当气液两相接触时，可用相互接触的气液两相的浓度与该条件下气液相平衡浓度之间的关系来判断传质过程（Mass Transfer Process）的方向。因为平衡是传质过程的极限，故当溶质在液相中的浓度小于与其相接触的气相浓度所对应的液相平衡浓度时，溶质将从气相向液相传递，即也是发生气体的吸收过程；反之，则溶质从液相向气相传递，发生解吸过程。同理，也可以利用气相浓度及其与液相组成呈平衡的浓度判断传质过程的方向，当溶质在气相中的浓度大于与其相接触的液相浓度所对应的气相平衡浓度时，溶质将从气相向液相传递，即发生气体的吸收过程；反之，则溶质从液相向气相传递，发生解吸过程。

将气液相平衡关系标绘在直角坐标系中，如图 7.2.4 所示，称为 $x \sim y$ 图。图中，纵坐标表示气相组成，横坐标表示液相组成，某溶质的气液相平衡关系 $y_e = mx$ 为图中直线。如溶质的摩尔浓度为 y_1 的气相和摩尔浓度为 x 的液相相互接触，其状态点如图中的 A 点所示，依据相平衡关系，可得与该液相组成 x 呈平衡的气相组成应该是 y_e。现由于 y_1 大于 y_e，所以该过程是溶质由气相向液相传递的吸收过程。假如溶质的组成为 y_2 的气相和溶质的摩尔分数为 x 的液相相互接触，其状态点如图中的 B 点所示，与该液相呈平衡的气相组成仍为 y_e。由于 y_2 小于 y_e，所以溶质将从液相向气相传递，发生解吸过程。同样，也可以利用液相浓度及其与气相组成呈平衡的浓度判断传质过程的方向。对于气液相组成分别为 y_1、x 的气液相系统 A，与气相组成 y_1 呈平衡的液相组成为 x_{e1}，则当 x 小于 x_{e1} 时，将发生吸收过程；对于气液相组成分别为 y_2、x 的气液相系统 B，与气相组成 y_2 呈平衡的液相组成为 x_{e2}，当 x 大于 x_{e2} 时，将发生解吸过程。

利用图 7.2.4 所示的 $x \sim y$ 图中的气液相组成以及气液相平衡关系，可以非常方便地判断过程进行的方向，判断方法可以简单地表述为：相互接触的气液

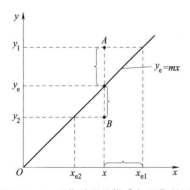

图 7.2.4 吸收过程的组成与平衡关系

相系统，若描述其组成的状态点位于平衡线（描述气液相平衡关系的曲线）上方，则发生吸收过程；若位于平衡线下方，则发生解吸过程；若位于平衡线上，则气相和液相处于平衡状态。

（2）指明传质过程的极限

气液相平衡状态是气液相质量传递的极限状态。相平衡关系限制了吸收液离塔时的最高浓度和气体混合物离塔时的最低浓度。如将溶质组成为 y_1 的混合气送入某吸收塔的底部，与自塔顶淋下的溶剂作逆流吸收。若减少淋下的溶剂量，则溶剂在塔底出口的组成 x_1 必将增加。但即使塔无限高、溶剂量很小的情况下，x_1 也不会无限增大，其极限是气相组成 y_1 的平衡组成 x_{e1}，即，$x_{1,\max} = x_{e1} = y_1/m$ [图 7.2.5（a）]。如果采用大量的吸收剂和较小的气体流量时，即使在无限高的塔内进行逆流吸收，出塔气体中溶质组成也不会低于吸收剂入口组成 x_2 的平衡组成 y_{e2}，即，$y_{2,\min} = y_{e2} = m x_2$ [图 7.2.5（b）]。

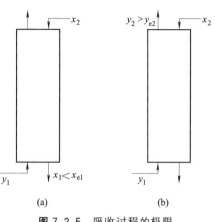

图 7.2.5 吸收过程的极限

由此可见，相平衡关系限制了吸收液离塔时的最高含量和气体混合物离塔时的最低含量。

（3）确定传质过程的推动力

平衡是传质过程的极限，不平衡的两相相互接触就会发生气体的吸收或解吸。实际组成偏离平衡组成越大，过程的推动力越大，过程的传质速率也越快。在吸收过程中，通常以实际组成与平衡组成偏离的差值来表示过程的推动力（Driving Force）。

如图 7.2.4 所示的状态点 A，为吸收塔某截面处溶质在气液两相的摩尔分数分别为 y_1、x，由于相平衡关系的存在，则（$y_1 - y_e$）为以气相中溶质摩尔分数差表示的吸收过程推动力；（$x_{e1} - x$）为以液相中溶质摩尔分数差表示的吸收过程推动力。同样，对于如图 7.2.4 所示的状态点 B，为解吸塔某截面处溶质在气液两相的摩尔分数分别为 y_2、x，则（$y_e - y_2$）为以气相中溶质摩尔分数差表示的解吸过程的推动力；（$x - x_{e2}$）为以液相中溶质摩尔分数差表示的解吸过程推动力。

7.3 气相和液相内的质量传递

上一节已经论述，吸收过程的极限是达到气液相平衡。本节将讨论吸收过程的传质速率（Rate of Mass Transfer）。气体吸收过程的实质是溶质由气相到液相的质量传递过程，而吸收剂的解吸过程则是溶质从液相到气相的质量传递过程，两过程均为气液两相间的质量传递过程。

从质量传递的角度看，吸收过程可以看作由三个步骤组成，如图 7.3.1 所示。

① 溶质从气相主体传递到气-液相界面，即气相内的质量传递；

② 在相界面上的溶质溶解到液相表面，由气相传入液相，即界面上发生的溶解过程；

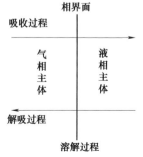

图 7.3.1 吸收及解吸传质方向

③ 溶质从相界面传递到液相主体，即液相内的质量传递。

解吸过程的传质方向与吸收过程的传质方向相反。

上述步骤①和③是单相内的质量传递，而步骤②是溶质在相界面的溶解过程。因而物质传递现象及其规律的基本理论、气液间的相平衡关系是解决吸收和解吸过程的理论基础。

如上所述，吸收过程既涉及单相内的质量传递，又涉及气液相界面上的质量传递。一般来说，气液相界面上溶质溶解过程极易进行，传质阻力极小，可忽略不计，所以可以认为气液相界面上气液两相始终处于相平衡状态。吸收过程中的质量传递阻力主要集中在气相和（或）液相中，吸收过程的质量传递速率即吸收速率一般由气相和液相中的质量传递速率决定。

7.3.1 传质的基本方式

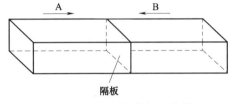

图 7.3.2 两种气体相互扩散

在图 7.3.2 所示的容器中，用一块隔板将容器分为左右两室，并分别放置温度及总压强相同的 A、B 两种气体。当抽出中间的隔板后，气体 A 借分子运动由高浓度的左室向低浓度的右室扩散，同理，气体 B 由高浓度的右室向低浓度的左室扩散，扩散过程进行到整个容器内 A、B 两组分浓度相等为止。如果对该系统加以搅拌，完全混合均匀的时间要比无搅拌的时间短，且搅拌越剧烈，达到浓度相等的时间越短。前者靠分子微观运动进行传质，称为分子扩散（Molecular Diffusion），后者通过流体质点的宏观运动进行传质，称为涡流扩散（Eddy Diffusion）。

不论溶质在气相还是液相，它在单一相内的传递主要由两种方式进行，一种是分子扩散；另一种是涡流扩散。所谓分子扩散是指混合物系中存在浓度差时，由于流体分子的热运动，使得某组分由浓度高处向浓度低处传递，所以分子扩散是微观分子热运动的宏观结果。分子扩散只能在固体、静止的流体和作层流流动的流体内部单独存在。而作湍流流动的流体中存在强烈的质点脉动和大量的漩涡，当存在浓度差时，也必然造成组分沿浓度降低的方向传递，这种由于大量质点脉动和漩涡的扰动所造成的质量传递过程称为涡流扩散。所以对于作湍流流动的流体内部，除存在分子扩散外，还存在涡流扩散。一般情况下，涡流扩散的作用要比分子扩散的作用大得多，即作湍流流动流体内的质量传递以涡流扩散为主，分子扩散的影响常可忽略。

7.3.2 组分运动速度及传质通量

发生质量传递的混合物系中，各组分具有不同的运动速度，在传质方向上混合物系的整体也可能发生宏观流动，在研究系统的质量传递规律时，对这些速度加以区分是必要的。

(1) 物质的运动速度

① 组分的绝对速度 i 组分的绝对速度（Absolute Velocity）u_i 是指以一静止坐标为参照系的速度，即是 i 组分通过空间某一静止平面的速度。

② 物系的平均速度 在描述混合物系的平均速度（Average Velocity）时，可以用通过一静止平面的单位面积上混合物的摩尔流量除以混合物的总物质的量浓度表示，即

$$u = \frac{N}{c_0} \tag{7.3.1}$$

式中 u——混合体系的平均速度，m/s；

  c_0——混合物的总物质的量浓度，$kmol/m^3$；

  N——单位面积上混合物系的摩尔流量，$kmol/(m^2 \cdot s)$。

由于 $N = \Sigma N_i$，$N_i = c_i u_i$，所以有

$$u = \frac{1}{c_0} \sum_{i=1}^{n} c_i u_i \qquad (7.3.2)$$

式中 N_i——单位面积上 i 组分的摩尔流量，$kmol/(m^2 \cdot s)$；

  u_i——混合物中 i 组分的绝对速度，m/s；

  c_i——混合物中 i 组分的物质的量浓度，$kmol/m^3$。

③ 组分的扩散速度 组分的扩散是指由系统中组分自身的浓度差引起的质量传递，组分的扩散速度（Diffusion Velocity）是组分相对于混合物系的平均速度而言的速度，所以，组分扩散速度是指以混合物系的平均速度移动的流动坐标为参照系的运动速度（见图 7.3.3），即

$$u_{ki} = u_i - u \qquad (7.3.3)$$

式中 u_{ki}—— i 组分的扩散速度，m/s。

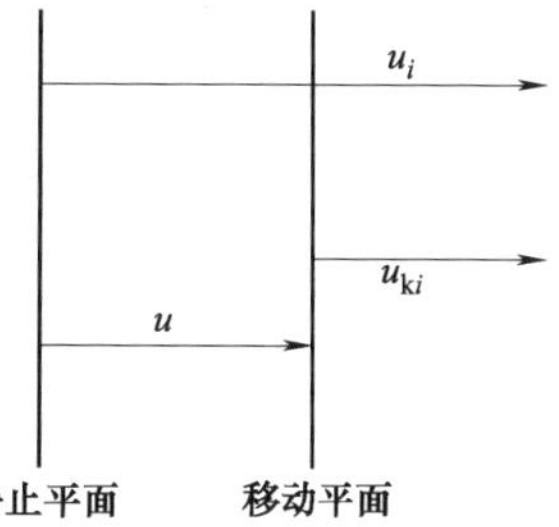

图 7.3.3 组分运动速度描述

(2) 组分的传质通量

组分的传质通量（Mass Transfer Flux）是指混合物系中某组分在单位时间内，通过空间某一平面单位面积上的质量或物质的量。依照所用的组分运动速度不同，显然有不同的通量表达式，若以组分的绝对速度表示传质通量则有

$$N_i = c_i u_i = c_i (u_{ki} + u) \qquad (7.3.4)$$

根据组分绝对速度的定义可知，依式（7.3.4）所定义的传质通量显然是组分通过空间某一静止平面的传质通量。而欲表达组分的扩散通量，则应以组分的扩散速度表示，即

$$J_i = c_i u_{ki} = c_i (u_i - u) \qquad (7.3.5)$$

式中 J_i——以物质的量表示的扩散通量，$kmol/(m^2 \cdot s)$。

从式（7.3.5）可以清楚地看出，扩散通量是组分相对于以平均速度移动的流动坐标的传质通量，即是通过以平均速度移动的平面的传质通量。

在工程上，为方便起见，一般以组分通过空间某固定平面计算传质通量，即应以组分运动绝对速度进行计算。据此概念并结合式（7.3.5），得到组分以物质的量表达的传质通量为

$$N_i = c_i (u_{ki} + u) = J_i + c_i u \qquad (7.3.6)$$

式中 N_i——以物质的量表示 i 组分通过某固定平面的传质通量，$kmol/(m^2 \cdot s)$。

式（7.3.6）中，$c_i u$ 项可表达为 $c_i u = y_i c_0 u$，则按式（7.3.2）可得

$$c_i u = y_i \sum c_i u_i = y_i \sum N_i = (c_i/c_0) N \qquad (7.3.7)$$

式中 y_i—— i 组分的摩尔分数。

将该结果代入式（7.3.6）则可以得到

$$N_i = J_i + N \frac{c_i}{c_0} \qquad (7.3.8)$$

式（7.3.8）表明，组分 i 通过空间某一固定平面的传质通量由两部分构成，一是由扩散造成的传质通量；二是由系统在组分传递方向上的整体流动造成的传质通量（见图7.3.4）。

7.3.3 分子扩散

分子扩散是微观分子热运动的宏观结果。如往盛有清水的烧杯中滴入一滴红色墨水，很快整个烧杯内溶液就变成了红色；香水瓶打开后，在其附近就可以闻到香水的气味，这就是分子扩散的结果。在静止或层流流动的流体内部，若某一组分存在浓度梯度（Concentration Gradient），则因分子热运动产生组分的扩散，由此产生的传质过程可一直进行到组分的浓度差消失，这时宏观的传质通量为零，但是微观的分子热运动仍在进行，只是组分的扩散和反向扩散的速率相当，系统处于动态平衡状态。

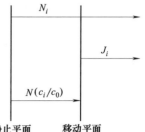

图 7.3.4　组分的传质通量表达

（1）费克定律

由于分子扩散与流体在层流条件下流动时的动量传递以及导热造成的热量传递过程均是分子微观热运动的宏观结果，因而也具有与后两者相类似的传递性质。实验表明，在恒定温度和压力条件下，均相混合物中的分子扩散通量可用费克定律描述。描述双组分（A、B）混合物系一维稳态分子扩散的费克定律（Fick's First Law of Diffusion）为

$$J_A = -D_{AB}\frac{dc_A}{dz} \tag{7.3.9}$$

式中　J_A——组分 A 的分子扩散通量，$kmol/(m^2 \cdot s)$；

dc_A/dz——组分 A 在 z 扩散方向上的浓度梯度，$(kmol \cdot m^{-3})/m$；

　　D_{AB}——组分 A 在 A、B 双组分混合物系中的扩散系数，m^2/s。

费克定律表明，组分的分子扩散通量正比于浓度梯度，并沿浓度降低的方向传递，其形式与描述层流流体中动量传递规律的牛顿黏性定律及描述热传导规律的傅里叶定律类似。

比较式（7.3.5）和式（7.3.9）得

$$J_A = c_A u_{kA} = -D_{AB}\frac{dc_A}{dz} \tag{7.3.10}$$

分子扩散有两种基本表现形式，一是等分子反向扩散（Equimolal Counter Diffusion）；另一个是单向扩散（One-Way Diffusion），下面分别予以讨论。

（2）一维稳态双组分气体的等分子反向扩散

如图 7.3.5（a）所示，两个大容器内分别充有浓度不同的 A、B 两种气体的混合物，假设系统内各处总浓度相等（对于气相，则系统处于等温等压状态），流体处于静止状态。容器间以一根细直管连通。截面 z_1 处 A 组分的浓度为 c_{A1}、B 组分的浓度为 c_{B1}，截面 z_2 处 A 组分的浓度为 c_{A2}、B 组分的浓度为 c_{B2}，且均保持不变。若 $c_{A1} > c_{A2}$，则 A 组分将从 z_1 截面通过连通管向 z_2 截面扩散。由于该系统各处的总浓度恒定不变，则必有 $c_{B2} > c_{B1}$，B 组分将由 z_2 截面通过连通管向 z_1 截面扩散。由于连通管截面积相对于容器小得多，在有限的时间内扩散不会引起容器内组成发生明显变化，即连通管中的分子扩散可视为稳态过程。因为系统的总浓度恒定，在组分的传递方向上，没有流体的总体宏观流动，即 $N = 0$，所以质量传递仅以分子扩散的方式进行。依据式（7.3.8）和式（7.3.9），得 A 组分通过任意垂直于 z 轴的静止平面的传质通量为

$$N_A = J_A = -D_{AB}\frac{dc_A}{dz} \tag{7.3.11}$$

由于截面 z_1、z_2 处组分的浓度恒定不变，故该过程为一稳态过程，即 N_A 值和扩散系

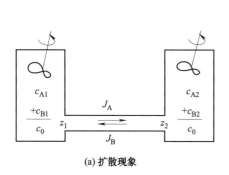

(a) 扩散现象

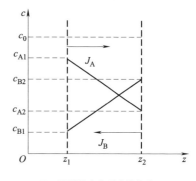

(b) c_i沿扩散方向呈直线变化

图 7.3.5 等分子反向扩散

数 D_{AB} 为常数，由式（7.3.11）可知 $\dfrac{dc_A}{dz}$ 为定值，即组分 A 的浓度 c_A 沿扩散方向呈直线变化 [见图 7.3.5（b）]。将上式离变量并引入 z_1、z_2 处的边界条件积分，得到双组分等分子反向扩散条件下 A 组分的传质速率方程为

$$N_A = \frac{D_{AB}}{\Delta z}(c_{A1} - c_{A2}) \tag{7.3.12}$$

同理，组分 B 将从 z_2 截面向 z_1 截面扩散，其扩散通量和扩散速率的微分方程和积分方程分别为

$$N_B = J_B = -D_{BA}\frac{dc_B}{dz} \tag{7.3.13}$$

$$N_B = \frac{D_{BA}}{\Delta z}(c_{B1} - c_{B2}) \tag{7.3.14}$$

若所研究的为气相物系，则其组成常用分压表示为

$$c_A = \frac{p_A}{RT}$$

$$c_B = \frac{p_B}{RT}$$

于是式（7.3.12）和式（7.3.14）可分别表示如下

$$N_A = \frac{D_{AB}}{RT\Delta z}(p_{A1} - p_{A2}) \tag{7.3.15}$$

$$N_B = \frac{D_{BA}}{RT\Delta z}(p_{B1} - p_{B2}) \tag{7.3.16}$$

对于该系统，$N = N_A + N_B = 0$，所以有

$$N_A = -N_B \tag{7.3.17}$$

$$J_A = -J_B \tag{7.3.18}$$

因为系统的总浓度恒定不变，即 $c_A + c_B =$ 常数，故有 $dc_A/dz = -dc_B/dz$，于是依费克定律可知 A、B 两组分的扩散系数相等，即有 $D_{AB} = D_{BA}$，两者可不加区分，并略去下标均用符号 D 表示。

蒸馏过程中通常发生等分子反方向扩散。在双组分蒸馏过程中，若易挥发组分 A 与难挥发组分 B 的摩尔汽化潜热近似相等，则在液相有多少物质的量的易挥发组分 A 汽化后进入气相，在气相必有等物质量的 B 组分冷凝进入液相，这样 A、B 两组分以相等的量反向扩散，可近似按等分子反向扩散处理。

【例 7.2】 温度为 298K，总压为 101.3kPa，装有 N_2 和 O_2 的混合气系统，如图 7.3.6 所示。已知左侧容器中氧气分压 p_{O_2} 为 40kPa，右侧容器中氧气分压 p'_{O_2} 为 8kPa；连通管长 0.40m；又知在混合物中的扩散系数 $D_{O_2-N_2}$ 为 $1.78 \times 10^{-5} \, m^2/s$。试求：

(1) O_2 通过连通管的传质通量 N_A；

(2) 连通管中距左侧容器 0.20m 处 O_2 分压。

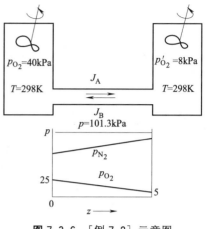

图 7.3.6 ［例 7.2］示意图

解：(1) 将已知数据代入式 (7.3.15)，得

$$N_A = \frac{D_{AB}}{RT\Delta z}(p_A - p'_A)$$

$$= \frac{1.78 \times 10^{-5}}{8.314 \times 298 \times 0.40} \times (40 - 8)$$

$$= 5.75 \times 10^{-7} \, kmol/(m^2 \cdot s)$$

(2) 对于稳态传质，N_A 为常量，若将 $z' = 0.20m$ 处 O_2 分压以 p''_{O_2} 表示，且 $N_A = 5.75 \times 10^{-7} \, kmol/(m^2 \cdot s)$ 代入式 (7.3.15)，整理得

$$p''_A = p_A - \frac{RT\Delta z' N_A}{D_{AB}}$$

$$= 40 - \frac{8.314 \times 298 \times 0.20 \times 5.75 \times 10^{-7}}{1.78 \times 10^{-5}} = 24.0 \, kPa$$

(3) 单向扩散

现考虑气体吸收过程中的质量传递问题。在吸收过程中，由于与液相接触的气相溶质 A 不断溶于液相，造成气液相界面处气相中 A 组分的浓度下降，低于气相主体处 A 的浓度，导致气相主体与相界面之间出现了组分 A 的浓度差，使得气相气体中的溶质 A 不断向气液相界面扩散，因为液相没有物质向气相传递（即液相不挥发），扩散为单方向的，称为单向扩散。

如图 7.3.7 所示，气相由 A、B 两组分组成，其中组分 A 能够溶于液相，组分 B 完全不溶于液相。在稳定的吸收过程中，气相中各处总压（或总物质的量浓度 c_0）及温度相等，气相主体中 A 组分的浓度为 c_{A1}、气液相界面处气相中 A 组分的浓度为 c_{A2}，则惰性组分 B 在此两处的浓度分别为

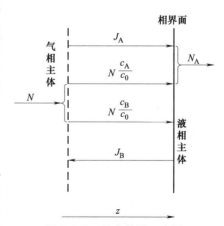

$$c_{B1} = c_0 - c_{A1}, \qquad c_{B2} = c_0 - c_{A2}$$
$$c_0 = c_{A1} + c_{B1} = c_{A2} + c_{B2} = c_A + c_B$$

图 7.3.7 单向扩散示意图

气液相相互接触，由于与液相接触的气相组分 A 不断溶于液相，导致 $c_{A1} > c_{A2}$，则气相内 A 组分以 J_A 的速率沿 z 轴方向（垂直相界面方向）向气液相界面扩散。同时，由于组分 A 的溶解，相界面附近气相中组分 B 浓度相对升高，从而有 $c_{B2} > c_{B1}$，则相界面处气相中的 B 组分将以 J_B 的速率沿 z 轴反方向向气相主体扩散。但与等分子反向扩散不

同，由于在相界面上 A 组分溶入液相，而液相中无其他组分逸出到气相，使得相界面处的压强下降，造成了气相主体和相界面之间出现了微小的压力差（或总浓度差），在该压力差的作用下气相混合物整体向相界面移动，产生了物系的总体流动。若以 N 表示总体流动的通量，则 $N c_A/c_0$ 表示 A 组分在总体流动中所占的份额，$N c_B/c_0$ 为 B 组分在总体流动中所占的份额。

对于这样的过程，气相内的传质通量包括分子扩散通量和总体流动造成的传质通量，在稳态条件下的传质通量可用式（7.3.8）表示。按式（7.3.8）并结合费克定律，组分 A 在传质方向上总的传质通量可以表示为

$$N_A = J_A + N\frac{c_A}{c_0} = -D\frac{\mathrm{d}c_A}{\mathrm{d}z} + N\frac{c_A}{c_0} \tag{7.3.19}$$

该式右端的第一项是由于分子扩散所造成的传质通量，第二项是由物系总体流动造成的传质通量。两者之和是以垂直于传递方向的固定平面为参考面的组分 A 的传质通量。

同理，对于组分 B 有同样的传质通量表达式。但由于组分 B 不能通过气液相界面，故在稳态条件下，组分 B 净的传质通量等于零，即由分子扩散引起的传质通量和由物系总体流动所引起的传质通量在数值上相等而方向相反。所以

$$N_B = J_B + N\frac{c_B}{c_0} = -D\frac{\mathrm{d}c_B}{\mathrm{d}z} + N\frac{c_B}{c_0} = 0 \tag{7.3.20}$$

$$D\frac{\mathrm{d}c_B}{\mathrm{d}z} = N\frac{c_B}{c_0}$$

$$J_B = -N\frac{c_B}{c_0} \tag{7.3.21}$$

将式（7.3.19）和式（7.3.20）相加，并注意到 $N = N_A + N_B$ 和 $c_A + c_B = c_0$，得

$$-D\frac{\mathrm{d}c_A}{\mathrm{d}z} - D\frac{\mathrm{d}c_B}{\mathrm{d}z} = 0 \tag{7.3.22}$$

即有

$$J_A = -J_B \tag{7.3.23}$$

该式表明，对于有总体流动的稳态分子扩散过程，两组分的分子扩散通量仍然是数值相等而方向相反。

对于组分 B，净的传质通量等于零，或称通过静止组分的稳态分子扩散，由于 $N_B = 0$，所以 $N = N_A$，将该结果代入式（7.3.19）得

$$N_A = -D\frac{\mathrm{d}c_A}{\mathrm{d}z} + N_A\frac{c_A}{c_0} \tag{7.3.24}$$

整理上式得

$$N_A = -D\frac{c_0}{c_0 - c_A}\frac{\mathrm{d}c_A}{\mathrm{d}z} \tag{7.3.25}$$

对于稳态过程，N_A 是常量。当操作条件、物系一定时，D、c_0、T 均为常量。在边界条件为 $z = z_1$，$c_A = c_{A1}$；$z = z_2$，$c_A = c_{A2}$ 的条件下，对上式分离变量积分，并代入边值条件得

$$N_A = \frac{D}{\Delta z}c_0\ln\frac{c_0 - c_{A2}}{c_0 - c_{A1}} = \frac{D}{\Delta z}c_0\ln\frac{c_{B2}}{c_{B1}}$$
$$= \frac{D}{\Delta z}c_0\frac{c_{A1} - c_{A2}}{[(c_0 - c_{A2}) - (c_0 - c_{A1})]/\ln\frac{c_{B2}}{c_{B1}}} \tag{7.3.26}$$

因为 $c_0 - c_{A1} = c_{B1}$，$c_0 - c_{A2} = c_{B2}$，所以，若令

$$c_{Bm} = \frac{c_{B2} - c_{B1}}{\ln \dfrac{c_{B2}}{c_{B1}}} \quad (7.3.27)$$

则有

$$N_A = \frac{D}{\Delta z} \times \frac{c_0}{c_{Bm}}(c_{A1} - c_{A2}) \quad (7.3.28)$$

对于气相物系，在常温常压下可视为理想气体，则有 $c_A = \dfrac{p_A}{RT}$ 及 $c_0 = \dfrac{p}{RT}$，因此式 (7.3.28) 可改写为

$$N_A = \frac{D}{RT\Delta z} \times \frac{p_0}{p_{Bm}}(p_{A1} - p_{A2}) \quad (7.3.29)$$

其中

$$p_{Bm} = \frac{p_{B2} - p_{B1}}{\ln \dfrac{p_{B2}}{p_{B1}}} \quad (7.3.30)$$

式 (7.3.28) 中的 c_0/c_{Bm} 及式 (7.3.29) 中的 p_0/p_{Bm} 称为漂流因子 (Drift Factor)，无量纲，因为 $c_0 > c_{Bm}$，$p_0 > p_{Bm}$，所以其值恒大于 1。与等分子反向扩散通量式 (7.3.12) 和式 (7.3.15) 相比，式 (7.3.28) 和式 (7.3.29) 分别多乘了一项漂流因子 c_0/c_{Bm} 或 p_0/p_{Bm}。漂流因子恒大于 1，这表明由于有总体流动的影响，单向扩散的传质通量比等分子反向扩散的速率要大一些。漂流因子反映了总体流动对传质通量的影响，其值愈大，说明总体流动作用越强。当溶质 A 浓度很低时，$c_0 \approx c_{Bm}$，$p_0 \approx p_{Bm}$，则漂流因子接近于 1，总体流动的影响可忽略不计。

以上介绍了物质在气相中的扩散，物质在液相中的扩散规律与气相类似，因此对于吸收过程的液相一侧，可作同样的分析，亦可写出液相中的相应扩散速率关系式。但液相中的扩散系数一般远远小于气相中的扩散系数。

对于发生在液相中的单向扩散，类似于式 (7.3.28)，可写出组分 A 在液相中的传质速率关系式如下

$$N_A' = \frac{D'}{\Delta z'} \times \frac{c_0'}{c_{Sm}}(c_{A1}' - c_{A2}') \quad (7.3.31)$$

式中，N_A' 为组分 A 在液相中的传质速率，$kmol/(m^2 \cdot s)$；D' 为组分 A 在溶剂 S 中的扩散系数，m^2/s；c_0' 为溶液的总浓度，$kmol/m^3$；$\Delta z'$ 为两传质面间的距离，m；c_{A1}'、c_{A2}' 分别为两传质面上的溶质浓度，$kmol/m^3$；c_{Sm} 为两传质面上溶剂 S 浓度的对数平均值，$kmol/m^3$。

【例 7.3】 O_2 和 N_2 膜分离装置示意如图 7.3.8 所示，O_2 沿连通管通过停滞的 N_2，穿过半透膜向右进行稳态分子扩散，其他已知条件与 [例 7.2] 相同。

试求：(1) 连通管中 O_2 的传质速率；(2) 与 [例 7.2] 的计算结果对比分析。

解： (1)
$$p_{Bm} = \frac{p_{B2} - p_{B1}}{\ln \dfrac{p_{B2}}{p_{B1}}} = \frac{(101.3 - 8) - (101.3 - 40)}{\ln \dfrac{(101.3 - 8)}{(101.3 - 40)}} = 76.18 kPa$$

$$\frac{p_0}{p_{Bm}} = \frac{101.3}{76.18} = 1.33$$

将已知条件代入式 (7.3.29) 得

$$N_A = \frac{D}{RT\Delta z} \times \frac{p_0}{p_{Bm}}(p_{A1} - p_{A2})$$
$$= \frac{1.780 \times 10^{-5}}{8.314 \times 298 \times 0.40} \times 1.33 \times (40-8) = 7.64 \times 10^{-7} \, \text{kmol}/(\text{m}^2 \cdot \text{s})$$

（2）与［例 7.2］对比可见，相同条件下 O_2 通过停滞组分 N_2 的传质速率为等分子反向扩散时传质速率的 1.33 倍，p_0/p_{Bm} 表明了总体流动对 O_2 的传质速率增大效果。

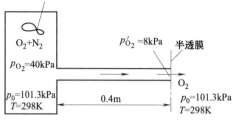

图 7.3.8 ［例 7.3］附图

(4) 分子扩散系数

分子扩散系数（Molecular Diffusivity Coefficient）简称为扩散系数，是物质传递性质的度量参数，表示某组分在混合体系中的扩散快慢程度。由费克定律得到扩散系数的物理意义为单位浓度梯度下的扩散通量，单位为 m^2/s。即

$$D = -\frac{J_A}{\dfrac{\mathrm{d}c_A}{\mathrm{d}z}}$$

分子扩散系数在数值上等于单位浓度梯度下的扩散通量，其大小取决于系统的温度和压力以及物系的组成。分子扩散系数反映了物质分子扩散速率的大小，扩散系数大则表示分子扩散快。物质在不同条件下的扩散系数一般由实验确定，常见物质的扩散系数可从有关的资料手册中查得。表 7.3.1 和表 7.3.2 分别列出了某些条件下若干物质在空气及水中的分子扩散系数。

表 7.3.1　某些物质在空气中的扩散系数（273K，101.3kPa）

组分	扩散系数/($10^{-4}\,\text{m}^2/\text{s}$)	组分	扩散系数/($10^{-4}\,\text{m}^2/\text{s}$)
H_2	0.611	SO_2	0.103
N_2	0.132	SO_3	0.095
O_2	0.178	C_6H_6	0.077
NH_3	0.198	C_7H_8	0.076
H_2O	0.220	甲醇	0.132
CO_2	0.138	乙醇	0.102
HCl	0.130	正丁醇	0.0703

表 7.3.2　某些物质在水中的扩散系数（298K，稀溶液）

组分	扩散系数/($10^{-9}\,\text{m}^2/\text{s}$)	组分	扩散系数/($10^{-9}\,\text{m}^2/\text{s}$)
H_2	4.50	CO[①]	2.03
O_2	2.10	氨	6.28
Cl_2	1.25	乙烯	1.87
CO_2	1.92	丙烯	1.10
NO	1.69	醋酸[①]	1.19
NO_2[①]	2.07	丙酮[①]	1.16
N_2[①]	2.60	乙二醇	1.16

① 在温度为 293K 时的扩散系数。

由表中的数据可以看出，气体在空气中的分子扩散系数一般在 $1\times10^{-5}\sim1\times10^{-4}\,\mathrm{m^2/s}$ 之间，而液体的分子扩散系数一般在 $1\times10^{-9}\sim1\times10^{-8}\,\mathrm{m^2/s}$ 之间。可见组分在气体中的分子扩散系数比在液体中的分子扩散系数要大得多。当查不到扩散系数数据时，有时也可根据物质本身的基础物性数据及状态参数，选用适当的半经验公式进行估算。

① 气体中的分子扩散系数　对于双组分气体混合物（A、B），气体 A 在气体 AB 中（或 B 在 AB 中）的扩散系数，可以用麦克斯韦-吉利兰（Maxwell-Gilliland）经验式估算，即

$$D=\frac{4.3\times10^{-5}\,T^{3/2}\left(\dfrac{1}{M_\mathrm{A}}+\dfrac{1}{M_\mathrm{B}}\right)^{1/2}}{p_0(V_\mathrm{A}^{1/3}+V_\mathrm{B}^{1/3})^2} \tag{7.3.32}$$

式中　D——扩散系数，$\mathrm{m^2/s}$；

p_0——系统总压力，kPa；

T——系统热力学温度，K；

M_A——组分 A 的分子量浓度，kg/kmol；

M_B——组分 B 的分子量浓度，kg/kmol；

V_A——组分 A 在常沸点下的摩尔体积，$\mathrm{cm^3/mol}$；

V_B——组分 B 在常沸点下的摩尔体积，$\mathrm{cm^3/mol}$。

其中摩尔体积 V 是指 1mol 物质在正常沸点下呈液态时的体积，它表征分子本身所占据空间的大小。对于一些结构简单的气体，可直接从有关手册查到其分子摩尔体积，对于结构较复杂的物质，其分子摩尔体积可用克普（Koop）加和法则作近似的估算，即由组成该物质元素的原子摩尔体积按各自的原子数目加和起来，作为该物质分子体积的近似值。表 7.3.3 列出了常见元素的原子摩尔体积及简单气体的分子摩尔体积。

表 7.3.3　一些物质的摩尔体积

原子、基团或分子	摩尔体积/(cm³/mol)	原子、基团或分子	摩尔体积/(cm³/mol)
H	3.7	苯环	−15.0
C	14.8	萘环	−30.0
F	8.7	H_2	14.3
Cl(最后的如 R—Cl)	21.6	O_2	25.6
（中间的如 R—CHCl—R′）	24.6	N_2	31.2
Br	27.0	空气	29.9
I	37.0	CO	30.7
N	15.6	CO_2	34.0
（在伯胺中）	10.5	SO_2	44.8
（在仲胺中）	12.0	NO	23.6
O	7.4	N_2O	36.4
（在甲酯中）	9.1	NH_3	25.8
（在乙酯及甲、乙醚中）	9.9	H_2O	18.9
（在高级酯及醚中）	11.0	H_2S	32.9
（在酸中）	12.0	Cl_2	48.4
（与 N、S、P 结合）	8.3	Br_2	53.2
S	25.6	I_2	71.5
P	27.0	COS	51.5

例如丙酸（CH_3CH_2COOH）的结构较复杂，为估算其分子摩尔体积，首先从表7.3.3中查得 C、H 及 O 的原子摩尔体积，再按照克普（Koop）加和法则加和求得丙酸分子体积，计算如下

$$V_{CH_3CH_2COOH} = 14.8 \times 3 + 3.7 \times 6 + 12 \times 2 = 90.6 \, cm^3/mol$$

虽然麦克斯韦-吉利兰经验式的偏差可达 20%，使用时应予以注意，但使用比较方便，该公式也反映了温度和压力对气体扩散系数的影响。从式（7.3.32）可知，对于一定的气体物质，扩散系数与热力学温度的 3/2 次方成正比，而与总压成反比，根据这个关系，即可由已知温度 T_0、压力 p_0 下的扩散系数 D_0，推算出温度为 T、压力 p 为时的扩散系数 D。计算式如下

$$D = D_0 \left(\frac{p_0}{p} \right) \left(\frac{T}{T_0} \right)^{\frac{3}{2}} \tag{7.3.33}$$

② 液体中的分子扩散系数　溶质在液体中的扩散系数与物质的种类、温度相关，同时与溶液的黏度密切相关。由于液相中的分子扩散尚未建立起严格的理论，目前尚没有较为准确的组分在液相中分子扩散系数的计算公式。对于小分子溶质在非电解质稀溶液中的扩散系数，可利用威尔克（Wilke）提出的计算式进行估算

$$D_{AB} = 7.4 \times 10^{-12} (\alpha M_B)^{0.5} \frac{T}{\eta_B V_A^{0.6}} \tag{7.3.34}$$

式中　D_{AB}——组分 A 在溶剂 B 中的扩散系数，m^2/s；

　　　　T——系统热力学温度，K；

　　　　M_B——溶剂 B 的分子量，kg/kmol；

　　　　V_A——组分 A 在正常沸点下的摩尔体积，cm^3/mol，可由纯液体在正常沸点下的液体密度计算，也可由表 7.3.3 所列（原子）摩尔体积相加求得；

　　　　η_B——溶剂 B 的黏度，$mPa \cdot s$；

　　　　α——溶剂的缔和系数，水 2.6，甲醇 1.9，乙醇 1.5，苯 1.0，非缔合溶剂 1.0。

【例 7.4】　某系统压力为 101.3kPa，试用麦克斯韦-吉利兰式计算，温度分别为 0℃ 和 60℃ 的条件下，乙醇蒸气在空气中的扩散系数，已知：乙醇的分子量为 46kg/kmol，空气的分子量为 29kg/kmol。

解： 已知 $p=101.3kPa$，$T_1 = 0 + 273 = 273K$，$T_2 = 60 + 273 = 333K$

$\quad\quad M_A = 46kg/kmol$，$M_B = 29kg/kmol$

$\quad\quad V_A = 2 \times 14.8 + 6 \times 3.7 + 7.4 \times 1 = 59.2 cm^3/mol$，$V_B = 29.9 cm^3/mol$

（1）0℃ 时乙醇在空气中的扩散系数 D_0

代入式（7.3.32），得

$$D_0 = \frac{4.3 \times 10^{-5} \times 273^{3/2} \left(\frac{1}{46} + \frac{1}{29} \right)^{1/2}}{101.3 \times (59.2^{1/3} + 29.9^{1/3})^2} = 0.94 \times 10^{-5} \, m^2/s$$

（2）60℃ 时乙醇在空气中的扩散系数 D

代入式（7.3.32），得

$$D = \frac{4.3 \times 10^{-5} \times 333^{3/2} \left(\frac{1}{46} + \frac{1}{29} \right)^{1/2}}{101.3 \times (59.2^{1/3} + 29.9^{1/3})^2} = 1.27 \times 10^{-5} \, m^2/s$$

或由式（7.3.33）得

$$D = D_0 \left(\frac{p_0}{p} \right) \left(\frac{T}{T_0} \right)^{\frac{3}{2}} = 0.94 \times 10^{-5} \times \frac{101.3}{101.3} \times \frac{333}{273} = 1.27 \times 10^{-5} \, \text{m}^2/\text{s}$$

【例 7.5】 在温度为 273K 的条件下，估算 C_6H_5COOH 在水中（稀溶液）的扩散系数。已知：水的物质的量为 18kg/kmol，273K 下黏度 η_B 为 $1\text{mPa} \cdot \text{s}$。

解： 已知

$$T = 273\text{K}, \quad M_B = 18\text{kg/kmol}, \quad \eta_B = 1\text{mPa} \cdot \text{s}, \quad \alpha = 2.6$$

$$V_A = 7 \times 14.8 + 6 \times 3.7 + 2 \times 12 - 15 = 134.8 \, \text{cm}^3/\text{mol}$$

代入式（7.3.34）得

$$D = 7.4 \times 10^{-12} (2.6 \times 18)^{1/2} \frac{273}{1 \times 134.8^{0.6}} = 7.29 \times 10^{-10} \, \text{m}^2/\text{s}$$

7.3.4　涡流扩散

在传质设备中，流体的流动形态多为湍流，湍流的特点在于质点的无规则脉动。流体质点除沿流动方向运动外，还存在各个方向上的脉动，造成质点间的相互碰撞和混合，溶质在有浓度梯度的情况下会从高浓度向低浓度方向传递，这种现象称为涡流扩散（Eddy Diffusion）。由于涡流扩散现象较为复杂，影响因素较多，目前仍难以对其进行严格的理论分析，一般是将其传递规律表达为费克定律的形式，然后通过实验方法进行研究，即

$$J_A^* = -D_e \frac{dc_A}{dz} \tag{7.3.35}$$

式中，D_e 为涡流扩散系数，m^2/s。

但需注意，涡流扩散表达的是流体质点脉动和涡流的混合造成的质量传递，因而涡流扩散系数不仅和物性有关，而且与流动状况有关，因而不是物性常数，是流动状态的函数，与湍动程度有关，难于测定和计算。通常将分子扩散与涡流扩散两种传质作用结合一起考虑，即总的传质通量为

$$J_{AT} = -(D + D_e) \frac{dc_A}{dz} \tag{7.3.36}$$

7.3.5　对流传质理论和传质速率方程

运动着的流体与固体壁面或相界面之间的传质过程称为对流传质。如图 7.3.9 所示，液体沿壁面往下呈层流流动，气体从下往上通过，由于流体主体与气液相界面之间存在浓度差，这两股逆向运动着的流体相互接触，存在与流动方向垂直的质量传递。如果气相静止，则气液相间只能以分子扩散的方式进行质量传递，浓度梯度为常数，如直线 1 所示。如果气体沿相界面呈层流流动，根据层流流动的特点，气液相间以分子扩散的方式进行质量传递，流体的流动改变了传质方向上的浓度分布，因此与静止的流体中的扩散相比，使其由静止时的线性分布（图 7.3.9 中的直线 1）变成了曲线分布（曲线 2）。可以看出，在流体主体与相界面的浓度差相同时，由于流体流动，使得界面附近的浓度梯度增大，因而导致了扩散速度加快。此时的传质通量可用式（7.3.19）计算，但由

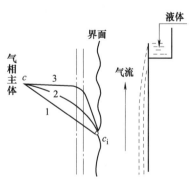

图 7.3.9　流动对传质的影响
1—气体静止；2—层流；3—湍流

于此时在传质方向上，浓度梯度不是常数，导致了式（7.3.19）的难以解算，为便于简化处理，一般取相界面处的浓度梯度进行计算。

如果液体沿壁面做湍流流动，虽然流体主体为湍流流动，但在相界面附近的薄层流体为层流流动，在该流体层中依然是以分子扩散的方式进行传质。所以对于湍流条件下的对流传质，在层流底层中，传质主要以分子扩散的方式进行，可以不考虑涡流扩散的作用；在湍流中心，主要以涡流扩散的方式进行，分子扩散的作用一般可以忽略；而过渡层中，两者的作用均不可忽略。但由于流体的强烈湍动，使得层流底层很薄，所以相界面处的浓度梯度很大（见图7.3.9曲线3），极大地提高了传质速率。同时由图7.3.9中的曲线3也可以看出，湍流条件下的传质阻力主要集中在层流底层中。

由于对流传质的复杂性，难于从理论上确定涡流扩散系数和浓度分布，因而工程上一般采用简化模型解决对流传质速率问题。其中较为经典的对流传质模型有停滞膜模型（Stagnant Film Model）、溶质渗透模型（Penetration Model）以及表面更新模型（Surface Renewal Model）。这些模型均具有其合理的一面，同时亦有其不完善之处，有待于进一步发展。本书仅以停滞膜模型为例，说明利用简化模型解决对流传质速率的方法。

（1）对流传质的停滞膜模型

由对流传质过程的分析可知，多数湍流条件下的对流传质过程，例如液体从高位槽中沿垂直壁面流下形成的液膜与上升气体间的质量传递过程，其传质阻力主要集中在气液相界面附近的层流底层内，典型的对流传质过程浓度分布示意如图7.3.10所示。对于气相侧，在厚度为δ的层流底层内，浓度分布近似为一直线，在湍流区浓度变化很小，而在过渡层内，为一曲线。现采用停滞膜模型对这一过程进行简化，其要点如下：

① 在靠近相界面的区域内存在一虚拟的流体停滞膜，其厚度为δ_G；

② 在虚拟的停滞膜以外，流体处于湍流区；

③ 过程的全部对流传质阻力集中在虚拟的停滞膜内；

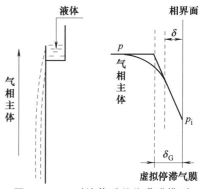

图 7.3.10　对流传质的停滞膜模型

④ 停滞膜很薄，膜内无物质累积，为稳态分子扩散。

显然，采用停滞膜模型处理对流传质问题是对对流传质问题的一种简化处理，其核心是将对流传质过程的全部传质阻力完全折合成虚拟膜内的分子扩散阻力，从而可以采用分子扩散传质模型分析处理对流传质过程。由于虚拟膜内的传质阻力应相当于整个过程的传质阻力，因而虚拟停滞膜厚度δ_G应大于层流底层的厚度δ。

对于液相侧也可进行同样的简化分析，其虚拟膜的厚度可用δ_L表示。

（2）对流传质速率方程

根据停滞膜模型，将对流传质问题转化为组分通过一厚度为δ_G或δ_L的虚拟膜的分子扩散问题，从而可以利用式（7.3.29）和式（7.3.31）解决对流传质速率问题。

对于液相有

$$N_A = \frac{D}{\delta_L} \times \frac{c_0}{c_{Sm}} (c_{Ai} - c_A) \tag{7.3.37}$$

对于气相有

$$N_A = \frac{D}{RT\delta_G} \times \frac{p_0}{p_{Bm}}(p_A - p_{Ai}) \qquad (7.3.38)$$

式中　c_A，c_{Ai}——液相主体和相界面处液相溶质组分的浓度，$kmol/m^3$；

　　　p_A，p_{Ai}——气相主体和相界面处气相溶质组分的分压，kPa；

　　　　　δ_L——液相虚拟膜厚度，m；

　　　　　δ_G——气相虚拟膜厚度，m。

在实际使用中，虚拟膜的厚度一般难以确定，所以工程上根据对流传质和对流传热的类似性，仿照表达对流传热速率的牛顿冷却定律，可将气、液相传质速率方程改写成为以下的形式：

对于液相有

$$N_A = k_L(c_{Ai} - c_A) \qquad (7.3.39)$$

对于气相，常用下式表示传质速率方程

$$N_A = k_G(p_A - p_{Ai}) \qquad (7.3.40)$$

式中　k_L——液相传质系数，$kmol/[m^2 \cdot s \cdot (kmol \cdot m^{-3})]$或 m/s；

　　　k_G——气相传质系数，$kmol/(m^2 \cdot s \cdot kPa)$。

将式（7.3.37）与式（7.3.39）比较，式（7.3.38）与式（7.3.40）比较得到

$$k_L = \frac{D}{\delta_L} \times \frac{c_0}{c_{Sm}} \qquad (7.3.41)$$

$$k_G = \frac{D}{RT\delta_G} \times \frac{p_0}{p_{Bm}} \qquad (7.3.42)$$

由传质速率方程可以看出，传质速率与传热速率一样可以表示为推动力和阻力的比值，对流传质过程的推动力是虚拟膜两侧的浓度差，传质阻力则是传质系数的倒数 $1/k_G$ 或 $1/k_L$。

传质速率方程还可用其他形式表示。现将常用的传质速率方程表示如下

$$N_A = k_y(y - y_i) \qquad (7.3.43)$$

$$N_A = k_x(x_i - x) \qquad (7.3.44)$$

式中　k_y——气相传质系数，$kmol/(m^2 \cdot s)$；

　　　k_x——液相传质系数，$kmol/(m^2 \cdot s)$；

　　　y_i——相界面处气相溶质组分的摩尔分数；

　　　x_i——相界面处液相溶质组分的摩尔分数。

k_L、k_x 为液相传质系数，k_G、k_y 为气相传质系数，它们分别对应于不同的浓度差（传质推动力），在使用时应加以区分，并注意其单位。它们之间的关系可以从组成表示方法的换算过程中得到

$$k_y = p_0 k_G \qquad (7.3.45)$$

$$k_x = c_0 k_L \qquad (7.3.46)$$

以上利用停滞膜模型，将对流传质问题转化为分子扩散问题进行处理，建立了对流传质速率方程，将影响对流传质速率的因素均归纳于传质系数中，确定过程的传质系数后，即可计算传质速率。

（3）对流传质系数

一般情况下，需以实验的方法测定传质系数。为了减少实验工作量，与传热过程的对流表面传热系数确定方法一样，可以利用量纲分析方法归纳特征数关系式，用实验方法确定特征数之间的关联方程。过程简述如下：

影响传质系数 k 的主要因素包括扩散系数 D，流体黏度 η，流体密度 ρ，流体流速 u 和特征尺寸 d，因此可归纳为

$$k = f(D, \eta, \rho, u, d) \tag{7.3.47}$$

利用量纲分析法可得特征数关联关系如下

$$Sh = f(Re, Sc) \tag{7.3.48}$$

式中，Sh、Re、Sc 分别称为舍伍德数（Sherwood Number）、雷诺数（Reynolds Number）和施密特数（Schmidt Number），均为量纲为一的特征数。

$$Sh = \frac{kd}{D} \tag{7.3.49}$$

$$Sc = \frac{\eta}{\rho D} \tag{7.3.50}$$

$$Re = \frac{du\rho}{\eta} \tag{7.3.51}$$

特征数的具体关联式和具体过程有关，如气体或液体在降膜式吸收器作湍流流动时，当雷诺数 $Re > 2100$ 和 $Sc = 0.6 \sim 3000$ 范围内时，有如下关系式

$$Sh = 0.023 Re^{0.83} Sc^{0.33} \tag{7.3.52}$$

其他情况下的传质系数关联式亦有许多，使用时可参考有关资料。但需注意，由于传质过程的复杂性，现得到的对流传质系数关联式的误差往往较大。

停滞膜模型是在对流传质的真实物理模型中简化出来的，因而对于一些具有固定相界面的对流传质过程具有很好的符合性，即表现出传质系数与扩散系数之间具有正比例关系。但也应该看到，由于停滞膜模型过于简化，使其在一些实际传质设备中，由于相界面的不确定性而具有一定的偏差，这说明停滞膜模型具有相当的局限性，并不十分完善。虽然如此，由于该模型物理过程明确，概念简明，影响因素符合实际情况，且由该模型推算的传质系数具有一定的参考价值，因而至今仍被广泛应用。

从以上对停滞膜模型的说明中，可以了解到化学工程研究中的一个典型的研究方法。这种研究方法的大体步骤如下：

① 充分认识过程的真实物理模型，分析清楚影响过程的主要因素；

② 经过合理简化，抽提出过程的简化模型，要求简化模型既要简单明确，同时又能反映真实物理过程的本质与核心；

③ 根据简化模型，建立过程的数学模型，并对其求解，获得模型参数；

④ 以实验结果确定模型参数，并检验模型的正确性。

7.4 相际传质理论和总传质速率方程

吸收过程是溶质在两流体流动时通过相界面从气相向液相的质量传递过程，所以相际间的质量传递理论是解决吸收过程的理论基础。相际间的传质既涉及单相内的传质又涉及溶质在气液相界面上的溶解过程，在整个过程中，由于界面是流动变化的，使传质过程呈现复杂多变的特点，因此难以从传质理论上确定涡流扩散系数和浓度分布。不少研究者通过对相际对流传质过程加以简化，提出假设，建立数学模型，即采用数学模型法进行研究，提出了几种不同的简化模型，以便有效地确定吸收过程的传质速率，其中双膜模型在传质理论方面影

响较大，得到了广泛的应用。本节将在单相内传质理论的基础上进一步研究吸收过程相际间的总传质速率问题。

7.4.1 相际传质的双膜模型

相际间的传质过程，可以利用式（7.3.39）、式（7.3.40）以及式（7.3.43）和式（7.3.44）进行传质速率计算。但是，使用上述方程必须求得气液相界面上的气液相浓度，因而不够方便，实际使用时希望直接利用系统的气液相浓度计算传质速率。

1923年威特曼（W.G.Whitman）依据对流传质的停滞膜模型，提出了相际传质的双膜模型（Two-Film Model）。双膜模型对复杂的传质过程做了简化，把两流体间的对流传质过程描述成溶质以分子扩散形式通过两个串联的虚拟膜，即如图7.4.1所示的双膜模型。其包含如下几点基本假设：

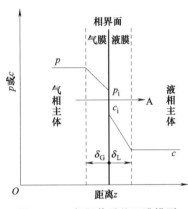

① 相互接触的气液两相间存在一个稳定的相界面，相界面两侧分别存在停滞的气相虚拟膜和液相虚拟膜；

② 虚拟膜外流体充分湍动、组成均一，所有的传质阻力均集中于虚拟膜内；

③ 溶质以稳态分子扩散的方式连续通过两个虚拟膜；

④ 相界面上气液两相处于平衡状态，无传质阻力存在。

显然，相际传质的双膜模型，是将对流传质的停滞膜模型同时用于相界面两侧，因而它具有与停滞膜模型同样的优越性和局限性。对于具有固定相界面的传质过程以及两相流体流速不很高的自由相界面的传质过程，

图 7.4.1 相际传质的双膜模型

相际传质的双膜模型具有很好的适用性；而对于高度湍流流动的两流体间的传质，模型则表现出局限性。但就目前处理工程传质问题而言，双膜模型仍然是分析和推演传质速率方程的主要模型。

7.4.2 相际传质速率方程

(1) 总传质速率方程

在用单相传质速率方程进行吸收计算时，会遇到难确定的相界面状态参数 p_{Ai}、c_{Ai}、y_{Ai}、x_{Ai}。为避开界面参数，仿照对流传热的处理方法，根据双膜理论，建立以一相实际浓度与另一相平衡浓度差为总传质推动力的总传质速率方程式。

对于稳态过程，因为可以分别以气相或液相传质速率方程表示相际传质速率，于是依据式（7.3.39）和式（7.3.40）可得

$$N_A = k_G(p_A - p_{Ai}) = k_L(c_{Ai} - c_A) \tag{7.4.1}$$

若该过程的气液相平衡关系可用亨利定律表示，则有 $c_{Ai} = p_{Ai}/H$，$c_A = p_{Ae}/H$，于是式（7.4.1）可以整理成如下形式

$$N_A = \frac{p_A - p_{Ae}}{\dfrac{1}{k_G} + \dfrac{H}{k_L}} \tag{7.4.2}$$

令

$$\frac{1}{K_G} = \frac{1}{k_G} + \frac{H}{k_L} \tag{7.4.3}$$

则有

$$N_A = K_G(p_A - p_{Ae}) \tag{7.4.4}$$

式中 k_G——气相传质系数，kmol/(m² · s · kPa)；

k_L——液相传质系数，kmol/[m² · s · (kmol · m⁻³)]或 m/s；

K_G——以气相溶质分压差为推动力的总传质系数，kmol/(m² · s · kPa)；

p_{Ai}——气液相界面上溶质分压，kPa；

p_A——气相主体中溶质分压，kPa；

c_A——液相主体中溶质的物质的量浓度，kmol/m³；

c_{Ai}——气液相界面上溶质的物质的量浓度，kmol/m³；

p_{Ae}——与液相主体浓度呈平衡的气相溶质分压，kPa。

式（7.4.4）称为以气相分压差为推动力的总传质速率方程。由式（7.4.4）可以看出，总传质速率方程可以表述为相际间的传质速率等于相间的总传质推动力与相间传质总阻力的比值。应注意式（7.4.4）中的（$p_A - p_{Ae}$）是相际传质过程中以气相浓度差表示的传质总推动力，包含了气液两相内的全部传质推动力，而不同于式（7.3.40）中的（$p_A - p_{Ai}$）是气相侧的传质推动力。式（7.4.3）中的 $1/K_G = 1/k_G + H/k_L$ 为相际传质过程的总阻力，其中 $1/k_G$ 表示气相侧的传质阻力，而 H/k_L 表示液相侧的传质阻力。由以上分析可以看出，相际传质过程的传质推动力和传质阻力均具有加和性。

利用式（7.3.43）和式（7.3.44）可以得出以气相摩尔分数差表示推动力的总传质速率方程

$$N_A = (y - y_i)/(1/k_y) = (x_i - x)/(1/k_x)$$

$$N_A = \frac{(y - y_i) + m(x_i - x)}{\dfrac{1}{k_y} + \dfrac{m}{k_x}}$$

由于 $y_i = mx_i$，$y_e = mx$，所以上式可改写为

$$N_A = K_y(y - y_e) \tag{7.4.5}$$

其中

$$\frac{1}{K_y} = \frac{1}{k_y} + \frac{m}{k_x} \tag{7.4.6}$$

式中 K_y——以气相溶质摩尔分数差为推动力的总传质系数，kmol/(m² · s)。

同样可推得以液相浓度差为推动力的总传质速率方程如下

$$N_A = K_x(x_e - x) \tag{7.4.7}$$

$$\frac{1}{K_x} = \frac{1}{mk_y} + \frac{1}{k_x} \tag{7.4.8}$$

$$N_A = K_L(c_{Ae} - c_A) \tag{7.4.9}$$

$$\frac{1}{K_L} = \frac{1}{Hk_G} + \frac{1}{k_L} \tag{7.4.10}$$

式中 K_x——以液相溶质的摩尔分数差为推动力的总传质系数，kmol/(m² · s · kPa)；

K_L——以液相溶质的物质的量浓度差为推动力的总传质系数，kmol/[m² · s · (kmol · m⁻³)]或 m/s。

其中式（7.4.7）是以液相中溶质的摩尔分数差为推动力的总传质速率方程，与其相对应的总传质阻力如式（7.4.8）所示。而式（7.4.9）是以液相溶质的物质的量浓度差为推动力的总传质速率方程，与其相对应的总传质阻力如式（7.4.10）所示。

比较式（7.4.4）和式（7.4.5）、式（7.4.7）和式（7.4.9）可以得到

$$K_y = p_0 K_G \tag{7.4.11}$$

$$K_x = c_0 K_L \tag{7.4.12}$$

比较式（7.4.3）和式（7.4.10）、式（7.4.6）和式（7.4.8）分别得

$$K_L = H K_G \tag{7.4.13}$$

$$K_x = m K_y \tag{7.4.14}$$

根据以上分析可知，相际间的质量传递速率既可以用单相内的传质速率方程表示又可以用相际间的总传质速率方程表示。在表示和计算过程的传质速率时，这些方程都是等效的，在使用时可以根据实际情况灵活运用。但必须注意传质推动力和传质系数要对应使用，并注意各物理量的单位。为了便于应用，现将各种形式的传质速率方程及传质系数之间的关系列在表7.4.1和表7.4.2中。从总传质系数与单相传质系数的关系式可以看出，当界面阻力为零或界面处达到气液相平衡时，总传质阻力等于气相传质阻力与液相传质阻力之和，这也是相际传质过程的双阻力概念。此概念与两流体间壁换热时总传热热阻等于对流传热所遇到的各项热阻加和相同（忽略间壁热阻）。

表7.4.1 传质速率方程一览表

传质速率方程	推动力		传质系数		对应的相平衡方程
	表达式	单　位	符号	单　位	
$N_A = k_G(p_A - p_{Ai})$	$p_A - p_{Ai}$	kPa	k_G	$kmol/(m^2 \cdot s \cdot kPa)$	$p_{Ae} = Hc_A$ 或 $p_{Ae} = Hc_A + a$
$N_A = k_L(c_{Ai} - c_A)$	$c_{Ai} - c_A$	$kmol/m^3$	k_L	$kmol/[m^2 \cdot s \cdot (kmol \cdot m^{-3})]$ 或 m/s	
$N_A = K_G(p_A - p_{Ae})$	$p_A - p_{Ae}$	kPa	K_G	$kmol/(m^2 \cdot s \cdot kPa)$	
$N_A = K_L(c_{Ae} - c_A)$	$c_{Ae} - c_A$	$kmol/m^3$	K_L	$kmol/[m^2 \cdot s \cdot (kmol \cdot m^{-3})]$ 或 m/s	
$N_A = k_y(y - y_i)$	$y - y_i$	摩尔分数	k_y	$kmol/(m^2 \cdot s \cdot \Delta y)$[1]	$y_e = mx$ 或 $y_e = mx + b$
$N_A = K_y(y - y_e)$	$y - y_e$	摩尔分数	K_y	$kmol/(m^2 \cdot s \cdot \Delta y)$[1]	
$N_A = k_x(x_i - x)$	$x_i - x$	摩尔分数	k_x	$kmol/(m^2 \cdot s \cdot \Delta x)$[1]	
$N_A = K_x(x_e - x)$	$x_e - x$	摩尔分数	K_x	$kmol/(m^2 \cdot s \cdot \Delta x)$[1]	

[1] 任何传质系数的单位都是 $kmol/[m^2 \cdot s \cdot (单位推动力)]$，当推动力以量纲为一的摩尔分数差或比摩尔分数差表示时传质系数的单位可简化为 $kmol/(m^2 \cdot s)$。

表7.4.2 总传质系数及其相互关系

相平衡关系	$p_{Ae} = Hc_A$（或 $p_{Ae} = Hc_A + a$）	$y_e = mx$（或 $y_e = mx + b$）
总传质系数式	$\dfrac{1}{K_G} = \dfrac{1}{k_G} + \dfrac{H}{k_L}$ $\dfrac{1}{K_L} = \dfrac{1}{Hk_G} + \dfrac{1}{k_L}$	$\dfrac{1}{K_y} = \dfrac{1}{k_y} + \dfrac{m}{k_x}$ $\dfrac{1}{K_x} = \dfrac{1}{mk_y} + \dfrac{1}{k_x}$
传质膜系数换算	$k_x = c_0 k_L$ $k_y = p_0 k_G$	
总传质系数换算	$K_y = p_0 K_G \qquad K_y m = K_x$ $K_x = c_0 K_L \qquad K_G H = K_L$	

（2）相界面浓度的确定

在使用单相内的传质速率方程时，必须知道相界面上的气液相浓度 p_{Ai}、y_i、c_{Ai}、x_i。

在稳态吸收过程中，通过气、液两膜层的传质速率相等，则相界面上的浓度可以由气相和液相内的传质速率方程和相平衡方程确定，即

$$\begin{cases} N_A = k_G(p_A - p_{Ai}) = k_L(c_{Ai} - c_A) \\ p_{Ai} = f(c_{Ai}) \end{cases}$$

于是有

$$\begin{cases} \dfrac{p_A - p_{Ai}}{c_A - c_{Ai}} = -\dfrac{k_L}{k_G} \\ p_{Ai} = f(c_{Ai}) \end{cases} \tag{7.4.15}$$

当液相和气相传质系数 k_L 和 k_G 为常数时，p_{Ai} 与 c_{Ai} 是直线关系，直线通过点（c_A，p_A），斜率为 $-k_L/k_G$。由式（7.4.15）可求得直线和平衡线的交点坐标，即相界面上的气相溶质分压与液相溶质浓度，如图 7.4.2 所示。图中点 P 代表稳定操作的吸收塔内某一位置上的液相主体浓度 c_A 与气相主体分压 p_A，直线 PR 与平衡线 OE 的交点 R 的纵、横坐标即分别为 p_{Ai} 与 c_{Ai}。因此，在两相主体浓度（如 c_A、p_A）即气液传质系数（如 k_L、k_G）已知的条件下，便可依据式（7.4.15）来确定相界面处的气、液浓度，进而求出传质过程的速率。

7.4.3 吸收过程中的传质阻力控制步骤

由以上分析可知，相际传质速率可以用不同的速率方程表示，但均取决于传质阻力（传质系数的倒数）和传质推动力。减小传质阻力（增大传质系数）和增大传质推动力均可以使传质速率成比例地增加。但由于不同的物系和不同的传质条件使得传质过程具有不同的相平衡关系和不同的传质系数，因而相际传质过程的阻力分布往往具有较大的差异，从而使得传质速率的控制步骤出现差异，可以分为以下三种情况讨论。

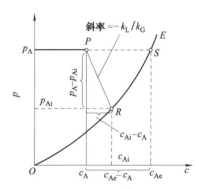

图 7.4.2　界面浓度确定

（1）气膜阻力控制过程

依式（7.4.3）可知，相际传质过程的总阻力等于气相阻力（Gas Film Resistance）和液相阻力（Liquid Film Resistance）之和，若在传质过程中，气相阻力远大于液相阻力，即有 $1/k_G \gg H/k_L$，以至于两者相比，液相阻力可以忽略不计，则传质总阻力近似等于气相传质阻力，即 $1/K_G \approx 1/k_G$，该过程称为传质速率的气膜阻力控制过程。

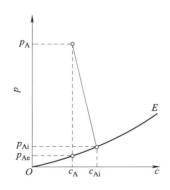

图 7.4.3　气膜阻力控制过程

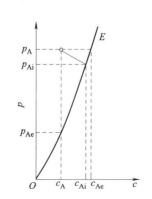

图 7.4.4　液膜阻力控制过程

易溶气体的吸收过程，如图 7.4.3 所示，由于亨利常数 H 很小，且气相传质系数 k_G 较大，使得 $1/k_G \gg H/k_L$，一般可视为气膜阻力控制的吸收过程。如用水吸收 NH_3 或 HCl 等过程，通常均为气膜阻力控制的吸收过程。对于气膜阻力控制过程有如下近似关系

$$p_A - p_{Ae} \approx p_A - p_{Ai}$$
$$K_G \approx k_G$$

对于气膜阻力控制过程，$K_G \approx k_G$，所以当增加气相流速或增加气相湍动程度时，由于 k_G 提高而使得 K_G 增大，从而导致吸收速率增大；而增加液相流速，由于其对气相传质系数影响不大，故对传质速率影响不明显。可见对于气膜阻力控制过程，如果要提高其传质速率（减小气膜阻力），应选择有利于提高气相传质系数的设备型式和操作条件。

(2) 液膜阻力控制过程

若在传质过程中，液相阻力远大于气相阻力，即有 $1/k_L \gg 1/Hk_G$，则传质总阻力近似等于液相传质阻力，即 $1/K_L \approx 1/k_L$，则该过程称为传质速率的液膜阻力控制过程。对于液膜阻力控制过程有如下近似关系

$$c_{Ae} - c_A \approx c_{Ai} - c_A$$
$$K_L \approx k_L$$

难溶气体的吸收过程，如图 7.4.4 所示，由于亨利常数 H 很大，且液相传质系数 k_L 较大，使得 $1/k_L \gg 1/Hk_G$，一般可视为液膜阻力控制过程。如用水吸收 O_2、H_2、CO_2 等过程均可视为液膜阻力控制过程。

对于液膜阻力控制过程，$K_L \approx k_L$，所以当增加液相流速或增加液相湍动程度时，由于 k_L 提高而使得 K_L 增大，从而导致吸收速率增大。而增加气相流速，由于其对液相传质系数影响不大，因而对传质速率影响不明显。可见对于液膜控制过程，如果要提高其传质速率（减小液膜阻力），应选择有利于提高液相传质系数的设备型式和操作条件。

(3) 双膜阻力控制过程

一般情况下，对于具有中等溶解度的气体吸收过程，当气相阻力和液相阻力具有相同的数量级，两者均不可忽略时，称为双膜阻力控制过程。过程的传质速率由气液相阻力共同决定。对于双膜阻力控制过程，欲强化传质，则提高气膜或液相传质系数，均能提高传质速率，但强化传质系数小的一侧的传质系数，效果更为明显。利用其他形式的传质速率方程，可以做同样的分析。

在实际使用时，将吸收过程进行适当的简化，可以很方便地进行吸收过程的计算。

【例 7.6】 某吸收塔在 101.3kPa、30℃的条件下，用水吸收混合气中的 H_2S，已知填料塔中某一截面上气相含 H_2S 为 0.06（摩尔分数），液相含 H_2S 为 3.5×10^{-5}（摩尔分数），气相传质系数 $k_y = 2.6 \times 10^{-4}$ kmol/($m^2 \cdot s$)，液相传质系数 $k_x = 6.5 \times 10^{-4}$ kmol/($m^2 \cdot s$)。试计算：

(1) 以分压差和浓度差表示的总推动力、总传质系数及传质速率；

(2) 以摩尔分数差为推动力的总传质阻力和气、液两相传质阻力的相对大小，并说明该吸收过程为气膜控制过程还是液膜控制过程？

(3) 以摩尔分数差表示的总推动力和总传质系数值；

(4) 题中述及的塔截面处气液界面浓度为多少？

解： (1) 查 30℃时，H_2S 的 $E = 0.617 \times 10^5$ kPa。对于稀溶液有

$$H = \frac{E}{c_S} = \frac{0.617 \times 10^5}{1000/18} = 1110.6 \text{kPa} \cdot m^3/\text{kmol}$$

$$p_{Ae} = Ex = 0.617 \times 10^5 \times 3.5 \times 10^{-5} = 2.16\text{kPa}$$
$$p_A - p_{Ae} = 0.06 \times 101.3 - 2.16 = 3.92\text{kPa}$$

与液相浓度 $x = 3.5 \times 10^{-5}$ 对应的物质的量浓度为

$$c_A = c_0 x \approx c_S x = \frac{1000}{18} \times 3.5 \times 10^{-5} = 1.94 \times 10^{-3}\text{kmol/m}^3$$

与气相 H_2S 分压平衡的液相物质的量浓度为

$$c_{Ae} = \frac{p_A}{H} = \frac{0.06 \times 101.3}{1110.6} = 5.47 \times 10^{-3}\text{kmol/m}^3$$

故

$$c_{Ae} - c_A = 5.47 \times 10^{-3} - 1.94 \times 10^{-3} = 3.53 \times 10^{-3}\text{kmol/m}^3$$

因为

$$k_G = \frac{k_y}{p_A} = \frac{2.6 \times 10^{-4}}{0.06 \times 101.3} = 4.28 \times 10^{-5}\text{kmol/(m}^2 \cdot \text{s} \cdot \text{kPa)}$$

$$k_L = \frac{k_x}{c_0} \approx \frac{6.5 \times 10^{-4}}{\dfrac{1000}{18}} = 1.17 \times 10^{-5}\text{m/s}$$

$$1/K_G = 1/k_G + H/k_L = 1/(4.28 \times 10^{-5}) + 1110.6/(1.17 \times 10^{-5})$$
$$= 9.49 \times 10^7 \text{m}^2 \cdot \text{s} \cdot \text{kPa/kmol}$$

所以

$$K_G = 1.05 \times 10^{-8}\text{kmol/(m}^2 \cdot \text{s} \cdot \text{kPa)}$$
$$K_L = HK_G = 1110.6 \times 1.05 \times 10^{-8} = 1.17 \times 10^{-5}\text{m/s}$$
$$N_A = K_G(p_A - p_{Ae}) = 1.05 \times 10^{-8} \times (6.078 - 2.16)$$
$$= 4.13 \times 10^{-8}\text{kmol/(m}^2 \cdot \text{s)}$$

（2）由于

$$m = \frac{E}{p_0} = \frac{0.617 \times 10^5}{101.3} = 609.1$$

则以摩尔分数差为推动力的总传质阻力

$$1/K_y = 1/k_y + m/k_x = 1/(2.6 \times 10^{-4}) + 609.1/(6.5 \times 10^{-4})$$
$$= 9.4092 \times 10^5 \text{m}^2 \cdot \text{s/kmol}$$

其中

$$1/k_y = 1/(2.6 \times 10^{-4}) = 3.846 \times 10^3 \text{m}^2 \cdot \text{s/kmol}$$

$$\frac{1/k_y}{1/K_y} = \frac{3.846 \times 10^3}{9.4092 \times 10^5} = 0.0041$$

即气相阻力占总阻力分数为 0.0041。

液相阻力为

$$m/k_x = 609.1/(6.5 \times 10^{-4}) = 9.3708 \times 10^5 \text{m}^2 \cdot \text{s/kmol}$$

$$\frac{m/k_x}{1/K_y} = \frac{9.3708 \times 10^5}{9.4092 \times 10^5} = 0.9959$$

或液相阻力分数为　　　　$1 - 1/k_y = 1 - 0.0041 = 0.9959$

即液相阻力占总阻力分数为 0.9959。可知此吸收过程为液膜阻力控制过程。

（3）以气相摩尔分数差表示的总推动力 $(y - y_e)$ 值
$$y = 0.06（题给定）$$

因为
$$y_e = mx = 609.1 \times 3.5 \times 10^{-5} = 2.13 \times 10^{-2}$$

于是
$$y - y_e = 0.06 - 0.0213 = 0.0387$$

以液相摩尔分数差表示的总推动力 $(x_e - x)$ 值
$$x_e - x = \frac{y}{m} - x = \frac{0.06}{609.1} - 3.5 \times 10^{-5} = 6.35 \times 10^{-5}$$

对应 $(y - y_e)$ 为总推动力的总传质系数 K_y 为
$$K_y = p_0 K_G = 101.3 \times 1.05 \times 10^{-8} = 1.06 \times 10^{-6}\,\text{kmol/(m}^2 \cdot \text{s} \cdot \Delta y)$$

$$K_x = c_0 K_L \approx \frac{1000}{18} \times 1.17 \times 10^{-5} = 6.5 \times 10^{-4}\,\text{kmol/(m}^2 \cdot \text{s} \cdot \Delta x)$$

总传质速率为
$$N_A = 1.06 \times 10^{-6} \times (0.06 - 0.0213) = 4.10 \times 10^{-8}\,\text{kmol/(m}^2 \cdot \text{s})$$

（4）因为
$$\frac{y - y_i}{x - x_i} = -\frac{k_x}{k_y}$$

由双膜理论 $y_{Ai} = mx_{Ai}$，得
$$\frac{y - y_i}{x - x_i} = \frac{y - mx_i}{x - x_i} = -\frac{k_x}{k_y}$$

代入已知数据，即
$$\frac{0.06 - 609.1 x_i}{3.5 \times 10^{-5} - x_i} = -\frac{6.5 \times 10^{-4}}{2.6 \times 10^{-4}}$$

解得
$$x_i = 9.82 \times 10^{-5}$$
$$y_i = mx_i = 609.1 \times 9.82 \times 10^{-5} = 0.0598$$

7.5 低浓度气体吸收

当进入吸收塔混合气中的溶质浓度较低（例如小于 5%～10%）时，可以将流经全塔的气、液相流量作为常数处理，且不需考虑溶解热的影响（等温吸收），使得吸收过程的计算比较简单，此时通常称为低浓度气体吸收。若处理的混合气中的溶质浓度高于 10%，且吸收量较大时，吸收过程不符合低浓度气体吸收的基本假设，此时称为高浓度气体吸收过程。

吸收流程按气液两相在吸收塔内流动的相对方向划分，可分为逆流（Countercurrent）吸收和并流（Cocurrent Flow）吸收两类。在逆流吸收流程中，吸收剂从塔顶加入，靠重力向下流动，从塔底排出。混合气体从塔底进入，在压力差的作用下向上流动，并与吸收剂之间进行质量交换，完成质量传递过程。而在并流吸收中，气液两相均从塔顶进入吸收塔内，进行质量交换后从塔底排出。与传热过程一样，由于在同样的进出口条件下，气液逆流吸收具有较大的传递推动力，因而，在无特殊要求的情况下，一般采用逆流吸收流程。

根据给定条件和求解任务的不同，可将吸收计算分为设计型和操作型两类问题。设计型计算是在已知气体的处理量、温度、压力和组成的条件下，设计出达到一定分离要求所需要

的吸收剂用量以及所需要的填料层高度（或需要的理论塔板数）。操作型计算是针对已有的吸收塔进行核算，在已知气体的处理量、温度、压力、组成和填料层高度（或理论板数）的条件下，求能够达到的分离程度或吸收效果，即气液相的出口浓度。不管哪种类型的计算，其基本原理和所用的关系式都是一样的，只是具体的计算方法与步骤不同，但这种分类对于分析问题和解决问题较为有利。

工业上通常在塔设备中实现吸收气液传质。塔设备一般分为逐级接触式（板式塔）和微分接触式（填料塔）两种，吸收操作可以在填料塔中进行，也可在板式塔中进行，本节以微分接触操作的填料塔为例分析和讨论物理吸收的计算过程。

7.5.1 低浓度气体吸收的特点

随着吸收过程的进行，吸收塔内气液相的流量不断发生变化，即从下往上气相流量不断减小，而液相流量从上往下不断增加。同时，如果溶质的溶解热较大，也会使气液相温度沿塔高发生变化。这种流量和温度的变化将会造成吸收塔不同截面上传质系数和气液相平衡关系的变化，使得吸收过程的计算趋于复杂。但若在系统的溶质含量较低的情况下，由于气液相之间的传质量较小，气液相流量变化不大，过程的热效应不明显，以至于对吸收过程计算的影响可以忽略，此时可以将吸收塔内的气液相流量作为常数处理，同时认为塔内温度均一，使得吸收过程的计算大大简化，这样的吸收过程称为低浓度气体的吸收。一般当气体混合物中的溶质含量低于 10%（体积分数）时，即可以按低浓度气体吸收过程处理。

综上所述，依据低浓度气体吸收过程的特点，在处理低浓度气体吸收时，为使计算过程简化，可以作如下假设而不致引入显著的误差（见图 7.5.1）：

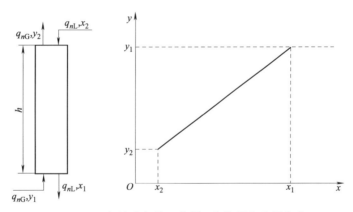

图 7.5.1 低浓度气体吸收塔两相流量和含量变化

① q_{nG}、q_{nL} 为常数　在吸收过程中，气液相在塔内的摩尔流量 q_{nG}、q_{nL} 变化不大，可以作为常数处理；

② 吸收过程是等温的　在吸收过程中，塔内温度变化不大，可以按等温吸收过程处理。

③ 传质系数为常数　因气液两相在塔内的流率变化不大，全塔的流动状况相同，液膜和气相传质系数 k_x、k_y 在全塔为常数。

此外，即使被处理气体的溶质含量较高，但在塔内的被吸收量不大，此类吸收也符合上述假设，也可以作为低浓度气体吸收处理。本节将利用相际传质的基本理论解决低浓度气体吸收的有关计算问题。

吸收过程的分离要求和分离能力一般可用出塔气体中溶质的浓度或用溶质的吸收率表

示。溶质的吸收率定义为过程中被吸收的溶质量与混合气体中溶质总量的比值。对于低浓度气体的吸收过程则有

$$\varphi = \frac{q_{nG}y_1 - q_{nG}y_2}{q_{nG}y_1} = \frac{y_1 - y_2}{y_1} \tag{7.5.1}$$

式中　q_{nG}——混合气体的处理量，kmol/s 或 kmol/h；

　　　y_1，y_2——气体中溶质的进出口摩尔分数。

规定了吸收率以后，很容易依据进塔气体的组成计算出口气体的组成，即

$$y_2 = y_1(1 - \varphi) \tag{7.5.2}$$

7.5.2 吸收过程的物料衡算及操作线方程

描述吸收过程的基本方法是对过程做物料衡算（Mass Balance）、热量衡算（Heat Balance）及建立传质速率方程。但对于一个具体过程，往往可以根据具体情况进行简化，使数学描述较为简便。对于低浓度气体吸收，根据上述假设，无需进行热量衡算。

(1) 物料衡算

吸收过程的物料衡算是确定吸收剂用量和操作线方程的基础，其依据依然是质量守恒定律。如图 7.5.2 所示为一逆流操作吸收塔，现以全塔为衡算范围对溶质进行物料衡算得

$$q_{nG}y_1 + q_{nL}x_2 = q_{nG}y_2 + q_{nL}x_1$$

整理后有

$$q_{nG}(y_1 - y_2) = q_{nL}(x_1 - x_2) \tag{7.5.3}$$

或

$$\frac{q_{nL}}{q_{nG}} = \frac{y_1 - y_2}{x_1 - x_2} \tag{7.5.4}$$

式中　q_{nL}——吸收剂的摩尔流量，kmol/h。

式 (7.5.4) 表明，对于低浓度气体吸收，若在 $x \sim y$ 图上表示出塔顶和塔底的气液相组成的状态点［如图 7.5.2 (b) 中的 A 点和 B 点］，则过这两点的直线斜率为 q_{nL}/q_{nG}。

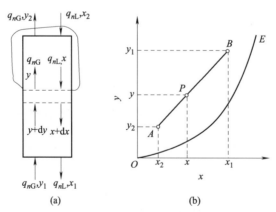

图 7.5.2　逆流吸收塔物料衡算和操作线

(2) 操作线方程

若对塔顶到塔内任意截面间做溶质的物料衡算，则可得

$$y = \frac{q_{nL}}{q_{nG}}x + y_2 - \frac{q_{nL}}{q_{nG}}x_2 \tag{7.5.5}$$

该方程表示在吸收过程中塔内任意截面上气液两相组成之间的关系，称为吸收过程的操作线方程，该方程是吸收计算中的一个重要关系式。若将该方程在 $x \sim y$ 图中标绘，可以看出吸收过程的操作线是一条斜率为 q_{nL}/q_{nG}，并经过点 B（x_1，y_1）和点 A（x_2，y_2）的直线。

（3）吸收塔内的传质推动力

若将吸收过程的操作线方程和相平衡方程标绘在 $x \sim y$ 图中，则可以很方便地表示出吸收塔内不同塔截面上的传质推动力。如图 7.5.3 所示，若用气相总传质推动力表示塔内任一截面的传质推动力，则推动力为（$y - y_e$），塔顶和塔底的传质推动力分别为

$$\Delta y_2 = y_2 - y_{e2} \tag{7.5.6}$$
$$\Delta y_1 = y_1 - y_{e1} \tag{7.5.7}$$

式中 Δy_2，Δy_1——塔顶和塔底的气相总传质推动力；

　　　y_1，y_2——塔顶和塔底处气体中溶质的摩尔分数；

　　　y_{e1}，y_{e2}——与塔底和塔顶液相呈平衡的气相摩尔分数。

同样，若以液相总传质推动力表示塔内任一截面的推动力，则推动力为（$x_e - x$），而塔顶和塔底传质推动力分别为

$$\Delta x_2 = x_{e2} - x_2 \tag{7.5.8}$$
$$\Delta x_1 = x_{e1} - x_1 \tag{7.5.9}$$

式中 Δx_1，Δx_2——塔底和塔顶的液相总传质推动力；

　　　x_2，x_1——塔顶和塔底处液相中溶质的摩尔分数；

　　　x_{e1}，x_{e2}——与塔底和塔顶气相呈平衡的液相摩尔分数。

同样也可以用流体主体浓度与相界面浓度表示该过程的传质推动力。

7.5.3　吸收剂用量和最小液气比

吸收剂用量是影响吸收操作的关键因素之一，它直接影响吸收塔的尺寸、操作费用和吸收效果。该指标对吸收过程的影响可以通过其对操作线的影响进行分析。对于吸收塔的设计，所处理的气体量 q_{nG}、气体进入吸收塔的组成 y_1、气体离开吸收塔的组成 y_2（或者是吸收率）、液体进入吸收塔的液相组成 x_2，一般为工艺条件所规定，因此对应吸收操作线的起点 A（x_2，y_2）是固定的（见图 7.5.4）。操作线末端 B 随吸收剂用量的不同而变化，即随吸收操作的液气比 q_{nL}/q_{nG} 变化而变化。所以 B 点将

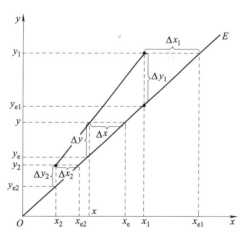

图 7.5.3　吸收过程的传质推动力

在平行于 x 轴的直线 $y = y_1$ 上移动，如图 7.5.4 所示。从 B 点位置的变化可以看出，若吸收剂用量增加时，即液气比 q_{nL}/q_{nG} 增大，则操作线斜率变大，吸收液出口浓度 x_1 下降，吸收操作线远离平衡线，吸收推动力变大，使所需设备传质面积减小而降低设备费用，但过程操作费用将增加（由于溶剂循环量增加所致）。即设备投资增加，而操作费用下降。反之，设备投资增加，而操作费用下降。因此选用适宜的液气比极为重要。

但液气比的变化是有限度的，对于确定的 y_1，当液气比 q_{nL}/q_{nG} 下降时，即操作线的

斜率降低，x_1 将增大，当 x_1 增至使操作线与平衡线相交于 D 点时，此时液相出口浓度 $x_1 = x_{e1}$，塔底推动力趋于零，故所需设备的传质面积将无限大，它表示吸收操作液气比的下限，此时的液气比称为最小液气比，以 $(q_{nL}/q_{nG})_{min}$ 表示。对应的吸收剂用量称为最小吸收剂用量，记作 q_{nLmin}。

由此可见，最小液气比是针对一定的分离任务、操作条件和吸收物系，当塔内某截面吸收推动力为零时，达到分离程度所需塔高为无穷大时的液气比。

最小液气比是操作的一种极限状态，此时塔内某截面的传质推动力为零，实际操作液气比一定大于该值。如图 7.5.4（a）所示，若增大吸收剂用量，操作线的 B 点将沿水平线 $y = y_1$ 向左移动到 C 点。在此情况下，操作线远离平衡线，吸收的推动力增大，若要求达到一定的吸收效果，则所需的相际传质面积将减小，塔高减小，设备投资相应降低。但液气比增加到一定程度后，塔高减小的幅度就不显著，而吸收剂消耗量却很大，造成输送及吸收剂再生等操作费用剧增。依据年操作费用和年设备折旧费之和为最小的经济性优化原则，可以确定出适宜的操作液气比。根据生产实践经验，吸收操作适宜的液气比为最小液气比的 1.1～2.0 倍，即

$$q_{nL}/q_{nG} = (1.1 \sim 2.0)(q_{nL}/q_{nG})_{min}$$
$$q_{nL} = (1.1 \sim 2.0)q_{nLmin} \tag{7.5.10}$$

需要指出的是吸收剂用量必须保证在操作条件下填料表面被液体充分润湿，即保证单位塔截面上单位时间内流下的液体量不得小于某一最低允许值。

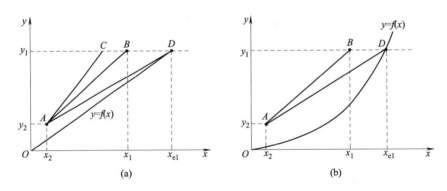

图 7.5.4　最小液气比示意图

对于低浓度气体吸收，当平衡曲线符合图 7.5.4（a）所示的情况时，依据式（7.5.4），可得最小液气比为

$$\left(\frac{q_{nL}}{q_{nG}}\right)_{min} = \frac{y_1 - y_2}{x_{e1} - x_2} \tag{7.5.11}$$

当平衡关系符合亨利定律时，最小液气比为

$$\left(\frac{q_{nL}}{q_{nG}}\right)_{min} = \frac{y_1 - y_2}{y_1/m - x_2} \tag{7.5.12}$$

若平衡关系不符合亨利定律，如图 7.5.4（b）所示的情况时，则依相平衡方程 $x_{e1} = f(y_1)$ 代入式（7.5.10），计算最小液气比。但需注意，当相平衡关系为上凸曲线时，如当平衡曲线符合图 7.5.5 所示的情况时，则不能用式（7.5.10）计算最小液气比，而应利用操作线与平衡线的切点，即过点 A 做平衡线的切线，水平线 $y = y_1$ 与切线相交于点 M（x'_1，

y_1），最小液气比按下式计算。

$$\left(\frac{q_{n\text{L}}}{q_{n\text{G}}}\right)_{\min}=\frac{y_1-y_2}{x'_1-x_2}$$

由此可见，最小液气比确定的气液相平衡并非一定发生在塔底，在分离要求一定的前提下，与平衡曲线的形状有关。

由最小液气比可求得最小溶剂用量为

$$q_{n\text{Lmin}}=q_{n\text{G}}\left(\frac{q_{n\text{L}}}{q_{n\text{G}}}\right)_{\min} \tag{7.5.13}$$

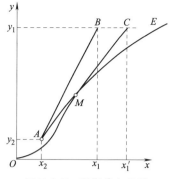

图 7.5.5　平衡线上凸时
最小液气比的求法

由图 7.5.4 所示可知，由于吸收塔塔板数不可能无限多，吸收操作过程中的塔底液相组成 x_1 总是小于与入塔气体浓度 y_1 呈平衡的液相组成 $x_{\text{e}1}$，为了表征吸收液（富液）的富集程度，定义出塔溶液饱和度 φ_{s} 为

$$\varphi_{\text{s}}=\frac{x_1}{x_{\text{e}1}}\times100\%$$

【例 7.7】　在逆流操作的填料塔中，在操作压力为 101.3kPa 的条件下，用 25℃的清水吸收空气与 H_2S 混合气中的 H_2S。已知入塔混合气流量为 3000m^3/h（标准状态下），其中含 H_2S 为 0.07（体积分数），要求 H_2S 回收率不低于 90%，操作条件下的相平衡关系为 $y_{\text{e}}=609x$。取实际操作液气比为最小液气比的 1.3 倍。试求：

（1）最小液气比 $(q_{n\text{L}}/q_{n\text{G}})_{\min}$；

（2）清水用量 $q_{n\text{L}}$、出塔溶液组成 x_1、出塔溶液的饱和度；

（3）在 $x\sim y$ 图上作出最小液气比、气液相平衡线和吸收操作线。

解：（1）已知 $y_1=0.07$，$q_{\text{G}}=3000m^3$/h，$m=609$，$x_2=0$，则当 H_2S 回收率 $\varphi=90\%$ 时

$$y_2=y_1(1-\varphi)=0.07\times(1-0.90)=0.007$$

$$\left(\frac{q_{n\text{L}}}{q_{n\text{G}}}\right)_{\min}=\frac{y_1-y_2}{\dfrac{y_1}{m}-x_2}=\frac{0.07-0.007}{\dfrac{0.07}{609}-0}=548.1$$

所以，当回收率不低于 90% 时，最小液气比不低于 548.1。

（2）据题意，$q_{n\text{L}}/q_{n\text{G}}=1.3\times548.1=712.53$，$q_{n\text{G}}=q_{\text{G}}/22.4=3000/22.4=133.93$kmol/h，则

$$q_{n\text{L}}=712.53\times133.93=9.54\times10^4\text{kmol/h}$$

$$x_1=\frac{q_{n\text{G}}}{q_{n\text{L}}}(y_1-y_2)+x_2=\frac{1}{712.53}(0.07-0.007)=8.84\times10^{-5}$$

$$x_{\text{e}1}=y_1/m=0.07/609=1.15\times10^{-4}$$

出塔溶液饱和度$=(x_1/x_{\text{e}1})\times100\%=76.9\%$

（3）据题意

在 $x\sim y$ 图上确定 $A(0,0.007)$、$B(0.0000884,0.07)$ 两点，连线 AB 为操作线。

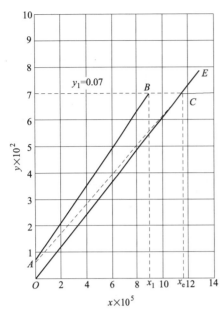

图 7.5.6 ［例 7.7］附图

根据操作条件下的相平衡关系 $y_e=609x$，于 $x \sim y$ 图上作出平衡线，如图 7.5.6 中 OE 所示。作 $y_1=0.07$ 水平线与 OE 线交于 C 点，连接 AC 为最小液气比时操作线。

7.5.4 吸收塔高度的计算

吸收塔高度计算是指在规定的生产条件下（给定气体处理量、组成和分离要求），求取所需吸收塔有效高度（指用于进行质量传递所需的空间高度）。目前吸收操作中所用的塔设备主要有填料塔（Packed Tower）和板式塔（Plate Tower）两种。板式塔计算参见本书第 6 章内容。填料塔高度包括填料层高度和其他高度，其中填料层高度计算所用的计算方法主要有传质单元法、理论塔板数法和图解法。这些方法所依据的基本关系式均是过程的操作线方程、传质速率方程和相平衡方程，并在此基础上推导出填料塔中填料层高度及板式塔中理论板数的计算基本关系式。

（1）填料层高度计算的基本关系式

在一连续操作的填料吸收塔内，气液两相组成均沿塔高连续变化，所以不同截面上的吸收推动力各不相同，导致塔内各截面上的吸收速率也不同。为解决填料层高度的计算问题，可以从分析填料层内某一微元高度 dh 内的溶质吸收过程入手。

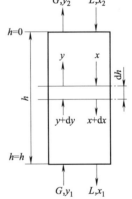

图 7.5.7 微元填料层物料衡算

如图 7.5.7 所示，在稳态吸收的填料层中取 dh 高度的微元，对其中溶质 A 作物料衡算，并忽略微元塔段上下两端面轴向的分子扩散，则经 dh 微元段的 A 组分吸收量为

$$dG_A=N_A a\,dh=K_y(y-y_e)a\,dh$$

气相中溶质减少的量为

$$dG_A=d(Gy)=G\,dy$$

式中　a——填料的有效比表面积，m^2/m^3；

G——单位空塔截面积上的气相摩尔流率，$kmol/(m^2 \cdot s)$。

联立以上两式得

$$G\,dy=K_y(y-y_e)a\,dh$$

于是可得填料层高度计算式为

$$h=\int_{y_2}^{y_1}\frac{G\,dy}{K_y a(y-y_e)} \qquad (7.5.14)$$

若用液相通过 dh 填料层后的溶质量变化以及液相总传质速率方程表达上述关系，则得到如下方程

$$h=\int_{x_2}^{x_1}\frac{L\,dx}{K_x a(x_e-x)} \qquad (7.5.15)$$

对于稳态的低浓度气体吸收，其中的 G、$K_y a$、L、$K_x a$ 可以视为常数，在这种情况

下，以上两式可以改写如下形式

$$h = \frac{G}{K_y a} \int_{y_2}^{y_1} \frac{\mathrm{d}y}{(y - y_e)} \qquad (7.5.16)$$

$$h = \frac{L}{K_x a} \int_{x_2}^{x_1} \frac{\mathrm{d}x}{(x_e - x)} \qquad (7.5.17)$$

式中　$K_y a$，$K_x a$——气相和液相的总体积传质系数，$\mathrm{kmol/(m^3 \cdot s)}$；

　　　　L——单位空塔截面积上的液相摩尔流率，$\mathrm{kmol/(m^2 \cdot s)}$。

体积传质系数表示在单位时间、单位推动力作用下，单位体积填料层中溶质的传递量，由于该值容易利用试验的方法测定，在使用上比较方便，所以工程中广泛使用。

利用同样的方法，可以获得以气相或液相传质速率方程所表示的计算填料层高度的表达式，分别为

$$h = \frac{G}{k_y a} \int_{y_2}^{y_1} \frac{\mathrm{d}y}{(y - y_i)} \qquad (7.5.18)$$

$$h = \frac{L}{k_x a} \int_{x_2}^{x_1} \frac{\mathrm{d}x}{(x_i - x)} \qquad (7.5.19)$$

(2) 传质单元法计算填料层高度

切尔顿（Chilton）等将式（7.5.16）分解成气相总传质单元高度 H_{OG} 和气相总传质单元数 N_{OG} 的乘积形式，具体定义如下

$$H_{OG} = \frac{G}{K_y a} \qquad (7.5.20)$$

$$N_{OG} = \int_{y_2}^{y_1} \frac{\mathrm{d}y}{(y - y_e)} \qquad (7.5.21)$$

于是有

$$h = H_{OG} N_{OG} \qquad (7.5.22)$$

同样，可将式（7.5.17）分解成液相总传质单元高度 H_{OL} 和液相总传质单元数 N_{OL} 的乘积形式，则得下列关系式

$$h = H_{OL} N_{OL} \qquad (7.5.23)$$

$$H_{OL} = \frac{L}{K_x a} \qquad (7.5.24)$$

$$N_{OL} = \int_{x_2}^{x_1} \frac{\mathrm{d}x}{(x_e - x)} \qquad (7.5.25)$$

依据式（7.5.18）和式（7.5.19），同样可以得到以气液相分传质单元高度和气液相传质单元数表示的填层高度计算式，分别见式（7.5.26）和式（7.5.29）

$$h = H_G N_G \qquad (7.5.26)$$

$$H_G = \frac{G}{k_y a} \qquad (7.5.27)$$

$$N_G = \int_{y_2}^{y_1} \frac{\mathrm{d}y}{(y - y_i)} \qquad (7.5.28)$$

$$h = H_L N_L \qquad (7.5.29)$$

$$H_L = \frac{L}{k_x a} \qquad (7.5.30)$$

$$N_L = \int_{x_2}^{x_1} \frac{\mathrm{d}x}{(x_i - x)} \qquad (7.5.31)$$

对传质单元高度和传质单元数作如下说明。

① 传质单元数 N_{OG}、N_{OL}、N_G、N_L 称为传质单元数（Number of Transfer Units），是无量纲的数值。其计算式中的分子为气相或液相组成变化，即分离效果（分离要求）；分母为吸收过程的推动力。若吸收要求越高，吸收的推动力越小，传质单元数就越大。所以传质单元数反映了吸收过程的难易程度。当吸收要求一定时，欲减少传质单元数，则应设法增大吸收推动力。

② 传质单元 所谓的传质单元（Transfer Units）是指流体通过一定的填料层进行传质后，其中溶质浓度的变化恰好等于该段填料层中的该组分的平均传质推动力，这样的一段填料层称为一个传质单元。以 N_{OG} 为例，如图 7.5.8 所示，气相通过一段高度的填料层后，其浓度变化为 $(y_j - y_{j-1})$，而 $(y_j - y_{j-1})$ 在数值上等于该段填料层中的平均传质推动力 $(y - y_e)_m$，故该段填料层为一个传质单元。

③ 传质单元高度 以 H_{OG} 为例，由式（7.5.22）可以看出，$N_{OG} = 1$，$h = H_{OG}$。故传质单元高度（Height of Transfer Units）的物理意义为填料塔中完成一个传质单元的分离任务所需的填料层高度，单位为 m。因在 $H_{OG} = G/K_y a$ 中，$1/K_y a$ 为传质阻力，体积传质系数 $K_y a$ 与填料性能和填料润湿情况有关，故传质单元高度的数值反映了吸收设备传质效能的高低，H_{OG} 越小，吸收设备传质效能越高，完成一定分离任务所需填料层高度越小。H_{OG} 与物系性质、操作条件及传质设备结构参数有关。为减少填料层高度，应减少传质阻力，降低传质单元高度，如在填料塔设计中选用 H_{OG} 较小的高效填料。

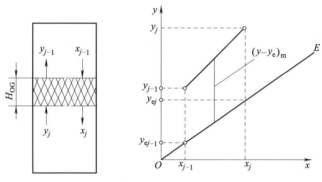

图 7.5.8 气相总传质单元与总传质单元高度概念示意图

④ 总体积传质系数与传质单元高度的关系 由以上各传质单元高度定义式可以看出，传质单元高度和传质系数一样也是传质过程的动力学参数，反映了设备的分离性能，两者均可以在工程设计中使用，但传质单元高度的单位与填料层高度单位相同，避免了传质系数单位的复杂换算。其最可靠的数据应来源工程实际，但在缺乏数据时，也可以用一些经验关联式计算传质单元高度或传质系数。大量的工程数据表明，一般情况下可以认为气相体积传质系数 $k_y a \propto G^{0.7}$，而传质单元高度受流体流量变化的影响较小，$H_G = \dfrac{G}{k_y a} \propto G^{0.3}$，且一般在 0.2～1.5m 范围内，具体数值通过实验测定。文献上发表的传质系数和传质单元高度经验关联式有多种，实际使用时可以参考有关专著。

⑤ 各种传质单元高度之间的关系 当气液相平衡关系符合亨利定律或在操作范围内平衡线为直线，其斜率为 m，由总传质系数和分传质系数之间的关系式可得到各传质单元高度之间的关系为

$$H_{OG} = H_G + \frac{mG}{L}H_L \qquad\qquad (7.5.32)$$

$$H_{OL} = \frac{L}{mG}H_G + H_L \qquad\qquad (7.5.33)$$

式 (7.5.32) 与式 (7.5.33) 比较，得

$$H_{OG} = \frac{mG}{L}H_{OL}$$

式中，$\dfrac{L}{mG} = A$，A 为吸收因子；A 的倒数 $\dfrac{1}{A} = \dfrac{mG}{L}$，$\dfrac{1}{A}$ 称为解吸因子。

传质单元高度值取决于设备型式、物系的性质以及操作条件，表明了过程的传质动力学性能，气液相流率和温度的变化均能改变其数值。所以严格地说，各传质单元所对应的传质单元高度是不同的。但对于低浓度气体吸收过程来说，可以近似认为各传质单元所对应的传质单元高度是相同的。

为便于使用，现将各传质单元高度与传质单元数的对应关系列于表 7.5.1 中，并列出了传质单元高度之间的换算关系。

表 7.5.1　传质单元高度与传质单元数

填料层高度/m	传质单元高度/m	传质单元数	换算关系
$h = H_{OG}N_{OG}$	$H_{OG} = \dfrac{G}{K_y a}$	$N_{OG} = \displaystyle\int_{y2}^{y1} \frac{\mathrm{d}y}{y - y_e}$	
$h = H_{OL}N_{OL}$	$H_{OL} = \dfrac{L}{K_x a}$	$N_{OL} = \displaystyle\int_{x2}^{x1} \frac{\mathrm{d}x}{x_e - x}$	$N_{OG} = AN_{OL}$ $H_{OG} = \dfrac{1}{A}H_{OL}$
$h = H_G N_G$	$H_G = \dfrac{G}{k_y a}$	$N_G = \displaystyle\int_{y2}^{y1} \frac{\mathrm{d}y}{y - y_i}$	$H_{OG} = H_G + \dfrac{1}{A}H_L$
$h = H_L N_L$	$H_L = \dfrac{L}{k_x a}$	$N_L = \displaystyle\int_{x2}^{x1} \frac{\mathrm{d}x}{x_i - x}$	$H_{OL} = AH_G + H_L$

7.5.5　传质单元数的计算方法

传质单元数的求解实质上是利用其定义式进行积分计算，这是计算传质单元数的一般方法。传质单元数积分式 (7.5.21) 中的 y 反映操作状态，而 y_e 则体现平衡关系。在工程上，由于一般情况下气液相平衡关系较为复杂，难以用简单的数学关系表示，但对于低浓度气体吸收过程，操作方程为直线，而平衡关系也近似为直线时，计算会大大简化。因此，下面分别根据平衡关系是否是直线，介绍确定求解传质单元数的几种方法。

(1) 平衡关系为直线时的计算方法

当平衡关系为直线时，可以利用解析法求解传质单元数的积分式，主要有以下两种解法。

① 对数平均推动力法对于低浓度气体吸收，当气液相平衡关系符合直线方程规律时，则可以采用对数平均推动力法计算传质单元数。将吸收过程的操作线和平衡线方程标绘于同一直角坐标系中，则填料塔中任一横截面上的总传质推动力均可以表示为 $\Delta y = y - y_e$，见图 7.5.3。由于操作线与平衡线均为直线，所以 Δy 与 y 之间的关系也必然为直线关系，利用这一关系将式 (7.5.21) 改写为

$$N_{OG} = \int_{y2}^{y1} \frac{\mathrm{d}y}{y - y_e} = \int_{y2}^{y1} \frac{\mathrm{d}y}{\Delta y} \qquad\qquad (7.5.34)$$

由图 7.5.3 知塔底及塔顶处的总传质推动力分别为 $\Delta y_1 = y_1 - y_{e1}$ 和 $\Delta y_2 = y_2 - y_{e2}$，根据 Δy 与 y 之间的直线关系有

$$\frac{\mathrm{d}y}{\mathrm{d}(\Delta y)} = \frac{y_1 - y_2}{\Delta y_1 - \Delta y_2}$$

即

$$\mathrm{d}y = \frac{y_1 - y_2}{\Delta y_1 - \Delta y_2}\mathrm{d}(\Delta y)$$

于是可得

$$N_{\mathrm{OG}} = \frac{y_1 - y_2}{\Delta y_1 - \Delta y_2}\int_{\Delta y_2}^{\Delta y_1}\frac{\mathrm{d}(\Delta y)}{\Delta y}$$

将上式积分得

$$N_{\mathrm{OG}} = \frac{y_1 - y_2}{\Delta y_1 - \Delta y_2}\ln\frac{\Delta y_1}{\Delta y_2}$$

若令

$$\Delta y_{\mathrm{m}} = \frac{\Delta y_1 - \Delta y_2}{\ln\dfrac{\Delta y_1}{\Delta y_2}} \tag{7.5.35}$$

则有

$$N_{\mathrm{OG}} = \frac{y_1 - y_2}{\Delta y_{\mathrm{m}}} \tag{7.5.36}$$

式（7.5.35）定义的 Δy_{m} 称为该吸收过程以气相表示的对数平均推动力，数值上等于吸收塔底、塔顶两截面上气相吸收推动力 Δy_1 和 Δy_2 的对数平均值，称为气相对数平均推动力。

平均推动力法的适用条件是吸收的操作线方程和平衡线方程均为直线方程，并不要求平衡关系一定满足亨利定律。

同理，若用液相总浓度差表示过程的传质推动力，则有

$$N_{\mathrm{OL}} = \int_{x_2}^{x_1}\frac{\mathrm{d}x}{(x_{\mathrm{e}} - x)} = \frac{x_1 - x_2}{\Delta x_{\mathrm{m}}} \tag{7.5.37}$$

其中

$$\Delta x_{\mathrm{m}} = \frac{\Delta x_1 - \Delta x_2}{\ln\dfrac{\Delta x_1}{\Delta x_2}} \tag{7.5.38}$$

$$\Delta x_1 = x_{\mathrm{e}1} - x_1$$
$$\Delta x_2 = x_{\mathrm{e}2} - x_2$$

式（7.5.37）定义的 Δx_{m} 称为该吸收过程以液相表示的对数平均推动力，数值上等于吸收塔底、塔顶两截面上液相吸收推动力 Δx_1 和 Δx_2 的对数平均值，称为液相对数平均推动力。

在使用平均推动力法时应注意，当 $\dfrac{\Delta y_1}{\Delta y_2} < 2$ 或 $\dfrac{\Delta x_1}{\Delta x_2} < 2$ 时，对数平均推动力可用算术平均推动力替代，产生的误差小于 4%，这是工程允许的；当平衡线与操作线平行时，$y - y_{\mathrm{e}} = y_1 - y_{\mathrm{e}1} = y_2 - y_{\mathrm{e}2}$ 为常数，对式（7.5.34）积分得

$$N_{OG} = \frac{y_1 - y_2}{y_1 - y_{e1}} = \frac{y_1 - y_2}{y_2 - y_{e2}} \tag{7.5.39}$$

② 吸收因子法　当平衡线为直线时，将相平衡关系 $y_e = mx + b$ 代入式（7.5.21）可得

$$N_{OG} = \int_{y_2}^{y_1} \frac{\mathrm{d}y}{y - y_e} = \int_{y_2}^{y_1} \frac{\mathrm{d}y}{y - (mx + b)} \tag{7.5.40}$$

由逆流吸收过程的操作线方程有

$$x = x_2 + \frac{q_{nG}}{q_{nL}}(y - y_2) = x_2 + \frac{G}{L}(y - y_2)$$

将以上 x 关系式代入式（7.5.40）得

$$N_{OG} = \int_{y_2}^{y_1} \frac{\mathrm{d}y}{y - m\left[\dfrac{G}{L}(y - y_2) + x_2\right] - b} = \int_{y_2}^{y_1} \frac{\mathrm{d}y}{\left(1 - \dfrac{mG}{L}\right)y + \left[\dfrac{mG}{L}y_2 - (mx_2 + b)\right]}$$

若令 $A = \dfrac{L}{mG}$，则

$$N_{OG} = \int_{y_2}^{y_1} \frac{\mathrm{d}y}{\left(1 - \dfrac{1}{A}\right)y + \left(\dfrac{1}{A}y_2 - y_{e2}\right)}$$

将上式积分得

$$N_{OG} = \frac{1}{1 - \dfrac{1}{A}} \ln\left[\left(1 - \frac{1}{A}\right)\frac{y_1 - (mx_2 + b)}{y_2 - (mx_2 + b)} + \frac{1}{A}\right] = \frac{1}{1 - \dfrac{1}{A}} \ln\left[\left(1 - \frac{1}{A}\right)\frac{y_1 - y_{e2}}{y_2 - y_{e2}} + \frac{1}{A}\right] \quad (A \neq 1)$$

$$\tag{7.5.41}$$

$$N_{OG} = \frac{y_1 - y_2}{y_2 - (mx_2 + b)} = \frac{y_1 - y_2}{y_2 - y_{e2}} \quad (A = 1) \tag{7.5.42}$$

式中，$A = L/mG$ 称为吸收因子（Absorption Factor），其物理意义是该吸收过程中操作线斜率与平衡线斜率的比值，无量纲，其值的大小反映吸收的难易程度，A 越大表明吸收越容易；$\dfrac{y_1 - y_{e2}}{y_2 - y_{e2}}$ 代表吸收过程对溶质的吸收程度，该式清楚地说明了两者与传质单元数之间的关系。在已知过程的分离要求和吸收剂初始浓度的条件下，若给定吸收因子，则可以依据该式求得达到规定分离要求所需的传质单元数，进而依据式（7.5.22）求得所需的填料层高度。依据该式可以明显看到，吸收因子是影响吸收过程经济性的重要参数。

从式（7.5.41）可以看出

$$N_{OG} = f\left(\frac{1}{A}, \frac{y_1 - y_{e2}}{y_2 - y_{e2}}\right) \tag{7.5.43}$$

将以上关系在坐标系中标绘，可得三者之间的关联图。利用该关联图可以方便快捷地进行有关计算。工程上常以吸收因子的倒数 $1/A$（称为解吸因子，Stripping Factor）为参变量，在半对数坐标系中标绘出如图 7.5.9 所示的 N_{OG} 和 $\dfrac{y_1 - y_{e2}}{y_2 - y_{e2}}$ 之间的关联图。已知吸收因子 A 和 $\dfrac{y_1 - y_{e2}}{y_2 - y_{e2}}$ 时，利用该图即可方便快速地查得传质单元数 N_{OG}；也可由已知吸收因子 A、y_1、x_2 和 N_{OG}，利用该图查得的 $\dfrac{y_1 - y_{e2}}{y_2 - y_{e2}}$ 的值，求得 y_2。

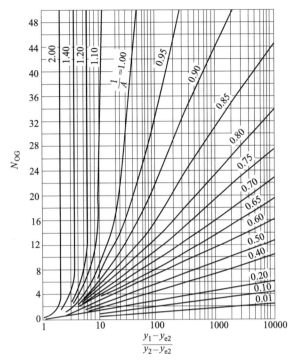

图 7.5.9 传质单元数关联图

图 7.5.9 的横坐标 $\dfrac{y_1-y_{e2}}{y_2-y_{e2}}$ 的大小反映了溶质吸收率的高低。当 $1/A$ 一定时（即在确定的操作条件下），$\dfrac{y_1-y_{e2}}{y_2-y_{e2}}$ 越大（即在一定的吸收剂入口浓度下，吸收率越大），由图 7.5.9 可见，此时所需要的 N_{OG} 也就越大，所需填料层高度越高；而 $\dfrac{y_1-y_{e2}}{y_2-y_{e2}}$ 一定时，A 越大，由图 7.5.9 可见，此时所需要的 N_{OG} 也就越小，所需填料层高度越小。当 $x_2=0$ 时，$\dfrac{y_1-y_{e2}}{y_2-y_{e2}}=\dfrac{y_1}{y_2}=\dfrac{1}{1-\varphi}$。

同理，若从 $N_{OL}=\displaystyle\int_{x_2}^{x_1}\dfrac{\mathrm{d}x}{(x_e-x)}$ 出发，按同样的推演方法则可得

$$N_{OL}=\frac{1}{A-1}\ln\left[\left(1-\frac{1}{A}\right)\frac{y_1-y_{e2}}{y_2-y_{e2}}+\frac{1}{A}\right] \tag{7.5.44}$$

该式中的各参数与式（7.5.41）具有同样的物理意义，使用上也有同样的要求。比较式（7.5.41）和式（7.5.44）可知，气相总传质单元数与液相总传质单元数之间存在如下简单的数量关系

$$N_{OG}=AN_{OL} \tag{7.5.45}$$

由式（7.5.41）和式（7.5.44）可以看到，吸收因子对传质单元数有很大影响。前已述及该值是吸收过程操作线与平衡线斜率的比值，该值不同，塔内各截面上的传质推动力的大小和分布则不同。当溶质的吸收率和气、液相进、出口浓度一定时，A 越大，吸收操作线远离平衡线，则吸收过程的推动力变大，N_{OG} 值越小，对吸收有利。反之，A 若越小，吸收操作线越靠近平衡线，吸收过程的推动力变小，则 N_{OG} 值必增大，对吸收不利。所以吸收因子 A 反映了吸收过程推动力的大小。

为进一步说明吸收因子对过程的影响，现假定在气相进塔浓度 y_1 和吸收剂入口浓度 x_2 一定的条件下，考查在实际工艺设计过程中如何选择吸收因子以及吸收因子对吸收过程经济性的影响。依据操作线和平衡线的相对关系，吸收因子 A 可以有大于 1、小于 1 和等于 1 三种不同情况（见图 7.5.10）。

当 $A>1$ 时，即操作线的斜率大于平衡线的斜率，如图 7.5.10（a）所示，随填料层高度逐渐增加，吸收率不断加大，此时塔底液相出口浓度 x_1 增加，气相出口的溶质浓度 y_2 不断下降。现假定可以无限增大填料层高度，则塔顶气相出口浓度 y_2 无限趋近于与塔顶液相 x_2 呈平衡时的浓度 y_{e2}，即该条件下的最大吸收率受塔顶传质平衡关系限制而不能无限增大。所以若以得到较大溶质回收率为目的，则操作应力求使塔顶气相溶质浓度降低，此时宜取 $A>1$，一般取 $A=1.4$ 左右为宜。

当 $A<1$ 时，即操作线的斜率小于平衡线的斜率，如图 7.5.10（c）所示，填料塔高度

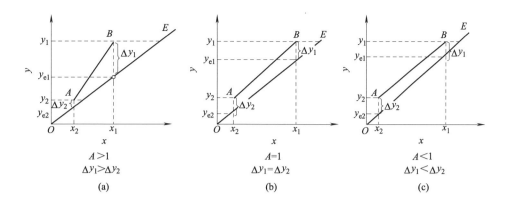

图 7.5.10 不同吸收因子对操作的影响

逐渐增加，塔顶气相出口浓度 y_2 和塔底液相出口浓度 x_1 的变化规律与前述规律相同。但是在这种情况下，当填料层高度无限增加时，塔顶气相出口浓度 y_2 不能无限趋近于 y_{e2}，而是塔底液相浓度 x_1 无限趋向于与塔底气相浓度 y_1 呈平衡的液相浓度 x_{e1}，即此时的最大吸收率受塔底传质平衡关系限制而不能无限增大。所以若以获得溶质浓度较高的富液为操作目的，宜取 $A<1$。

当 $A=1$ 时，即操作线的斜率等于平衡线的斜率，如图 7.5.10（b）所示，随填料塔高度逐渐增加，塔顶和塔底浓度的变化规律与上述两种情况相同，但当填料层高度无限增加时，塔顶气相浓度和塔底液相浓度以及塔内各截面上的气液相浓度同时趋向于其相对应的平衡浓度。

但需注意，无论哪种情况，当吸收因子 A 增大时，在一定范围内随着吸收剂用量增大，过程的设备费用将减小而过程的操作费用将增大，反之则设备费用增加而操作费用降低。所以若工艺上无特殊要求，一般应以使过程的年操作费用和设备折旧费用总和最低为原则确定适宜的吸收因子值。

与对数平均推动力法比较，吸收因子法是基于平衡线为通过原点的直线（平衡线为不通过原点的直线同样可推导出相同的计算公式），所以可用吸收因子法的体系就一定可以用对数平均推动力法计算传质单元数。但当已知 y_1、y_2 及 x_2 三个组成时，使用吸收因子法更为方便。

【例 7.8】 在操作压力为 101.3kPa 的条件下，于塔内径为 0.8m 填料塔内，用 20℃ 的清水逆流吸收空气中含的 H_2S 气体。已知入塔混合气的处理量为 2000kg/h，其中含 H_2S 为 0.03（摩尔分数，下同），要求出塔混合气中 H_2S 的浓度为 0.0009。吸收塔操作液气比为最小液气比的 1.2 倍，操作条件下的平衡关系为 $y_e = 482x$。气相总体积传质系数 K_ya 取为 0.062kmol/(m³·s)。试求：

（1）H_2S 的吸收率；

（2）吸收塔的操作液气比及水的用量；

（3）所需填料层高度；

（4）当吸收率提高 1% 时，所需填料层高度（清水用量不变）。

解：（1）H_2S 的吸收率

已知：$y_1 = 0.03$，$y_2 = 0.0009$，$x_2 = 0$，$D = 0.8$m，$m = 482$，$K_ya = 0.062$kmol/（m³·s）

$$\varphi - \frac{y_1 - y_2}{y_1} - \frac{0.03 - 0.0009}{0.03} - 0.97$$

（2）吸收塔的操作液气比及水的用量

$$\left(\frac{q_{nL}}{q_{nG}}\right)_{min} = \frac{y_1 - y_2}{x_{e1} - x_2} = \frac{y_1 - y_2}{y_1/m - x_2} = \frac{0.03 - 0.0009}{0.03/482 - 0} = 467.54$$

$$q_{nL}/q_{nG} = 1.2(q_{nL}/q_{nG})_{min} = 1.2 \times 467.54 = 561.05$$

$$q_{nG} = \frac{2000}{29} = 68.97 \text{kmol/h}$$

$$q_{nL} = 68.97 \times 561.05 = 38693.10 \text{kmol/h}$$

（3）计算填料层高度 h

① 对数平衡推动力法　因为

$$\frac{q_{nL}}{q_{nG}} = \frac{y_1 - y_2}{x_1 - x_2}$$

代入已知数据，即

$$561.05 = \frac{0.03 - 0.0009}{x_1 - 0}$$

解得

$$x_1 = 5.19 \times 10^{-5}$$

所以

$$\text{塔底：} \Delta y_1 = y_1 - y_{e1} = 0.03 - 482 \times 5.19 \times 10^{-5} = 0.005$$
$$\text{塔顶：} \Delta y_2 = y_2 - y_{e2} = 0.0009 - 482 \times 0 = 0.0009$$

于是

$$\Delta y_m = \frac{\Delta y_1 - \Delta y_2}{\ln \dfrac{\Delta y_1}{\Delta y_2}} = \frac{0.005 - 0.0009}{\ln \dfrac{0.005}{0.0009}} = 0.00239$$

$$N_{OG} = \frac{y_1 - y_2}{\Delta y_m} = \frac{0.03 - 0.0009}{0.00239} = 12.17$$

$$A = \frac{\pi}{4} d^2 = 0.785 \times 0.8^2 = 0.5026 \text{m}^2$$

$$G = \frac{q_{nG}}{A} = \frac{68.97/3600}{0.5026} = 0.038 \text{kmol/(m}^2 \cdot \text{s)}$$

$$H_{OG} = \frac{G}{K_y a} = \frac{0.038}{0.062} = 0.613 \text{m}$$

$$h = H_{OG} N_{OG} = 0.613 \times 12.17 = 7.46 \text{m}$$

② 吸收因子法

$$A = \frac{L}{mG} = \frac{561.05}{482} = 1.16$$

$$N_{OG} = \frac{1}{1 - \dfrac{1}{A}} \ln \left[\left(1 - \frac{1}{A}\right) \frac{y_1 - mx_2}{y_2 - mx_2} + \frac{1}{A} \right] = 12.31$$

$$H_{OG} = \frac{G}{K_y a} = \frac{0.038}{0.062} = 0.613 \text{m}$$

$$h = H_{OG} N_{OG} = 0.613 \times 12.31 = 7.54\text{m}$$

（4）吸收率提高1%所需填料层高度

此时，$\varphi = 98\%$，$y'_2 = y_1(1-\varphi) = 0.03 \times (1-0.98) = 0.0006$。因为

$$\frac{q_{nL}}{q_{nG}} = \frac{y_1 - y'_2}{x'_1 - x_2}$$

所以

$$x'_1 = \frac{q_{nG}}{q_{nL}}(y_1 - y'_2) + x_2 = 0.0000524$$

采用吸收因子法 $N_{OG} = \dfrac{1}{1-\dfrac{1}{A}} \ln\left[\left(1-\dfrac{1}{A}\right)\dfrac{y_1 - mx_2}{y_2 - mx_2} + \dfrac{1}{A}\right] = \dfrac{1}{1-\dfrac{1}{1.16}} \ln$

$$\left[\left(1-\frac{1}{1.16}\right)\frac{0.03-0}{0.0006} + \frac{1}{1.16}\right] = 14.85$$

$$h = H_{OG} N_{OG} = 0.613 \times 14.85 = 9.10\text{m}$$

所需填料层高度增加值 $\Delta h / h = (9.10 - 7.54)/7.54 = 20.7\%$

（2）平衡关系为曲线时的计算方法

当平衡关系为曲线时，对传质单元数 N_{OG} 进行积分计算较为困难，而常用图解积分和数值积分法计算，或采用近似梯级图解（Baker）法进行求解。

①图解积分法　以气相总传质单元数 N_{OG} 的计算为例

$$N_{OG} = \int_{y_2}^{y_1} \frac{\mathrm{d}y}{y - y_e}$$

由上式可知，N_{OG} 为一定积分值，如图 7.5.9 所示，可通过计算被积函数 $\dfrac{1}{y - y_e}$ 曲线下的面积来确定 N_{OG}。

具体图解积分法步骤为：首先可以通过操作线和平衡曲线求得与不同 y 对应的 $\dfrac{1}{y - y_e}$ 的数值 [如图 7.5.11（a）所示]；或由操作线方程 $y = f(x)$ 及相平衡方程 $y_e = f(x)$ 求出若干不同 x 下的 y_e 和 y 的值，从而求出与不同 y 对应的 $\dfrac{1}{y - y_e}$ 的数值。然后如图 7.5.11（b）所示，以 y 为横坐标，在直接坐标系中标绘出 $\dfrac{1}{y - y_e}$ 的曲线，所得函数曲线与 $y = y_2$ 和 $y = y_1$ 及横坐标直线之间所包围的面积，就是定积分 $\displaystyle\int_{y_2}^{y_1} \frac{\mathrm{d}y}{y - y_e}$ 的值，也就是气相总传质单元数 N_{OG}。

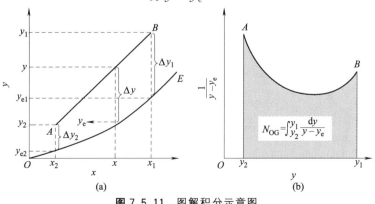

图 7.5.11　图解积分示意图

② 数值积分法　由于图解积分法需要在坐标纸上绘制图形计算，比较繁琐且难以实现计算机数值计算。因此为了克服这个问题，也可以采用数值积分法，对难以做解析积分的总传质单元数的定积分进行近似计算。数值积分公式有很多种，例如可以采用定步长辛普森（Simpson）数值积分公式进行计算，求解式如下所示

$$N_{OG} = \int_{y_2}^{y_1} \frac{\mathrm{d}y}{y - y_e} = \int_{y_0}^{y_n} f(y)\mathrm{d}y \approx \frac{\Delta y}{3}[f_0 + f_n + 4(f_1 + f_3 + \cdots + f_{n-1}) +$$
$$2(f_2 + f_4 + \cdots + f_{n-2})] \tag{7.5.46}$$

$$\Delta y = \frac{y_n - y_0}{n} \tag{7.5.47}$$

式中，n 为在 y_0 与 y_n 间划分的区间数目，可取为任意偶数，n 值越大则计算结果越准确。Δy 为步长，将（y_0，y_n）分成 n 个相等的小区间的长度；y_0 为出塔气相组成，$y_0 = y_2$；y_n 为入塔气相组成，$y_n = y_1$；f_0，f_1，$\cdots$，f_n 分别为 $y = y_0$，y_1，$\cdots$，y_n 所对应的积分函数 $f(y)$ 的值或积分函数曲线的纵坐标值。

③ 近似梯级图解法（Baker）　当气液相平衡关系不能用简单的直线方程表示时，除可以利用图解积分法或数值积分法外，工程上还可以采用近似梯级图解法求传质单元数。近似梯级图解法的原理是基于传质单元的概念并在一些基本假设前提下用图解法求取传质单元数。如图 7.5.12 所示，其基本做法描述如下：

a. 在 $x \sim y$ 坐标系中标绘吸收过程的平衡线 OE 和操作线 AB。

b. 在 AB 线上所涉及浓度区间的操作线上选取若干点，并过各点做出表示过程总推动力的垂直线段 $\Delta y = y - y_e$，取各垂直线段的中点，并将这些中点用平滑曲线连接得到辅助线 MN。

c. 自 A 点起，做水平线与辅助线 MN 相交点 M_1，并延长至 D，使得线段 $AM_1 = M_1D$。自 D 点做 x 轴的垂线交 AB 于 F，则梯级 ADF 即为一个传质单元。

d. 自 F 点用同样的方法做阶梯，直至超过表示塔底浓度的 B 点为止，则从 A 到 B 所画得的阶梯数，即是所求的气相总传质单元数 N_{OG}。

以上所用的方法是一种近似的图解方法，它是在以下两点假设的基础上得到的，因而具有一定的近似性：

a. 将每一梯级所在的浓度区间的操作线和平衡线均视为直线；

b. 在每一区间内，以过程的算术平均传质推动力代替对数平均传质推动力。

在以上假设下，可以证明按以上方法所得的每个阶梯各代表一个传质单元。

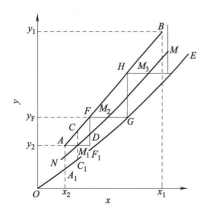

图 7.5.12　近似梯级法求传质单元数

在图 7.5.12 中任取一个阶梯 ADF，过 A、M_1、D 三点分别做 x 轴的垂线，得线段 AA_1、CC_1、FF_1，根据假设 a，四边形 AA_1FF_1 为一梯形，故有 $CC_1 = 1/2(AA_1 + FF_1)$，由假设 b 可以认为 CC_1 即是该过程的平均传质推动力。又由于 $\triangle AM_1C \backsim \triangle AFD$，且相似比为 $1/2$，所以有 $2CM_1 = DF = CC_1$，而 DF、CC_1 则分别表示经过该梯级后气相浓度变化（$y_F - y_A$）以及该段内的平均传质推动力（$y_C - y_{C1}$）。根据传质单元的定义可知，这样所得的阶梯数是该过程的传质单元数。

依据同样的原理，做平分操作线和平衡线水平间距

的辅助线，则采用类似的方法可以求得液相总传质单元数 N_{OL}。

7.5.6　理论级法计算吸收塔高度

7.5.6.1　板式吸收塔塔高的计算

吸收设备可以是填料塔也可以是板式塔，塔高的计算除了前面介绍的方法以外，有时也可以用理论级数来计算吸收塔高度。若采用的是板式塔，则需计算完成规定的吸收任务所需要的塔板数，此时的计算方法与精馏过程完全相同，即首先求过程的理论级数，然后根据经验数据或经验公式确定总塔板效率，计算得到实际塔板数，若已知塔板间距 H_T，则板式吸收塔有效塔高由下式计算：

$$h = N_p H_T = \frac{N}{E_T} \times H_T \tag{7.5.48}$$

式中　N_p——实际塔板（级）数；

　　　N——理论塔板（级）数；

　　　H_T——塔板间距；

　　　E_T——总塔板效率。

吸收过程的总塔板效率集中反映了过程的动力学影响，影响因素比较复杂，取决于物质的性质、操作条件以及塔板类型。目前虽然有一些计算总塔板效率的经验公式可供参考，但是由于过程的复杂性，这些公式的准确程度均须慎重斟酌。奥康奈尔（O'connell）根据工业塔的实验数据提出了一个关于吸收塔总塔板效率的经验关联图，如图 7.5.13 所示，可供使用时参考。

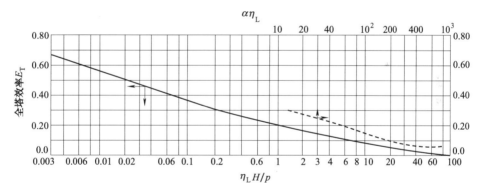

图 7.5.13　塔板效率关联图

η_L—按塔顶和塔底平均组成及平均温度计算的液相黏度，mPa·s；H—塔顶和塔底平均温度下溶质的亨利系数 m³·kPa/kmol；p—操作压强，kPa

7.5.6.2　填料吸收塔塔高的计算

若采用的是填料塔，则完成规定的吸收分离任务所需的填料层高度也可由下式计算

$$h = N_T H_{th} \tag{7.5.49}$$

式中，N_T 为完成分离任务所需的理论级数；H_{th} 是理论级当量高度，即完成一个理论级分离要求所需要的填料层高度。若不平衡的气液两相在一段填料层内相互接触，离开该段填料的气液两相达到相平衡，此段填料为一个理论级，而完成一个理论级数的分离任务所需要的填料层高度定义为理论级当量高度。理论级当量高度（H_{th}）依填料的种类而定，一般来源于试验或经验数据（多半在填料性能样本中列出）。理论级数的计算则可以根据不同的情况

有不同的计算方法，常见的方法有如下几种。

(1) 梯级图解法求理论级数

吸收过程的理论级数也可以利用与蒸馏过程类似的图解方法求得，特别是当相平衡关系为曲线时，由于不能采用上述简单的解析法进行计算，此时利用图解法可以很方便地求得理论级数。图解过程如图 7.5.14 所示，其步骤为：

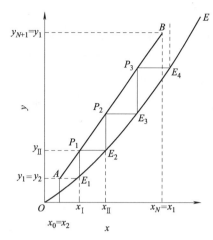

① $x \sim y$ 图上，分别做出吸收过程的平衡线 OE 和操作线 AB；

② 从 A 点起做水平线交平衡线于 E_1，过 E_1 点做垂直线交操作线于点 P_1，所得的阶梯 AE_1P_1 即为一个理论级。从 P 点开始，继续进行这一过程，直至液相组成 x_N 大于或等于 x_1 为止，此时所得的总阶梯数即为该吸收过程的理论级数。

图 7.5.14　图解法求理论级数

(2) 解析法求理论级数

对低浓度气体吸收，若相平衡关系符合亨利定律，则可以很方便地利用解析法求取过程的理论级数。如图 7.5.15 所示，在理论级Ⅱ上部至塔顶做关于溶质的物料衡算得

$$G(y_{\text{Ⅱ}} - y_2) = L(x_{\text{Ⅰ}} - x_2)$$

$$y_{\text{Ⅱ}} = \frac{L}{G}(x_{\text{Ⅰ}} - x_2) + y_2$$

根据理论级的概念知 $x_{\text{Ⅰ}} = \dfrac{y_{\text{Ⅰ}}}{m} = \dfrac{y_2}{m}$，并注意到 $A = \dfrac{L}{mG}$，则有

$$y_{\text{Ⅱ}} = (A+1)y_2 - Amx_2$$

同理在理论级Ⅲ上部至塔顶进行同样的处理得

$$y_{\text{Ⅲ}} = (A^2 + A + 1)y_2 - (A^2 + A)mx_2$$

依此类推，直至到第 $N+1$ 个理论级有

$$y_{N+1} = (A^N + A^{N-1} + \cdots + A + 1)y_2 - (A^N + A^{N-1} + \cdots + A)mx_2$$
$$(7.5.50)$$

因为

$$y_{N+1} = y_1$$

所以

$$\frac{y_1 - y_2}{y_1 - mx_2} = \frac{A^{N+1} - A}{A^{N+1} - 1} \quad (A \neq 1)$$

此式称为克列姆赛尔（Kremser）方程。为便于应用，常将上式写成如下形式

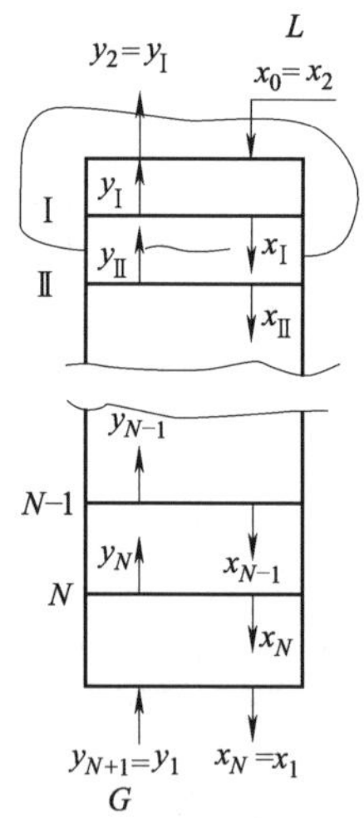

图 7.5.15　理论级上的气液相组成

$$N = \frac{1}{\ln A}\ln\left[\left(1 - \frac{1}{A}\right)\frac{y_1 - mx_2}{y_2 - mx_2} + \frac{1}{A}\right] \quad (A \neq 1) \tag{7.5.51}$$

当 $A = 1$ 时，可以直接从式 (7.4.45) 得

$$\frac{y_1 - mx_2}{y_2 - mx_2} = \frac{1}{N+1} \tag{7.5.52}$$

由式 (7.5.51) 可知，当操作线为直线，相平衡方程符合亨利定律时，吸收过程的理论级数

N 仅与分离程度 $\dfrac{y_1 - mx_2}{y_2 - mx_2}$ 及吸收因子 A 有关，故工程上亦将三者的关系绘制成关联图以便于应用。见图 7.5.16。

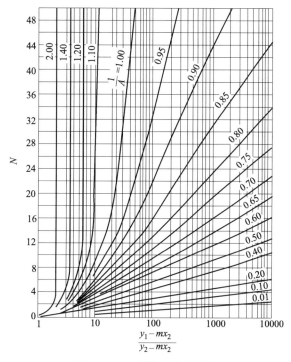

图 7.5.16 理论级数关联图

7.6 高浓度气体吸收

当吸收过程中，气、液相量和操作条件沿塔高变化较大（所处理的气体中溶质的浓度＞10％，且吸收量较大），不符合低浓度气体吸收过程的基本假设时，应按高浓度气体吸收过程处理。

7.6.1 高浓度气体吸收的特点

高浓度气体吸收过程有如下特点：

① 气液两相的摩尔流量沿塔高方向变化大。高浓度气体吸收过程中，在不同塔截面上，气液两相的摩尔流量由于大量的溶质从气相向液相传递，均有较大的变化，这种变化常会对吸收过程的传质系数有较大的影响，故气液两相的摩尔流量不能作为常数处理。但是，吸收过程中不被吸收的气体组分（也称为惰性气体）的摩尔流量和纯吸收剂摩尔流量则可基本视为常数。

② 过程常伴有显著的热效应。低浓度气体吸收过程中，由于吸收量相对较少，由相变和溶解产生的热效应较小，不会对系统的温度造成显著影响，可视为是等温吸收过程；高浓度气体吸收过程中，过程的热效应由于溶质吸收量的显著增加而变得比较明显，使得系统温度沿塔高方向发生较大的变化，影响系统的相平衡关系；同时，温度的变化也使系统的物性

发生变化而导致传质系数变化，使过程成为非等温吸收过程。

由上所述，高浓度气体吸收过程的相平衡方程不是简单的直线方程；同时，吸收过程的传质系数受流体流速和漂流因子影响较大，会沿塔高发生明显变化。对逆流吸收过程而言，气相传质系数 k_y 和漂流因子随着气相流量和溶质量由塔顶至塔底不断增加而不断变大，液相传质系数由塔顶至塔底随液相流量的不断增加也不断增大。过程的总传质系数由于同时受 k_y 和 k_x 以及相平衡关系共同变化的影响，不能视为常数。

7.6.2　高浓度气体吸收的计算

对于高浓度气体吸收，应按照非等温吸收过程的严格计算，通过系统的物料衡算、热量衡算、气-液相间的传质及传热速率方程和相平衡方程联立求解，这也是目前一些大型化工过程模拟所采用的方法。实际计算涉及较为复杂的非线性方程，通常很难通过手工计算。但对许多吸收过程进行简化处理后可使计算变得相对容易。

(1) 高浓度气体吸收的操作线方程

依据高浓度气体吸收的特点，气液两相中的惰性气体量和吸收剂量恒定，因此，可用与低浓度气体吸收相同的物料衡算方法

$$q_{nG_B}\left(\frac{y}{1-y}-\frac{y_2}{1-y_2}\right)=q_{nL_S}\left(\frac{x}{1-x}-\frac{x_2}{1-x_2}\right) \tag{7.6.1}$$

式中　q_{nG_B}——气相中的惰性气体量，kmol/s；

q_{nL_S}——纯吸收剂量，kmol/s。

将式 (7.6.1) 整理得

$$\frac{y}{1-y}=\frac{q_{nL_S}}{q_{nG_B}}\frac{x}{1-x}+\left(\frac{y_2}{1-y_2}-\frac{q_{nL_S}}{q_{nG_B}}\frac{x_2}{1-x_2}\right) \tag{7.6.2}$$

式 (7.6.2) 是高浓度气体吸收过程的操作线方程。若用摩尔比表示组成则有

$$Y=\frac{q_{nL_S}}{q_{nG_B}}X+\left(Y_2-\frac{q_{nL_S}}{q_{nG_B}}X_2\right) \tag{7.6.3}$$

对全塔做物料衡算，可得全塔的物料衡算方程

$$q_{nG_B}\left(\frac{y_1}{1-y_1}-\frac{y_2}{1-y_2}\right)=q_{nL_S}\left(\frac{x_1}{1-x_1}-\frac{x_2}{1-x_2}\right) \tag{7.6.4}$$

或　　　　　　　　$$q_{nG_B}(Y_1-Y_2)=q_{nL_S}(X_1-X_2) \tag{7.6.5}$$

(2) 高浓度吸收过程的相平衡关系

对于高浓度气体吸收，只有当吸收设备散热性能很好，能及时将吸收过程产生的热量移走时，才可近似作为等温吸收过程处理。但是，由于过程中气相溶质的浓度变化较大，一般情况下其气液相平衡方程是曲线。

对于热效应明显、吸收塔不同截面上温度变化显著的情况，其吸收过程的相平衡关系随塔的位置不同而变化，其计算是一个复杂的过程。为了简化计算，做如下处理：①忽略气体升温和热损失，吸收过程释放的热量全部用于液相升温；②将吸收塔分成若干个微元，每一微元通过溶质的物料衡算和液相热量衡算联立求解，得出液相溶质组成与液相温度之间的对应关系，再依据各温度下的相平衡关系，求得相应气相平衡组成 y_e。将在不同微元上用以上方法求出的液相组成 x 和气相组成 y 在 $x\sim y$ 图上标绘，即为非等温吸收过程的相平衡曲线（图 7.6.1）。

当然，这一假设会导致计算的偏差，这是由于假设所有热量均用于液体升温，使得液体计算温度偏高，依此得到的相平衡关系计算传质推动力偏小，计算得到的填料层高度也偏高。

（3）填料层高度计算

① 计算通用方程　如图 7.6.2 所示，取塔内任一微分填料层高度 $\mathrm{d}h$ 对其进行物料衡算，得：

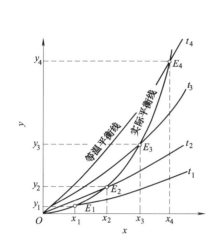

图 7.6.1　非等温吸收过程的气液相平衡　　图 7.6.2　高浓度气体吸收图示

$$\Omega \mathrm{d}(Gy)=k_y a(y-y_i)\Omega \mathrm{d}h$$

而

$$\mathrm{d}(Gy)=\mathrm{d}\left(\frac{G_B y}{1-y}\right)=G_B \mathrm{d}\left(\frac{y}{1-y}\right)=G_B \frac{\mathrm{d}y}{(1-y)^2}=\frac{G\mathrm{d}y}{1-y}k_y a(y-y_i)\Omega \mathrm{d}h$$

式中　Ω——填料塔横截面积，m^2；

　　　　G——单位空塔截面积上的气相流率，$\mathrm{kmol/(m^2 \cdot s)}$；

　　　　G_B——单位空塔截面积上的惰性气体流率，$\mathrm{kmol/(m^2 \cdot s)}$。

$$k_y a(y-y_i)\mathrm{d}h=\frac{G\mathrm{d}y}{1-y}$$

所以

$$h=\int_{y_2}^{y_1} \frac{G\mathrm{d}y}{k_y a(1-y)(y-y_i)} \tag{7.6.6}$$

同理，可得以下各填料层高度的计算式

$$h=\int_{x_2}^{x_1} \frac{L\mathrm{d}y}{k_x a(1-x)(x_i-x)} \tag{7.6.7}$$

$$h=\int_{y_2}^{y_1} \frac{G\mathrm{d}y}{K_y a(1-y)(y-y_e)} \tag{7.6.8}$$

$$h=\int_{x_2}^{x_1} \frac{G\mathrm{d}y}{K_x a(1-x)(x_e-x)} \tag{7.6.9}$$

式（7.6.6）～式（7.6.9）是计算吸收过程所需填料层高度的通式。

对于高浓度气体吸收过程，以上各式的传质系数以及气液相流量均沿塔高变化，且其与组成之间的关系又很难用简单的数学函数关系表示，一般难以用解吸法求解。因此，工程上一般是将全塔按气相或液相组成分成若干微元，分别计算各微元节点处的有关参数值，然后进行数值或图解积分。

② 填料层高度的简化计算　工程实践表明，$\dfrac{G}{k_ya\,(1-y)_\mathrm{m}}\propto G^{0.3}$，且其沿塔高的变化不大，可取塔底与塔顶的平均值进行计算并视为常数，所以依式（7.6.6）有

$$h=\int_{y_2}^{y_1}\frac{G\,(1-y)_\mathrm{m}\mathrm{d}y}{k_ya\,(1-y)_\mathrm{m}(1-y)(y-y_\mathrm{i})}\approx\left[\frac{G}{k_ya\,(1-y)_\mathrm{m}}\right]_\mathrm{m}\int_{y_2}^{y_1}\frac{(1-y)_\mathrm{m}\mathrm{d}y}{(1-y)(y-y_\mathrm{i})}$$

$$\tag{7.6.10}$$

令

$$H'_\mathrm{G}=\left[\frac{G}{k_ya\,(1-y)_\mathrm{m}}\right]_\mathrm{m}\tag{7.6.11}$$

则

$$N'_\mathrm{G}=\int_{y_2}^{y_1}\frac{(1-y)_\mathrm{m}\mathrm{d}y}{(1-y)(y-y_\mathrm{i})}\tag{7.6.12}$$

$$h=H'_\mathrm{G}N'_\mathrm{G}\tag{7.6.13}$$

式中　H'_G——高浓度气体吸收的传质单元高度，取塔底和塔顶的平均值；

N'_G——高浓度气体吸收的传质单元数。

以上各式中的$(1-y)_\mathrm{m}$是一对数平均浓度，即

$$(1-y)_\mathrm{m}=\frac{(1-y)-(1-y_\mathrm{i})}{\ln\dfrac{(1-y)}{(1-y_\mathrm{i})}}$$

若以算术平均浓度代替该对数平均浓度，即

$$(1-y)_\mathrm{m}=\frac{1}{2}\big[(1-y)+(1-y_\mathrm{i})\big]=(1-y)+\frac{1}{2}(y-y_\mathrm{i})$$

则高浓度气体吸收的传质单元数可写成下式

$$N'_\mathrm{G}=\int_{y_2}^{y_1}\frac{\mathrm{d}y}{y-y_\mathrm{i}}+\frac{1}{2}\ln\frac{1-y_2}{1-y_1}\tag{7.6.14}$$

对于气膜控制的高浓度气体吸收过程，有

$$\int_{y_2}^{y_1}\frac{\mathrm{d}y}{y-y_\mathrm{i}}=\int_{y_2}^{y_1}\frac{\mathrm{d}y}{y-y_\mathrm{e}}\tag{7.6.15}$$

所以在气膜控制条件下，可利用近似梯级法求解传质单元数。

【例 7.9】　拟在操作压力为 100kPa 的填料塔中，用 20℃的清水逆流吸收空气-氨混合气中的氨。已知进塔混合气流率为 0.024 kmol/(m² · s)，其中含氨 0.4（摩尔分数），用水量为最小用水量的 1.1 倍，要求氨的吸收率为 95%。塔底处 $K_\mathrm{G}a\,(1-y)_\mathrm{m}=4\times10^{-4}\,\mathrm{kmol/(m^3 \cdot s \cdot kPa)}$，塔顶处 $K_\mathrm{G}a\,(1-y)_\mathrm{m}=2.6\times10^{-4}\,\mathrm{kmol/(m^3 \cdot s \cdot kPa)}$。

操作条件下气、液平衡数据为：

$x\times10^2$	1	2	3	4	5	6	7	8	9
$y\times10^2$	1	2.5	4.5	8	12	17	23	32	42

试求：（1）实际用水量及出塔溶液组成；（2）填料层高度。

解：（1）用水量和出塔吸收液浓度计算

由平衡数据作平衡线 OE，示于图 7.6.3 中。

$$y_1 = 0.40$$

$$Y_1 = 0.40/(1-0.40) = 0.667$$

$$Y_2 = Y_1(1-0.95) = 0.667 \times (1-0.95) = 0.0333$$

$$y_2 = \frac{Y_2}{1+Y_2} = \frac{0.0333}{1+0.0333} = 0.0323$$

对于高浓度气体吸收，依式（7.6.5）可得

$$\left(\frac{L_S}{G_B}\right)_{\min} = \frac{Y_1 - Y_2}{X_{e1} - X_2}$$

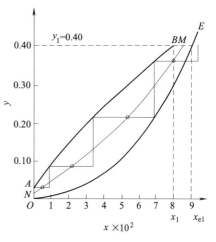

图 7.6.3 ［例 7.9］附图 1

由图 7.6.3 查得：$x_{e1} = 8.8 \times 10^{-2}$，即 $X_{e1} = 0.0965$；$X_2 = 0$（清水）

$$\left(\frac{L_S}{G_B}\right)_{\min} = \frac{0.667 - 0.0333}{0.0965 - 0} = 6.57$$

$$\frac{L_S}{L_B} = 1.1 \left(\frac{L_S}{L_B}\right)_{\min} = 1.1 \times 6.57 = 7.23$$

$$G_B = G_1(1 - y_1) = 0.024 \times (1 - 0.40) = 0.014 \text{kmol}/(\text{m}^2 \cdot \text{s})$$

于是

$$L_S = G_B \times 7.23 = 0.014 \times 7.23 = 0.1041 \text{kmol}/(\text{m}^2 \cdot \text{s})$$

出塔溶液浓度由物料衡算式得

$$X_1 = \left(\frac{G_B}{L_S}\right)(Y_1 - Y_2) + X_2 = \frac{1}{7.23} \times (0.667 - 0.0333) + 0 = 0.0876$$

即

$$x_1 = 0.08761 + 0.0876 = 0.0805$$

（2）求填料层高度

据式（7.6.8）得

$$h = \int_{y_2}^{y_1} \frac{G(1-y)_m \mathrm{d}y}{K_y a (1-y)_m (1-y)(y-y_e)} = \left[\frac{G}{K_y a (1-y)_m}\right]_m \int_{y_2}^{y_1} \frac{(1-y)_m \mathrm{d}y}{(1-y)(y-y_e)}$$

式中，高浓度气体吸收气相总传质单元数

$$N'_{OG} = \int_{y_2}^{y_1} \frac{(1-y)_m \mathrm{d}y}{(1-y)(y-y_e)} \tag{a}$$

高浓度气体吸收气相总传质单元高度（取塔顶、塔底平均值）

$$H'_{OG} = \left[\frac{G}{K_y a (1-y)_m}\right]_m \tag{b}$$

由物料衡算式（7.6.2）解得操作线方程为

$$y = [7.23x/(1-x) + 0.0333]/[7.23x/(1-x) + 1.0333] \tag{c}$$

根据式（c）算出一组 x、y 数据，并在图 7.6.3 上绘出操作线 AB。在 x_1 与 x_2 区间取九个 x 值，由式（c）算出相应的 y 值；在平衡曲线 OE 上读出每个 x 对应的 y_e 值，而后算出式（a）中各项数值，列表如下：

x	y	y_e	$y - y_e$	$1-y$	$(1-y)_m \approx \dfrac{(1-y)+(1-y_e)}{2}$	$\dfrac{(1-y)_m}{(1-y)(1-y_e)}$
0.00	0.0323	0.00	0.0323	0.9677	0.9839	31.5
0.01	0.0962	0.01	0.0862	0.9038	0.9464	12.2
0.02	0.1530	0.025	0.128	0.847	0.911	8.40

x	y	y_e	$y-y_e$	$1-y$	$(1-y)_m \approx \dfrac{(1-y)+(1-y_e)}{2}$	$\dfrac{(1-y)_m}{(1-y)(1-y_e)}$
0.03	0.2041	0.045	0.159	0.7959	0.8755	6.91
0.04	0.2512	0.08	0.171	0.7488	0.8344	6.51
0.05	0.292	0.12	0.172	0.708	0.7935	6.52
0.06	0.331	0.17	0.161	0.669	0.7495	7.01
0.07	0.366	0.23	0.136	0.639	0.702	8.08
0.0805	0.400	0.33	0.075	0.600	0.638	14.2

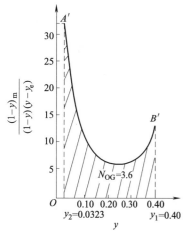

图 7.6.4 [例 7.9] 附图 2

标绘 $\dfrac{(1-y)_m}{(1-y)(1-y_e)}$ 对 y 的曲线如图 7.6.4 中 $A'B'$ 所示,测得曲线下 $y_2=0.023$ 至 $y_1=0.40$ 之间的面积约为 3.6,即 $N_{OG} \approx 3.6$。亦可将式 (a) 简化为

$$\dot{N}'_{OG} = \int_{y_2}^{y_1} \frac{\mathrm{d}y}{y-y_e} + \frac{1}{2}\ln\frac{1-y_2}{1-y_1} \qquad (d)$$

式中第一项可由近似梯级法求,如图 7.6.3 所示,数值为 3.5;第二项可直接计算。于是

$$\dot{N}'_{OG} \approx 3.5 + \frac{1}{2}\ln\frac{1-0.0323}{1-0.40} = 3.5 + 0.24 = 3.74$$

近似法与图解积分法计算结果基本一致。

传质单元高度 $\dot{N}'_{OG}$ 分别按塔底、塔顶计算,而后取其平均值。

塔底:$G_1 = 0.024 \text{kmol}/(\text{m}^2 \cdot \text{s})$

$[K_y a (1-y)_m]_1 = [pK_G a (1-y)_m]_1 = 100 \times 4 \times 10^{-4} = 0.04 \text{kmol}/(\text{m}^3 \cdot \text{s})$

$(H'_{OG})_1 = \dfrac{G_1}{[K_y a (1-y)_m]_1} = \dfrac{0.024}{0.04} = 0.60 \text{m}$

塔顶:$G_2 = 0.024 \times (1-0.40)/(1-0.0323) = 0.0149 \text{kmol}/(\text{m}^2 \cdot \text{s})$

$[K_y a (1-y)_m]_2 = [pK_G a (1-y)_m]_2 = 100 \times 2.6 \times 10^{-4} = 0.026 \text{kmol}/(\text{m}^3 \cdot \text{s})$

$(H'_{OG})_2 = \dfrac{G_2}{[K_y a (1-y)_m]_2} = \dfrac{0.0149}{0.026} = 0.573 \text{m}$

$(H'_{OG})_{平均} = \dfrac{1}{2} \times (0.60 + 0.573) = 0.586 \text{m}$

$h = 0.586 \times 3.6 = 2.11 \text{m}$

7.7 多组分吸收过程

气体混合物中有两个及以上组分被吸收剂吸收的过程称为多组分吸收过程。严格来说,工业上的吸收过程均为多组分吸收,只是在实际过程中,有些组分的吸收量可以忽略不计,而将其视为单组分吸收。

多组分吸收同样可分为低浓度气体吸收和高浓度气体吸收。当气相中被吸收组分浓度之和低于10%时，可视为低浓度气体吸收过程，反之则视为高浓度气体吸收过程。对于多组分气体吸收过程的计算，原则上与单组分气体吸收过程相同，但是，由于各个组分间相互影响导致体系相平衡关系复杂，传质系数也较难于确定，因而具有其特殊性。

7.7.1 多组分吸收的相平衡关系

当气体混合物中溶质的浓度较低，各组分的相平衡关系均符合亨利定律时，多组分吸收过程仍可通过简单的形式表示气液相平衡关系。由于每一组分都有自己的相平衡曲线，因而对于 n 组分吸收来说则具有 n 个相平衡方程，即

$$y_i = m_i x_i \qquad (7.7.1)$$

式中，i 为组分数，$i = 1, 2, 3, \cdots, n$。

一般来说，各组分进出塔的组成并不相同，所以也有与组分数相对应的操作线方程。但对各组分来说液气比相同，因而这些操作线斜率相同，即

$$y_i = \frac{L}{G}(x_i - x_{i2}) + y_{i2} \qquad (7.7.2)$$

将相平衡关系和操作线在直角坐标系中标绘，如图 7.7.1 所示（图中入塔吸收剂浓度均为零）。

7.7.2 多组分吸收的计算

对于多组分吸收的计算，首先根据工艺需求确定一个关键组分，然后按关键组分的吸收要求确定最小液气比、操作液气比、溶剂用量，按与单组分吸收同样的方法确定所需要的填料层高度或理论板数。其他组分的吸收率、出塔组成则利用填料层高度或理论板数通过操作型计算确定。

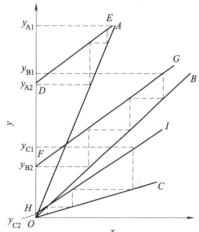

图 7.7.1 多组分的相平衡曲线和操作线

例如，需要处理的气体混合物共有 A、B、C 三种溶质（如图 7.7.1 所示），则具有三条相平衡线和三条操作线。当液相浓度相同时，A 的气相平衡组成最大，为轻组分；C 的气相平衡组成最小，为重组分。若选择 B 为关键组分，则依据 B 的吸收要求确定的适宜液气比，并做出 B 的操作线，利用图解法确定所需的理论级数或传质单元数。图中所示的情况三个理论级即可以达到吸收要求。剩余组分则可按照同样的液气比画出操作线，用试差法确定出塔浓度和吸收率。

7.8 化学吸收

溶质被吸收剂吸收后能与吸收剂中的活性组分发生化学反应的吸收称为化学吸收。如用 K_2CO_3 水溶液（苯菲尔溶液）吸收 CO_2，CO_2 与溶液中的 K_2CO_3 反应生成 $KHCO_3$，从而大大地增加了溶质的吸收量，即为典型的化学吸收过程。化学吸收由于具有较大的吸收容量

和较快的吸收速率，在工业中应用广泛。

7.8.1 化学吸收的特点

化学吸收过程同样是气相中的溶质组分向液相传递的过程，由于吸收质在液相中与反应组分发生化学反应，降低了液相中吸收质的浓度，增加了吸收推动力。在化学吸收中，溶质从气相主体到相界面的传递机理与物理吸收相同。溶质从相界面向液相传递的过程中与液相中的活性组分发生化学反应，因此，溶质在液相中的浓度分布由其自身的扩散速率和液相中活性组分反向扩散速率共同决定。

同时，化学吸收过程中，溶质在液相中以物理溶解态和化合态两种形式存在，而溶质的气相平衡分压仅与溶质的物理溶解态有关。化学反应的存在可降低液相中溶质以物理溶解态存在的浓度，因而可以显著降低其气相平衡分压，增加了吸收容量。

另外，气相平衡分压降低，增大了吸收过程的气相传质推动力，在液相侧，由于溶质在向液相主体扩散过程中与液相中活性组分发生化学反应而消耗，降低了传质阻力，提高了吸收速率。

7.8.2 化学吸收的计算

若溶质在液相中发生快速不可逆的化学反应，且液相中的活性组分浓度足够大，扩散速率大于其在相界面上消耗的速率，则可认为化学反应在气液相界面上进行。气液相界面上物理溶解态的溶质完全消耗，其浓度可认为趋近于0，则气液相界面上的气相平衡分压亦为0。此时，化学吸收速率完全受溶质在气相中的扩散速率控制，吸收过程的计算可以完全按照气膜控制的物理吸收过程计算（如图7.8.1所示）。

假若液相中的活性组分浓度较大，且有一定的扩散速率，则化学反应将发生在液膜内。反应面上溶质以物理溶解态存在的浓度亦为0（如图7.8.2所示）。此情况下，虽然相界面上以物理溶解态存在的溶质浓度不为零，但溶质在液相中的扩散距离随着化学反应进行而缩短，相当于增加了浓度梯度，从而提高了吸收速率。

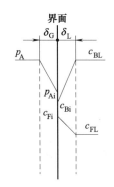

图 7.8.1 界面反应示意图

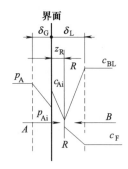

图 7.8.2 化学反应发生在液膜内的吸收过程

当液相中活性组分的扩散速率较小时，反应面更趋向于液相主体移动。其扩散速率非常小时，反应面在液相主体中。此时，虽然吸收过程气液两相中传质阻力并未因化学反应而产生明显变化，但由于液相中溶质以物理溶解态存在的浓度降低，也会增大过程的总传质推动力。

在工程上一般可用增强因子表示化学反应对液相传质系数的强化作用。增强因子 E 可

定义如下

$$E = \frac{k''_{\mathrm{L}}}{k_{\mathrm{L}}}$$ (7.8.1)

式中　E——增强因子；

　　　k''_{L}——化学吸收过程的液相传质系数，m/s；

　　　k_{L}——物理吸收过程的液相传质系数，m/s。

一般情况下 E 大于 1，且随化学反应速率的增大而增大，其值与具体的化学反应类型有关，详见有关专著。因此，若能得到增强因子 E，则可以很方便地通过 k_{L} 求得 k''_{L}，然后利用与物理吸收同样的方法进行化学吸收计算。

7.9　解吸操作

解吸又称脱吸，是吸收过程的逆过程，该过程是将离开吸收塔的吸收液送到解吸塔塔顶，与塔底通入的惰性气体或蒸气逆流接触，使溶质从溶液中释放出来进入气相，吸收液中的溶质浓度降低，以便于循环使用，降低吸收过程的操作成本。解吸操作一方面使吸收剂得以再生而循环使用，另一方面使溶解在吸收剂中的溶质组分释放出来，得到较纯的溶质组分。因此吸收-解吸流程才是一个完整的气体分离过程，真正实现了混合气体各组分的吸收分离。

解吸过程是吸收的逆过程，是气体溶质从液相向气相转移的过程，因此，解吸过程的必要条件及推动力与吸收过程相反，解吸的必要条件为气相溶质分压 p_{A} 或摩尔分数 y_{A} 小于液相中溶质的平衡分压 p_{Ae} 或平衡组成 y_{Ae}，解吸的推动力为 $(p_{\mathrm{Ae}} - p_{\mathrm{A}})$ 或 $(y_{\mathrm{Ae}} - y_{\mathrm{A}})$。

常用的解吸操作方法有气提解吸法、减压解吸法以及升温解吸法。工程上常将三种解吸方法联合使用，以图取得更好的解吸效果。

7.9.1　解吸方法

(1) 气提解吸法

气提解吸法也称载气解吸法，其过程如图 7.9.1 (a) 所示，将需要再生的吸收液从解吸塔塔顶喷淋而下，塔内可设置填料等内部构件促进气液传质，而将不含（或含微量）溶质的载气从吸收塔底靠压差自下而上通过解吸塔，与塔顶喷洒而下的吸收液逆流接触而进行质量交换。由于载气中溶质分压低于吸收剂中溶质浓度对应的平衡气相分压，因而溶解在吸收剂中的溶质将会向气相传递，使吸收剂得以再生。解吸过程的推动力为 $(p_{\mathrm{Ae}} - p_{\mathrm{A}})$，推动力越大，解吸速率越快，有时为提高解吸推动力，将吸收液预热后再用载气进行解吸。工程上可以根据解吸工艺要求选用不同的载气，常用的载气有如下几种：

① 以惰性气为载气　常用的惰性气有空气、氮气和二氧化碳气等气体。该法适用于脱除少量溶质并以吸收剂再生为操作目的，一般难以得到较纯净的溶质。

② 以水蒸气为载气　以水蒸气为载气，一方面水蒸气起到通常意义上载气作用的同时亦起到加热热源的作用，实际上是气提与升温同时并用的解吸操作，因而吸收剂的再生效果良好；另一方面，水蒸气易在塔顶实现冷凝，若溶质为不凝性气体或者溶质冷凝后与水形成完全不互溶物系时，则在塔顶可以获得较纯净的溶质组分。

由于水蒸气往往具有较高品位的大量热能且价格较贵，所以利用水蒸气作为载气时要特别注意系统能量的综合利用，以降低操作成本。

③ 以吸收剂蒸气作载气　利用吸收剂蒸气作载气，通常的做法是在解吸塔塔底设置一再沸器，使塔釜中解吸后的吸收剂汽化返回解吸塔作为解吸载气。实质上这种操作是仅有提馏段的精馏操作。

（2）减压再生

吸收剂的减压再生是最简单的吸收剂再生方法之一。在吸收塔内，吸收了大量溶质后的吸收剂进入再生塔并减压，使得溶入吸收剂中的溶质得以解吸。该方法最适用于加压吸收而且吸收后的后续工艺处于常压或较低压力的条件。对于这样的过程，往往吸收塔与解吸塔之间存在较大的压力差，可以利用水力透平回收过程的机械能。在吸收操作处于常压的条件下，若采用减压再生，那么解吸操作需在真空条件下进行，则过程可能不够经济。

（3）加热再生

加热再生也是吸收剂再生最常用的方法。吸收了大量溶质后的吸收剂进入再生塔内并加热使其升温，溶入吸收剂中的溶质得以解吸。由于解吸温度必须高于吸收温度，因而，该方法最适用于在较低温度下进行的吸收过程。否则，若吸收温度较高，则解吸温度必然更高，从而，需要消耗更高品位的能量。对于加热解吸过程一般是采用水蒸气作为加热介质，加热方法可依据具体情况采用直接蒸汽加热或间接蒸汽加热。

对实际的工程，应根据工艺过程的实际情况选择合适的解吸方法，既要达到规定的解吸要求，又要考虑到过程的经济合理性。应该指出，工业上很少单独使用一种方法解吸，通常是结合工业条件和物系的特点，联合使用上述解吸方法，如将吸收液通过换热器先加热，再送到低压塔中解吸，其解吸效果比单独使用一种解吸方法更佳。

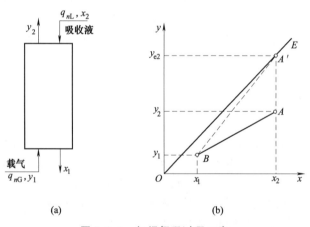

(a)　　　　　　　　　(b)

图 7.9.1　气提解吸过程示意

7.9.2　气提解吸过程的分析计算

由以上分析可以看出解吸过程是吸收过程的逆过程，组分在相间的传递过程与吸收过程遵循相同的原理和规律，因此吸收过程中所用的分析和计算方法对于解吸过程均是适用的。但两者的推动力互为负值，因此在 $x \sim y$ 图上表示操作线时，吸收操作线总是处于平衡线上方，而解吸过程操作线则位于平衡线下方。

一般情况下，解吸过程的计算是在已知吸收液的处理量条件下，计算所需的载气量、填料层高度以及过程的能量消耗。

（1）载气用量确定

与吸收过程确定吸收剂用量一样，解吸过程计算首先要确定过程的载气用量。所用的方法是利用全塔的物料衡算，先计算过程的最小气液比，然后根据最小气液比确定适宜的气液比和载气用量。

对于解吸塔，塔顶气液相中溶质浓度高，塔底端气液相溶质浓度低。现仍以下标1表示塔底，下标2表示塔的顶端［图7.9.1（a）］，则对于低浓度气体的解吸过程，其操作线方程为

$$y = \frac{L}{G}(x - x_1) + y_1 \tag{7.9.1}$$

此解吸操作线在 $x \sim y$ 图上为一直线，斜率为 L/G，通过塔底 $B(x_1, y_1)$ 和塔顶 $A(x_2, y_2)$。与吸收操作线所不同的是该操作线在平衡线的下方，如图7.9.1（b）所示的 AB 线。

而全塔的物料衡算方程为

$$G(y_2 - y_1) = L(x_2 - x_1)$$

如图7.9.1（b）所示，与吸收过程求最小液气比的过程类似，现不断地减少载气用量，则解吸操作线斜率不断增大，直至在塔顶端操作线与平衡线相交（或当平衡线下凹时，操作线和平衡线在某处相切），此时所对应的气液比称为过程的最小气液比，这时载气用量最少，于是有

$$\left(\frac{G}{L}\right)_{\min} = \frac{x_2 - x_1}{y_{e2} - y_1} = \frac{x_2 - x_1}{mx_2 - y_1} \tag{7.9.2}$$

这样即可依据液相处理量 L 求得最小载气量。根据生产实际经验，实际操作载气用量可取最小载气用量的 $1.2 \sim 2$ 倍，即

$$G = (1.2 \sim 2.0)G_{\min} \tag{7.9.3}$$

（2）填料层高度的计算

传质单元高度计算与吸收过程相同。传质单元数的计算方法与吸收过程的计算方法也相同，但是要注意两者传质推动力的方向相反。

当平衡关系符合亨利定律且操作线为直线时，由液相传质单元数的定义

$$N_{OL} = \int_{x_1}^{x_2} \frac{dx}{x - x_e}$$

得

$$N_{OL} = \frac{1}{1-A}\ln\left[(1-A)\left(\frac{x_2 - y_1/m}{x_1 - y_1/m}\right) + A\right] \tag{7.9.4}$$

计算解吸过程所需的理论塔板数可按下式进行计算

$$N = \frac{1}{\ln\frac{1}{A}}\ln\left[(1-A)\left(\frac{x_2 - y_1/m}{x_1 - y_1/m}\right) + A\right] \tag{7.9.5}$$

比较两式可知，传质单元数和理论塔板数两者之间的关系为

$$\frac{N}{N_{OL}} = \frac{A-1}{\ln A} \tag{7.9.6}$$

对解吸操作，解吸因子 $1/A$ 的范围是 $1.2 < 1/A < 2.0$，一般情况下可以取 $1/A = 1.4$。

【**例7.10**】 在吸收-解吸联合系统中，吸收塔内用洗油逆流吸收煤气中含苯蒸气，解吸塔内用过热蒸汽逆流解吸回收洗油循环使用。已知吸收塔的入塔煤气中苯的组成为 0.05

（摩尔分数，下同），吸收塔顶进入的洗油中苯的组成为 0.006，出塔煤气中苯的组成降至 0.0015；操作条件下，平衡关系为 $y = 0.125\,x$，吸收操作液气比为最小液气比的 1.5 倍，气相总传质单元高度为 0.55m。从吸收塔排出的液体升温后在解吸塔内用过热蒸汽逆流解吸，已知解吸条件下的相平衡关系为 $y = 3.16\,x$，解吸塔内操作气液比为最小气液比的 1.4 倍，气相总传质单元高度为 0.95m。试求：

（1）吸收塔出塔液体的组成和解吸塔出塔蒸汽的组成；

（2）吸收塔填料层高度；

（3）解吸塔填料层高度。

解：（1）吸收塔已知 $y_1 = 0.05$，$y_2 = 0.0015$，$x_2 = 0.006$，$m = 0.125$，则

$$\left(\frac{q_{nL}}{q_{nG}}\right)_{\min} = \frac{y_1 - y_2}{y_1/m - x_2} = \frac{0.05 - 0.0015}{0.05/0.125 - 0.006} = 0.123$$

$$\frac{q_{nL}}{q_{nG}} = 1.5\left(\frac{q_{nL}}{q_{nG}}\right)_{\min} = 1.5 \times 0.123 = 0.185$$

吸收液组成

$$x_1 = \frac{q_{nG}}{q_{nL}}(y_1 - y_2) + x_2 = \frac{1}{0.185} \times (0.05 - 0.0015) + 0.006 = 0.268$$

对于解吸塔已知 $y_1' = 0$，溶液进口组成 $x_2' = x_1 = 0.268$，溶液出口组成 $x_1' = x_2 = 0.006$，则

$$\left(\frac{G}{L}\right)_{\min} = \frac{x_2' - x_1'}{m' x_2' - y_1'} = \frac{0.268 - 0.006}{3.16 \times 0.268 - 0} = 0.309$$

$$\frac{G}{L} = 1.4\left(\frac{G}{L}\right)_{\min} = 1.4 \times 0.309 = 0.433$$

出塔蒸汽组成

$$y_2' = \frac{L}{G}(x_2' - x_1') + y_1' = \frac{1}{0.433} \times (0.268 - 0.006) + 0 = 0.605$$

（2）吸收塔

$$A = \frac{L}{mG} = \frac{0.185}{0.125} = 1.48$$

$$N_{OG} = \frac{1}{1 - \frac{1}{A}}\ln\left[\left(1 - \frac{1}{A}\right)\frac{y_1 - mx_2}{y_2 - mx_2} + \frac{1}{A}\right]$$

$$= \frac{1}{1 - \frac{1}{1.48}}\ln\left[\left(1 - \frac{1}{1.48}\right)\frac{0.05 - 0.125 \times 0.006}{0.0015 - 0.125 \times 0.006} + \frac{1}{1.48}\right] = 9.53$$

吸收塔填料层高 $h = H_{OG}N_{OG} = 0.55 \times 9.53 = 5.24 \text{ m}$

（3）解吸塔

$$A' = \frac{L}{m'G'} = \frac{1}{3.16 \times 0.433} = 0.731$$

$$N_{OL} = \frac{1}{1 - A'}\ln\left[(1 - A)\left(\frac{x_2' - y_1'/m}{x_1' - y_1'/m}\right) + A'\right]$$

$$= \frac{1}{1 - 0.731}\ln\left[(1 - 0.731)\left(\frac{0.268 - 0}{0.006 - 0}\right) + 0.731\right] = 9.46$$

解吸塔液相总传质单元高度 $H_{OL} = AH_{OG} = 0.731 \times 0.95 = 0.694m$

解吸塔填料层高 $h = H_{OL}N_{OL} = 0.694 \times 9.46 = 6.56m$

7.10 填料塔

填料塔内堆置一定数量的填料，形成一定高度的填料层。流入的液体和气体在填料塔表面逆流密切接触，实现传质与传热。与板式塔不同，填料塔内的气液接触是连续接触过程，因此，气液相的组成沿塔高呈连续变化。

填料塔是化工分离过程的主要设备之一。填料塔不仅结构简单，而且阻力小，便于用耐腐蚀材料制造。与板式塔相比，填料塔具有生产能力大、分离效率高、压降小、操作弹性大、塔内持液量小等突出特点。同时对于直径较小的塔，处理有腐蚀性的物料或要求压降很小的真空分离系统，填料塔都具有明显的优势，因而在化工生产中得到了广泛的应用。

由于填料塔存在放大效应和壁流效应，而且大直径填料塔造价高，所以在过去，填料塔一般应用于实验室和中小型分离装置。随着近 30 年来国内外对新型高效塔填料和新型塔内件的成功改进发展，新型高效规整填料的不断出现，促使其广泛应用于均相流体混合物的分离工程中，直径达几米或 10m 以上的大型填料塔在工业中已得到了应用。

7.10.1 填料塔的结构

填料塔结构如图 7.10.1 所示，主要是由圆筒形塔体、填料、填料支撑板、液体分布器、液体收集器、液体再分布器、气体分布器、气体和液体进出口接管等部件组成。填料是填料塔内造成气液相接触进行传质的气液接触元件，是填料塔的核心部件。填料支撑板起支撑塔填料的作用，填料上方装有固定填料防止其松动的填料压板。液体从塔顶进入液体分布器，均匀地淋洒在填料层上，并在填料的表面呈膜状流下，气体从塔底的气体进口引入，通过塔底的气体分布装置沿塔截面均匀分布并向塔顶流动，气、液两相在填料层中与液体逆流接触，通过在填料表面形成的液膜进行相间质量传递。当液体在填料层内流动时，有向塔壁流动的趋势，塔壁附近液体流量会逐渐增大，这种现象称为壁流。壁流的结果是气液两相在填料层内分布不均，所以当填料层较高时，填料层分为若干段，段间设置液体收集器和液体再分布器。

7.10.2 主要塔内件简介

(1) 塔填料

填料塔内气液两相间的传质过程在填料（Packings）表面上进行，填料起分散液体、增加气液接触面积的作用，填料间的空隙为气体的通道。塔填料种类繁多，性能各异。按填料的结构及其使用方式可以分为散堆填料（Dumped Packings）和规整填料（Structured/Ordered Packings）两大类。每一类中

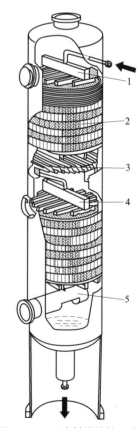

图 7.10.1 填料塔结构示意图

1—液体分布器；2—塔填料；
3—液体收集器；4—液体再
分布器；5—气体分布器

有不同的结构系列，同一结构系列中有不同的尺寸和不同的材料，可供设计时选用。

各种填料的结构和堆放状态反映了各自的特性，直接影响塔的生产能力和传质性能。塔填料的主要参数包括填料的公称直径、空隙率、比表面积和填料因子。

公称直径 塔填料公称直径（Nominal Diameter）表示填料的大小，其单位为 m。

空隙率 填料的空隙率（Porosity）是指单位体积填料层中孔隙所占的体积，其单位为 m^3/m^3。一般说来，填料层的空隙率大，则流体通过填料层时的阻力小，即空隙率大的填料具有较大的处理能力。

比表面积 塔填料的比表面积（Specific Surface Area）是指单位体积填料层所具有的几何表面积，其单位为 m^2/m^3，填料的比表面积越大，所能提供的气液相间的传质面积越大，即比表面积大的塔填料往往具有更好的传质性能。

填料因子 填料因子（Packings Factor）分为干填料因子和湿填料因子两种。干填料因子为填料的比表面积与填料空隙率的比值，单位为 $1/m$；而湿填料因子具有与干填料因子相同的单位和量纲，反映填料在实际操作中的综合流体力学性能，可以作为评价填料流体力学性能的主要参数。

性能优良的塔填料应具有良好的流体力学性能和传质性能，应具有较大的比表面积和良好的表面润湿性能，具有利于气液相均匀分布的结构，液相淋洒在填料层上时填料层内的持液量要适宜，同时应具有较大的空隙率使得气体通过填料层时压降较小，不易发生液泛（Flooding）现象。一般可以从气液相通量、分离效率、压力降等方面评价填料性能。同一系列填料中，小尺寸填料比表面积较大，具有较高的分离能力，空隙率较大者具有较小的压力降和较大的通量。金属和塑料材质的填料比陶瓷填料具有较小的压力降和较大的处理量。从抗堵塞性能上看，比表面积小的填料具有较大的空隙率，具有较强的抗堵塞能力；金属和塑料材料的填料抗堵塞能力优于陶瓷填料。

填料的种类很多，通常可以分为散堆填料和规整填料两种。现将介绍工业中常用的几种填料，具体如下：

① 散堆填料 目前散堆填料主要有环形填料、鞍形填料、环鞍形填料及球形填料。所用的材质有陶瓷、塑料、石墨、玻璃以及金属等。

a. 环形填料 环形填料主要包括拉西环、鲍尔环和阶梯环。其结构特征及特性参数见图 7.10.2 和表 7.10.1。

(a) 拉西环　　　　(b) 鲍尔环　　　　(c) 阶梯环

图 7.10.2 环形填料结构示意

拉西环（Raschig Ring）结构如图 7.10.2（a）所示，是最早使用的塔填料，其几何形状是外径与高相等的小圆环，具有结构简单、加工方便、造价较低等优点。常用的材质有陶瓷、金属、塑料以及石墨等。但由于拉西环空隙率小，致使气液相通过能力小，同时由于填料层空隙率分布不均匀，使得液相的沟流和壁流现象较为严重，造成传质效率较低，故近年来拉西环的使用日趋减少。

鲍尔环（Pall Ring）结构如图 7.10.2（b）所示。鲍尔环是在拉西环填料的基础上改进其结构而得到的另一种塔填料，其结构特点是在拉西环的圆环壁上开两层矩形孔，被切开的壁面一端仍与小圆环相连，另一端则向内弯曲在小圆环内形成舌片，各舌片在填料中心几乎对接。这种结构使得填料的内表面和外表面沟通，改善了塔内气液相分布，故其流体力学性能和传质性能均得到了明显的改善，有关资料表明鲍尔环的气相通量较拉西环大 50% 以上，而传质效率比拉西环大 30% 以上。

阶梯环（Cascade Mini Ring）填料由英国某公司开发于 20 世纪 70 年代初，是在鲍尔环的基础上改进开发出的塔填料。其壁面上与鲍尔环一样开有矩形孔和形成向内的舌片，但其环高仅有其直径的 1/3～1/2，而且在环的一端制成锥形翻边，锥形翻边的高度一般是环高的 1/5，这样减少了气体通过床层的阻力。阶梯环较小的高径比和它的锥形翻边结构，使得填料之间呈点式接触，形成的填料层均匀，空隙率较大，有利于液体的均匀分布，因此阶梯环填料具有更大的处理能力和更高的传质效率。与鲍尔环相比，其气体的通过能力可提高 10%～20%，是目前环形填料中性能优良的塔填料。一般由塑料或金属材料制成。其结构见图 7.10.2（c）。

表 7.10.1　环形填料特性参数

材质分类	公称尺寸 /mm	个数 /(1/m³)	堆积密度 /(kg/m³)	空隙率/(m³/m³)	比表面积 /(m²/m³)	填料因子(干) /m⁻¹
瓷拉西环	25	49000	505	0.78	190	400
	40	12700	577	0.75	126	305
	50	6000	457	0.81	93	177
	80	1910	714	0.68	76	243
钢拉西环	25	55000	640	0.92	220	290
	35	19000	570	0.93	150	190
	50	7000	430	0.95	110	130
	76	1870	400	0.95	68	80
塑料鲍尔环	25	42900	150	0.901	175	239
	38	15800	98	0.89	155	220
	50(井)	6500	74.8	0.901	112	154
	50(米)	6100	73.7	0.9	92.7	127
	76	1930	70.9	0.92	72.2	94
钢鲍尔环	16	143000	216	0.928	239	299
	25	55900	427	0.934	219	269
	38	13000	365	0.945	129	153
	50	6500	395	0.949	112.3	131
瓷质阶梯环	50(米)	9091	516	0.787	108.8	223
	50(井)	9300	483	0.744	105.6	278
	76	2517	420	0.795	63.4	126
钢质阶梯环	25	97160	439	0.93	220	273.5
	38	31890	475.5	0.94	154.3	185.5
	50	11600	400	0.95	109.2	127.4

材质分类	公称尺寸 /mm	个数 /(1/m³)	堆积密度 /(kg/m³)	空隙率/(m³/m³)	比表面积 /(m²/m³)	填料因子(干) /m⁻¹
塑料阶梯环	25	81500	97.8	0.90	228	312.8
	38	27200	57.5	0.91	132.5	175.8
	50	10740	54.3	0.927	114.2	143.1
	76	3420	68.4	0.929	90	112.3

b. 鞍形填料 鞍形填料主要包括弧鞍形填料、矩鞍形填料和环矩鞍形填料。其结构特征见图 7.10.3。

弧鞍形填料又称为贝尔鞍填料（Berl Saddle），其结构如图 7.10.3（a）所示。弧鞍形填料的形状如同马鞍，特点是表面全部敞开，结构对称，流体可以在填料两侧表面流动，因而其表面利用率高。另外，其表面流道呈弧线形，故流动阻力小，传质单元高度和压降比拉西环低。但是由于其结构对称，易造成填料装填时表面重合，即减少了暴露的表面，又破坏了填料层的均匀性，影响了传质效率。在床层中比拉西环易破碎。故在工程上应用较少，而逐步为矩鞍形填料所取代。

矩鞍形填料（Intalox Saddle）结构特征和特性参数见图 7.10.3（b）和表 7.10.2，其两面的不对称结构克服了弧鞍形填料易重叠的缺点，形成的填料层空隙率均匀，从而具有较好的液体分布性能和传质性能。

(a) 弧鞍形    (b) 矩鞍形

图 7.10.3 鞍形填料结构示意图

表 7.10.2 矩鞍形填料特性参数

材质	公称尺寸 /mm	个数 /(1/m³)	堆积密度 /(kg/m³)	空隙率 /(m³/m³)	比表面积 /(m²/m³)	填料因子(干) /m⁻¹
陶瓷	25	58230	544	0.772	200	433
	38	19680	502	0.804	131	252
	50	8243	470	0.728	103	216
	76	2400	537.7	0.752	76.3	179.4
塑料	16	365009	167	0.806	461	879
	25	97680	133	0.847	283	473
	76	3700	104.4	0.855	200	289

c. 金属环矩鞍填料 金属环矩鞍（Metal Intalox Saddle）或英特洛克斯金属填料（Intalox Metal Tower Packing，IMTP）1977 年由美国诺顿（Norton）公司开发成功，它结合了鲍尔环的空隙大和矩鞍填料流体均布性好的优点，具有气体通过能力大、传质效率高等明显的优点，是目前性能十分优良的散堆填料，被广泛应用。外形结构和特性参数如图

7.10.4 和表 7.10.3 所示，此种结构填料也可由陶瓷材料制造。

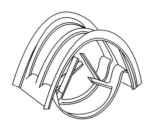

图 7.10.4　金属环矩鞍填料结构示意图

图 7.10.5　纳特环填料结构示意图

表 7.10.3　金属环矩鞍填料特性参数

材质	公称尺寸 /mm	个数 /(1/m³)	堆积密度 /(kg/m³)	空隙率 /(m³/m³)	比表面积 /(m²/m³)	填料因子(干) /m⁻¹
金属	25	101160	409	0.96	185	209.1
	38	24680	365	0.96	112	126.6
	50	10400	291	0.96	74.9	84.7
	76	3320	244.7	0.97	57.6	63.1

d. 纳特环　纳特环（Nutter Ring）填料由英国 Nutter Engineering 公司开发于 20 世纪 80 年代初，也是环和鞍组合成的填料，其外表像半个鲍尔环，但又从壁面冲出两个直径不等的圆环。其特点是：液体在填料表面多次循环流动而有利于壁面更新。弯片腰部有开孔的凸缘，增强了液体向两侧分散，润湿外表面、弯片上下的翻边和中部凸缘，增强了填料的刚性，可达到理想的乱堆和避免叠置。在分离能力和压降方面均优于鲍尔环。一般由塑料或金属材料制成。其外形结构和特性参数见图 7.10.5 和表 7.10.4。

表 7.10.4　金属纳特环填料特性参数

材质	公称尺寸 /mm	个数 /(1/m³)	堆积密度 /(kg/m³)	空隙率/ (m³/m³)	比表面积 /(m²/m³)
金属	1.78	167400	176	0.98	226
	2.54	67100	178	0.98	168
	3.81	26800	181	0.98	124
	5.08	13600	173	0.98	96
	6.35	8800	83	0.98	83

(a) 多面球形

(b) TRI填料

图 7.10.6　球形填料结构示意图

e. 球形填料　球形填料的种类较多，其结构特征及特性参数见图 7.10.6 和表 7.10.5。球形填料一般多采用塑料材质制造。其结构特点是多制成由许多板片构成的球体或由许多格栅构成的球体。这类填料具有结构对称性，因而其装填成的填料床层均匀，气液相分布性能好。

表 7.10.5　球形填料特性参数

分类	公称尺寸 /mm	个数 /(1/m³)	堆积密度 /(kg/m³)	空隙率 /(m³/m³)	比表面积 /(m²/m³)
TRI	45×50	11998	48	0.96	
Teller 花环	47	32500	111	0.88	185
	73	8000	102	0.89	127
	95	3600	88	0.90	94

② 规整填料　规整填料是由许多相同尺寸和形状的材料组成的填料单元，以整砌的方式装填在塔体中，主要包括板波纹填料、丝网波纹填料、格利希格栅和脉冲填料等，其中以

板波纹填料和丝网波纹填料应用居多。板波纹填料所用材料主要有金属和瓷质，丝网波纹填料所用材料主要有金属丝网和塑料丝网，其主要结构和特性参数见图 7.10.7 和表 7.10.6。

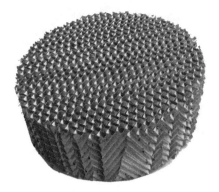

(a) 板波纹填料　　　　　　　　　　　　　(b) 丝网波纹填料

图 7.10.7　规整填料结构示意图

目前规整填料种类多，形状不同，性能各异。理想的规整填料应具备以下特点：压降小；分离效率高；节能，可减小塔径；液体滞流量少；操作弹性大，适应性强；产品提取率高。Mellapak 填料（带孔波纹板，材质为不锈钢等，比表面积 $700m^2/m^3$）是瑞士 Sulzer 公司 20 世纪 70 年代的专利产品，它的问世是规整填料史上一座重要里程碑。如今，Mellapak 的换代产品已经出现，它们是瑞士 KUHNI 公司的 Rombopak 填料，德国 Raschig 公司的 Raschig-Superpak 填料，中国天津大学的 Zupak 填料等。

a. 孔板波纹填料　孔板波纹填料（Corrugated Plate Packing）是由金属薄板先冲孔后，再压制成波纹状的若干片波纹板，平行叠合而成圆盘单体，其结构如图 7.10.7（a）所示。在填料塔内装填时，上下两盘填料的排列方向交错 90°角。孔板波纹填料的气体通量大，流体流通阻力小，传质效率高，而且加工制造方便，造价较低，是目前十分通用的高效规整填料之一。

表 7.10.6　规整填料结构参数

分类	型号	空隙率 /(m³/m³)	比表面积 /(m²/m³)	波纹倾角 /(°)	峰高 /mm
金属板波纹	125X	0.98	125	30	25
	125Y	0.98	125	45	25
	250X	0.97	250	30	
	250Y	0.97	250	45	12
	350X	0.94	350	30	
	350Y	0.94	350	45	9
	500X	0.92	500	30	6.3
	500Y	0.92	500	45	6.3
轻质陶瓷	125X	0.9	125	30	
	250Y	0.85	250	45	
	350Y	0.8	350	45	
丝网波纹	CY 型	0.85	700	45	
	BX 型	0.9	500	30	
	AX 型	0.95	250	30	

b. 丝网波纹填料   如图 7.10.7（b）所示，丝网波纹填料是以细密的丝网为材质制成的与孔板波纹填料相类似结构的规整填料。由于丝网密集，具有较大的表面积，而且丝网具有毛细作用，使得液体在丝网表面极易润湿伸展成膜，是目前传质效率较高的规整填料之一。但该填料所用的材质较贵，故造价较高。该填料特别适合于难分离的物系，在精密精馏和真空蒸馏中广泛应用。

c. 格栅填料   格栅填料是由一些垂直、水平或倾斜的板条组成。其中格利希格栅是一种典型的格栅填料，它由垂直、水平和倾斜的金属嵌板组成，在垂直嵌板上设有左右交替排列的水平突边，格栅由金属嵌板点焊连接而成。这种填料形成的填料层空隙率大，因而其气相通量大，流体流动阻力小，填料抗污染和抗堵塞能力强。但是这种填料的传质效率较低，一般应用较少。

d. Rombopak 填料   该填料是瑞士 KUHNI 公司 20 世纪 80 年代研究开发的一种垂直板网类规整填料。它率先开辟了按照气液最佳流路设计规整填料的新途径，据悉，该填料已推广应用于 400 多座塔中，最大塔径＜4000mm。

e. Raschig-Superpak 填料   该填料是德国 Raschig 公司开发的高性能规整填料。据称，Raschig-Superpak 300 在比表面积和分离效率相同的条件下，与传统的规整填料相比，通量提高了 26％，压力降降低了 33％。

f. 组片式波纹填料（Zupak）   Zupak 填料是天津大学近年开发的获奖专利产品，目前有两大类 8 种型号。Zupak 填料和相应型号的 Mellapak 填料相比，比表面积增加 10％左右，开孔率增加了 30％～40％，分离效率提高约 10％，通量提高 20％，压力降降低 30％左右。开发成功后，第一次用在当时国内最大直径的塔上（＜8400mm），目前正处于推广阶段。

③ 塔填料的选用   选用填料主要是选择填料材质、填料类型和填料尺寸。塔填料材质的选择是依据吸收系统介质的性质及操作条件。一般情况下，可以选用塑料、金属和陶瓷等材料。对于腐蚀性介质应采用相应的耐腐蚀材料，如陶瓷、塑料、玻璃、石墨、不锈钢等，对于温度较高的情况，要考虑材料的耐高温性能。

填料类型的选择较为复杂，因为能满足工艺要求的塔填料不止一种，需对这些填料在规定的工艺条件下，做出较全面的经济评价，以较少的投资获得较佳的经济技术指标。一般是根据生产经验，先预选出几种可能选用的填料，然后对其进行评价。在同一类型的填料中，比表面积大的填料虽然可能具有较高的分离效率，但由于其在同样的处理量下，所需塔径较大，会使塔体造价升高。

为防止产生较大的壁效应，造成塔的分离效率下降，填料塔塔径与所用填料尺寸的比值应保持不低于某一下限值，实际使用中可以参考表 7.10.7 选取填料尺寸。填料尺寸大，成本低，处理量大，但效率低。而使用大于 50mm 的填料时，成本的降低往往难以抵偿其效率降低所造成的成本增加，所以，一般大塔常使用 50mm 的填料。但在大塔中使用小于 20～25mm 的填料时，效率并没有较明显的提高。

表 7.10.7   填料尺寸与塔径的对应关系

塔径/mm	$D<300$	$300<D<900$	$D>900$
填料尺寸/mm	20～25	25～38	50～80

（2）液体初始分布器

在填料塔塔顶必须设置液体初始分布器（Liquid Distributor），以使进入填料塔的液体能够均匀地分布在填料层上，对于直径较大和填料层较低的填料塔，更需要性能良好的液体分布器。液体分布器性能主要由分布器的布液点密度（单位面积上布液点数）、布液点的布液均匀性、布液点上液相组成的均匀性决定。在通常情况下，分布器能满足各种填料分布要求的适宜喷淋点密度见表 7.10.8。由表 7.10.8 可知，在选择分布器的布液点密度时，应遵循填料的效率越高，所需的布液点密度越大这一规律。根据所选择的填料，确定布液点密度后，再根据塔的截面积求得分布器的布液孔数。例如填料塔设计中一般需考虑每平方米塔板上有 30 个以上的喷淋点，对于高真空的塔，使用填料尺寸又比较大的情况，则每平方米塔板上按 45 个以上的喷淋点考虑，对于精密型填料，则要求更多。

表 7.10.8　填料的喷淋点密度

填料类型	散堆填料	板波纹填料	CY 丝网填料
填料类型喷淋点密度/(个/m²)	50～100	>100	>300

　　液体分布器的类型较多，并有不同的分类方法，一般多以液体流动的推动力分类或按结构形式分类。若按流体推动力分类，可分为重力式和压力式两类；若以分布器的结构形式划分，则可分为多孔型和溢流（Overflow）型两类。

　　① 多孔型液体分布器　多孔型液体分布器主要有排管式［见图 7.10.8 (a)、(b)］、槽式［见图 7.10.8 (c)、(d)］及盘式［见图 7.10.8 (e)、(f)］等类型，其共同点在于都是利用分布器下方的液体分布孔将液体均匀地分布在填料层上，其液体流出方式均为孔流式。

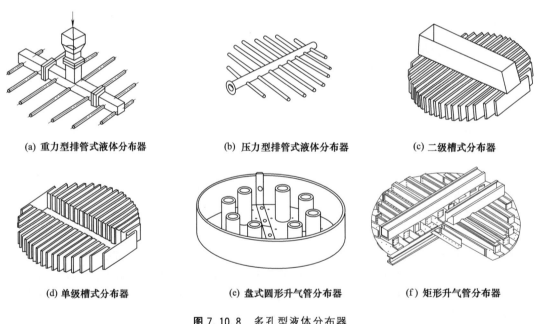

(a) 重力型排管式液体分布器　　　(b) 压力型排管式液体分布器　　　(c) 二级槽式分布器

(d) 单级槽式分布器　　　(e) 盘式圆形升气管分布器　　　(f) 矩形升气管分布器

图 7.10.8　多孔型液体分布器

　　② 溢流型液体分布器　溢流型液体分布器的结构和多孔型结构类似，其差别在于布液结构不同，它将孔流型布液点变为溢流堰口，其典型结构如图 7.10.9 所示。溢流型液体分布器的布液点是在溢流槽的上部开有一定量的溢流口，用来使液体均匀分布。溢流堰口一般为倒三角形或矩形。由于三角形堰口随液位的升高，液体流通面积加大，故这种开口形式具有较大的操作弹性。

　　溢流型液体分布器形式亦多种多样，主要有槽式溢流型分布器和盘式溢流型分布器，如

图 7.10.9（a）、（b）所示；以及近年来开发的新型槽盘式溢流型分布器，它将槽式及盘式分布器的优点有机地结合一体，兼有集液、分液及分气三种作用，结构紧凑，操作弹性高达10∶1。气液分布均匀，阻力较小，特别适用于易发生夹带、易堵塞的场合。槽盘式溢流型液体分布器的结构如图 7.10.9（c）所示。

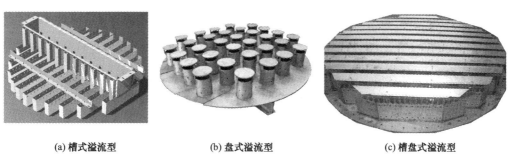

(a) 槽式溢流型　　　　　(b) 盘式溢流型　　　　　(c) 槽盘式溢流型

图 7.10.9　溢流型液体分布器

（3）液体收集及再分布装置

当填料层较高需要多段设置或填料层间有侧线进料或出料时，各段填料层之间要设液体收集及再分布装置（Liquid Redistributor），将上段填料层流下的液体收集充分混合后，进入下段填料层并重新分布在下段填料层上。

① 百叶窗式液体收集器　百叶窗式液体收集器结构见图 7.10.10，它主要由收集器筒体、集液板和集液槽组成。集液板由下端带导液槽的倾斜放置的一组挡板组成，其作用在于收集液体，并通过其下的导液槽将液体汇集于集液槽中。集液槽是位于导液槽下面的横槽或沿塔周边设置的环形槽，液体在集液槽中混合后，沿集液槽的中心管进入液体再分布器，进行液相的充分混合和再分布。与百叶窗式集液器配合使用的液体再分布器有管式或槽式，可按需要选择。

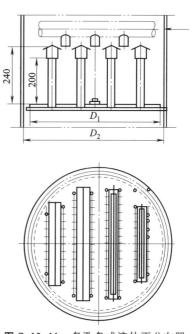

图 7.10.10　百叶窗式液体收集器　　　　**图 7.10.11　多孔盘式液体再分布器**

② 多孔盘式液体再分布器　多孔盘式液体再分布器是集液体收集和再分布功能于一体的液体收集和再分布装置。这种液体收集再分布器具有结构简单、紧凑、安装空间高度低等突出优点，是工程中常用的液体再分布装置之一，其典型的结构见图7.10.11。这种分布器通常采用多点进料进行液体的预分布，以使盘上液面高度保持均匀，改善液体的分布性能。

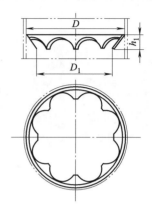

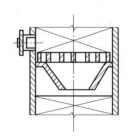

图 7.10.12　截锥式液体再分布器

图 7.10.13　改进截锥式液体再分布器

③ 截锥式液体再分布器　截锥式液体再分布器是一种最简单的液体再分布器，其结构见图7.10.12，多用于小塔径的填料塔，以克服壁流作用对传质效率的影响。图7.10.13所示的是一种改进的截锥式液体再分布器，与普通截锥式液体再分布器相比具有通量大、不影响填料安装等优点。

(4) 气体分布装置

一般说来，实现气相均匀分布要比液相容易，故气体入塔的分布装置也相对简单。但对于大塔径低压力降的填料塔来说，设置性能良好的气体分布装置（Gas Distributor）仍然是十分重要的。即对于直径较小的填料塔，多采用简单的进气分布装置，对于直径大于2.5m的大塔，则需要性能更好的气体分布装置，见图7.10.14。

(5) 除沫装置

由于气体在塔顶离开填料层时，带有大量的液沫和雾滴，为回收这部分液体，常需在塔顶设置除沫器。常用的除沫器有折流板式除沫器（图7.10.15）、旋流板式除沫器（图7.10.16）以及丝网除沫器（图7.10.17）。

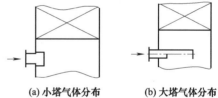

(a) 小塔气体分布　　　(b) 大塔气体分布

图 7.10.14　气体分布型式

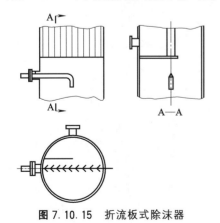

图 7.10.15　折流板式除沫器

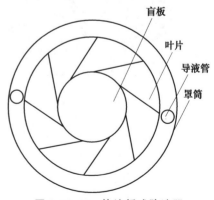

图 7.10.16　旋流板式除沫器

（6）填料支撑板

填料支撑板（Packing Support Plate）的作用是支撑板上的填料重量和填料的持液量，由于填料支撑板本身对塔内气液的流动状态也会产生影响，设计时也需要考虑。一般情况下填料支撑板应满足如下要求：①有足够的强度和刚度，以支持填料及其所持液体的重量（持液量）；②要保证有足够的开孔率（一般要大于填料的空隙率），以防在填料支撑处发生液泛现象；③在结构上应有利于气液相的均匀分布，同时不至于产生较大的阻力（一般阻力不大于 20 Pa）；④结构简单易于加工制造和安装。常用的填料支撑板有栅格形支撑板（图 7.10.18），驼峰形支撑板（图 7.10.19）等。

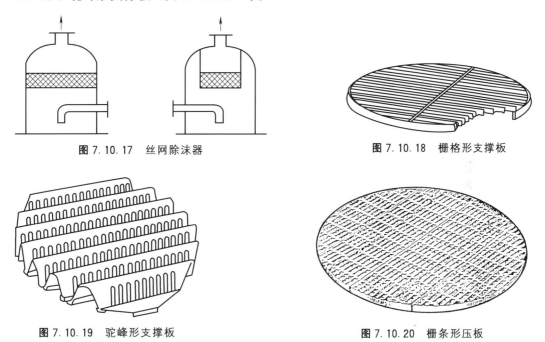

图 7.10.17　丝网除沫器　　　　　　　　　图 7.10.18　栅格形支撑板

图 7.10.19　驼峰形支撑板　　　　　　　　图 7.10.20　栅条形压板

（7）填料限定装置

为防止高气相负荷或负荷突然变动时填料层发生松动，必须在填料层顶部设置填料限定装置。这种装置分为两类，一类是由放置于填料上，靠重力将填料压紧的填料限定装置，称为填料压板或浮动式压板，见图 7.10.20，适用于金属或塑料填料，浮动压板对自身重量有一定的要求；另一类是将填料限定装置固定于塔壁上，称为床层限定板或固定式压板，适用于陶瓷及石墨填料，床层限定板可以采用与填料压板类似的结构，但其重量较轻，一般为每平方米 300N。

7.10.3　填料塔的流体力学性能

填料塔的流体力学参数主要包括气体通过填料塔的压力降、泛点率、气体动能因子、床层持液量等。

（1）填料塔的压力降

压降（Pressure Drop）是塔设计中动力选择的重要参数，气体通过填料塔的压力降的大小决定了塔的动力消耗。气体通过填料塔的压力降主要包括气体进入填料塔的进口压力降及出口压力降、气体通过液体分布器及再分布器的压力降、填料支撑及压紧装置压力降、除沫器压力降以及气体通过填料层的压力降等。气体进口和出口压力降可按流体流动的局部阻力计算，气体通过液体分布器、再分布器、填料支撑及压紧装置的压力降较小，一般可以忽略不计，气体通过除沫器的压力降一般可近似取为120～250Pa。

对于逆流操作的填料塔，气体通过填料层的压力降与填料的类型、尺寸、物性、液体喷淋密度（Spray Density，单位时间、单位塔截面上的喷淋量）以及空塔气速有关。在液体喷淋密度一定的情况下，随着气体空塔气速的增大，气体通过填料层的压力降变大。选择液体的喷淋量 L [单位时间、单位塔截面上的液体流量，其单位为 $m^3/(m^2 \cdot s)$ 或 $m^3/(m^2 \cdot h)$] 做参变量，在几个不同的喷淋量下，测定气体通过填料层的压降 Δp 与空塔气速 u（Superficial Gas Velocity based on Empty Tower）的对应关系，将实测数据标绘在对数坐标纸上，得到图7.10.21。

如图7.10.21中最右一条直线表明，当液体喷淋量 $L=0$ 时，气体通过填料层的压降 Δp 与空塔气速 u 呈直线关系。这时压降是气体克服填料层的形体阻力所产生的。当有一定的喷淋量时，填料层内的部分空隙为液体所充满，减小了气体的流通截面，并且在同样空塔气速下，气体流通通道随液量增加而减小，通过填料层的压降亦随之增加，如图7.10.21中曲线所示。气体通过填料层的压降 Δp 与空塔气速 u 呈曲线关系。曲线关系表明，在一定的液体喷淋密度条件下，气体通过填料层时压力降与气速的关系曲线可以分为三个区域，分别对应于三种状态，由气体空塔气速由低速到高速分别为恒持液区、载液区与液泛区。所谓持液量是指操作时单位体积填料层内持有的液体体积。下面分别论述不同区域的气液流动特性。

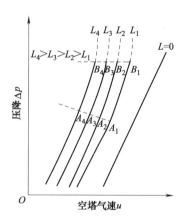

图7.10.21　气体通过填料层压降示意图

① 恒持液区　图7.10.21中 A 点以下区域为恒持液区。在该区域，气相负荷较小，气液两相之间的作用不明显，液体在填料层内向下流动几乎不受逆向气流影响，即在一定的喷淋量下，填料层的持液量保持不变，故称为恒持液区。在该区内，压降与空塔气速的关系与气体通过干填料层时相似。但是由于湿填料层内所持液体占据一定的空间，气体的流通截面积减小，使得气体受到的阻力大于通过干填料层的阻力，故此区域的气体通过填料层的压降 Δp 与空塔气速 u 关系的线在干填料线的左侧，且斜率大小基本一致，保持平行。

② 载液区　图7.10.21中的 $A \sim B$ 段为载液区。随着气速的增大，上升气流与下降液体间摩擦阻力增大，向下流动的液体受到气流的影响变得明显起来，从 A 点起，填料表面的液膜厚度和床层持液量均随气速的增大而明显增大，气流通道截面随气速增加而减小，压力降随气速增大而较快地增大，压力降曲线在 A 点出现转折，该转折点（ A 点）称为载点（Loading Point），与载点对应的空塔气速称为载点气速（Loading Point Gas Velocity）。而后，随着两相之间的作用进一步加强，使得填料表面的液膜难以顺利流下，最终在 B 点处液体不能向下流动而产生液泛现象，B 点称为液泛点（Flooding Point），与液泛点对应的空塔气速称为泛点气速（Flooding Point Gas Velocity）。在该区域内，气液两相先以膜式接触，然后随气速增大达液泛状态时则以鼓泡状态接触，称为载液区。

③ 液泛区　图7.10.21中 B 点以上的区域称为液泛区。当气速继续增大使液体不能顺利向下流动，填料层内持液量不断增多，以致几乎充满了填料层中的空隙，气体通过填料层的压降急剧升高，表明塔内发生液泛。在该区域内，气液两相以鼓泡状态接触，液相从分散相变为连续相，而气相则从连续相变为分散相。通常情况下，填料塔应在载液区操作，即操

作气速应控制在载点气速和泛点气速之间。

气体通过填料层的压力降已有多种计算方法，但是由于过程的复杂性，各种计算方法均存在较大的误差。目前大多是以埃克特（Eckert）泛点气速关联图计算填料层压力降。如图 7.10.21 所示，Eckert 泛点气速关联图上的泛点线下部是一组等压线，用于计算散堆填料在不同操作条件下气体通过填料层时的压力降。埃克特（Eckert）泛点气速关联图适用于各种乱堆填料，如拉西环、鲍尔环、弧鞍形填料等，但需注意，利用 Eckert 通用关联图计算压力降时，应使用压降填料因子。各种不同塔填料的压降填料因子见表 7.10.9。

表 7.10.9　几种填料的压降填料因子

填料尺寸 / 填料类型	DN16	DN25	DN38	DN50	DN76
瓷拉西环	1050	576	450	288	
瓷矩鞍	700	215	140	160	
塑料鲍尔环	343	232	114	125/110	62
金属鲍尔环	306		114	98	
塑料阶梯环		176	116	89	
金属阶梯环			118	82	
金属环矩鞍		138	93.4	71	36

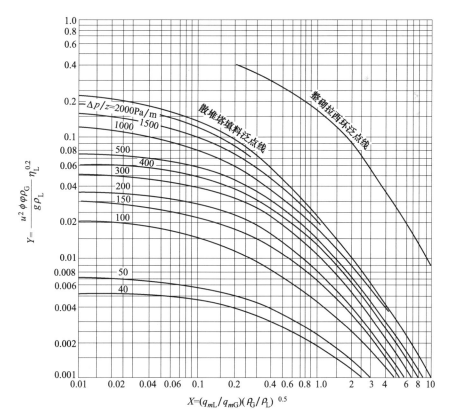

图 7.10.22　Eckert 泛点气速关联图

(2) 泛点率

填料塔的泛点率（Percentage Flooding）是指塔内操作气速与泛点气速的比值。尽管近年来有些研究者认为填料塔在泛点附近操作时仍具有较高的传质效率，但由于泛点附近流体力学性能的不稳定性而较难稳定操作，故一般要求泛点率在 $50\%\sim80\%$ 的范围内，对于易起泡的物系可低至 40%。

泛点气速主要和塔的气液相负荷及物性、填料的材质和类型以及规格有关，其计算方法不止一种。目前较为广泛使用的方法是利用埃克特泛点气速关联图或者采用贝恩-霍根（Bain-Hougen）的泛点气速关联式。

对于散堆填料，常采用 Eckert 的泛点气速关联图计算泛点气速。如图 7.10.22 所示，该关联图是以 X 为横坐标，以 Y 为纵坐标进行关联的。其中

$$X = \left(\frac{q_{mL}}{q_{mG}}\right)\left(\frac{\rho_G}{\rho_L}\right)^{0.5} \tag{7.10.1}$$

$$Y = \frac{u^2 \phi \varphi \rho_G}{g \rho_L} \eta_L^{0.2} \tag{7.10.2}$$

式中　　q_{mL}——液体的质量流量，kg/h；

　　　　q_{mG}——气体的质量流量，kg/h；

　　　　ρ_L——液体密度，kg/m^3；

　　　　ρ_G——气体密度，kg/m^3；

　　　　ϕ——实验填料因子；

　　　　φ——水的密度与液体密度之比；

　　　　η_L——液体的黏度，mPa·s。

使用该图时，先根据塔的气液相负荷和气液相密度计算横坐标参数 X，然后在图中散堆填料的泛点线上确定与其对应的纵坐标参数 Y，从而求得操作条件下的泛点气速。近年来的研究表明，式（7.10.2）中的实验填料因子，应采用泛点填料因子。几种常见散堆填料的泛点填料因子数值见表 7.10.10。

表 7.10.10　常用散堆填料的泛点填料因子

填料尺寸 / 填料类型	DN16	DN25	DN38	DN50	DN76
瓷拉西环	1300	832	600	410	
瓷矩鞍	1100	550	200	226	
塑料鲍尔环	550	280	184	140	92
金属鲍尔环	410		117	160	
塑料阶梯环		260	170	127	
金属阶梯环		260	160	140	
金属环矩鞍		170	150	135	120

按 Eckert 图求得 Y 后，即可以计算泛点气速：

$$u_f = \left(\frac{Yg\rho_L}{\phi\varphi\rho_G}\eta^{-0.2}\right)^{\frac{1}{2}} \tag{7.10.3}$$

另一种计算泛点气速的方法是采用贝恩-霍根（Bain-Hougen）的泛点关联式，其关联式形式如下：

$$\lg\left(\frac{u_f^2}{g}\times\frac{a}{\varepsilon^3}\times\frac{\rho_G}{\rho_L}\eta_L^{0.2}\right)=A-1.75\left(\frac{q_{mL}}{q_{mG}}\right)^{\frac{1}{4}}\left(\frac{\rho_G}{\rho_L}\right)^{\frac{1}{8}} \tag{7.10.4}$$

式中 a——填料的比表面积，m^2/m^3；

ε——填料的空隙率；

A——取决于填料的常数。

式中其他符号与式（7.10.1）及式（7.10.2）相同。

对于不同的塔填料，取不同的常数 A。常用塔填料的 A 值见表7.10.11。

表7.10.11 常用散堆填料的 A 值

填料名称	A	填料名称	A
拉西环	0.022	瓷阶梯环	0.2943
塑料鲍尔环	0.0942	塑料阶梯环	0.204
金属鲍尔环	0.1	金属阶梯环	0.106
瓷矩鞍	0.176	金属环矩鞍	0.06225

对于规整填料也可以采用 Bain-Hougen 的泛点关联式计算泛点气速，其中 250Y 型金属板波纹填料可取 $A=0.297$，对于 CY 型丝网填料可取 $A=0.30$。

（3）床层持液量

床层持液量（Hold-up Liquid Volume）是指在一定的操作条件下，单位体积填料层内的液体体积。一般将持液量分为静持液量、动持液量和总持液量三种。静持液量是指填料表面被充分润湿后，在没有气液相间黏滞力作用的条件下，能静止附着在填料表面的液体的体积，总持液量是指在一定的操作条件下，单位体积填料层中液相总体积，动持液量是总持液量与静持液量间的差值，三者之间的关系为：

$$H_T=H_O+H_S \tag{7.10.5}$$

式中 H_T——总持液量，m^3/m^3；

H_O——静持液量，m^3/m^3；

H_S——动持液量，m^3/m^3。

目前的多数研究结果表明，操作气速低于泛点的 70% 时，持液量仅受液体负荷和填料材质、尺寸影响，与气速无关，只有当操作气速大于泛点气速的 70% 时，持液量才明显地受气速影响。影响持液量的主要因素是填料结构及表面特征、物系的物性及气液相流量。一般情况下，对于同样尺寸的填料，塑料填料的持液量小于金属填料，而金属填料的持液量小于陶瓷填料。对于同材质的填料，持液量随填料尺寸的增大而下降。关于持液量的计算，目前虽然有一些计算方法可用，但就总体而言，计算方法均不够成熟，故目前仍主要以试验方法确定填料层的持液量。

（4）气体动能因子

气体动能因子（Kinetic Energy Factor）是操作气速与气相密度平方根的乘积，即

$$F=u\sqrt{\rho_G} \tag{7.10.6}$$

式中 F——气体动能因子，$m\cdot s^{-1}\cdot(kg/m^3)^{1/2}$；

u——气体流速，m/s；

ρ_G——气体密度，kg/m^3。

气体动能因子也是填料塔重要的操作参数。不同塔填料常用的气体动能因子的近似值见表7.10.12 和表7.10.13。

表 7.10.12　散堆填料常用的气体动能因子 F

单位：$m \cdot s^{-1} \cdot (kg/m^3)^{1/2}$

填料尺寸/mm 填料类型	25	38	50
鲍尔环	1.35	1.83	2.00
矩鞍	1.19	1.45	1.7
环矩鞍	1.76	1.97	2.2

表 7.10.13　规整填料常用的气体动能因子 F

单位：$m \cdot s^{-1} \cdot (kg/m^3)^{1/2}$

填料类型	规格	动能因子	填料类型	规格	动能因子
金属孔板波纹	125Y	3.5～4.5	塑料孔板波纹	125Y	3.0
	250Y	2.5～3.5		250Y	2.6
	350Y	2～2.5		350Y	2.0
	500Y	2.5		500Y	1.8
	125X	3.5～5		125X	3.5
	250X	3～4		250X	2.8

7.10.4　填料塔工艺设计简介

在明确了生产任务、操作温度和操作压力及相应的相平衡关系的条件下，填料塔的工艺设计是完成填料塔工艺尺寸及其塔内件设计。它主要包括塔填料的选择、塔径的计算、填料层高度的计算、液体分布器和液体再分布器的设计、气体分布装置的设计、填料支撑装置的设计等。这些设计内容互相联系、制约，使填料塔设计较为复杂，有时需要经过多次反复计算、比较，才能得出较为满意的结果。本节仅就填料塔的塔径和填料层高度的设计计算作简单介绍。

(1) 塔径计算

填料塔的直径 D（Tower/Column Diameter）与空塔气速 u 及气体体积流量 q_{VGs} 之间的关系同板式塔的塔径 D 的计算，如式（7.10.7）所示。

$$D = \sqrt{\frac{4q_{VGs}}{\pi u}} \tag{7.10.7}$$

式中　D——塔径，m；

　　　q_{VGs}——气体体积流量，m^3/s；

　　　u——空塔气速，m/s。

通常情况下，填料塔空塔操作气速 u 在载点气速和泛点气速之间，此时塔填料传质效率较高，而一般情况下，在实际设计中，可取泛点气速的 0.5～0.8 倍作为填料塔的操作气速，对于易起气泡的物系取较低值，对于不易起泡的物系取较高值，即

$$u = (0.5～0.8)u_f \tag{7.10.8}$$

根据上述方法和原则计算所得的初步塔径数值，还应按压力容器公称直径标准进行圆整后得到实际塔径。常用的标准塔径有 400mm、500mm、600mm、800mm、1000mm、1200mm、1400mm、1600mm、1800mm、2000mm 等。

【例7.11】 某炼油厂拟在填料塔中用单乙醇胺溶液（MEA）逆流吸收某裂解气中 H_2S。已知该塔的设计条件为：入塔混合气流量为1000kmol/h，平均物质的量为41.8kg/kmol，密度为 25.2kg/m³；吸收液流量为158m³/h，密度为1068kg/m³，黏度为0.49mPa·s。拟采用散堆 38mm×38mm×2mm 瓷质拉西环，泛点率为0.6。试估算填料塔直径为多少米？每米填料层的压降为多少？

解： （1）液相质量流量 $q_{mL}=158\times1068=168744kg/h=46.87kg/s$

气相质量流量 $q_{mG}=1000\times41.8=41800kg/h=11.61kg/s$

气相体积流量 $q_{VGs}=1000\times41.8/25.2=1658.7m^3/h=0.461m^3/s$

采用 Eckert 的泛点气速关联图计算泛点气速。首先计算关联图的横坐标 X

$$X=\frac{q_{mL}}{q_{mG}}\left(\frac{\rho_G}{\rho_L}\right)^{0.5}=\frac{46.87}{11.61}\left(\frac{25.2}{1068}\right)^{0.5}=0.62$$

于是，在散堆填料泛点线上读出相应的纵坐标为0.035，故

$$Y=\frac{u_f^2}{g}\phi\varphi\frac{\rho_G}{\rho_L}\eta_L^{0.2}=0.035$$

对 38mm×38mm×2mm 瓷质拉西环，$\phi=600$，$\varphi=1000/1068=0.936$，则

$$u_f=\sqrt{\frac{0.035g\rho_L}{\phi\varphi\rho_G\eta_L^{0.2}}}=\sqrt{\frac{0.035\times9.18\times1068}{600\times0.936\times25.2\times0.49^{0.2}}}=0.167m/s$$

泛点率为0.6，故操作气速为

$$u=0.6u_f=0.6\times0.167=0.1m/s$$

则塔径 D

$$D=\sqrt{\frac{4q_{VGs}}{\pi u}}=\sqrt{\frac{4\times0.461}{3.14\times0.1}}=2.42m$$

故圆整，可取塔径为2.4m。圆整后

$$u=\frac{4q_{VGs}}{\pi D^2}=\frac{4\times0.461}{3.14\times2.4^2}=0.102m/s$$

此时，泛点率 $=\frac{u}{u_f}=\frac{0.102}{0.167}=0.61$，在操作范围内，可行。

（2）在设计气速下

$$Y=\frac{u^2}{g}\phi\varphi\frac{\rho_G}{\rho_L}\eta_L^{0.2}=\frac{0.102^2\times600\times0.936\times25.2\times0.49^{0.2}}{9.81\times1068}=0.0034$$

在 Eckert 的泛点气速和压降关联图中，纵坐标为0.0034，横坐标为0.62的点落在每米填料 $\Delta p=50Pa$ 的等压线上，即此时每米填料层压降为50Pa。

（2）填料塔高度的计算

填料塔的高度主要取决于填料层的高度。计算填料层高度常采用以下两种方法。

① 传质单元法

填料层高度 h＝传质单元高度×传质单元数

在得到了填料塔的传质系数或传质单元高度数据后，即可以利用7.5.4节介绍的方法计算填料层高度。

② 等板高度法　填料层高度也可由下式计算：

$$填料层高度 h = 理论级数 N_T × 理论级当量高度 H_{th}$$

具体计算方法参照7.5.6节。

为使填料层内气液两相能够处于良好的分布状态，每经过一定高度的填料层以后应对液体进行收集并进行再分布。对于不同的填料，每段填料层的高度不同。一般情况下，每经过10块理论板的当量高度就应该设置一个液体收集装置，并进行液体的再分布，否则塔内流体的不良分布将会使填料效率下降。对于常见的散堆填料塔，当填料层高度较高需要分段时，其每段填料的高度如表7.10.14所示。

表 7.10.14　填料层的分段高度

填料种类	拉西环	矩鞍环	鲍尔环	阶梯环
填料高度/塔径	2.5~3	5~8	5~10	8~15
最大高度/m	≤6	≤6	≤6	≤6

对于规整填料，孔板波纹250Y，每段填料高度不大于6m；对丝网波纹500（BX），不大于3m；对丝网波纹700（CY），不大于1.5m。

(3) 填料塔总高度计算

除了需要考虑填料层的分段，考虑增设液体收集和再分布器的高度外，塔顶气液分离和塔釜均需占一定的高度，以及一定高度的裙座，故填料塔的高度由下式计算：

$$填料塔高度 H_P = 填料层高度 h + 满足塔其他工艺要求所占高度 \Delta h$$

7.10.5　填料塔和板式塔的比较

工业上通常选用的塔型主要为填料塔和板式塔中的筛板塔与浮阀塔三种。现将填料塔和板式塔的比较及选用列于表7.10.15和表7.10.16（见参考文献［14］）。

表 7.10.15　板式塔和填料塔的比较

项　目	板式塔	填料塔（分散填料）	填料塔（规整填料）
压力降	一般比填料塔大	较小，较适于要求压力降小的场合	更小
气体动能因子	比散堆填料塔大	稍小，但新型分散填料也可比板式塔高些	较前两者大
塔效率	效率较稳定，大塔板比小塔板效率有所提高	塔径 ϕ1500mm 以下效率高，塔径增大，效率常会下降	较前两者高，对大直径塔无放大效应
液气比	适应范围较大	对液体喷淋量有一定要求	范围较大
持液量	较大	较小	较小
材质要求	一般用金属材料制作	可用非金属耐腐蚀材料	适应各类材料
安装维修	较容易	较困难	适中
造价	直径大时一般比填料塔造价低	ϕ800mm 以下，一般比板式塔便宜，直径增大，造价显著增加	较板式塔高
质量	较小	大	适中

表 7.10.16　塔型选用顺序

考虑因素	选择顺序		考虑因素	选择顺序
塔径	800mm 以下,填料塔		污浊液体	①大孔径筛板塔 ②穿流板式塔 ③喷射板型塔 ④浮阀塔
	800mm 以上	①板式塔 ②填料塔		
具有腐蚀性的物料	①填料塔 ②穿流板式塔 ③筛板塔 ④喷射板型塔		大液气比	①导向筛板塔 ②多降液管筛板塔 ③填料塔 ④喷射板型塔 ⑤S形泡罩塔 ⑥浮阀塔 ⑦筛板塔 ⑧条形泡罩塔
操作弹性	①填料塔 ②浮阀塔 ③泡罩塔 ④筛板			
真空或压降较低的操作	①穿流式栅板塔 ②填料塔 ③浮阀塔 ④筛板塔 ⑤圆形泡罩塔 ⑥其他斜喷板塔(斜孔板塔等)		存在两液相的场合	①穿流板式塔 ②填料塔

7.11　强化吸收过程的措施

强化吸收过程即提高吸收传质速率。吸收速率为吸收推动力与吸收阻力之比,故强化吸收过程从以下两个方面考虑:一方面是提高吸收过程的推动力;另一方面是降低吸收过程的阻力。

7.11.1　提高吸收过程的推动力

① 逆流操作　对进入吸收塔的气液两相进口组成、出口组成相同的条件下,逆流操作相比于并流操作,可获得较大的吸收推断力。因此一般工业吸收过程逆流操作较多,此时,气体由塔底通入,从塔顶排出,而液体从塔顶喷淋流下,气液两相逆流接触传质,从而提高吸收过程的传质速率。但应指出,在逆流操作时,液体向下流动会受到上升气体的曳力,这种曳力过大时会妨碍液体顺利留下,因而限制了吸收塔的处理量。

② 提高吸收剂的流量　通常混合气体入口条件由前一工序决定,即气体流量 q_{nG}、气体入塔浓度一定,如果吸收操作采用的吸收剂流量 q_{nL} 提高,即 q_{nL}/q_{nG} 提高,则吸收操作线斜率增大,吸收推动力提高,因而提高了吸收速率,气体出口浓度下降,吸收率增大。但加大吸收剂流量时应注意 q_{nL} 不能过大,否则吸收液再生负荷和操作费用增大,会增大解吸操作的难度和费用。

③ 降低吸收塔的操作温度　当吸收过程其他条件不变,吸收塔的操作温度降低时,相平衡常数将减小,吸收的平衡线往下移动,与操作线的距离增大,吸收推动力增加,从而加快吸收速率。例如在煤化工生产中,为了脱除粗合成气中含有的 CO_2、H_2S 等酸性气体,以低温 (−50℃下) 冷甲醇为吸收剂进行脱除是经济且净化度高的气体净化技术。

④ 提高吸收塔的操作压力　当吸收过程其他条件不变，吸收塔的操作压力升高时，相平衡常数 m 将下降，吸收的平衡线往下移动，和操作线的距离增大，吸收推动力增加，从而加快吸收速率。

⑤ 降低吸收剂入口溶质的浓度　当吸收剂入口浓度降低时，液相入口处吸收推动力增加，从而使全塔的吸收推动力增加。

7.11.2　降低吸收过程的传质阻力

① 提高流体流动的湍动程度　根据吸收过程相际传质阻力计算式可知，过程的总阻力等于气、液两相的传质阻力之和。从传质机理分析，可以通过加强流体的湍动程度来降低气相、液相传质阻力。但应注意，对于气膜阻力控制吸收过程，应提高气相的湍动程度，如加大气体的流速，以有效地降低吸收阻力；对于液膜阻力控制吸收过程，应提高液相的湍动程度，如加大液体的流速，以有效地降低吸收阻力。

② 改善填料的性能　因吸收总传质阻力可用 $1/K_ya$ 表示，所以通过采用新型填料，改善填料性能，提高填料的相际传质面积 a，也可降低吸收的总阻力。

③ 合理优化的设计　除了通过提高流体的流动状态和改善填料的比表面积等之外，还需要通过优化设计来提高气、液相的分布状态，以充分有效利用填料性能，降低传质阻力。例如，在填料塔内的气、液两相经过一定高度的填料层传质以后，不可避免地会发生不同程度的沟流或壁流效应，为使填料层内气液两相处于良好的分布状态，每经过一定高度的填料层传质以后，应对液体进行收集并进行再分布。一般情况下，每经过 10 块理论板的当量高度就应该设置一个液体收集装置，并进行液体的再分布，否则，塔内流体的不良分布将会使填料效率下降。同时，还可以通过合理设计液体分布器，以使液体均匀分布，特别是对于大直径、低填料层的填料塔，尤其需要性能良好的液体初始分布装置。为使液体分布器具有较好的分布性能，必须合理地确定布液孔数和结构参数。

7.11.3　其他新型吸收强化技术

① 纳米流体吸收剂　吸附剂性能的优劣是决定吸收效果的关键。纳米颗粒具有大的比表面积，在吸收剂中添加纳米级的颗粒而形成的稳定的固体颗粒悬浮液，对传热传质过程有很好的强化作用。例如，Kim 等将 Cu 和 CuO 等纳米颗粒加入氨水中制成双组分纳米流体，用于 NH_3/H_2O 泡状吸收实验，取得很好的吸收强化效果（见参考文献 [10] ）。

② 超重力吸收设备　利用超重力环境下，各组分在多孔介质中流动产生快速更新的相界面，分子扩散和相间传质过程均比常规重力场下要快得多的原理，已有研究者开发出旋转吸收填料床和螺旋形旋转吸收器。与传统塔相比，旋转吸收填料床的传质速率提高了 1～3 个数量级，并具有设备体积小、停留时间短、持液量小等优点。

③ 塔内新型部件的开发　一个成功的塔设计，除了采用高效填料外，还必须具有结构合理的塔内部件与之相匹配，才能发挥填料塔的整体性能。例如，目前国内外也开发出新型槽盘式气液分布器、托盘式液体分布器等新型分布器；对于大型填料塔，采用双切向环流式进气初始分布器、辐射式进气初始分布器以及双列叶片式初始分布器等。这些新型塔部件有助于提高传质效率、降低压力降，大大提高了大型填料塔的综合性能。

④ 膜吸收反应器　膜吸收反应器的结构通常由上部液体成膜装置和下部换热器部分构成，如图 7.11.1 所示。膜吸收反应过程是传热、传质和反应相互耦合的过程：一方面，从吸收反应器顶部顺着垂直管流下的下降液膜要吸收工艺气中的有用气体，这是有用气体通过

气液界面进入液膜的传质过程；另一方面，液膜吸收有用气体并与其发生反应是一个放热过程，为了保证吸收反应过程的稳定进行，吸收反应热必须被外管壁的冷却水带走，这又是一个传热过程。由于吸收溶质反应，降低了富液中溶质的含量，提高了吸收过程的传质推动力；另一方面，吸收提高了溶质在液相的浓度，促进了反应的进行，因此，通过膜吸收反应器，实现了吸收和反应过程的相互强化（见参考文献［15］）。

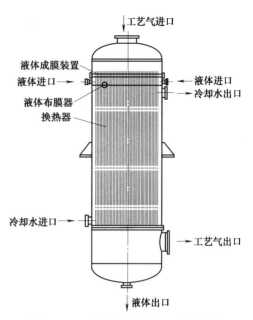

图 7.11.1　竖管降膜吸收反应器简图

近年来，有研究者提出新型的膜分散式微通道反应器，使用膜分散式微通道反应器作为吸收设备。膜分散式微通道反应器由一根外管和一根内管构成，在内、外管之间留有环隙构成环形微通道，内管管壁均匀分布有微孔的微孔膜结构。将该微通道反应器用于选择性吸收含 CO_2 混合气体中的 H_2S，选用吸收剂甲基二乙醇胺或乙醇胺，气体与液体并流进入膜分散式微通道反应器的环形微通道，通过强化气体通过微孔膜空隙和液膜进行错流接触，可以显著提高吸收过程的界面面积，从而提高传质效率和吸收率，而且有较高的选择性，处理量也得到了提高（见参考文献［16］）。

习　题

气液相平衡

7-1　已知 5g SO_2 溶解于 101.3kPa，25℃时，100g 水中的平衡分压为 4.1kPa，在此浓度范围内气液相平衡关系符合亨利定律，溶液密度为 996kg/m³。试求：亨利系数 H 以 kPa·m³/kmol 表示；E，以 kPa 表示；以及相平衡常数 m 值。

7-2　将 CO_2 体积分数为 10% 的混合气体，在下列情况下与 CO_2 水溶液接触，已知在 298.2K 下 CO_2 在水中的亨利常数 $H = 2980kPa/(kmol·m^{-3})$；在 273.2K 下 CO_2 在水中的亨利常数 $H = 1322kPa/(kmol·m^{-3})$。试通过定量计算判断传质方向。

(1) 101.3kPa，298.2K 下，CO_2 水溶液浓度为 0.8×10^{-3} kmol/m³；

(2) 101.3kPa，298.2K 下，CO_2 水溶液浓度为 5.6×10^{-3} kmol/m³；

(3) 101.3kPa，273.2K 下，CO_2 水溶液浓度为 2.2×10^{-3} kmol/m³；

(4) 506.5kPa，298.2K 下，CO_2 水溶液浓度为 2.2×10^{-3} kmol/m³。

7-3　在 101.3kPa 下的大气和 298.2K 的水充分接触，试求水中最大溶氧浓度为多少？（分别以摩尔分数和质量比组成表示）若将 298.2K 的饱和含氧水加热至 368.2K，则最大溶氧浓度又为多少？（分别以摩尔分数和质量比组成表示）。已知在 298.2K 时，氧溶解于水中的平衡关系为 $p_e = 4.06 \times 10^6 x$，式中，p_e 为氧的平衡分压，kPa；x 为氧在水中的摩尔分数。

7-4　气液逆流接触的吸收塔，在总压为 101.3kPa、温度为 303.2K 条件下用水吸收 SO_2 气体。进入塔底的气体混合气含 SO_2 体积分数为 5%，出塔气中 SO_2 体积分数为 0.2%；塔底出口的吸收液中含 SO_2 摩尔分数 $x = 0.001$。若操作条件下气液相平衡关系为 $y_e = 38.2x$，试求塔底和塔顶处的吸收推动力，分别以 Δy、Δx、Δp、Δc 表示。

7-5 用清水于填料塔内逆流吸收的 H_2-CO_2 混合气中的 CO_2。已知在 1.2MPa、293.2K 条件下,进入塔底的混合气中含 CO_2 体积分数为 30%,若塔底吸收液中 CO_2 达到饱和,试计算 1kg 水可吸收多少千克 CO_2;若将此吸收液送至膨胀罐中减压至 130kPa,则每 1kg 水能解吸多少千克 CO_2。假定此吸收和解吸的相平衡关系均服从亨利定律,在 293.2K 下 CO_2 在水中的亨利常数 $E=1.44\times10^5$ kPa。

扩散与相际传质速率

7-6 NH_3 于 273.2K、101.3kPa 条件下在空气中进行稳态分子扩散。若已知相距 100mm 的两截面上 NH_3 的分压分别为 36.6kPa 和 8.6kPa,NH_3 在空气中的扩散系数 $D=0.198$ cm^2/s。试计算以下两种情况 NH_3 的传质摩尔通量。

(1) NH_3 与空气作等分子反向扩散;

(2) NH_3 通过静止的空气作单向扩散。

7-7 如附图所示,在一直立的毛细玻璃管内装有乙醇,初始液面距管口 5mm。当空气以一定的速度平行缓慢流过管口,经 50h 后,管内乙醇液面下降至距管口 15mm 处。已知管内乙醇保持 20℃(乙醇饱和蒸气压为 1.9998kPa),大气压为 101.3kPa,乙醇密度为 800kg/m^3。试求该温度下乙醇在空气中的扩散系数。

7-8 气液逆流接触的填料吸收塔内某一横截面处液相组成 $x=0.02$,气相组成 $y=0.08$(均为摩尔分数),若两相传质系数分别为 $k_x=1.0\times10^{-5}$ kmol/(m^2·s·Δx),$k_y=2.0\times10^{-5}$ kmol/(m^2·s·Δy),操作条件下相平衡关系为 $y_e=2x$,试求:

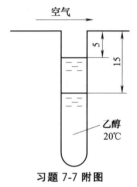

习题 7-7 附图

(1) 该截面上气、液相阻力,相际传质总阻力,气、液相阻力占总阻力分数,以及传质速率。

(2) 为了提高吸收效果,降低吸收温度,相平衡关系变为 $y_e=x$。假定其余条件不变,试求截面上气、液相阻力,相际传质总阻力,气、液两相阻力占总阻力分数及传质速率?

7-9 在操作温度为 298.2K,压力为 150kPa 条件下,于填料塔中用清水逆流吸收空气中 H_2S。已知两相传质系数分别为 $k_G=2.0\times10^{-5}$ kmol/(m^2·s·kPa),$k_L=4.5\times10^{-5}$ kmol/(m^2·s·kPa),亨利系数 $H=1.5$ kN·m/kmol,试求:

(1) 总传质系数 K_G 和 K_L;

(2) 液相阻力占总阻力的分数。

吸收过程的设计型计算

7-10 空气中 CO_2 的浓度为 0.01(摩尔分数,下同)的混合气进入填料塔逆流吸收,吸收剂浓度为 0.02,操作条件下相平衡关系为 $y_e=0.5x$。试求:

(1) 如塔内填料层无限高,吸收剂量很大,出塔气体的最低 CO_2 浓度 y_2 为多少?

(2) 如在上述塔内,减小吸收剂量,则出塔吸收液浓度 x_1 如何变化?(图示变化过程);同时求其吸收液最大出口浓度 x_{2max}?

7-11 某填料吸收塔在 101.3kPa 和 300K 下用清水吸收硫铁矿焙烧的炉气中的 SO_2,SO_2 体积分数为 9%,要求回收率为 95%,所得溶液中 SO_2 浓度为最大浓度的 65%,相平衡关系为 $y_e=1.2x$,气体处理量为 42kmol/h,气体空塔速度为 0.5m/s,试求:

(1) 用水量;

(2) 吸收塔直径及吸收塔液出塔浓度。

7-12 在一逆流操作的常压填料吸收塔中,用清水吸收 0.09kmol/(m^2·s)的混合气中的氨,入塔气体含氨 3%(摩尔分数),要求回收率为 83.2%。水的用量为最小用量的 1.5 倍,平衡线 $y_e=x$,所用填料的总传质系数 k_ya 为 0.067kmol/(m^3·s),试求:

(1) 填料层所需高度;

(2) 液体在塔底的摩尔分数；

(3) 全塔的平均推动力 Δy_m。

7-13 为了回收氨浓度为 5.93%（摩尔分数，下同）的空气-氨混合气中的氨，拟采用清水作为吸收剂，在填料塔中逆流吸收。要求氨的回收率不低于 95%，出塔吸收液氨浓度为 4.52%。已知操作条件下气液相平衡关系为 $y_e=1.09x$，试求：

(1) $\dfrac{(q_{nL}/q_{nG})_{\text{操作}}}{(q_{nL}/q_{nG})_{\min}}$；

(2) 所需气相传质总单元数 N_{OG}。

7-14 用纯溶剂逆流吸收混合气中某溶质 A。吸收塔温为 27℃、压强为 106.7kPa，混合气体流量为 840 m^3/h，实际操作比是最小操作比的 1.5 倍，已知 A 在入塔气中的浓度为 0.05（摩尔分数），操作条件下相平衡关系为 $y_e=1.2x$，该吸收可视为气相阻力控制，现按图示两种流程计算：

(1) 当 $\varphi=0.80$ 时，所需填料层高度比为多少？

(2) 当 $\varphi=0.90$ 时，所需填料层高度比为多少？

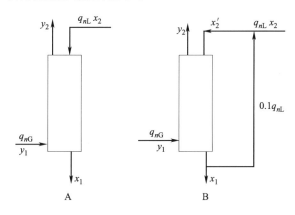

习题 7-14 附图

7-15 在逆流操作的吸收塔中，入塔气体混合物中的溶质浓度 $y_1=0.01$，要求回收率为 95%，操作条件下气液相平衡关系 $y_e=1.5x$，试求下列情况下的传质单元数 N_{OG}：

(1) 入塔液体为纯溶剂，液气比 $q_{nL}/q_{nG}=2.0$；

(2) 入塔液体为纯溶液，液气比 $q_{nL}/q_{nG}=1.5$；

(3) 入塔液体含溶质浓度为 $x_2=0.0002$，$q_{nL}/q_{nG}=2.0$；

(4) 入塔液体为纯溶剂，液气比 $q_{nL}/q_{nG}=1.25$，则溶质的最大回收率可能为多少？

吸收过程的操作型计算

7-16 某吸收塔填料层高 7m，塔径 1.1m，在该填料塔中用清水逆流吸收含 SO_2 体积分数为 3% 的空气-SO_2 混合气中的 SO_2，混合气流量为 3200m^3/h（标准状况），水用量是最小用量的 1.5 倍，吸收率达 98%，操作条件下平衡关系为 $y_e=1.2x$。试求：

(1) 气相总传质单元数 N_{OG} 和气相总传质单元高度 H_{OG}；

(2) 总传质系数 K_ya；

(3) 若入塔水溶液中含有 0.0025（摩尔分数）的氨，问该塔能否维持 98% 的吸收率。

7-17 用清水于塔径为 1m 的填料塔中逆流吸收混于空气中的丙酮蒸气。入塔混合气含丙酮 5%（摩尔分数，下同），要求回收率不低于 95%，操作条件下相平衡关系为 $y_e=2x$，入塔气体流量为 100kmol/h，吸收剂用量为最小用量的 1.3 倍，总传质系数 $K_ya=257kmol/(m^3 \cdot h)$。试求：

(1) 水用量及填料层高度；

(2) 目前情况下每小时可回收多少丙酮；

（3）若把填料层增加 2m，每小时可回收多少丙酮。

7-18 用纯吸收剂逆流吸收贫气中的溶质组分，操作条件下气液相平衡关系服从 Henry 定律，相平衡常数为 m。若吸收剂用量为最小用量的 1.2 倍，传质单元高度 $H_{OG}=1.0m$，试求：

（1）溶质回收率 $\varphi=90\%$ 时，所需填料层高度；

（2）若填料层高度 $h'=9.8$ 时，溶质回收率 φ 为多少。

7-19 在填料层高 3m 的填料塔中用清水逆流吸收混于空气中的 NH_3，操作条件为 20℃、101.3kPa，此时平衡关系为 $y_e=0.9x$。水的质量流率为 $800kg/(m^2 \cdot h)$；混合气体的质量流率为 $600kg/(m^2 \cdot h)$，含氨体积分数为 6%，吸收率为 99%。操作条件下，K_Ga 与气相质量流率的 0.7 次方成正比，而受液体质量流率的影响甚小，可忽略。当操作条件分别作如下改变时，要求保持原来的吸收率，试计算填料层高度应如何改变（塔径不变，且假定不发生异常流动情况）：

（1）操作压强增加一倍；

（2）液体流量增加一倍；

（3）气体流量增加一倍。

7-20 在气液逆流接触及填料高度为 6m 的常压填料塔内，用纯水吸收气体混合物中少量的可溶性组分，操作液气比为 2，溶质的回收率为 90%，若保持气液两相流量不变，欲将回收率提高到 95%，问填料层高应增加多少米？设其 K_ya 不变。已知操作条件下平衡关系为 $y_e=1.5x$。

7-21 一逆流填料吸收塔用液体溶剂吸收混合气中的溶质 Cl_2，已知气液的进塔浓度分别为 $y_1=0.1$，$x_2=0.005$（均为摩尔分数），操作条件下 Cl_2 在气液两相中的平衡关系为 $y=1.5x$，试求：

（1）当吸收率 $\varphi=0.8$ 时，求最小液气比；

（2）A 的最大吸收率可达多少？此时，液体出口的浓度最大浓度为多少？（讨论时可以选择各种操作条件，如 $L/G>m$，$L/G<m$，$L/G=m$ 等不同液气比）

（3）如果采用另一种溶剂，其平衡关系为 $y=x$，此时最大吸收率如何变化？同（2）问比较可得出什么结论？

7-22 在气、液逆流接触吸收塔中用清水吸收混合气中的 SO_2，已知混合气体积流量为 $5000m^3/h$，SO_2 体积分数为 10%，在塔的操作条件下，SO_2 在两相间的平衡关系近似为，$y_e=26.7x$。要求 SO_2 的回收率为 95%。试求：

（1）最小液气比？

（2）若取用水量为最小用量的 1.2 倍，求所需理论塔板数。

（3）若用（2）中的理论塔板数且用水量为 9390kmol/h，则 SO_2 回收率为多少？

7-23 在 101.3kPa，298.2K 条件下，于板式吸收塔中用清水回收混于空气中的丙酮蒸气。混合气体流量为 30kmol/h，其中含丙酮摩尔分数为 0.05，用水量为 90kmol/h，操作条件下丙酮在气液两相中的平衡关系为 $y_e=2x$。要求吸收率达到 90%。求所需理论板数。

7-24 现有附图所示的三种双塔流程应用于用纯吸收剂吸收某溶质组分的吸收过程。若气液相平衡关系符合亨利定律，试在 $y\sim x$ 图上定性画出每种流程中 A、B 两塔的操作线和平衡线，并标出进出两塔的气、液相组成。

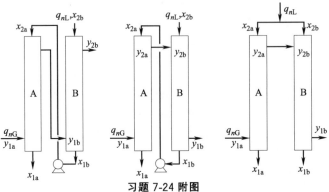

习题 7-24 附图

7-25　在逆流接触的填料吸收塔中，用纯溶剂吸收某种气体混合物，气体混合物中溶质的浓度很低，在操作条件下，平衡线和操作线均为直线，两直线斜率之比为 0.8，若该吸收塔的溶质的回收率为 98％。试求气相总传质单元数 N_{OG}。

7-26　在逆流接触的填料塔内，用解吸后的循环水吸收混合气中某溶质组分以达净化目的。已知入塔气中含溶质体积分数为 2％，操作液气比 $q_{nL}/q_{nG}=2.0$，操作条件下的气液相平衡关系为 $y_e=1.4x$，并已知 $H_{OG}=0.263$m。试求：

(1) 解吸操作正常，保证入塔吸收剂中溶质浓度 $x_2=0.0001$，试求吸收率为 99％时，吸收液出塔组成 x_1 和填料层高度 h；

(2) 若解吸操作质量下降，入塔的吸收剂中溶质浓度升到 $x_2=0.005$，其余操作条件不变，则溶质可能达到的吸收率为多少？出塔溶液浓度为多少？

(3) 解决该净化质量降低问题的原则途径有哪些？

7-27　如附图所示为由填料层高度均为 7m 的两个塔组成的吸收-解吸系统，混合气处理量 q_{nG} 为 1000kmol/h，吸收剂循环量 q_{nL} 为 150kmol/h，解吸气体流量 q'_{nG} 为 300kmol/h，组分浓度（摩尔分数）如下：$y_1=0.015$，$y'_2=0.045$，$y'_1=0$，$x_2=0.005$，已知操作条件下吸收系统和解吸系统的相平衡关系分别为 $y_e=0.14x$ 和 $y'_e=0.6x$，试求：

(1) 吸收塔液体的出口浓度 x_1 及气体回收率；

(2) 解析塔气相传质单元数 N'_{OG}；

(3) 若使吸收塔气体回收率为 95％，填料层高度应如何改变。

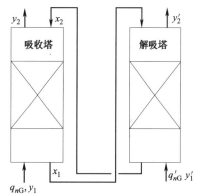

习题 7-27 附图

7-28　在逆流接触的吸收塔中，用纯溶剂吸收某气体混合物中易溶组分，操作条件下平衡关系为 $y=x$。试推导：

(1) $\left(\dfrac{q_{nL}}{q_{nG}}\right)_{min}$ 与溶质回收率的关系；

(2) 取实际液气比为最小液气比的 1.5 倍及 $H_{OG}=0.5$m，填料层高度 h_o 与回收率的关系。

7-29　用某种化学吸收剂吸收混合气中的溶质组分，使其浓度自 $y_1=0.5$ 降到 $y_2=0.01$。在吸收剂量足够时，溶质的平衡蒸气压为零（$m=0$）。试分别按高浓度气体吸收和低浓度气体吸收计算气相总传质单元数，并进行比较。

7-30　在 308.2K、1200kPa 条件下，碳酸丙烯酯吸收变换气中 CO_2 所得的吸收液，$x_1=0.0265$，减压解吸至 101.3kPa。已知平衡关系 $p_e=11396.3x$（kPa）。若减压解吸释放气含 CO_2 体积分数为 90％，其余为 N_2、H_2 等。试求：

(1) 解吸液含 CO_2 的最低浓度及 CO_2 的理论回收率；

(2) 若将如上解吸液送至逆流解吸填料塔中，在 308.2K 下以空气（含 CO_2 体积分数为 0.05％）为载气，要求解吸液浓度为 $x_2 \leqslant 0.00283$。若选 $\dfrac{q_{nG}}{q_{nL}}=1.4\left(\dfrac{q_{nG}}{q_{nL}}\right)_{min}$ 则：

① $\dfrac{q_{nL}}{q_{nG}}$ 为若干？出塔载气中 CO_2 浓度为多少？

② 若填料层高度为 1.75m，求气相总传质单元高度 H_{OL}。

7-31　在逆流接触吸收塔内，以清水吸收气体混合物中某溶质，其入塔浓度为 0.06（摩尔分数，下同），出塔气中浓度为 0.01。操作条件下，相平衡关系为 $y_e=1.2x$，操作液气比 $\dfrac{q_{nL}}{q_{nG}}=1.2$。吸收过程可视为气膜阻力控制，$K_ya \propto G^{0.7}$。现增设一座完全相同的吸收塔，两塔可按以下方式组合操作（见附图）。试求各组合方式中溶质的回收率，并选择最优的操作方式。

(1) 两塔串联组合逆流操作；

(2) 两塔并联组合逆流操作，气液两相流量皆均分；

（3）两塔错流，液体均分。

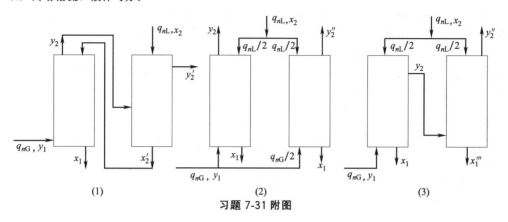

习题 7-31 附图

7-32　在 303.2K、506.5kPa 操作条件下，在装有 20 块塔板的吸收塔内用纯烃油吸收炼厂气。已知：$\dfrac{q_{nG}}{q_{nL}}=3$，$E_T=25\%$，求各组分的回收率及出塔之气体和液体的组成。已知炼厂气组成及各组分在操作条件下的相平衡常数如下：

组分	A	B	C	D
	CH_4	C_2H_6	C_3H_8	nC_4H_{10}
y_1	0.86	0.08	0.04	0.02
m	30	6.0	2.0	0.5

本章符号说明

符号	意义与单位	符号	意义与单位
A	吸收因子，量纲为一	H_{OG}	气相总传质单元高度，m
a	填料比表面积，m^2/m^3	H_{OL}	液相总传质单元高度，m
a_w	填料层润湿比表面积，m^2/m^3	J	分子扩散通量，$kmol/(m^2 \cdot s)$
c_0	混合物总物质的量浓度，$kmol/m^3$	K_G	以分压差为推动力的气相总传质系数，$kmol/(m^2 \cdot s \cdot kPa)$
c_A	组分 A 物质的量浓度，$kmol/m^3$	K_L	以物质的量浓度差为推动力的液相总传质系数，m/s
c_{Bm}	组分 B 的对数平均物质的量浓度，$kmol/m^3$	k_G	以分压差为推动力的气相传质系数，$kmol/(m^2 \cdot s \cdot kPa)$
D	分子扩散系数，m^2/s	k_L	以物质的量浓度差为推动力的液相传质系数，m/s
D_e	涡流扩散系数，m^2/s	K_y	以摩尔分数差为推动力的气相总传质系数，$kmol/(m^2 \cdot s)$
E	亨利系数，kPa	K_x	以摩尔分数差为推动力的液相总传质系数，$kmol/(m^2 \cdot s)$
G	气体摩尔流率，$kmol/(m^2 \cdot s)$	k_y	以摩尔分数差为推动力的气相传质系数，$kmol/(m^2 \cdot s)$
h	填料层高度，m	k_x	以摩尔分数差为推动力的液相传质系数，$kmol/(m^2 \cdot s)$
H_G	气相传质单元高度，m	K_Ga	以分压差为推动力的气相体积传质系数，$kmol/(m^3 \cdot s \cdot kPa)$
H_L	液相传质单元高度，m	K_La	以物质的量浓度差为推动力的液相总体积传质系数，$1/s$

符号	意义与单位	符号	意义与单位
$k_G a$	以分压差为推动力的气相体积传质系数，$kmol/(m^3 \cdot s \cdot kPa)$	p_0	总压，kPa
$k_L a$	以物质的量浓度差为推动力的液相体积传质系数，$1/s$	p_{Bm}	惰性组分 B 的对数平均分压，kPa
$K_y a$	以摩尔分数差为推动力的气相总体积传质系数，$kmol/(m^3 \cdot s)$	q_{nL}	液相摩尔流量，kmol/s
$K_x a$	以摩尔分数差为推动力的液相总体积传质系数，$kmol/(m^3 \cdot s)$	q_{nG}	气相摩尔流量，kmol/s
$k_y a$	以摩尔分数差为推动力的气相体积传质系数，$kmol/(m^3 \cdot s)$	R	摩尔气体常数，$kN \cdot m/(kmol \cdot K)$
$k_x a$	以摩尔分数差为推动力的液相体积传质系数，$kmol/(m^3 \cdot s)$	Re	雷诺数，量纲为一
L	液相摩尔流率，$kmol/(m^3 \cdot s)$	Sc	施密特数，量纲为一
M	物质的量，kg/kmol	Sh	舍伍德数，量纲为一
N	传质通量，$kmol/(m^3 \cdot s)$	u_f	泛点气速，m/s
N_{OG}	气相总传质单元数，量纲为一	x	液相中溶质的摩尔分数
N_{OL}	液相总传质单元数，量纲为一	y	气相中溶质的摩尔分数
N_G	气相传质单元，量纲为一	X	液相溶质摩尔比
N_L	液相传质单元，量纲为一	Y	气相溶质摩尔比
p_A	溶质 A 的分压，kPa		

第8章

液-液萃取

通过液体溶剂把一个组分从固体或液体中去除的常用方法有两种。第一种方法称为浸取（Leaching）或固体萃取（Solid Extraction），用液体溶剂溶解固体原料中可溶性组分，使溶质组分和不可溶固体分离的过程。第二种方法称为液-液萃取（Liquid-Liquid Extraction）又称溶剂萃取，简称萃取或抽提，是利用液体混合物中各组分对液体溶剂溶解度的差异来分离和提纯物质的传质过程。采用超临界温度和临界压力下的气体为溶剂，萃取液体原料中溶质的单元操作称为超临界流体萃取（Supercritical Fluid Extraction）。液-液萃取是分离液体混合物的一种重要的单元操作之一，常用来分离沸点接近、难以通过蒸馏方法分离的液体混合物。本章主要讨论液-液萃取操作。

8.1 概述

8.1.1 萃取过程及其应用

萃取操作主要用于分离难以采用蒸馏方法进行分离或用该方法不经济的物系。适宜分离方法的选择应该取决于技术上的可行性和经济上的合理性。萃取操作不及蒸馏操作应用广泛，但在下述几种情况下更加经济合理。

① 料液各组分的沸点接近或者共沸物的分离。用一般精馏操作不能分离或不经济，应考虑采用萃取方法。如石油馏分中烷烃与芳烃的分离，煤焦油的脱酚。

② 低浓度难挥发组分的分离。若采用精馏操作能耗很大，经济上不合算，应考虑采用萃取方法，如稀醋酸的脱水。

③ 不稳定物质（如热敏性物质）的分离。这种物料不适宜采用常压蒸馏，而采用真空蒸馏在经济上又不合算，采用萃取方法则可在常温下操作，避免热敏性物质受热破坏。如从发酵液制取青霉素。

萃取是分离和提纯物质的重要单元操作之一。早在19世纪50年代就开始工业应用，尤其在化学和石油化学工业中得到广泛发展。例如，以乙酸乙酯溶剂萃取石油馏分氧化所得的稀醋酸-水溶液；用苯为溶剂从煤焦油中分离酚；以二甘醇或聚乙二醇与水混合为溶剂分离芳烃与非芳烃；以环丁砜、乙二醇水混合物、四甘醇等为溶剂从石油馏分中抽提苯-甲苯-二甲苯混合物；以乙醚为溶剂从水溶液中萃取硫氰酸盐。

此外，在生物制药工业中，如青霉素的生产，以醋酸丁酯为溶剂进行萃取，以提浓和精制发酵液中的青霉素；另外萃取还用于有机酸、氨基酸、抗生素、维生素、激素和生物碱等生物小分子和多肽、蛋白质、核酸等生物大分子的分离和纯化。而且，在食品工业、环境保护治理污染、湿法冶炼工业、核工业材料提取中均起到重要作用。

8.1.2 萃取过程基本原理

萃取过程中，所用的溶剂称为萃取剂或溶剂，用 S 表示。所处理的混合液称为原料液，以 F 表示。以双组分混合液为例，原料液中易溶于溶剂 S 的组分，称为溶质，用 A 表示；较难溶于溶剂 S 的组分，称为原溶剂或稀释剂，用 B 表示。

萃取操作的简单流程如图 8.1.1 所示，主要包括三个过程。①混合传质过程：原料液 F（原料液相）和溶剂 S（溶剂液相）同时加入混合槽（萃取器），搅拌使其充分混合，其中一液相以液滴的形式均匀地分散到另一液相中，形成较大的相际接触界面。在此过程中，溶质 A 通过两液相界面由原料液 F 向溶剂 S 中传递。②沉降分相过程：将混合槽中的混合物导入澄清器，分散的液滴开始凝聚合并，形成新的两相。其中一相以溶剂 S 为主，溶质 A 的含量较大，称为萃取相（Extract Phase），以 E 表示，萃取相中 A 组分的质量分数以 y_A 表示；另一相以原溶剂 B 为主，含有未被萃取的溶质 A，称为萃余相（Raffinate Phase），以 R 表示，萃余相中 A 组分的质量分数以 x_A 表示。若溶剂 S 和原溶剂 B 部分互溶，则萃取相中同时含有一定量 B，萃余相中同时含有一定量 S。③脱除溶剂过程：为了得到产品 A，并回收溶剂 S，还需要对萃取相和萃余相进一步分离，可采用蒸馏、蒸发和结晶等方法。脱除溶剂后的萃取相和萃余相分别称为萃取液（Extract Liquid）和萃余液（Raffinate Liquid），以 E′ 和 R′ 表示，同时萃取液和萃余液中溶质 A 的组分以 y'_A、x'_A 表示。回收的的溶剂可返回系统循环使用。

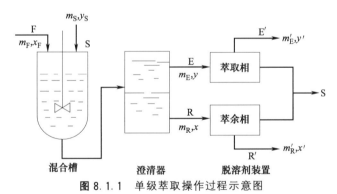

图 8.1.1　单级萃取操作过程示意图

由于溶质 A 较原溶剂 B 易溶于溶剂 S，因此在萃取相中溶质 A 相对于原溶剂 B 有所提高，从而实现溶质 A 的增浓或与原溶剂 B 一定程度的分离。所以，萃取后的萃取相 E 和萃余相 R 中 A、B 两组分之间存在以下关系

$$\frac{y_A}{y_B} > \frac{x_A}{x_B} \tag{8.1.1}$$

溶质 A 在萃取液和萃余液中的组成也存在以下关系

$$y'_A > x'_A \tag{8.1.2}$$

若 $\frac{y_A}{y_B} = \frac{x_A}{x_B}$，则表明溶剂 S 对 A、B 组分在两相中等比例溶解，即无选择性，A、B 组

分不可能分离；若溶剂和原溶剂完全互溶，原料液和溶剂互溶后形成均相混合物，不存在组分相际转移的条件，应用萃取操作也不能实现 A、B 组分的分离；如果形成的两相即萃取相和萃余相的密度差很小甚至为零，或两相形成稳定的乳化液，萃取相和萃余相难以分离，应用萃取操作仍不能实现 A、B 组分的分离。因此，萃取操作中选择适宜的萃取剂在技术经济方面都十分重要。

8.1.3 萃取剂的选择

萃取剂或溶剂的性质直接影响萃取操作的技术可行性和经济性，因此选择适宜的萃取剂是萃取操作的关键。通常，萃取剂选择需考虑如下的问题：

(1) 萃取剂的选择性

萃取剂必须具有一定的选择性，即溶剂对混合液中各组分的溶解能力应具有一定的差异。萃取操作中要求萃取剂对溶质具有较大的溶解度，对其他组分具有较小的溶解度。这种选择性的大小或选择性的优劣常用选择性系数 β（Selectivity Coefficient）衡量。其定义为萃取相和萃余相中溶质 A 和原溶剂 B 质量分数之比的比值，如式（8.1.3）所示

$$\beta = \frac{y_A / y_B}{x_A / x_B} \tag{8.1.3}$$

因萃取相中 A、B 质量分数之比（y_A / y_B）与萃取液中 A、B 质量分数之比（y'_A / y'_B）相等，萃余相中（x_A / x_B）与萃余液中（x'_A / x'_B）相等，则有

$$\beta = \frac{y_A / y_B}{x_A / x_B} = \frac{y'_A / y'_B}{x'_A / x'_B} \tag{8.1.4}$$

$\beta = 1$ 时

$$\frac{y_A / y_B}{x_A / x_B} = \frac{y'_A / y'_B}{x'_A / x'_B} = 1$$

即

$$\frac{y_A}{y_B} = \frac{x_A}{x_B} \text{ 或 } \frac{y'_A}{y'_B} = \frac{x'_A}{x'_B}$$

由以上定义可知，若 $\beta > 1$，说明组分 A 在萃取相中的相对含量比萃余相中的高，即组分 A、B 得到了一定程度的分离；若 $\beta = 1$ 时，萃取后，溶质 A 和原溶剂 B 在萃取液和萃余液中的浓度之比相等，且和原料液的浓度比值相等，说明原料液经过萃取操作组成未发生变化，因此萃取操作对此类物系没有分离效果。因此，如果 β 接近于 1，萃取操作的分离能力很差，不宜选择此类溶剂用于萃取操作。β 值越大，越有利于分离。当组分 B 不溶解于溶剂 S 时，β 为无穷大。

选择性系数 β 类似于蒸馏过程的相对挥发度 α，反映了 A、B 组分溶解于萃取剂 S 的能力差异。对于萃取操作，β 越大，分离效果越好，因此应选择 β 远大于 1 的萃取剂，即溶剂对原料液中的溶质 A 应具有较大的溶解能力，而对其他组分和原溶剂 B 完全不溶或溶解能力很小的溶剂是适宜的萃取剂。

(2) 萃取剂萃取容量

萃取操作的萃取剂萃取容量是指部分互溶物系萃取相中单位萃取剂可能达到的最大溶质负荷。萃取剂的萃取容量值将影响溶剂循环量。应选择具有较大萃取容量的萃取剂，使过程具有适宜的萃取剂循环量，降低过程的操作费用。

（3）萃取剂与原溶剂的互溶度

萃取剂不能与原溶剂完全互溶，只能部分互溶，或完全不互溶。萃取剂与原溶剂的互溶度越小，两相区越大，萃取操作的范围越大。原溶剂在萃取剂中的溶解度越低，则 y_B 越低，β 就越大。对于 B、S 完全不互溶物系，y_B 是零，选择性系数达到无穷大，对萃取操作有利。

（4）萃取剂的可回收性

萃取后所得到的萃取相 E 和萃余相 R 还是液体混合物，要回收萃取剂和得到高纯度的溶质产品，还需进一步分离操作，一般采用蒸馏的方法。萃取剂回收的难易程度很大程度上决定了萃取过程的经济性，因此有些萃取剂尽管其他性能良好，但由于较难回收而被弃用。

萃取剂的萃取能力大，可减少萃取剂的循环量，降低萃取相 E 中萃取剂回收费用；溶剂在被分离混合物中的溶解度小，也可减少萃余相 R 中溶剂回收的费用。

（5）萃取剂的物理性质

影响萃取过程的主要物理性质有液-液两相（萃取相和萃余相）的密度差、界面张力和液体黏度等。这些性质直接影响过程的接触状态、两相分离的难易和两相相对的流动速度，从而限制了过程设备的分离效率和生产能力。

要求萃取剂和原溶剂有较大的密度差，以使原料液与萃取剂混合后能较快地得到萃取相层和萃余相层，提高设备的生产能力。

两液相的界面张力对分离效果的影响是两方面的。若表面张力较大，细小的液滴易于凝聚，有利于两相分层，但液滴分散程度差，相际接触面减少，不利于传质；相反，若界面张力较小，有利于分散，不利于凝聚，液体易产生乳化现象，使两相难以分层。所以界面张力要适中。在实际操作中，通常侧重于考虑分层问题，因此一般选择表面张力较大的萃取剂。

液体的黏度也是影响传质的重要因素。黏度较低时，有利于两相的混合和传质，还能降低搅拌能耗。

此外，萃取剂应具有良好的稳定性，不宜分解、聚合或和其他组分发生化学反应。同时还要求其腐蚀性小，毒性低，具有较低的凝固点、蒸气压和比热容，且资源充足，价格适宜。

当然，选用的萃取剂一般很难同时满足以上要求，因此应根据物系特点，结合生产实际，经多方面比较，充分论证，权衡萃取效果、技术指标和经济性，合理选用萃取剂，以保证满足主要要求。

8.1.4　萃取过程的基本流程

常见的萃取流程主要有单级萃取（Single-Stage Extraction）、多级错流萃取（Multistage Crosscurrent Extraction）和多级逆流萃取（Multistage Countercurrent Extration）三种。

（1）单级萃取流程

单级萃取流程参见图 8.1.1，是液—液萃取中最简单的操作方式，包括混合槽、澄清器和脱溶剂装置，萃取操作过程已在 8.1.2 节述及。

单级萃取对原料液的分离并不完全，分离纯度不高。但其流程简单、操作灵活、可实现连续或间歇操作，故在化工生产中广泛采用，适用于溶质在溶剂中的溶解度很大或溶质萃取率（萃取相中溶质的量和原料中溶质的量的比）要求不高的场合。

（2）多级错流萃取

多级错流萃取流程如图 8.1.2 所示，实际上是多个单级萃取的组合。原料液从第一级进入，各级均有新鲜的溶剂 q_{mS_1}，q_{mS_2}，q_{mS_3}，…，q_{mS_n} 加入，各级加入溶剂的量根据具体情况可以相等，也可不等，但可以证明，当各级溶剂用量相等时，达到一定分离要求时所需的溶剂用量最少。操作过程中，从第一级排出的萃余相 R_1 作为第二级的原料液，而第二级的萃余相 R_2 作为第三级的原料液，依此类推。从最末级引出的萃余相 R_n 经回收溶剂 S 后得萃余液 R'，而各级萃取相汇集后经溶剂回收得萃取液 E'。回收的溶剂可循环使用。多级错流萃取可获得比较高的萃取率，但溶剂用量较大，回收费用高，能耗也大。

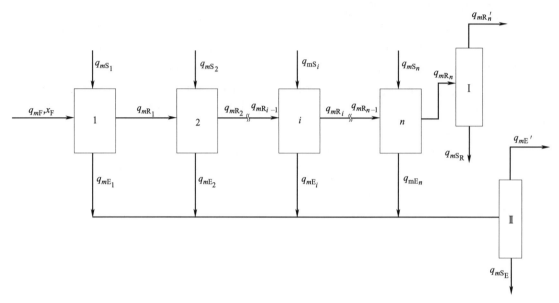

图 8.1.2　多级错流萃取流程示意图

(3) 多级逆流萃取

单级萃取和多级错流萃取受到相平衡关系的制约，通常很难达到更高程度的分离要求。所以，在实际生产中，为了采用较少的溶剂而达到较高的分离要求，常采用多级逆流萃取。在溶剂用量和理论级数相同的情况下，逆流操作比错流操作的传质推动力大，分离效果好。

多级逆流萃取流程如图 8.1.3 所示，原料液由第一级加入，逐渐通过各级，最终萃余相 R_n 由第 n 级排出。新鲜的溶剂由第 n 级加入，逐次反方向通过各级，溶质浓度逐渐增加，最终萃取相 E_1 由第 1 级排出。R_n、E_1 分别送入回收装置，回收的溶剂可循环使用。该流程溶剂用量少、萃取率高、操作连续性强，在工业上广泛采用。

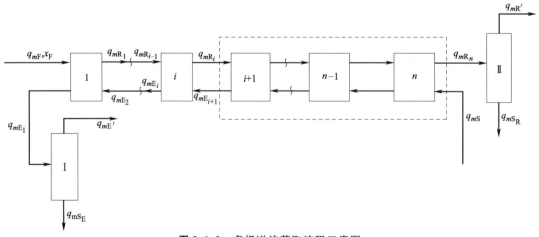

图 8.1.3　多级逆流萃取流程示意图

8.2 液-液相平衡关系

萃取过程的传质是在两液相之间进行的，故讨论萃取操作需先了解物系的平衡关系。萃取平衡是指在一定的萃取物系和操作条件下达到平衡时，各组分在萃取相和萃余相两相中的分配关系，与物系的性质、温度和压力有关。在萃取过程中至少涉及三种组分，即原料液中的溶质 A 和原溶剂 B，以及加入的溶剂 S。工业萃取中常见的情况是溶质 A 可完全溶于 B 及 S，但 B 与 S 部分互溶。由于液-液萃取的两相一般为三元混合物，因此，其组成和平衡关系的图解表示方法需借助三角形相图来表示。

8.2.1 三角形坐标

三角形坐标（Triangular Coordinate）图通常有等边三角形和直角三角形两种。工程设计中最常用的是直角三角形，它易于标绘、读取数据和进行图解计算。三元混合液的组成通常用质量分率来表示。

如图 8.2.1 所示，习惯上以上顶点 A 表示纯溶质，直角顶点 B 表示原溶剂（稀释剂），下顶点 S 表示纯溶剂，各顶点的组成为

$$x_A=1.0, \quad x_B=1.0, \quad x_S=1.0$$

在三角形各条边上的点，表示该边两端点所代表的组分所组成的二元混合物。如图 8.2.1 中 BS 线上的 H 点，表示 B、S 两组分组成的混合液，其组成分别是

$$x_B=\overline{HS}=0.8, \quad x_S=\overline{BH}=0.2$$

其他边类同。而在三角形内的任意一点 P，则表示 A、B、S 三组分混合液的组成。如 P 点所代表的组成，可由 P 点作 AB、AS 和 BS 边的平行线分别交 BS 于 H 点和 G 点、交 AB 于 F 点，由此计算组成，则

$$x_S=\overline{BH}=0.2, \quad x_B=\overline{SG}=0.5, \quad x_A=\overline{BF}=0.3$$

三个组成符合归一性，即

$$\sum x_i=1 \tag{8.2.1}$$

当确定三元混合物中两组分的组成如 x_A 和 x_B 时，第三组分 x_S 也可由归一条件获得

$$x_S=1-x_A-x_B=0.2$$

上述混合物的组成，也可在等边三角形中表示，如图 8.2.2 所示。

8.2.2 物料衡算和杠杆定律

设有质量为 m_R kg、组成为 x_A、x_B、x_S 的混合液 R 和质量为 m_E kg、组成为 y_A、y_B、y_S 混合液 E，将 R 和 E 混合，得质量为 m_M kg、组成为 z_A、z_B、z_S 的

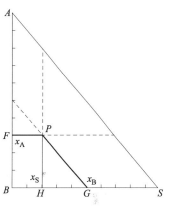

图 8.2.1 三组分混合物在直角三角形相图中的表示方法

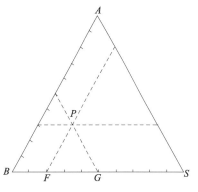

图 8.2.2 三组分混合物在等边三角形相图中的表示方法

新混合物 M。三种混合物在三角形相图中分别以点 R、E、M 表示，如图 8.2.3 所示。M 点称为 R、E 点的和点，R 点称为 M、E 点的差点，E 点称为 M、R 点的差点。则可列总物料衡算式及组分 A、组分 S 的物料衡算（Material Balance）式如下

$$m_M = m_R + m_E \tag{8.2.2}$$

$$m_M z_A = m_R x_A + m_E y_A \tag{8.2.3}$$

$$m_M z_S = m_R x_S + m_E y_S \tag{8.2.4}$$

根据式（8.2.2）～式（8.2.4）可推导得

$$\frac{m_E}{m_R} = \frac{z_A - x_A}{y_A - z_A} = \frac{z_S - x_S}{y_S - z_S} \tag{8.2.5}$$

根据杠杆定律（Lever-arm Rule），直线 RM 和 ME 通过同一点 M，且具有相同的斜率，因此三个组成点在一条直线上，即和点 M 位于 R、E 点的连线上。且线段 $\overline{RM}$ 和 $\overline{ME}$ 之比与混合前两溶液的质量成反比。

$$\frac{m_E}{m_R} = \frac{\overline{RM}}{\overline{ME}} \tag{8.2.6}$$

式（8.2.6）为杠杆定律的表达式，是物料衡算的简便图示方法，由于 m_E、m_R 的值已知，故根据上式可以确定和点 M 的位置，并读出其组成 z_A、z_B、z_S。

同理，利用杠杆定律，也可以确定差点的质量和组成。如从质量为 m_M kg，组成为 z_A、z_B、z_S 混合液 M 中分离出质量为 m_R kg，组成为 x_A、x_B、x_S 的混合液 R，则表示剩余混合物 E 组成的 E 点是 M、R 点的差点，其质量由质量守恒定律求解，其组成为 y_A、y_B、y_S 可用杠杆定律确定，其组成点 E 必落在 RM 的延长线上，且有以下关系

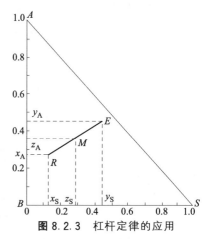

图 8.2.3 杠杆定律的应用

$$m_E = m_M - m_R \tag{8.2.7}$$

$$\frac{m_E}{m_M} = \frac{\overline{MR}}{\overline{RE}} \tag{8.2.8}$$

$$m_E \overline{RE} = m_M \overline{MR} \tag{8.2.9}$$

若混合液 M 和 R 的质量和组成已知，由上述关系式在图 8.2.3 中可确定 E 点的位置，并读出混合物 E 的组成。

【例 8.1】 现将含 A、B 组成分别为 0.5（质量分数，下同）的 40kg 混合液 F 与含 A、S 组成分别为 0.2、0.8 的 60kg 混合液 G 进行混合，试在三角形坐标中求取：

（1）两混合液混合后的总组成点 M_1，并由图读出其总组成；

（2）将混合物 M_1 中的 S 组分完全脱除后所得混合物 M_2 的量及组成。

解：（1）由混合物 F 和 G 的组成已知，即可在三角形坐标中确定 F 和 G 点，如图 8.2.4 所示。

连接 F、G 点，则 F、G 两者混合之后的和点 M_1 必在

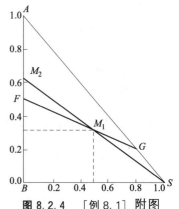

图 8.2.4 ［例 8.1］附图

FG 上。由杠杆定律可得

$$\frac{m_F}{m_G}=\frac{\overline{M_1G}}{\overline{FM_1}}=\frac{40}{60}$$

即

$$\overline{FM_1}=1.5\overline{M_1G}$$

据此可确定和点 M_1 的位置，并由图 8.2.4 读出点 M_1 的组成

$$z_A=0.32,\quad z_B=0.2,\quad z_S=0.48$$

混合液 M_1 的量为

$$m_{M_1}=m_F+m_G=40+60=100kg$$

（2）若将 M_1 中的 S 完全脱除，得到的混合物 M_2 中只有 A、B 组分，则点 M_2 必在 *AB* 边上，则可延长 SM_1 与 *AB* 交点即为 M_2，由图 8.2.4 中可读出点 M_2 的组成为

$$z'_A=0.62, z'_B=0.38$$

由杠杆定律可得

$$\frac{m_{M_2}}{m_{M_1}}=\frac{\overline{M_1S}}{\overline{M_2S}}$$

混合液 M_2 的量为

$$m_{M_2}=\frac{\overline{M_1S}}{\overline{M_2S}}m_{M_1}=0.5\times100=50kg$$

8.2.3 三角形相图

萃取操作常按组分 A、B、S 组成的混合液中各组分间相互溶解性的不同将物系分为两类：

① 第一类物系，溶质 A 可完全溶解于原溶剂 B 和溶剂 S，而 B 与 S 部分互溶或完全不互溶。

② 第二类物系，溶质 A 与原溶剂 B 完全互溶、与溶剂 S 部分互溶，而 B、S 亦部分互溶，即 A、S 及 B、S 形成两对部分互溶的物系。

若在三角形坐标中表示溶质 A 在液-液两相之间的平衡关系，就得到三角形相图（Triangular Phase Diagram）。萃取中相平衡关系比较复杂，除了与混合液中各组分间彼此互溶情况有关外，还与它们是否发生解离、缔合等化学反应有关。以下主要讨论各组分不发生化学反应的第一类物系的相平衡关系和相关计算。

（1）溶解度曲线

对于第一类物系，溶解度曲线（Solubility Curve）的绘制采用如下的方法：在一定温度和压力下，将 B 和 S 以适当的比例混合，其总组成为 *M* 点。经充分接触和分层后，得到两个互为平衡的液相，如图 8.2.5 所示，以原溶剂 B 为主的相称为萃余相，以 R_0 表示；以溶剂 S 为主的相称为萃取相，以 E_0 表示。这两个互为平衡的液相称为共轭相（Conjugate Phase），其相应的组成称为共轭组成。根据其组成可在 *BS* 边上确定 E_0、R_0 的位置。向混合液 M 中加入少量 A 并充分混合，使之达到新的平衡，静置分层，得到一对新的共轭相，其组成点为 R_1、E_1。然后继续加入溶质 A，重复上述操作，得到若干对共轭相的组成点 R_i

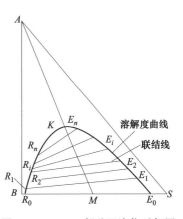

图 8.2.5 B、S 部分互溶物系相图

和 E_i。当加入 A 的量恰好使混合液由两相变成均匀的一相时,其组成由 K 点表示,再加入 A,混合液保持单一液相状态。K 点称为临界混溶点(Plait Point),亦称褶点,其位置与物系性质有关,连接各共轭相组成点及 K 点的曲线即为溶解度曲线。K 点通常位于溶解度曲线的一边,而非顶点位置上。第二类物系的三角形相图见图 8.2.6。

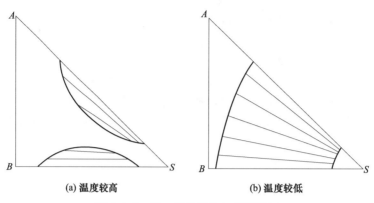

(a) 温度较高　　　　　　　　　　　(b) 温度较低

图 8.2.6　第二类物系的三角形相图

三角形相图中,溶解度曲线将三元物系分为两个区域:曲线内是两相区,曲线外是单相区或均相区,溶解度曲线上的点表示单相混合物的组成。在两相区,互成平衡的萃取相 E 和萃余相 R,即共轭相,是萃取分离可能达到的极限组成。显然,萃取分离应控制在两相区内,才可能采用萃取操作分离该物系。

对于原溶剂 B 与溶剂 S 完全不互溶的物系,其平衡关系也可用三角形坐标表示,其特点是在整个组成范围内均为两相区,如图 8.2.7 所示。

(2) 平衡联结线

如图 8.2.5 所示,连接两共轭相组成点的直线称为联结线(Tie Line)或共轭线。根据相律,自由度＝组分数－相数＋2,则三元两相物系的自由度是 3。当温度、压力一定时,只要确定某一相中一个组分的组成,便可唯一确定该相中其他组分的组成及对应的另一相(共轭相)组成。同一物系的联结线的倾斜方向一般相同,但不平行。联结线倾斜程度反映溶质在两相中浓度的相对大小,联结线水平时说明溶质 A 在两相中的浓度相等。也有少数物系联结线的倾斜方向不同,如图 8.2.8 吡啶-水-氯苯物系。

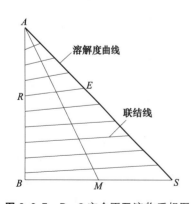

图 8.2.7　B、S 完全不互溶物系相图

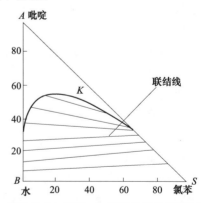

图 8.2.8　吡啶-水-氯苯的三角形相图

(3) 辅助曲线

在萃取操作计算中,仅有三角形相图中有限条联结线所提供的平衡关系是不够的。由于

实验数据有限，为了得到其他组成下的液-液平衡数据，可借助辅助曲线（Auxiliary Curve）采用图解内插的方法获得。辅助曲线可借助实验获得的有限条联结线，按以下的方法得到。

① 若已知实验平衡数据，即可获得其三角形相图的溶解度曲线和若干条联结线，如图 8.2.9（a）所示。在图中分别过各条联结线的端点 R_1、R_2……和 E_1、E_2……分别作 BS、AB 边的平行线，则每对平衡组成对应的两平行线交点分别为 F、G、H、I……，连接这些交点所得平滑曲线即为辅助曲线。延长辅助曲线与溶解度曲线的交点即为临界混溶点 K。

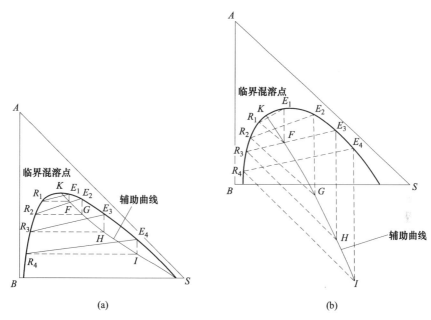

图 8.2.9 辅助曲线

② 辅助曲线也可作在三角形相图之外，使图形更为清晰。如图 8.2.9（b）所示，在三角形相图上，分别从 E_1、E_2……做 AB 边平行线，分别从 R_1、R_2…… 作 AS 边的平行线，得到一系列交点，连接各交点，即为辅助曲线。将作出的辅助曲线延长，延长线与溶解度曲线的交点即为临界混熔点 K。

利用辅助曲线和有限的共轭相，就可由一已知相的组成求得其共轭相的组成。

(4) 分配系数和分配曲线

在一定温度下，三元混合物的两个液相达到平衡时，溶质 A 在 E 相和 R 相中的组成之比，即为溶质 A 在 E、R 两相中的分配系数（Distribution Coefficient），以 k_A 表示，即

$$k_A = \frac{\text{溶质 A 在 E 相中的组成}}{\text{溶质 A 在 R 相中的组成}} = \frac{y_A}{x_A} \tag{8.2.10}$$

同理，原溶剂 B 的分配系数可表示为

$$k_B = \frac{y_B}{x_B} \tag{8.2.11}$$

式中　y_A，y_B——萃取相 E 中组分 A、B 的质量分数；

x_A，x_B——萃余相 R 中组分 A、B 的质量分数。

分配系数 k_A 表示溶质在两个平衡相中的分配关系，k_A 由实验测定溶质组分 A 在两相的平衡浓度而得到。对于一定的物系，k_A 与联结线倾斜的方向和程度有关，如图 8.2.10 所示。k_A 还与温度、压力和溶质浓度有关。压力变化不大的情况下，其影响可忽略；而温度

升高，k_A 将降低；恒温、恒压下，溶质浓度较低，且两相分子状态相同时，k_A 为常数，不随溶质浓度的变化而变化。大多数实际过程可能发生解离、缔合、水解、络合等，溶质在两相中以不同的分子状态存在，则 k_A 随溶质浓度增加而降低。

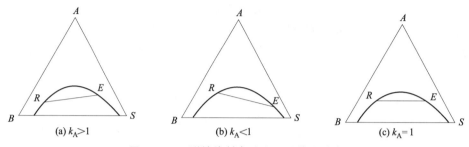

图 8.2.10　联结线斜率对分配系数的影响

将共轭相中溶质 A 的平衡组成直接标绘在直角坐标中，就能得到分配曲线（Distribution Curve），如图 8.2.11 所示。y_A 表示 A 组分在萃取相中的浓度，x_A 表示 A 组分在萃余相中的浓度。

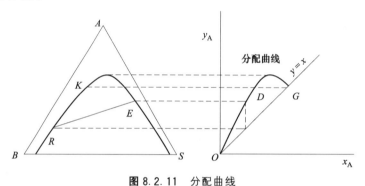

图 8.2.11　分配曲线

以上所述三元混合物的三角形相图和分配曲线，是萃取过程设计、计算中常用的描述平衡关系的方法。此外，还可用两相脱除溶剂 S 后获得萃余液 R′ 和萃取液 E′ 的组成 x_A'、x_B' 和 y_A'、y_B' 表示其平衡关系。若将 x_A' 和 y_A' 绘于直角坐标中，即可获得脱溶剂基的分配曲线，如图 8.2.12 所示。

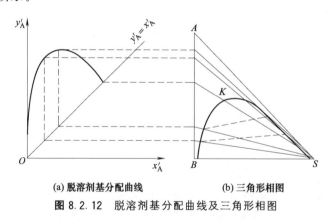

(a) 脱溶剂基分配曲线　　　**(b) 三角形相图**

图 8.2.12　脱溶剂基分配曲线及三角形相图

(5) 温度对萃取过程的影响

一般来说，压力对相平衡关系的影响较小（极高压力除外），一般可以忽略。而温度对互溶度有显著影响。通常情况下，物系温度升高，各组分的溶解度增大，互溶度增加，使分层区域减小，不利于萃取，如图 8.2.13 所示。但温度太低，液体黏度增大，扩散系数减小，不利于传质。因此，应选择适宜的萃取温度。图 8.2.13 中 K_i 是临界混溶点。

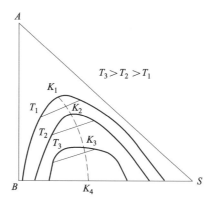

图 8.2.13 温度对溶解度曲线的影响

8.3 萃取过程计算

液-液萃取与其他传质分离过程相似，如果单级萃取操作能够获得互呈平衡的萃取相和萃余相，这样的萃取操作即为一个理论级或平衡级。但是萃取实际操作过程中，受流体流动和传质动力学条件、设备的影响，也许需要很长时间才能达到传质平衡，传质后混合液相的完全分离也可能需要一定时间，实际接触级很难达到理论级的分离能力，因此理论级是一种理想状态。实际接触级接近理论级的程度常以级效率 η 表示。萃取过程计算中，无论是单级还是多级萃取操作，均假设各级为理论级，即离开每级的萃取相 E 和萃余相 R 互呈平衡。对于一定的分离要求，先求出萃取操作所需的理论级数 N，根据具体设备型式通过经验或实验确定级效率 η，即可求出实际级数 $N_P = N/\eta$。

萃取过程计算的基本关系式是物料衡算和相平衡关系。计算方法有图解法和解析法。由于操作条件下的平衡关系一般难以表示成简单的函数关系，应用三角形相图表示比较简便易行。因此，基于杠杆定律的图解方法常用于萃取过程的计算。

萃取可以进行连续操作或间歇操作。间歇操作中，各股物料的质量以 m 表示，单位为 kg；连续操作时，物料的质量流量以 q_m 表示，单位为 kg/h 或 kg/s。

8.3.1 单级萃取

(1) 部分互溶物系

单级萃取是指原料液 F 和溶剂 S 只进行一次混合、传质的分离过程，在生产中多为间歇操作，其流程如图 8.1.1 所示。单级萃取的最大分离效果相当于一个理论级，因此，在计算中按一个理论级考虑。

单级萃取计算需要解决以下两类问题：一是设计型问题，即根据工艺分离要求，选择适宜的溶剂比（m_S/m_F）或溶剂用量 m_S；二是操作型问题，即在给定溶剂用量 m_S 的操作条件下，估算萃取操作所能达到的分离程度。

系统的总物料衡算式为

$$m_F + m_S = m_E + m_R = m_M \qquad (8.3.1)$$

由式（8.3.1）可以看出，M 既是 F、S 的和点，又是萃取操作获得的互呈平衡的 E（萃取相）和 R（萃余相）的和点。

① 设计型问题的计算　对于部分互溶物系（Partial Miscibility Mixture）的设计型问题，已知原料液量和组成、溶剂组成和规定的分离要求，计算溶剂用量 m_S。计算步骤如下：

a. 根据相平衡数据在三角形坐标图上画出溶解度曲线和辅助曲线，如图 8.3.1 所示。

b. 根据原料液和溶剂的组成（设溶剂为纯溶剂）确定 F、S 点，连接 FS，则 F、S 的和点 M 必在 FS 连线上。

c. 根据要求的萃余相的组成 x，在溶解度曲线上确定 R 点（如果规定的分离要求是萃余液的组成 x'，则在图中确定的是 R'，连接 $R'S$ 线交溶解度曲线确定 R 点），利用辅助曲线确定与 R 互呈平衡的萃取相 E 点。作 RE 的联结线，RE 和 FS 的交点即为混合液的组成点 M，此点就是系统总物料衡算的公共和点。

d. 根据物料衡算和杠杆定律，可确定溶剂用量 m_S。

$$m_S = \frac{\overline{MF}}{\overline{MS}} m_F \qquad (8.3.2)$$

以上讨论的是纯溶剂进行单级萃取的情况。实际操作中，溶剂中可能含少量的 A、B 组分，在三角形相图中，溶剂组成点将不在顶点而在三角形相图内，但图解计算方法相同。

当原料液的组成和量一定时，溶剂的量过小或过大，都可能使和点 M 落在两相区外，无法分离。所以单级萃取有一个最小溶剂用量和最大溶剂用量。如图 8.3.2 所示，根据杠杆定律，减少溶剂用量，M 点向 F 点靠近，x_A 和 y_A 增加；但 m_S 继续减小，M 点移到图中线 FS 和溶解度曲线的交点 D 点时，液-液两相成为均相混合物，破坏了萃取操作的条件，此溶剂用量即为最小溶剂用量 $m_{S_{min}}$，此时两相中的溶质组成达到最大 y_{max}、x_{max}。同理，增大溶剂用量，M 点向 S 点靠近，x_A 和 y_A 下降，有利于分离。但 m_S 继续增大，M 点移到图中 G 点时，液-液两相成为均相混合物，破坏了萃取操作的条件，此时溶剂用量即为最大溶剂用量 $m_{S_{max}}$，此时两相中的溶质组成达到最小 y_{min}、x_{min}。由杠杆定律可得

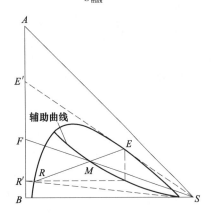

图 8.3.1　单级萃取的图解法计算

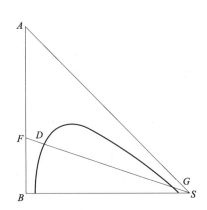

图 8.3.2　单级萃取的最大溶剂用量和最小溶剂用量

$$m_{S_{min}} = \frac{\overline{FD}}{\overline{DS}} m_F \qquad (8.3.3)$$

$$m_{S_{\max}} = \frac{\overline{GF}}{\overline{GS}} m_F \qquad (8.3.4)$$

因此，单级萃取的溶剂用量范围是 $m_{S_{\min}} < m_S < m_{S_{\max}}$。

还应注意的是，当溶剂用量减到 $m_{S_{\min}}$ 时，萃取相中 y_A 虽然达到 $y_{\max}$，但所获得的萃取液中的 y'_A 却不一定最大。如图 8.3.3 所示，对某萃取物系的相平衡关系，可过 S 点作一直线切溶解度曲线于 E 点，交 AB 线于 E' 点，由点 E' 直接读得 y'_A 的最大值 $y'_{\max}$。由图 8.3.3（a）中可见 E'_2 的组成 y'_2 低于 $y'_{\max}$，为获得 $y'_{\max}$ 相应的溶剂用量，可根据切点 E 借助辅助曲线求过 E 点的联结线 ER 交连线 FS 于 M，然后，由式（8.3.2）计算。

应该指出的是，如果过切点 E 的联结线 ER 不能与 FS 线在两相区内相交，如图 8.3.3（b）中 M' 点。则此类情形下的 $y'_{\max}$ 即为该物系在该操作条件下最小溶剂用量 $m_{S_{\min}}$ 时所对应的 y'_A，如图 8.3.3（b）所示。

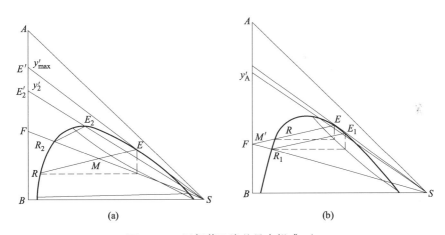

图 8.3.3　图解萃取液的最大组成 $y'_{\max}$

② 操作型问题的计算　对于操作型问题，在给定溶剂用量 m_S 的操作条件下，估算萃取操作后得到的萃取相 E 和萃余相 R 的量 m_E、m_R 和组成。计算步骤如下：

a. 根据相平衡数据在三角形坐标图上画出溶解度曲线和辅助曲线，如图 8.3.1 所示。

b. 根据原料液和溶剂的组成（设溶剂为纯溶剂）确定 F、S 点，连接 FS，根据杠杆定律确定其和点 M，即 $m_F/m_S = \overline{MS}/\overline{FM}$。

c. 由于 R、E 两相互呈平衡，且和 F、S 具有公共的和点 M，因此，R、E 必在通过 M 点的连接线上。借助辅助曲线，采用图解试差法可以确定过 M 点的连接线 ER。

d. 确定了 R、E 点，在三角形相图上可直接读出萃取相和萃余相的组成 y_A 和 x_A。同时根据物料衡算和杠杆定律，可求出萃取相和萃余相的量

$$m_E = \frac{\overline{MR}}{\overline{ER}} m_M \qquad (8.3.5)$$

$$m_R = m_M - m_E \qquad (8.3.6)$$

萃取液由萃取相脱除溶剂后所得，如果溶剂 S 中不含溶质 A，即在脱溶剂操作中从萃取相完全脱除溶剂 S，在三角形相图上，连接 S、E 两点并延长交 AB 边于 E' 点，即为所求的萃取液点，E' 是 E 和 S 的差点。同理，可确定萃余液 R' 点及萃余液的量。还可以根据 R' 是 E' 与 F 点的差点，由下式求萃余液的量

$$m_{E'} = \frac{\overline{FR'}}{\overline{E'R'}} m_F \qquad (8.3.7)$$

$$m_{R'} = \frac{\overline{RS}}{\overline{R'S}} m_R \qquad (8.3.8)$$

从萃取相和萃余相脱除的溶剂量分别为

$$m_{SE} = m_E - m_{E'} \qquad (8.3.9)$$

$$m_{SR} = m_R - m_{R'} \qquad (8.3.10)$$

萃取液和萃余液是萃取操作得到的产品，因此，$m_F = m_{E'} + m_{R'}$。在三角形相图上 E' 和 R' 都在 AB 边上，其和点是原料液的组成点 F，即

$$m_{E'} |\overline{E'F}| = m_{R'} |\overline{R'F}| \qquad (8.3.11)$$

以上计算是假定单级萃取是一个理论级，而实际萃取效果一般低于理想情况。另外，生产中溶剂若循环使用，其中会含有少量的 A、B 组分，脱溶剂操作后萃取液和萃余液中也会含有少量溶剂 S。因此，实际萃取操作的溶剂点 S、萃取液点 E' 和萃余液点 R'，在图中的位置由其实际组成决定，但图解方法相同。

【例 8.2】 在互呈平衡的均含有 A、B、S 组分的液—液两相中，R 相及 E 相的量分别为 30kg 和 60kg，且 R 相中 A 的质量分数为 0.3，该三元混合物的相图如图 8.3.4 所示。求：

（1）由图中读出 E、R 相的组成，并求 A、B 组分在两相中的分配系数；

（2）若向混合物中加入 A，两相中 A 的组成如何变化？当加入 A 的量为多少时，它们将成为均相混合液？此时，均相混合液的组成为多少？

（3）如果不向系统加入 A，而向系统中加入溶剂 S，则两相中 A 的组成如何变化？当加入 S 的量为多少时，系统将成为均相混合液？此时，均相混合液的组成为多少？

解：（1）R、E 两相呈平衡，在溶解度曲线上由 R 相的组成 $x_A = 0.3$ 确定 R 点，并过 R 点作 AB 边的平行线，与辅助曲线交于 D 点，然后过 D 点作 BS 边的平行线，与溶解度曲线右侧的交点即为 E 点。E、R 两点的组成可由图读出。

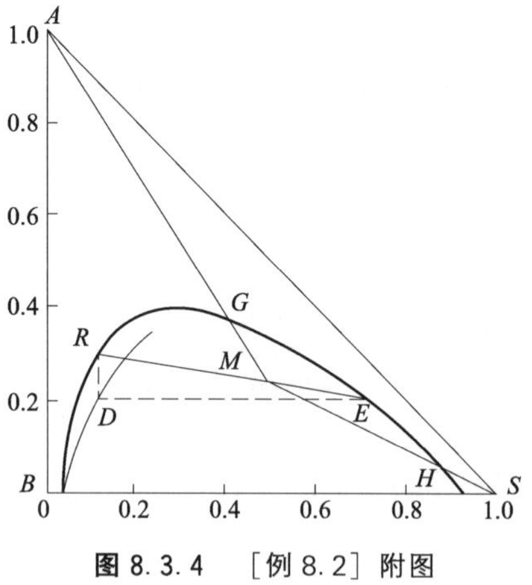

萃取相 E：$y_A = 0.20$，$y_B = 0.10$，$y_S = 0.70$

萃余相 R：$x_A = 0.30$，$x_B = 0.58$，$x_S = 0.12$

则可得到 A、B 组分在两相中的分配系数为

$$k_A = \frac{y_A}{x_A} = \frac{0.20}{0.30} = 0.667$$

$$k_B = \frac{y_B}{x_B} = \frac{0.10}{0.58} = 0.172$$

由杠杆定律和物料衡算，得到和点 M 的位置

$$m_M = m_R + m_E = 30 + 60 = 90 \text{kg}$$

$$\frac{\overline{RM}}{\overline{RE}} = \frac{m_E}{m_M} = \frac{2}{3}, \quad \overline{RM} = \frac{2}{3} \times \overline{RE}$$

M 点位置如图 8.3.4 所示，连接 A、M 点，AM 交溶解度曲线于 G 点。

图 8.3.4　［例 8.2］附图

（2）当向系统中加入纯溶质 A 时，R、E 均沿溶解度曲线向上移动，R、E 两相中 A 的组成均增加，此时和点沿 MA 方向向 A 点移动。当加入溶质 A 使新的混合液组成点至 G 点时，物系成为均相混合液。G 点为 A 和 M 的和点。所加入溶质 A 的量可根据杠杆定律求出

$$m_A = m_M \frac{\overline{GM}}{\overline{AG}} = 22.5\text{kg}$$

即当加入 A 的量为 22.5kg 时，混合液成均相混合液，此时混合液组成可由图中读出。

混合液 G：$z_A = 0.36$，$z_B = 0.24$，$z_S = 0.40$。

（3）加入纯溶剂 S，R、E 均沿溶解度曲线向下移动，两相中溶质 A 的组成下降，此时和点沿 MS 方向向 S 点移动。如图 8.3.4 所示，连接 MS 与溶解度曲线交于 H 点，即当加入 S 使新的混合液组成点至 H 点时，物系成为均相混合液。所加入 S 的量可根据杠杆定律求出

$$m_S = m_M \frac{\overline{MH}}{\overline{SH}} = 260\text{kg}$$

即加入 S 为 260kg 时，混合液成均相混合液，此时混合液组成可由图 8.3.4 中读出。

混合液 H：$z'_A = 0.06$，$z'_B = 0.12$，$z'_S = 0.82$。

(2) 完全不互溶物系

当所用的溶剂 S 与原溶剂 B 互溶度极小，而且操作范围内溶质组分的存在对 B、S 的互溶度又无明显影响时，可近似将溶剂与原溶剂看作完全不互溶物系（Complete Immiscibility Mixture），如液-液萃取操作应用于无机金属离子的分离。组分 B 与溶剂 S 完全不互溶时，溶剂的选择性系数为无穷大，此时 A、B 的分离最容易。对于这种情况，即溶剂 S 几乎完全不溶于原溶剂 B，那么，此萃取过程与吸收过程十分类似。主要区别是吸收中处理的是气液两相，萃取中则是液液两相，这一区别将导致萃取设备的结构不同于吸收设备。但就过程的数学描述和计算而言，两者并无区别，完全可按吸收章中所述的方法处理。

由于溶剂与原溶剂完全不互溶，纯溶剂 S 与原溶剂 B 可视为惰性组分，它们的量在整个萃取过程中均保持不变。因此，为计算方便，可以惰性组分为基准表示溶液的组成，即以 X 和 Y 分别表示溶质 A 在萃余相中的质量分数比（kg 溶质/kg 原溶剂）和溶质 A 在萃取相中的质量分数比（kg 溶质/kg 纯溶剂）。

$$X = \frac{m_A}{m_B} = \frac{x}{1-x}$$

$$Y = \frac{m_A}{m_S} = \frac{y}{1-y}$$

相应地，溶质在两相中的平衡关系可以 $Y \sim X$ 直角坐标图中的分配曲线表示，即

$$Y = KX \tag{8.3.12}$$

式中，K 为分配系数。

单级萃取时，各物质的量和组成如图 8.3.5（a）所示。由溶质 A 的物料衡算得：

$$m_S(Y - Y_0) = m_B(X_F - X) \tag{8.3.13}$$

$$Y = -\frac{m_B}{m_S}X + \left(Y_0 + \frac{m_B}{m_S}X_F\right) \tag{8.3.14}$$

$$\frac{Y - Y_0}{X - X_F} = -\frac{m_B}{m_S} \tag{8.3.15}$$

式中 m_B，m_S——原溶剂和纯溶剂的质量，kg；

$\quad\quad X$，X_F——萃余相和原料液中溶质 A 的质量比，kg(A)/kg (B)；

$\quad\quad Y$，Y_0——萃取相和溶剂中溶质 A 的质量比，kg(A)/kg (S)。

　　式（8.3.14）是单级萃取的操作线方程。该操作线是通过点 C（X_F，Y_0），斜率是 $(-m_B/m_S)$ 的一条线段，且线段的另一端点 D 在分配曲线上。

　　对于完全不互溶物系萃取的计算可采用直角坐标图解法和代数公式法。下面具体介绍直角坐标图解法，代数公式法参见其他文献。

　　对于设计型问题，即对于式（8.3.12）和式（8.3.13）中，原料液处理量 m_B 和组成 X_F、溶剂的组成 Y_0 一般为已知量，若规定单级萃取的分离要求，如萃余相含量 X，需计算完成分离任务所需的溶剂用量 m_S。采用直角坐标图解法，如图 8.3.5（b）所示，首先在直角坐标系中绘出分配曲线 OD。然后根据 X 值在分配曲线上确定 D（X，Y），并由原料液和萃取剂组成确定点 C（X_F，Y_0），连接 C、D 得到操作线 CD，则可由式（8.3.15）计算得到操作线的斜率（$-m_B/m_S$），进而求出所需的溶剂用量 m_S。

　　对于操作型问题，若已知原料液处理量和组成，给定溶剂用量和组成。采用直角坐标图解法，如图 8.3.5（b）所示，首先在直角坐标系中绘出分配曲线 OD。然后通过点 C（X_F，Y_0）、斜率（$-m_B/m_S$）绘出操作线 CD，两条线的交点 D 即为该过程获得的萃取相和萃余相的组成点。

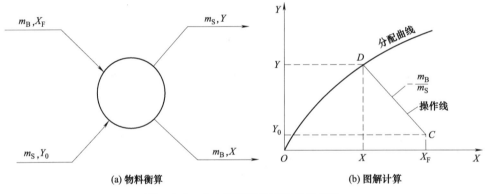

(a) 物料衡算　　　　　　　　　　　　(b) 图解计算

图 8.3.5　完全不互溶物系的单级萃取

8.3.2　多级错流萃取

(1) 部分互溶物系

　　在萃取操作中，若要求进一步降低萃余相中的溶质组成，可向单级萃取所获得的萃余相再次加入溶剂进行萃取，如此多次地重复上述操作，实现混合液进一步分离的方法，即多级错流萃取。实际上多级错流萃取就是多个单级萃取的组合，如图 8.1.2 所示。

　　在多级错流萃取过程计算中，对于原溶剂 B 和溶剂 S 部分互溶的物系，通常根据三角形相图采用图解法计算，计算分为两类。第一类为设计型问题，即规定了各级的溶剂用量及其组成，要求确定达到一定分离要求的理论级数 N。第二类为操作型问题，即已知一多级错流萃取设备的理论级数 N，要求估算通过该设备的萃取之后所能达到的分离程度。以上两类问题的处理方法均与单级萃取相似，是单级萃取图解方法的多次重复应用，如图 8.3.6 所示。下面给出设计型问题的图解求解步骤。

　　① 在直角三角形坐标中画出溶解度曲线和辅助曲线。

② 确定 F、S 点（设为纯溶剂），并连接 F、S 两点。根据杠杆定律在 FS 连线上确定第一级的混合液总组成点 M_1。再利用辅助曲线用试差法作过 M_1 点的联结线 E_1R_1，得到第一级的萃取相点 E_1 和萃余相点 R_1。

③ 以 R_1 为原料，加入纯的溶剂 S_2，连接 R_1S 并确定第二级混合液的总组成点 M_2。按步骤②的方法得到萃取相点 E_2 和萃余相点 R_2。即得到第二级的萃取相和萃余相。

④ 依此类推，直到某一级的萃余相的组成等于或小于所要求的组成 x_n 为止。相图中联结线的数目即为完成分离任务所需的理论级数。

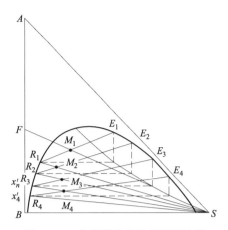

图 8.3.6　多级错流萃取的图解计算

【例 8.3】 以水为溶剂，从醋酸浓度为 40%（质量分数，下同）的醋酸-氯仿混合液中萃取醋酸。操作温度为 25℃，料液的处理量为 1600kg/h。在 25℃ 时的平衡数据如表 8.3.1 所示。试求：

（1）若采用二级错流萃取连续操作流程，每级均加入 800kg/h 的纯异丙醚，求各级排出的萃取相和萃余相的量和组成；

（2）若采用单级萃取达到相同的分离效果，溶剂的用量为多少？

表 8.3.1　醋酸（A）-氯仿（B）-水（S）物系在 25℃ 下的平衡数据

质量分数(萃余相 R)/%			质量分数(萃取相 E)/%		
醋酸(A)	氯仿(B)	水(S)	醋酸(A)	氯仿(B)	水(S)
0.00	0.99	99.01	0.00	99.16	0.84
6.77	1.38	91.85	25.10	73.69	1.21
17.72	2.28	80.00	44.12	48.58	7.30
25.72	4.15	70.13	50.18	34.71	15.11
27.65	5.20	67.15	50.56	31.11	18.33
32.08	7.93	59.99	49.41	25.39	25.20
34.16	10.03	55.81	47.87	23.28	28.85
42.50	16.50	41.00	42.50	16.50	41.00

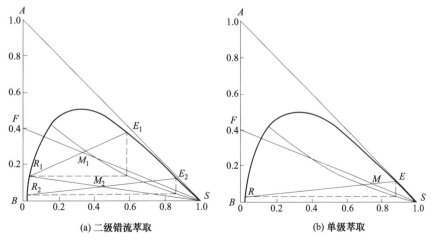

(a) 二级错流萃取　　　　　　　　　　(b) 单级萃取

图 8.3.7　[例 8.3] 附图

解：根据平衡数据可作出溶解度曲线和辅助曲线，如图 8.3.7 (a) 所示。

(1) 采用二级错流萃取

① 第一级萃取　原料液 $q_{mF}=1600kg/h$，$x_F=0.4$，溶剂 $q_{mS_1}=800kg/h$，$y_S=0$，由物料衡算得

$$q_{mM_1}=q_{mF}+q_{mS_1}=1600+800=2400kg/h$$

由已知的原料液组成及溶剂组成，确定 F、S 两点，连接 F、S 得到连线 FS，并由杠杆定律求得和点 M_1。

$$|FM_1|=\frac{q_{mS_1}}{q_{mM_1}}|FS|=\frac{800}{2400}|FS|=\frac{1}{3}|FS|$$

过 M_1 点借助辅助曲线在图上试差法求通过 M_1 的联结线 E_1R_1，E_1 和 R_1 即为第一级的萃取相及萃余相的组成点，由图 8.3.7 (a) 读出两点的醋酸组成为：

$$x_1=0.13，y_1=0.38$$

由杠杆定律得：

$$q_{mR_1}=\frac{|M_1E_1|}{|R_1E_1|}q_{mM_1}=\frac{14.5}{32}\times2400=1087.5kg/h$$

$$q_{mE_1}=q_{mM_1}-q_{mR_1}=2400-1087.5=1312.5kg/h$$

② 第二级萃取　第一级的萃余液 $q_{mR_1}=1087.5kg/h$，$x_1=0.13$ 作为第二级萃取器的原料液，溶剂 $q_{mS_2}=800kg/h$，$y_S=0$，由物料衡算得

$$q_{mM_2}=q_{mR_1}+q_{mS_2}=1087.5+800=1887.5kg/h$$

在图中连接 R_1、S 得到连线 R_1S，并由杠杆定律求得和点 M_2。

$$|R_1M_2|=\frac{q_{mS_2}}{q_{mM_2}}|R_1S|=\frac{800}{1887.5}|R_1S|=0.424|R_1S|$$

在 R_1S 连线上确定 M_2 点，过 M_2 点借助辅助曲线在图 8.3.7 (a) 中试差法确定联结线 E_2R_2，定出萃余相点 R_2 和萃取相点 E_2，读出两点的组成为：

$$x_2=0.03，y_2=0.11$$

$$q_{mR_2}=\frac{|M_2E_2|}{|R_2E_2|}q_{mM_2}=\frac{21}{45}\times1887.5=880.8kg/h$$

$$q_{mE_2}=q_{mM_2}-q_{mR_2}=1887.5-880.8=1006.7kg/h$$

最终萃余相中醋酸的量 $q_{mR_2}x_2=880.8\times0.03=26.42kg/h$

萃取相的质量 $q_{mE_1}+q_{mE_2}=1312.5+1006.7=2319.2kg/h$

醋酸的总萃取量 $q_{mE_1}y_1+q_{mE_2}y_2=1312.5\times0.38+1006.7\times0.11=165.6kg/h$

溶剂的总用量 $q_{mS_1}+q_{mS_2}=800.0+800.0=1600.0kg/h$

(2) 若采用单级萃取达到相同的效果，则萃余相的组成 $x=0.03$，由辅助曲线确定对应的共轭相 E 点的位置，联结线 ER 和 FS 的交点为 M，如图 8.3.7 (b) 所示，并由杠杆定律和物料衡算求得单级萃取溶剂的用量。

$$q_{mS}=\frac{|FM|}{|MS|}q_{mF}=\frac{43}{14}\times1600=4914.3kg/h$$

由计算结果可知，当最终的萃余相组成相同时，采用多级错流萃取比单级萃取需要的溶剂用量少。这是因为在多级错流萃取流程中，溶剂分别加入各级萃取器，萃取推动力较大，萃取效果较好。同理可知，在溶剂用量相同时，多级错流萃取的分离效果好于单级萃取。但多级错流萃取所需设备多，投资费用高，操作复杂，特别是分离能力的提高或溶剂的减少都

不及后面介绍的多级逆流萃取,这些都使它在生产上的应用受到一定的限制。

(2) 完全不互溶物系

完全不互溶物系的多级错流萃取流程如图8.3.8所示。各级分别加入了新鲜溶剂S,且B、S完全不互溶,因此各级操作的操作线斜率为$-q_{mB}/q_{mS_i}$。如果加入各级的溶剂用量相等,则各级操作线斜率相同。

对任意 i 级作物料衡算

$$q_{mS_i}(Y_i-Y_0)=q_{mB}(X_{i-1}-X_i)$$

$$Y_i=-\frac{q_{mB}}{q_{mS_i}}X_i+(Y_0+\frac{q_{mB}}{q_{mS_i}}X_{i-1}) \tag{8.3.16}$$

$$\frac{Y_i-Y_0}{X_i-X_{i-1}}=-\frac{q_{mB}}{q_{mS_i}} \quad (i=1,2,\cdots,N) \tag{8.3.17}$$

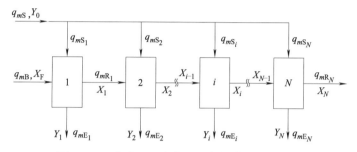

图 8.3.8　完全不互溶物系的多级错流萃取流程

同单级萃取一样,完全不互溶物系的多级错流萃取计算有解析法和图解法两种。下面以设计型问题为例,简析图解法的求解过程。如图8.3.9所示,由已知的原料液和溶剂组成确定点 C_1 (X_F,Y_0),过 C_1 点以 ($-q_{mB}/q_{mS_i}$) 为斜率作直线,与分配曲线交于 D_1 (X_1,Y_1),D_1点就是第1级萃取获得的萃取相和萃余相组成点,C_1D_1是第1级操作线。再从点 C_2 (X_1,Y_0) 重复以上过程,直到所得平衡组成点 D_N 所对应的萃余相组成小于或等于规定的分离要求。在图中操作线和分配曲线相交的次数就是理论级数 N。

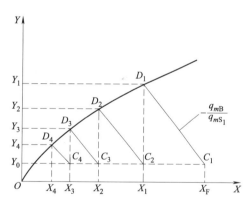

图 8.3.9　完全不互溶物系的多级错流萃取图解

【例8.4】 用与混合液中组分B完全不溶的纯溶剂S,从流量为2600kg/h的A、B混合液中提取组分A,采用多级错流萃取操作。操作条件下的平衡关系如图8.3.10所示(横纵坐标为质量比 X、Y)。若每级以1000kg/h的流量加入纯溶剂,欲使原料液中的A含量由0.35(质量分数,下同)降至0.075,求所需的理论级数。

解: $X_F=\dfrac{x_F}{1-x_F}=\dfrac{0.35}{1-0.35}=0.538$

$$X_n=\frac{x_n}{1-x_n}=\frac{0.075}{1-0.075}=0.081$$

原溶剂的流量为

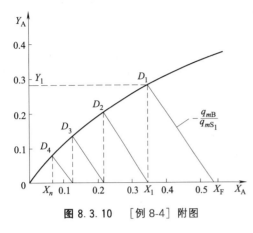

图 8.3.10　[例 8-4] 附图

$$q_{mB} = q_{mF}(1 - x_F) = 2600 \times (1 - 0.35) = 1690 \text{kg/h}$$

操作线斜率为

$$-\frac{q_{mB}}{q_{mS}} = -\frac{1690}{1000} = -1.69$$

在图中过 $(X_F, 0)$ 作斜率为 -1.69 的第 1 级萃取操作线，交分配曲线于点 D_1 (X_1, Y_1)，X_1、Y_1 即为第 1 级萃余相 R_1 及萃取相 E_1 的组成。然后过 $(X_1, 0)$ 作第 1 级操作线的平行线，交分配曲线于 (X_2, Y_2) 点，重复以上步骤，直到萃余相中溶质 A 的组成达到规定的分离要求为止。由于 $X_4 < 0.081$ 时，获得理论级数 N 等于 4。

对于操作型问题，已知萃取设备的理论级数为 N，当以一定量溶剂萃取给定原料液时，为确定分离效果，也可应用上述图解方法。但是，如果计算萃取操作所需要的溶剂用量时，则需试差求解。

8.3.3　多级逆流萃取

(1) 部分互溶物系

在工业生产中，用一定量的溶剂萃取一定量的原料液时，单级或多级错流萃取受相平衡关系限制，很难达到更高浓度的分离要求。为实现更大程度的分离，一般采用多级逆流萃取。多级逆流萃取为连续操作，原料液和溶剂逆向接触依次通过各级。其原料液处理量 q_{mF} 和溶剂用量 q_{mS} 均以 kg/h 表示。流程如图 8.1.3 所示，流程简介见 8.1.4 节。

在溶剂用量和理论级均相同的条件下，逆流操作的传质推动力比错流操作大。对于一定的原料，采用多级逆流操作比多级错流操作能够获得更大程度的分离。或者，欲达到相同的分离要求，采用多级逆流萃取流程可以减少溶剂用量。

对于多级逆流萃取计算，同样分为两类问题。第一类为设计型问题，即已知所用溶剂的组成、原料液量 q_{mF} 及其组成 x_F，在选定溶剂用量或溶剂比 q_{mS}/q_{mF} 的条件下，求最终萃余相中溶质组成降至一定值 x_n，所需理论级数 N。第二类为操作型问题，已知多级逆流萃取设备的理论级数 N，要求计算通过该设备的萃取之后所能达到的分离程度。以下主要讨论设计型问题。

对于部分互溶物系，多级逆流萃取过程的计算可在三角形坐标或直角坐标系中作图求解。下面给出理论级数的图解法求解步骤。

① 三角形坐标图解法　三角形坐标图解法如图 8.3.11 所示，其步骤如下：

a. 由平衡数据在三角形坐标图上作溶解度曲线和辅助曲线。

b. 根据原料液和萃取相的组成（图中为纯溶剂），确定 F、S 两点。根据杠杆定律在 FS 线上确定混合液总组成点 M。

c. 由规定的最终萃余相的组成在图上确定 R_n。连接点 R_n、M，并延长 R_nM 与溶解度曲线交于 E_1 点，E_1 即为最终萃取相的组成点。

由杠杆定律可求得最终萃取相和萃余相的量

$$q_{mE_1} = \frac{\overline{MR_n}}{\overline{E_1R_n}} q_{mM}, q_{mR_n} = q_{mM} - q_{mE_1}$$

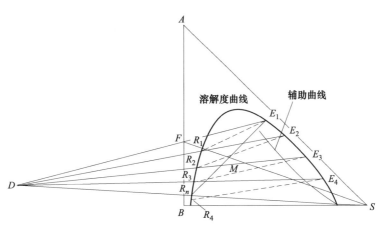

图 8.3.11 多级逆流萃取图解计算

d. 根据物料衡算和相平衡关系，求理论级数。

由第 1 级到第 n 级，逆流萃取的总物料衡算为

$$q_{mF} + q_{mS} = q_{mR_n} + q_{mE_1} = q_{mM} \qquad (8.3.18)$$

第 1 级 $\qquad q_{mF} - q_{mE_1} = q_{mR_1} - q_{mE_2}$

第 2 级 $\qquad q_{mR_1} - q_{mE_2} = q_{mR_2} - q_{mE_3}$

第 i 级 $\qquad q_{mR_{i-1}} - q_{mE_i} = q_{mR_i} - q_{mE_{i+1}}$

第 n 级 $\qquad q_{mR_{n-1}} - q_{mE_n} = q_{mR_n} - q_{mS}$

由以上各式可得

$$q_{mF} - q_{mE_1} = q_{mR_1} - q_{mE_2} = q_{mR_2} - q_{mE_3} = \cdots = q_{mR_{n-1}} - q_{mE_n} = q_{mR_n} - q_{mS} = q_{mD}$$

$$(8.3.19)$$

式（8.3.19）为多级逆流萃取操作的操作线方程。由式可知，进入每一级的萃余相的量 $q_{mR_{i-1}}$ 与离开该级的萃取相的量 q_{mE_i} 之差为 $-q_{mD}$。可见，相邻两级间两物流之差恒为常数 q_{mD}。因此，各级的物料衡算具有公共差点 D，在三角形相图外，为一虚拟量。式（8.3.19）为相邻两级间的物料衡算关系，由此式确定的直线称为第 $i+1$ 级和第 i 级间的级联线。由式（8.3.19）可知，D 可认为是 F 与 E_1、R_1 与 E_2，…，R_n 与 S 的公共差点，因此由杠杆定律可知，E_i、R_{i-1} 与 D 一定在同一条直线上，且各条级联线必相交于同一点 D。D 点又称作多级逆流萃取的极点。

D 点的位置可能在三角形的左侧，也可能在其右侧。当第一级萃取相 E_1 的溶质浓度大于原料液中溶质浓度时，D 点在三角形相图中原溶剂点 B 的左侧，如图 8.3.11 所示，式（8.3.19）中的 q_{mD} 是负值。反之，当第一级萃取相 E_1 的溶质浓度小于原料液中溶质浓度时，D 点在三角形相图中溶剂点 S 的右侧，式（8.3.19）中的 q_{mD} 是正值。D 点位置取决于溶剂用量和原料液量的比值 q_{mS}/q_{mF}，即溶剂比。

D 点确定后，在三角形相图上交替画联结线和操作线，便可求出所需理论级数 N。逐级图解过程步骤如下：

a. 首先根据给定条件，在三角形相图中确定 F、S 和 R_n 点，确定混合物和点 M，由总物料衡算式（8.3.18），连接 $R_n M$ 交溶解度曲线于 E_1 点；

b. 然后作 $E_1 F$ 线与 SR_n 线并延长相交，交点即为极点 D；

c. 利用辅助曲线，作 E_1 点联结线 $E_1 R_1$，求得第 1 级萃余相组成点 R_1；

d. 由物料衡算关系，根据式（8.3.19），连 D、R_1 两点，即作出 1，2 级间的级联线

DR_1，与溶解度曲线交于 E_2，即第 2 级萃取相的组成点；

e. 由 E_2 出发，交替使用平衡关系和物料衡算关系，重复以上步骤，即再利用联结曲线求得 R_2，连接 DR_2 并延长与溶解度曲线交 E_3……依次进行下去，当某一级的萃余相组成 $x_i \leqslant x_n$ 为止，x_n 为规定的萃余相组成，说明已完成分离要求，画出的联结线数目即为所需的理论板数。

② 分配曲线图解法 当逆流萃取所需的理论级数较多时，在三角形相图上出现线条密集不清晰的情况，此时可在直角坐标图中求解理论级数，如图 8.3.12 所示。具体图解步骤如下：

a. 根据三角形相图，在直角坐标图中绘出分配曲线；

b. 在三角形相图给定的操作范围内，过极点 D 引若干条级联线，与溶解度曲线交于 R_1E_2，R_2E_3，…，R_iE_{i+1}，…再将各组交点所对应的组成点 $(x_i,\ y_{i+1})$ 转换到直角坐标中 $(x_i,\ y_{i+1})$，$(i=1,\ 2,\ \cdots,\ n)$，确定物系的操作线；

c. 操作线的两个端点是 (x_F, y_1) 和 (x_n, y_S)。类似于精馏和吸收操作的图解法，在图中从操作线的上端点 (x_F, y_1) 出发，在操作线和分配曲线之间作梯级直到 $x_i \leqslant x_n$，所得到的梯级数就是多级逆流萃取分离操作所需的理论级数 N。

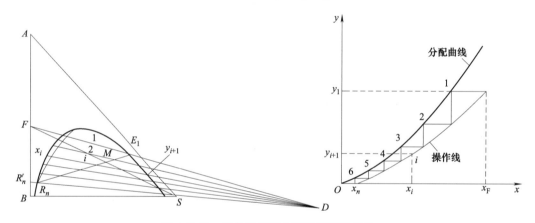

图 8.3.12 直角坐标系中图解求理论级数

【**例 8.5**】 用纯溶剂 S 从 A、B 混合液中萃取溶质 A，已知原料液中溶质 A 的组成为 30%（质量分数，下同），原料液和溶剂的流量分别为 1000kg/h 和 350kg/h，要求最终萃余相中溶质 A 的组成不大于 6.5%。操作条件下物系的溶解度曲线和辅助曲线如图 8.3.13 所示。试求：

（1）若采用逆流萃取，所需的理论级数；

（2）最终萃取相的流量和组成。

解：（1）由原料液组成 $x_F = 0.3$，在 AB 边上确定 F 点，连接 FS。

由杠杆定律可确定和点 M

$$\frac{q_{mS}}{q_{mF}} = \frac{\overline{MF}}{\overline{MS}} = \frac{350}{1000} = 0.35$$

由最终萃余相的组成 $x_n = 0.065$，在溶解度曲线上确定 R_n 点。连接 R_n、M 并延长，与溶解度曲线交于 E_1 点，即为最终萃取相的组成点。连接 E_1F 和 SR_n，并延长两线交于 D，即得到操作点。从 E_1 开始，借助辅助曲线作过 E_1 的联结线 E_1R_1，确定 R_1 点，连接 DR_1 并延长交溶解度曲线于 E_2，过 E_2 借助辅助曲线确定 R_2 点，重复上述步骤，直到联结线 E_5R_5，此时萃余相的组成 $x_5 = 0.05 < 0.065$。共得 5 条联结线，即所需的理论级数为 5。

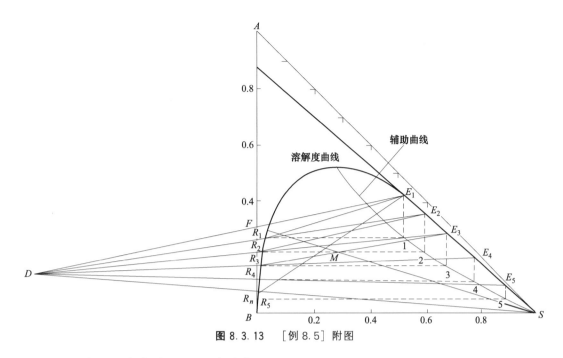

图 8.3.13 [例 8.5] 附图

（2）E_1 点的组成由图 8.3.13 中读出

$$x_A = 0.42, \quad x_B = 0.06, \quad x_S = 0.52$$

$$q_{mM} = q_{mF} + q_{mS} = q_{mE_1} + q_{mR_n} = 1000 + 350 = 1350 \text{kg/h}$$

$$q_{mE_1} = \frac{\overline{MR_n}}{\overline{E_1R_n}} q_{mM} = \frac{2}{4.3} \times 1350 = 628 \text{kg/h}$$

③ 最小溶剂比　将多级逆流萃取过程的物料平衡关系（分配曲线），以及描述各级物料衡算的操作线在直角坐标中绘出，如图 8.3.14 所示。随着（q_{mS}/q_{mF}）的减少，操作线斜率增大，则物系的操作线离分配曲线越近，达到同样的分离要求所需的理论级数就越多。当（q_{mS}/q_{mF}）减小到某一值，则操作线和分配曲线相切于 P 点，称作夹紧点，如图 8.3.14 中操作线 3。在夹紧点附近形成恒浓区，此处理论级的分离能力接近于零，完成规定分离任务所需的理论级数是无穷多，此工况下相应的（q_{mS}/q_{mF}）称作最小溶剂比（q_{mS}/q_{mF}）$_{\min}$。

若将图 8.3.14 中的夹紧点 P 转换到三角形相图中，则切点 P 所对应的两相联结线和操作线相重合，亦即两相的联结线的延长线也通过操作点 D，此时的操作点为 $D_{\min}$，如图 8.3.15 所示。为了确定此工况下的（q_{mS}/q_{mF}）$_{\min}$，需首先确定点 $D_{\min}$。

根据最小溶剂比（q_{mS}/q_{mF}）$_{\min}$ 时联结线和级联线重合的原则，将三角形相图中操作范围内的联结线延长，分别与操作线 $\overline{R_nS}$ 相交，选取其中离 S

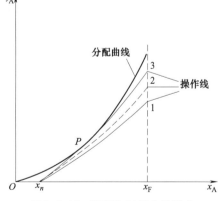

图 8.3.14　溶剂比对操作的影响

点最近的一个交点（设交点位于相图右侧），该点即为所求的 $D_{\min}$ 点，夹紧点 P 与 $D_{\min}$ 的关系如图 8.3.15 所示。当求得 $D_{\min}$ 后，连接 F、$D_{\min}$，交溶解度曲线于 E_1，则 $\overline{R_nE_1}$ 与 $\overline{FS}$ 的交点即为它们的公共和点 M，从而可求得（q_{mS}/q_{mF}）$_{\min}$。实际操作中的（q_{mS}/q_{mF}）一

般取 $(q_{mS}/q_{mF})_{\min}$ 的适宜倍数。

以上讨论均为设计型问题。对于操作型问题，即已知理论级数和操作条件，确定两相所能达到的分离程度，则常常需要通过图解试差的方法求解。根据给定原料液和溶剂的量和组成，在三角形相图中首先确定 F、S 及其和点 M。假设最终萃余相溶质浓度为 x_n，由 x_n 可确定 R_n 点，并确定极点 D，按设计型计算图解方法求出计算的理论级数。当计算的理论级数和实际设备理论级数相符时，假设成立，计算的各级组成即为分离结果。反之，应重新假设 x_n，重复上述计算，直到满足判据要求，即计算的理论级数和实际理论级数相符。

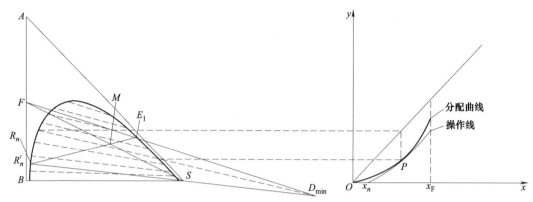

图 8.3.15　夹紧点与 $D_{\min}$ 的关系

(2) 完全不互溶物系

完全不互溶物系的多级逆流萃取过程、原理和流程与前面叙述的部分互溶物系完全相同，如图 8.3.16 所示。但是，因为 B、S 完全不溶，该过程与解吸过程相似，因此可以采用与解吸相似的方法计算，即通过物系的物料衡算确定过程的操作线方程，由操作关系和平衡关系求解逆流萃取过程所需的理论级数 N。

如图 8.3.16 所示，对塔内任意第 i 级对塔下端（如虚线范围所示）作物料衡算

$$q_{mS}(Y_{i+1}-Y_0)=q_{mB}(X_i-X_n)$$

得操作线方程为

$$Y_{i+1}=\frac{q_{mB}}{q_{mS}}X_i+\left(Y_0-\frac{q_{mB}}{q_{mS}}X_n\right) \qquad (8.3.20)$$

或

$$\frac{Y_{i+1}-Y_0}{X_i-X_n}=\frac{q_{mB}}{q_{mS}} \qquad (8.3.21)$$

由于 B、S 完全不互溶，萃取过程中萃取相中溶剂 S 和萃余相中原溶剂 B 的流量恒定，上述操作线方程斜率 (q_{mB}/q_{mS}) 是一常数，即操作线是一条经过点 C (X_F, Y_1) 和 D (X_n, Y_0) 的直线。其斜率可用下式计算：

$$\frac{q_{mB}}{q_{mS}}=\frac{Y_1-Y_0}{X_F-X_n}$$

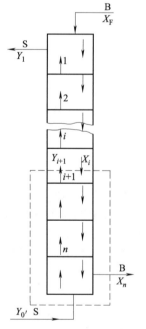

图 8.3.16　完全不互溶物系的多级逆流萃取流程

对于设计型问题，求完成规定的分离要求所需的理论级数 N 时，可按图解方法计算。

如图 8.3.17 所示，可首先利用物系的平衡数据绘出分配曲线，然后根据物料衡算确定 C、D 两点，得到操作线 CD。从 C 点出发，在分配曲线和操作线之间作梯级至 D 点，所得梯级数 n，即为完成规定分离要求所需要的理论级数 N。

所需要的理论级数 N 与物系平衡关系及分离要求有关，还与过程操作的溶剂比（q_{mS}/q_{mB}）有关。当（q_{mS}/q_{mB}）减小到最小溶剂比（q_{mS}/q_{mB}）$_{min}$ 时，塔内将产生一个夹紧点 C'，使达到规定分离要求需要的理论级数无穷多，如图 8.3.18 所示。则

$$\left(\frac{q_{mS}}{q_{mB}}\right)_{min}=\frac{X_F-X_n}{Y_1^*-Y_0}$$

式中，Y_1^* 为萃取相中与原料液呈相平衡的溶质质量比。

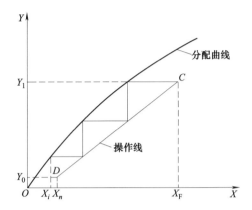

图 8.3.17　完全不互溶物系的多级逆流萃取图解

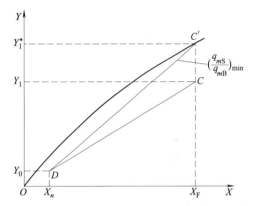

图 8.3.18　溶剂比（q_{mS}/q_{mB}）对操作的影响

【例 8.6】　若将［例 8.4］改为逆流操作，总溶剂用量相同，其他操作条件不变，求达到相同分离要求所需的理论级数 N。

解： 由［例 8.4］的结果可得：

$$X_F=0.538, X_n=0.081$$

$$q_{mF}=2600kg/h, q_{mS}=1000\times4=4000kg/h, q_{mB}=1690kg/h$$

由物料衡算可得：

$$\frac{q_{mB}}{q_{mS}}=\frac{Y_1-Y_0}{X_F-X_n}$$

$$Y_1=\frac{q_{mB}}{q_{mS}}X_F+\left(Y_0-\frac{q_{mB}}{q_{mS}}X_n\right)=\frac{1690}{4000}\times$$

$$0.538+\left(0-\frac{1690}{4000}\times0.081\right)=0.193$$

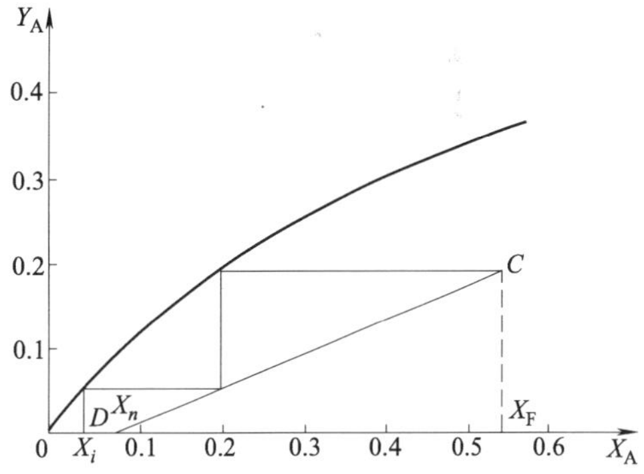

图 8.3.19　［例 8.6］附图

在图 8.3.19 上，由点 C（0.538，0.193）及点 D（0.081，0）作操作线 CD，然后从 C 点出发作梯级，求得理论级数 N 等于 2。

上述结果说明，对于一定量的原料液及溶剂，欲达到相同的分离要求，逆流萃取所需的理论级数少于错流萃取，从而减少了设备投资费用。由于逆流操作可将萃余相溶质含量降至很低，同时在第 1 级出口处所得到的萃取相中溶质 A 的含量亦较高，从而使得逆流传质各级中的传质推动力较大。因此，在相同的理论级数条件下，逆流操作所需的溶剂用量也会少于错流萃取所需的溶剂用量，即可达到减少操作费用的目的。

8.3.4 微分接触式逆流萃取

在塔式萃取设备中，一般萃取相和萃余相逆流微分式接触，两相在塔内连续接触传质，其浓度沿塔高连续变化。塔式微分接触逆流萃取设备的计算与吸收塔计算类似。塔径的尺寸取决于两液相的流量及适宜的操作条件，塔高的计算主要有以下两种方法。

(1) 理论级当量高度法

微分接触萃取塔的理论级当量高度（HETP）是指萃取分离效果等于一个理论级的塔段高度。若逆流萃取所需要的理论级数已经算出，则塔高 H 为

$$H = N_T H_{th} \tag{8.3.22}$$

式中　H——塔高或填料层高度，m；

　　N_T——理论级数；

　　H_{th}——理论级当量高度（HETP），m。

H_{th} 的大小与设备型式、物系性质及操作条件有关，需经实验获得。

(2) 传质速率方程法

这种方法也称传质单元法。与吸收塔的计算类似，取逆流操作萃取塔的一个微元段 dH 进行分析，如图 8.3.20 所示。萃取相的流量 E 及其中溶质 A 的质量分数经微元段 dH 后分别为 $E+dE$、$y+dy$。对微元段做溶质的物料衡算，溶质从萃余相进入萃取相的量等于萃取相中溶质的增量。

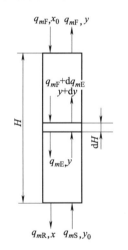

图 8.3.20　微元塔中的
传质过程

$$d(q_{mE}y) = K_y(y_e - y)\alpha\Omega dH$$

$$dH = \frac{d(q_{mE}y)}{\Omega K_y \alpha(y_e - y)} \tag{8.3.23}$$

式中　q_{mE}——萃取相的流量，kg/h 或 kg/s；

　　α——单位塔体积中两相界面面积，m^2/m^3；

　　Ω——塔截面面积，m^2；

　　K_y——以萃取相组成表示传质推动力的总传质系数，kg/($m^2 \cdot$ h)或 kg/($m^2 \cdot$ s)；

　　y_e——与组成为 x 的萃余相成平衡的萃取相组成，质量分数。

当萃取相中溶质浓度较低，且两溶剂不互溶时，q_{mE} 可作为常数处理，K_y 也可取平均值作常数处理。积分上式可得

$$H = \frac{q_{mE}}{K_y \alpha \Omega} \int_{y_2}^{y_1} \frac{dy}{y_e - y} = H_{OE} N_{OE} \tag{8.3.24}$$

式中　H_{OE}——稀溶液时萃取相总传质单元高度，m；

　　N_{OE}——稀溶液时萃取相总传质单元数；

　　y_1, y_2——萃取相在传质初始和结束时的溶质组成，质量分数。

同理，对于萃余相亦可写出相似的计算公式。

$$H = \frac{q_{mR}}{K_x \alpha \Omega} \int_{x_2}^{x_1} \frac{dx}{x_e - x} = H_{OR} N_{OR} \tag{8.3.25}$$

式中　q_{mR}——萃余相的流量，kg/h 或 kg/s；

　　α——单位塔体积中两相界面面积，m^2/m^3；

Ω——塔截面面积，m^2；

K_x——以萃余相组成表示传质推动力的总传质系数，$kg/(m^2 \cdot h)$ 或 $kg/(m^2 \cdot s)$；

x_e——与组成为 y 的萃取相成平衡的萃余相组成，质量分数；

H_{OR}——稀溶液时萃余相总传质单元高度，m；

N_{OR}——稀溶液时萃余相总传质单元数；

x_1，x_2——萃余相在传质初始和结束时的溶质的组成，质量分数。

式（8.3.24）和式（8.3.25）中的传质单元数可由操作数据和相平衡数据计算，而传质单元高度是根据具体设备和操作条件由实验测定。

当萃取相或萃余相中溶质浓度较高时，其计算方法可参考有关文献。

8.4 液-液萃取设备

液-液萃取是两相间的传质过程。为了使溶质能更快地从原料液进入溶剂中，要求萃取设备内两相间有较高的传质效果，首先要使两相密切接触、充分混合，而后使传质后的两相能较快地彻底分离，以提高萃取分离效果。通常，萃取过程中一个液相为连续相，另一液相以液滴的形式分散在连续相中，称为分散相。液滴表面即为两相接触的传质面积，液滴越小，两相间的传质面积越大，传质也越快。由于液-液相间的密度差较气-液相间的密度差小得多，实现两相间的密切接触和聚合分层要比气-液物系困难得多。根据这一特点，设计了多种类型的液-液萃取设备。

萃取设备通常采用四种分类方法。按两相接触的方式，可分为逐级接触式和微分接触式萃取设备；按操作方式，可分为连续式和间歇式；按有无外功的加入，可分为有外加能量和无外加能量的萃取设备；按设备的结构特点，可分为混合-澄清槽、板式塔、喷洒塔和填料塔等。几种工业常见的不同类型萃取设备特性如表8.4.1所示。

表 8.4.1　工业常见萃取设备的性能

类型	传质单元高度/m	级效率/%	板间距/m	典型应用
混合-澄清槽		75～100		双溶剂润滑油过程
填料塔	1.5～6.1			苯酚回收
多孔板式塔	0.3～6.1	6～24	0.76～1.78	糠醛润滑油萃取过程
挡板塔	1.2～1.8	5～10	0.10～0.15	乙酸回收
搅拌塔	0.3～0.6	80～100	0.30～0.61	药品和有机化学品

下面具体介绍几种比较常见的萃取设备。

8.4.1 混合-澄清槽

混合-澄清槽（Mixer-Settler）是一种组件式分级萃取设备，目前使用广泛，如图8.4.1所示。原料液和溶剂同时加入混合室内，经搅拌使两相充分混合，然后流入澄清室进行分层，混合物在此依靠重力作用分为轻、重两液相层，形成萃取相和萃余相并分别流出。混合-澄清槽可以单级使用，也可以多个混合-澄清槽串联操作。

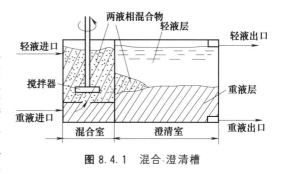

图 8.4.1　混合-澄清槽

混合-澄清槽的主要优点是：处理量大，能为两液相提供良好的接触机会和机械分离，一般级效率高于80%；两相流量比范围大，如达10以上，运转稳定可靠，也能处理含少量悬浮固体的原料；结构简单，易放大；易实现多级连续操作，便于调节级数。该类设备主要有以下缺点：设备内的存液量大；设备占地面积大；由于需要动力搅拌装置和级间的流体输送设备，设备和操作费用高，如所需的搅拌功率约为 $1.0 \sim 7.5 W/m^3$ 液体。

混合-澄清槽对大、中、小型生产均能适用，广泛应用于湿法冶金、石油和原子能工业。

8.4.2 塔式萃取设备

(1) 填料萃取塔

填料萃取塔（Packed Extraction Tower）和气-液传质过程所用的填料塔基本相同，如图 8.4.2 所示。重相由塔顶进入，塔底排出；轻相由塔底进入，塔顶排出。在操作过程中，选其中一相为连续相，连续相充满整个塔，分散相由分布器分散成液滴进入填料层。

分散相的选择依据是：选择不容易润湿填料表面的液相作为分散相，使之容易成为液滴状分散在连续相中，利于传质；选择流量大的液相为分散相，以获得较大的接触面积；选择溶解能力强的液体作为分散相，以更好地溶解溶质。因此，一般选择溶剂作为分散相。

填料的主要作用是使分散相液滴不断地破碎和再生，引起液滴表面的更新，造成相际间的质量交换；减少连续相的纵向混合。常用的填料为拉西环和弧鞍形填料。填料萃取塔的主要优点是结构简单、造价低、操作方便，适合处理腐蚀性物料；缺点是效率低，不适合处理含有固体悬浮物的原料。

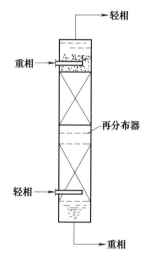

图 8.4.2 填料萃取塔

(2) 筛板萃取塔

筛板萃取塔（Sieve-Plate Extraction Tower）是逐级接触式设备，其结构与气液传质设备中的筛板塔类似，如图 8.4.3（a）所示。重相由塔顶进入，作为连续相沿每块塔板横向流动，经降液管流至下层塔板。轻液作为分散相自下而上通过筛孔被分散成液滴穿过各层塔板，与塔板上横向流动的重相错流接触而实现传质。液滴穿过连续相后，在塔板的上方形成一个轻液层，该轻液层在密度差的作用下，穿过上层筛板的筛孔被分散成液滴而浮升。工业上常用的筛板萃取塔板间距为 150～600mm，筛孔的孔距为 3～9mm，孔间距为孔径的 3～4 倍，开孔率变化范围较宽。

筛板具有使分散相反复分散与合并的作用，使液滴表面不断更新，传质效率较高；同时由于塔板的存在，抑制塔内的轴向返混。筛板塔结构简单、造价低廉，可处理腐蚀性物料，因而在工业萃取中得到了广泛的应用。

为了改善两相传质状况，强化传质过程，防止分散相液滴的聚并，萃取过程的操作常在填料塔外设置脉动装置，以脉冲的形式向萃取塔输入机械能，使液体在塔内产生脉冲运动，强化两相间的传质，这种塔称为脉冲筛板萃取塔，如图 8.4.3（b）所示。萃取效果受萃取频率的影响较大，一般频率高、振幅小的萃取效果好。若脉冲过于激烈，将导致严重轴向返混，传质效率反而降低。工业中通常采用的脉冲频率为 $30 \sim 200 min^{-1}$，振幅为 9～50mm。脉冲萃取塔的优点是结构简单，传质效率高，可处理含有固体悬浮颗粒的料液。缺点是液体通过能力小，生产能力有一定的下降。

图 8.4.4 所示为往复振动筛板塔。若干层筛板固定在中心轴上，塔板保持一定的距离，且不与塔体连接。操作时装在塔顶的驱动机带动中心轴使塔板上下作往复运动。当筛板向上运动时，塔板上侧的液体经筛孔向下喷射；当筛板向下运动时，筛板下侧的液体经筛孔向上喷射。由于筛板的往复运动，塔内两相液体的传质接触面积大，传质效率高。往复振动筛板塔的开孔率达 55%，孔径一般为 7～16mm。往复振动的振幅为 3～50mm，频率为200～1000min^{-1}。

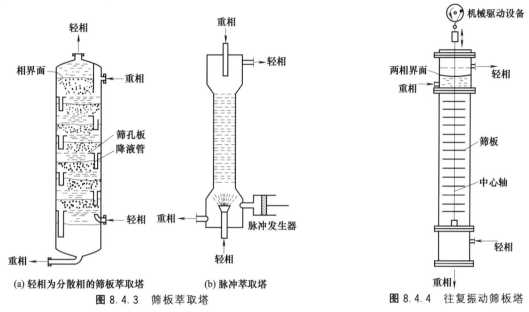

(a) 轻相为分散相的筛板萃取塔　　　(b) 脉冲萃取塔

图 8.4.3　筛板萃取塔　　　　　　**图 8.4.4　往复振动筛板塔**

(3) 喷洒萃取塔

喷洒萃取塔或称喷淋萃取塔（Spray Extraction Tower），属于微分接触式，是最简单的萃取设备。图 8.4.5 (a) 所示为以重相为分散相，经塔顶的分散装置将重相分散成液滴进入萃取塔，轻相作为连续相从塔底进入，在密度差的作用下两相呈逆流流动，充分接触进行传质。图 8.4.5 (b) 所示为以轻相为分散相，经塔底的分散装置分散成液滴进入萃取塔，重相作为连续相从塔顶加入。塔体上下各有一段分离层，分别形成轻、重液层排出装置。

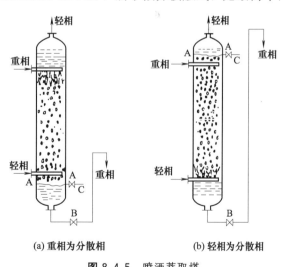

(a) 重相为分散相　　　(b) 轻相为分散相

图 8.4.5　喷洒萃取塔

喷洒塔无内件，结构简单、阻力小，因此投资费用低，易维护。但分散相在塔内只有一次分散，无聚并和再分散作用，两相很难分布均匀，轴向返混严重，因此传质效率低，其理论级数一般不超过1～2，所以只适用于易萃取的物系或工艺要求不高的场合。

(4) 转盘萃取塔

转盘萃取塔（Turntable Extraction Tower）是由 Reman 于 1951 年开发的萃取设备。主要针对两液相界面张力较大的物系，为改善塔内的传质状况，通过在塔内旋转的中心轴上安装许多圆形转盘以增大传质面积和传热系数，如图8.4.6所示。其主要结构特点是在塔体内壁按一定间距设置多固定环，而在旋转的中心轴上按同样的间距对应设置一组水平圆盘。当中心轴转动时，因剪切应力的作用，一方面使连续相产生漩涡运动；另一方面促使分散相液滴变形、破裂更新，有效地增大传质面积和提高传质系数，固定环起到抑制塔内轴向混合的作用。圆盘是水平安装的，旋转时不产生轴向力，两相在垂直方向上的流动仍靠密度差推动。转盘萃取塔采用平盘作为搅拌器，可以不让分散相液滴尺寸过小而限制塔的通过能力。

转盘萃取塔结构简单，造价低廉，维修方便，且具有较高的传质效率，运转可靠，是一种应用相当广泛的萃取设备。该塔还可作为化学反应器。另外，由于操作中很少堵塞，因此也适用于处理含有固体物料的场合。

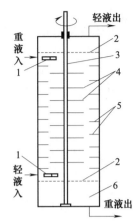

图 8.4.6　转盘萃取塔
1—液体的切线入口；2—栅板；
3—转轴；4—转盘；5—固定环；
6—塔底澄清区

8.4.3　离心萃取器

离心式萃取器（Centrifugal Extractor）是利用高速旋转所产生的离心力，使密度差很小的轻、重两相以较大的相对速度逆流接触，传质效率高。同时又使液滴的沉降分离加速。如图8.4.7所示为波德式离心萃取器，由一水平转轴和随其高速旋转的圆形转鼓以及固定的外壳构成。转鼓由一多孔的长带卷绕而成，转速一般为2000～5000r/min。操作时，轻、重两相分别由转鼓的外缘和转鼓的中心引入。由于转鼓产生的离心力作用，重相由中心向外流动，轻相则从外缘向中心流动。液体通过螺旋带上的小孔被分散，两相在螺旋通道中呈逆流密切接触传质。最后，重相由螺旋转子的最外缘经出口通道流出；轻相从螺旋转子的中部经出口通道流出。

离心萃取器结构复杂，造价和维修费用高，操作时能耗大。主要用于两相密度差小，易乳化，难以分离的物系。

8.4.4　液-液萃取设备的选择

影响萃取操作的因素很多，如物系的性质、操作条件以及设备的结构等。而萃取设备的种类繁多，也具有各自不同的特性。针对某一物系，在一定的操作条件下，审慎地选择适宜的萃取设备以满足生产要求是十分必要的。如稳定性差、要求停留时间短的物系，可选择离心萃取器，反之，有慢的化学反应，需要足够长的停留时间，可采用混合-澄清槽；需要的理论级数较多时，可采用脉冲塔、振动筛板塔等；处理量较小时，可采用

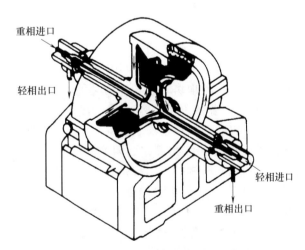

图 8.4.7　波德式离心萃取器示意图

填料塔或脉冲塔，反之，可选择筛板塔、混合-澄清槽和离心萃取器。一般的选择原则如表8.4.2所示。如物系性质未知，必要时应通过小型试验做出判断。

表 8.4.2　萃取设备的选择原则

比较项目		设 备 名 称						
		喷洒塔	填料塔	筛板塔	转盘塔	脉冲筛板塔 振动筛板塔	离心萃取器	混合-澄 清槽
工艺 条件	需理论级数多	×	△	△	○	○	△	△
	处理量大	×	×	△	○	×	×	△
	两相流量比大	×	×	×	△	△	○	○
系统 费用	密度差小	×	×	×	△	△	○	△
	黏度高	×	×	×	△	△	○	△
	界面张力大	×	×	△	△	△	○	△
	腐蚀性高	○	○	△	△	△	×	×
	有固体悬浮物	○	×	×	△	△	×	△
设备 费用	制造成本	○	△	△	△	△	×	△
	操作费用	○	○	○	△	△	×	×
	维修费用	○	○	△	△	△	×	△
安装 场地	面积有限	○	○	○	○	○	○	×
	高度有限	×	×	×	△	△	○	○

注：○表示适用，△表示可以，×表示不适用。

8.5　超临界流体萃取

超临界流体萃取（Supercritical Fluid Extraction）是利用超临界条件下的流体作为溶剂，从液体或固体中萃取出特定成分的一种新型分离方法。早在 1879 年，J. B. Hannay 就发现无机盐在高压乙醇或乙醚中的溶解度异常增加的现象。20 世纪 60 年代，许多学者发现在超临界状态下的流体可使有机物的溶解度增加几个数量级。美国、德国等将超临界流体萃取用于工业分离。到了 20 世纪 80 年代，超临界流体萃取已发展成为一个热门的学科。

超临界流体萃取使用的溶剂在常温、常压下为气体，所以易与萃取组分分离；操作温度低，适宜于天然物质的分离和提取；可通过调节压力、温度和引入夹带剂等调整超临界流体的溶解能力，改变操作弹性；可采用压力梯度和温度梯度优化萃取条件，使其有选择性地按照极性大小、沸点高低和相对分子质量大小把成分提取出来。

近 30 年来，超临界流体萃取技术已应用于石油、医药、食品、香精香料的提取与分离中，如渣油脱沥青、废油回收利用；中药有效成分提取，如有机酸、挥发油、氨基酸、蛋白质等；在食品中用于红茶脱咖啡因、萃取啤酒花、萃取植物色素和植物油、食品及原料脱脂；废水工业中用超临界流体萃取有机物、溶解天然气中固体硫，以及超临界技术促进化学反应和改善化工过程。

8.5.1　超临界流体及其性质

当流体的温度和压力处于它的临界温度（T_c）和临界压力（p_c）以上时，即使继续加压，也不会液化，但流体的密度随着压力的升高而增加，这种状态的流体称为超临界流体。处于超临界状态的流体兼有类似于液体和气体的性质。表 8.5.1 是超临界流体和常温、常压下气体、液体的物性比较。由表中数据可以看出，超临界流体的密度与液体的密度接近，比气体大数百倍。而其黏度接近于气体，比液体小得多。扩散系数介于气体和液体之间。因此，超临界流体既具有液体对物质的良好溶解能力，又具有气体易于扩散和流动的特性。

表 8.5.1　超临界流体和常温、常压下气体、液体的基本物性比较

流体物性	超临界流体(T_c, p_c)	气体(常温、常压)	液体(常温、常压)
密度/(g/cm³)	0.2~0.5	0.0006~0.002	0.6~1.6
黏度/[10^{-5}kg/(m·s)]	1~3	1~3	20~300
扩散系数/(10^{-4}m²/s)	0.7×10^{-3}	0.1~0.4	$(0.2~2) \times 10^{-5}$

尽管许多物质具有超临界流体的溶剂效应，但超临界流体的选取还需要考虑对溶质的溶解度、选择性、临界值高低和发生化学反应等因素，因此，在实际工业分离中可用作超临界流体萃取的流体并不多。如表 8.5.2 中乙烯的临界温度和临界压力大小适宜，但在高压下会发生强烈聚合；氨的临界温度和临界压力较高、且对设备有腐蚀性，均不宜作为超临界溶剂。

表 8.5.2　部分物质的超临界数据和临界密度

物质名称	沸点/℃	临界温度/℃	临界压力/MPa	临界密度/(g/cm³)
二氧化碳	-78.5	31.06	7.39	0.468
氨	-33.4	132.3	11.39	0.236
甲烷	-164.0	-83.0	4.6	0.160
乙烷	-88.0	32.4	4.9	0.203
丙烷	-44.5	97	4.24	0.22
正己烷	69.0	234.2	2.97	0.234
乙烯	-103.7	9.5	5.1	0.217
丙烯	-47.7	92.0	4.67	0.23
乙醇	87.2	243.4	6.3	0.276
二氯二氟甲烷	-29.8	111.7	3.99	0.558
一氯三氟甲烷	-81.4	28.8	3.95	0.58
水	100	374.1	22.1	0.326

单从临界点数据来看，较大的临界密度有利于提高溶解其他物质的能力，较低的临界温度有利于萃取操作在接近室温的温和条件下进行，较低的临界压力有利于降低超临界流体发生装置的成本和提高使用安全性。二氧化碳的临界温度在室温附近，临界压力适中，临界密度却较大，对大多数物质具有较强的溶解能力，而且二氧化碳化学稳定性好、无毒、廉价易得、易与萃取产物分离，因此，超临界二氧化碳是最常用的超临界流体。

图 8.5.1 所示为二氧化碳压力与温度、密度的关系。纯物质都有确定的临界点，沿气液平衡曲线增加压力和温度则达到临界点，二氧化碳的临界温度和压力分别为 31.06℃ 和 7.39MPa。物质处于临界点时，气液界面消失，物系性质均一。由图 8.5.1，等密度线在临界点附近出现收缩，这意味着临界点附近，温度、压力的微小变化，都会引起二氧化碳

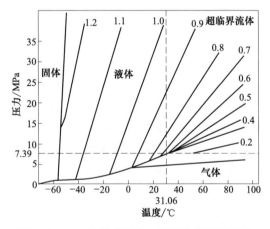

图 8.5.1　二氧化碳压力、温度和密度的关系
图中斜线为流体密度（单位：10^3kg/m³）

密度的显著变化，从而引起被萃取物的溶解能力发生变化。因此，可通过控制温度和压力的方法，达到提取萃取物或使萃取物与溶剂分离的目的。

8.5.2 超临界流体萃取过程与工艺

工业上使用的超临界流体萃取装置都是循环式的，其基本流程类似。主要包括萃取器和分离装置两部分，再配以适当的加压和加热部件。由于超临界流体萃取分离过程需要使用高压设备，以及超临界流体的某些特殊性质，所以超临界流体萃取过程有一些特殊要求。

工业生产中，根据不同分离要求，超临界流体萃取过程可分为等温法、等压法和吸附法三种，其基本工艺流程如图8.5.2所示。

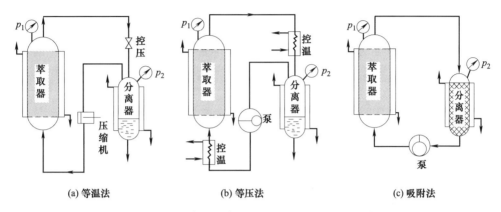

图 8.5.2 超临界流体萃取操作的三种典型工艺流程

① 等温法的特点是萃取器和分离装置温度相等，但萃取器压力高于分离装置。分离原理是在等温条件下，根据高压的超临界流体对被萃取物质的溶解度大大提高这一特性，在萃取器中使被萃取物质和超临界流体充分接触而被萃取，含有萃取组分的超临界流体经膨胀阀后进入分离器内；降压后的超临界流体对被萃取组分的溶解度变小，使其在分离器中析出成为产品。低压的萃取气体经压缩机或高压泵提升压力后返回萃取器循环使用。等温法操作简单，应用广泛，但能耗高。

② 等压萃取是根据一定的压力条件下，不同温度的超临界流体对萃取组分的溶解度的差异来实现分离的。在较高的温度下萃取，在低温下使溶剂与萃取组分分离，萃取组分在分离器的下方取出，溶剂经泵送返回萃取器循环使用。该过程中，萃取器和分离器处于相同的压力下。该过程压缩功耗小，但需要加热蒸汽和冷却水。

③ 吸附（Adsorption）萃取是在分离器中填充适当的吸附剂，将超临界流体中的萃取组分选择性地吸附分离，不吸附的气体溶剂由泵压缩后返回萃取器循环使用。该过程中，萃取器和分离器的温度和压力相等。该过程需要吸附剂的再生。

吸附法理论上不需要压缩能耗和热交换能耗，应该是节能的流程。实际上大多数的天然产物很难通过吸附剂来收集产品，所以吸附法常用于萃取产物中的杂质或有害组分，如咖啡豆中脱除咖啡因。由于压力对超临界流体溶解能力的影响远大于温度的影响，所以，通常超临界流体萃取操作是改变压力的等温过程，或是等温法和等压法结合的流程。等温或等压萃取主要用于萃取相中的溶质为需要的精制产品。

8.5.3 超临界流体萃取技术的应用

(1) 在化工方面的应用

超临界流体萃取技术自20世纪60年代应用于化工分离过程以来，已涉及石油化工、煤化工、精细化工等领域。如用于渣油脱沥青、废油回收利用和三次采油。以甲苯为超临界流体溶剂，能促进煤有机质发生深度的热分解，促使有机质转化为液体产物。超临界技术还可应用于煤炭中萃取硫等化工产品。目前，在化工领域中，超临界流体萃取主要应用于从液态混合物中提取目标成分，如润滑油的精制，油品脱蜡、脱沥青，动植物油的分离，有机水溶液的分离等。萃取过程通常在萃取塔内进行，超临界流体和待分离混合物在塔内接触，发生质量传递，被萃取组分选择性地溶解于超临界流体相中。萃取程度以超临界流体和液态混合物构成的相图为依据。

(2) 在食品方面的应用

超临界流体萃取技术可用于食品中有害成分的脱除，如咖啡中脱咖啡因、奶油和蛋类中脱除胆固醇、醇类饮品的软化脱色、油脂的精炼脱色和除臭等。超临界流体萃取还可用于提取功能和有效成分，如萃取啤酒花、萃取植物色素和植物油、萃取动物和植物油脂、蛋黄中提取卵磷脂等。

(3) 在医药方面的应用

中草药的传统提取方法有浸渍、溶剂萃取和柱色谱等，一般操作复杂、工艺流程长，且常使用有毒溶剂，超临界流体萃取能克服上述缺点。植物油中的挥发油成分是最适合用超临界流体萃取的一类物质。挥发油又称精油，主要有酯类、烯烃类、醌类、萜类、酮类等，这些物质的特点是沸点低、极性小、分子量也不大，因此具有较强的挥发性。挥发油在超临界二氧化碳中溶解度高，可用纯超临界二氧化碳萃取，收率高、产品质量好。超临界二氧化碳还常用于从植物中如紫杉、人参叶、大麻等提取天然药物成分。

在食品和医药工业中，二氧化碳是最常用的超临界流体溶剂，其具有无毒、无味、化学稳定性高等优点，且对多数物质有较大的溶解度，易于萃取组分分离。临界温度接近于室温，萃取成分不易发生热敏性降解，或因高温而变质，特别适合天然产物有效成分的提取。

除已工业化的应用实例外，超临界流体萃取技术在其他植物碱、香料、油脂、维生素、抗生素等生产领域的应用研究正在全面展开。此外，超临界流体还可应用于环境样品中金属离子的处理、医药制品的提取等方面。

超临界流体萃取还通常和其他分离技术如色谱、精馏和蒸馏技术等联用，进一步对萃取组分进行精制和分析。

8.6 萃取过程的强化

萃取过程强化就是在既定分离目标下，通过设备和方法的组合和改进，强化传质速率和程度，以减小生产设备尺寸，简化工艺流程，减少装置数量，降低过程单位能耗。

萃取过程设备强化，即是通过改进设备的结构使萃取过程产生较大的传质比表面和湍动流动，或者利用外力在液滴内部及周围产生高强度的湍动增大传质系数。由于液-液萃取过程和设备的多样性，萃取强化设备和方法的措施也很多。已有研究表明，搅拌、离心力、微波、超声、电场、磁场等外力的加入可以加速萃取传质过程，通过设备实现萃取强化。萃取过程方法强化，主要是指化工过程集成化，即将萃取过程与精馏、反应、超临界流体等技术集成，强化萃取传质过程。本节对脉冲强化的脉冲填料萃取塔和离心力强化的高速逆流色谱两种萃取强化设备进行简介。

8.6.1 萃取设备的强化

(1) 脉冲填料萃取塔

早在 20 世纪 50 年代,脉冲填料萃取塔 (Pulsed Packed Extraction Column) 就得到了广泛的研究,在工业上已有很长时间的应用。脉冲填料萃取塔与一般填料萃取塔相似,主要区别为底部设有脉冲发生器,图 8.6.1 所示为旋转阀式脉冲填料萃取塔结构。由于增加了脉冲运动使萃取塔中分散相的尺寸变小,增加了相间传质面积,同时脉冲加速了分散相与连续相的相对运动,强化了相间传质,与无脉冲的填料萃取塔相比较,对于某些体系传质单元高度大约可以降低到原来的 1/3。此外脉冲填料萃取塔还具有以下优点:①设备简单,塔内没有运动部件,设备制造费用较低,安装也比较容易;②易于放大,液滴沿填料层分布比较均匀,分散相的聚结和沟流程度低,放大后水力学状态变化小,放大效应不明显,便于设计大尺寸的工业萃取塔;③具有优良的操作弹性,通过改变脉冲强度便于控制液滴尺寸和传质截面积及两相停留时间,使其有较好的操作特性,在较宽的流量变化范围内传质效率保持不变(见参考文献 [29])。

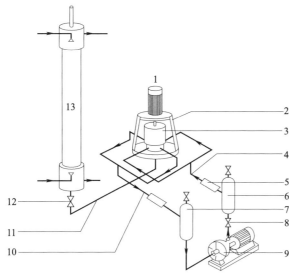

图 8.6.1　旋转阀式脉冲填料萃取塔

1—变频电机;2—支架;3—旋转阀;4—脉冲
出口支路;5—冷却夹套;6—正压罐;7—负压罐;
8,12—阀门;9—离心泵;10—脉冲入口支路;
11—脉冲管;13—萃取塔

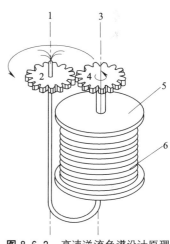

图 8.6.2　高速逆流色谱设计原理

1—中心轴;2—中心齿轮;3—行星轴;
4—行星齿轮;5—圆柱形支持件;
6—多层螺旋管

(2) 高速逆流色谱

20 世纪 70～80 年代,高速逆流色谱 (High-Speed Counter-Current Chromatography,HSCCC) 被研制。高速逆流包谱也称 J 型多层螺旋管行星式离心分离仪,其基本结构,如图 8.6.2 所示。高速逆流色谱利用螺旋管的特殊同步行星式运动模式,使两相溶剂在螺旋管内形成单向性的两相分布,可以保证在较高的流动相流量条件下,实现固定相保留及两相溶剂高效率的混合和分层,从而使样品在两相溶剂中得到充分的分配,达到高效率的分离。随着仪器转速越快,固定相保留越多,分离效果越好,且大大地提高了分离速度,有文献表明其分离能力可达到约 5000 块理论板,故称高速逆流色谱。已被成功用于有机酸、有机碱、生物大分子以及细胞等生物质的分离。高速逆流色谱是一种液-液分配色谱技术,与传统色谱相比,不需要使用固相载体作固定相,避免了物质的不可逆吸附、损失和污染等缺点;具有有广泛的两相溶剂体系可供选择，适应范围宽，操作成本低，制备量大，操作灵活，固定相和流动相之间可以互换作用等优点，因此广泛应用于各种天然产物、合成物质的分离和分析，尤其对中草药现代化具有重要意义。

8.6.2 耦合技术实现萃取强化

(1) 膜萃取过程

利用微孔膜作萃取相和萃余相的分隔介质，就形成了膜萃取过程。膜萃取过程的传质是在分隔原料相和萃取相的微孔膜表面进行的。与通常的液-液萃取过程相比较，膜萃取过程改变了两个液相流的流动方式，变两相的直接接触为两相在固定膜两侧分别流动。这样的膜分离和萃取过程的组合，使膜萃取过程中不存在通常萃取过程中的液滴分散和聚并现象，减少了萃取剂在原料相中的损失，同时使过程免受返混的影响和液泛条件的限制，提高了分离效率，实现了萃取过程的强化（见参考文献［30］）。

(2) 萃取反应过程

萃取过程与反应过程的耦合可以形成萃取反应耦合技术，这种新过程适用于强化各种可逆反应过程及存在产物抑制作用的反应过程等。萃取发酵耦合是典型的反应与分离耦合过程，原液发酵和萃取分离结合，通过萃取分离把反应产物不断地移出，可以消除化学反应平衡对转化率的限制，最大限度地提高反应转化率，是减少产物抑制的有效技术手段。例如，有机酸的萃取发酵过程中，采用了在线萃取产物——有机酸的方式强化过程。研究结果表明，通过萃取发酵过程耦合操作，用萃取方法使产物连续移出，缓解产物的抑制作用，可维持较高的微生物成长率，对于提高转化率和产率是非常有利的。另外，若连串反应的中间反应产物为目标产物时，萃取分离中间产物的连续移出，可避免发生连串反应，提高反应的选择性和目标产物的收率。生物反应和萃取分离过程的耦合可以实现高底物浓度的发酵或酶转化，消除或减轻产物对生物催化剂的抑制，提高反应速率，延长生产周期；而且，这种新过程可以部分地或全部地省去产物分离过程及未反应物循环过程，简化工艺流程（见参考文献［30］）。

习 题

计算题

8-1 有 A、B、S 三种有机溶剂，A 与 B、A 与 S 完全互溶，其溶解度曲线与辅助曲线如附图所示。

(1) 将含有溶质 A 为 50%（质量分数，下同）的 A、B 原料液 400kg 和 200kg 纯溶剂 S 混合在一起，得到的混合液是否分层？若分层，用什么方法使其不分层？若不分层，用什么方法使其分层？需定量计算出结果。

(2) 用纯溶剂 S 萃取含 A 为 30% 的 A、B 原料液 400kg，采用单级萃取时，当获得的萃余液的组成为 0.1，此时萃取相组成为多少？

8-2 25℃时醋酸 (A)-庚醇-3 (B)-水 (S) 的平衡数据如本题附表所示。

试求：

(1) 在三角形相图上绘出溶解度曲线及辅助线，在直角坐标图上绘出分配曲线。

(2) 确定由 150kg 醋酸、150kg 庚醇-3 和 300kg 水组成的混合液的物系点位置。混合液经充分混合并静置分层后，确定两共轭相的组成和质量。

(3) 上述两液层的分配系数 k_A、k_B 及选择性系数 β。

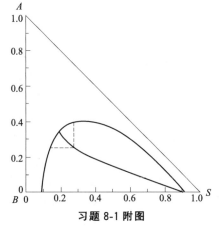

习题 8-1 附图

(4) 向上述混合液中加入多少千克醋酸才能成为均相溶液？

习题 8-2 附表 1　溶解度曲线数据（质量分数）　　单位：%

醋酸（A）	庚醇-3（B）	水（S）	醋酸（A）	庚醇-3（B）	水（S）
0	96.4	3.6	48.5	12.8	38.7
3.5	93.0	3.5	47.5	7.5	45.0
8.6	87.2	4.2	42.7	3.7	53.6
19.3	74.3	6.4	36.7	1.9	64.4
24.4	67.5	7.9	29.3	1.1	69.6
30.7	58.6	10.7	24.5	0.9	74.6
41.4	39.3	19.3	19.6	0.7	79.7
45.8	26.7	27.5	14.9	0.6	84.5
46.5	24.1	29.4	7.1	0.5	92.4
47.5	20.4	32.1	0.0	0.4	99.6

习题 8-2 附表 2　联结线数据（醋酸的质量分数）　　单位：%

水层	庚醇-3 层	水层	庚醇-3 层
6.4	5.3	38.2	26.8
130.7	10.6	42.1	30.5
19.8	14.8	44.1	32.6
26.7	19.2	48.1	37.9
33.6	23.7	47.6	44.9

8-3　用纯溶剂 S 从 100kg 含溶质 A 40kg 的 A、B 混合液中单级萃取回收溶质 A，脱溶剂后，萃余液浓度 $x'_A = 0.3$（质量分数），选择性系数 $\beta = 8$。试求：萃取液量 E' 的量和组成为多少？

8-4　现有含丙酮（A）40%（质量分数，下同）的水溶液（B）100kg，用溶剂氯苯（S）在 25 ℃下单级萃取，使萃余相中丙酮含量小于 25%，试求：

(1) 所需的溶剂的量；

(2) 所获得的萃取相 E 和萃余相 R 的量；

(3) 完全脱除萃取相中的溶剂后，萃取液的量和组成。

物系的平衡数据如附表所示：

习题 8-4 附表　在 25 ℃下丙酮（A）-水（B）-氯苯（S）三元物系的平衡数据

萃取相（质量分数）/%			萃余相（质量分数）/%		
丙酮（A）	水（B）	氯苯（S）	丙酮（A）	水（B）	氯苯（S）
0.00	0.18	99.82	0	99.89	0.11
10.79	0.49	88.72	10	89.79	0.21
22.23	0.97	76.80	20	79.69	0.31
37.48	1.72	60.80	30	69.42	0.58
49.48	3.05	47.47	40	58.64	1.36
59.19	7.24	33.57	50	46.28	3.72
61.07	22.85	15.08	60	27.41	12.59
60.58	25.66	13.76	60.58	25.66	13.76

8-5　操作条件下萃取物系的溶解度曲线和辅助曲线如附图所示，现有 500kg 含溶质 A 的质量分数为 0.35 的原料混合液，和 500kg 纯溶剂 S 进行单级萃取，从中提取溶质组分 A。试求：

(1) 萃取相 E 和萃余相 R 的量和组成；

(2) 萃余相中溶质 A 的组成降至最小时，所需溶剂用量为多少？并求此时的溶质 A 的组成 $x_{A,min}$。

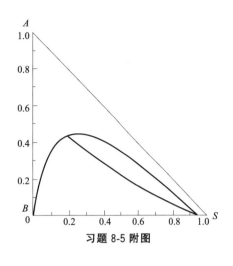

习题 8-5 附图

（3）为获得萃取相中溶质 A 最大组成时，所需的溶剂用量为多少？并求此时的溶质 A 的组成 $x_{A,max}$。

8-6　在操作温度下测得 A、B、S 三元物系的平衡数据如附表所示：

试求：

（1）在三角形相图中绘出物系的溶解度曲线和辅助曲线；

（2）欲分离含 A 30% 的 A、B 混合液 200kg，问至少需向料液中加入多少千克溶剂 S？所获萃取相的最高组成为多少？

（3）欲获得含 A 5% 的萃余相，则萃取相的组成和三元混合物的总组成各为多少？

（4）为获取含溶质 A 浓度最大的萃取液所需的溶剂用量？

习题 8-6 附表　A、B、S 三元物系的平衡数据

序号	质量分数（R 相）/%			质量分数（E 相）/%		
	A	B	S	A	B	S
1	0	10	90	0	95	5
2	7.9	10.1	82	2.5	92.5	5
3	15	10.8	74.2	5	89.9	5.1
4	21	11.5	67.5	7.5	87.3	5.2
5	26.2	12.7	61.1	10	84.6	5.4
6	30	14.2	55.8	12.5	81.9	5.6
7	33.8	15.9	50.3	15	79.1	5.9
8	36.5	17.8	45.7	17.5	76.3	6.2
9	39	19.6	41.4	20	73.4	6.6

8-7　流量为 2000kg/h 的含 A 为 50%（质量分数，下同）的 AB 混合液 F，通过一二级错流萃取装置，第一级加入溶剂量为 1000kg/h，第二级溶剂量为 600kg/h，试求：

（1）最终萃余液的组成能降至多少？

（2）若总溶剂量不变，每级加入的溶剂量相等，则最终得到的萃取相的组成是多少？

8-8　现需要从含 A 质量分数为 30% 的 A-B 混合液中提取 A 醛，采用多级错流萃取方法，以 S 为溶剂。已知原料液的处理量为 400kg/h，每级中 S 的用量均为 140kg/h。试求使最终萃余相中 A 的质量分数不大于 5% 时所需的理论级数。操作条件下，B 和 S 视为完全不互溶，以 A 质量比表示的平衡关系为 $Y = 0.8X$。

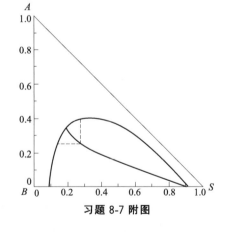

习题 8-7 附图

8-9　对含醋酸 30% 的水溶液，以纯溶剂二异丙醚作多级逆流萃取，采用的溶剂流量 S 和原料液流量 F 的比为 2，以使最终萃余相中醋酸含量降至 4%（质量分数）。应用三角形相图法求所需的理论级数。操作温度为 20℃，该温度下萃取物系的平衡数据如附表所示。

萃取相（质量分数）/%			萃余相（质量分数）/%		
乙酸（A）	水（B）	二异丙醚（S）	乙酸（A）	水（B）	二异丙醚（S）
0.18	0.52	99.3	0.69	98.11	1.2
0.37	0.74	98.9	1.4	97.1	1.5
0.79	0.81	98.4	2.7	95.7	1.6
1.9	1.0	97.1	6.4	91.7	1.9
4.8	1.9	93.3	13.30	84.4	2.3
11.40	3.9	84.7	25.50	71.1	3.4
21.60	6.9	71.5	37.00	58.6	4.4
31.10	10.8	58.1	44.30	45.1	10.6
36.20	15.1	48.7	46.40	37.1	16.5

8-10　拟设计一多级逆流接触萃取塔，从含乙醛质量分数为 50％的乙醛-甲苯混合液中提取乙醛，以水为溶剂。已知原料液的处理量为 1000kg/h。操作条件下，水和甲苯视为完全不互溶，以乙醛质量比表示的平衡关系为 $Y=2.2X$。要求最终萃余相中乙醛的质量分数不大于 5％，试求：

（1）最小溶剂用量；

（2）若使用的溶剂量为最小溶剂用量的 1.5 倍，所需的理论级数。

思考题

8-11　萃取过程的基本原理是什么？

8-12　萃取的第一类物系和第二类物系的主要区别是什么？在三角形相图上画出典型图例。

8-13　对于部分互溶体系，临界混溶点是溶解度曲线的最高点吗？临界混溶点的物理意义是什么？

8-14　温度对于溶解度曲线的影响是什么？如何选择萃取操作的适宜温度？

8-15　萃取剂选择的主要原则是什么？选择性系数 β 的物理意义和作用？

8-16　分配系数 k_A 的物理意义是什么？分配系数 $k_A < 1$，是否说明所选择的萃取剂不适宜？

8-17　相比于单级萃取，错流萃取操作和逆流萃取操作的优势是什么？根据哪些条件决定是采用错流萃取操作还是逆流萃取操作？

8-18　超临界流体萃取的特点是什么？超临界流体萃取流程包括哪两个部分？画出一种典型的超临界流体萃取流程图？

8-19　塔式萃取设备和塔式精馏设备操作过程的异同分析？

8-20　离心萃取器的主要特点和应用场合？

8-21　萃取设备的选择因素有哪些？

本章符号说明

符号	意义与单位	符号	意义与单位
a	传质填料的比表面积，m^2/m^3	k_A	溶质 A 的分配系数
A	溶质组分	k_B	原溶剂 B 的分配系数
B	原溶剂组分	$k_x a$	萃余相总体积传质系数，$kg/(m^3 \cdot s)$
D	多级逆流萃取的极点		
D_{min}	最小溶剂比时的极点	$k_y a$	萃取相总体积传质系数，$kg/(m^3 \cdot s)$
E	萃取相		
E′	萃取液	m_E（q_{mE}）	萃取相的量，kg（kg/h）
F	原料液	$m_{E'}$（$q_{mE'}$）	萃取液的量，kg（kg/h）
H	塔高或填料层高度，m	m_F（q_{mF}）	原料液的量，kg（kg/h）
H_{OE}	基于萃取相的传质单元高度，m	m_R（q_{mR}）	萃余液的量，kg（kg/h）
H_{OR}	基于萃余相的传质单元高度，m	$m_{R'}$（$q_{mR'}$）	萃余液的量，kg（kg/h）
		m_S（q_{mS}）	溶剂组分的量，kg（kg/h）
H_{th}	微分接触式逆流萃取塔理论级当量高度，m	m_{Smax}（q_{mSmax}）	最大溶剂组分的量，kg（kg/h）

符号	意义与单位	符号	意义与单位
$m_{S\min}$ ($q_{mS\min}$)	最小溶剂组分的量，kg（kg/h）	x_F	原料液中溶质 A 的质量分数
m_{SE}	萃取相中溶剂的量，kg（kg/h）	X_F	原料液中溶质 A 的质量比
m_{SR}	萃余相中溶剂的量，kg（kg/h）	x_i	萃余相中组分 i 的质量分数
m_S/m_F (q_{mS}/q_{mF})	溶剂比	(i=A,B,S)	
(m_S/m_F)$_{\min}$ [(q_{mS}/q_{mF})$_{\min}$]	最小溶剂比	Y	萃取相中溶质 A 的质量比
		y	萃取相中溶质 A 的质量分数
		Y'	萃取液中组分 A 的质量比
N	理论级数	y'	萃取液中溶质 A 的质量分数
N_{OE}	基于萃取相的传质单元数	y_e	和萃余相浓度平衡的萃取相中溶质 A 的质量分数
N_{OR}	基于萃余相的传质单元数		
R	萃余相	y_i	萃取相中组分 i 的质量分数
R'	萃余液	(i=A,B,S)	
S	溶剂组分	$y'_{\max}$	萃取液中溶质 A 的最大组成
X	萃余相中溶质 A 的质量比	z_i	混合液中组分的组成
x	萃余相中溶质的质量分数	**希腊字母**	
x'	萃余液中溶质的质量分数	ε_A	萃取因子
x_e	和萃取相浓度平衡的萃余相中溶质 A 的质量分数	β	选择性系数

第9章

干 燥

9.1 概述

9.1.1 固体物料去湿方法和干燥过程分类

为便于进一步的加工、运输、贮存和使用，常常需要将化工生产中固体原料、产品或半成品中的湿分（通常为水或有机溶剂）去除，例如合成树脂脱除湿分后可防止塑料制品中出现气泡或云纹、纸张经脱水后便于使用和贮存等。这种操作简称为"去湿"。

物料去湿的方法有：

① 机械去湿　通过压榨、过滤和离心分离等机械方法除去湿分。机械去湿法能耗少、费用低，但湿分去除不彻底，主要应用于大量湿分的脱除。

② 吸附去湿　利用某种湿分平衡分压很低的化学药品来吸收或吸附物料中的少量湿分。吸附去湿法受吸湿剂的平衡浓度的限制，且只适用于脱除微量湿分。

③ 干燥（Drying Process）　利用热能，使固体物料中的湿分汽化而除去的过程。干燥法耗能大、费用高，但湿分去除较为彻底。

工业去湿过程通常首先采用机械去湿以除去湿物料中的大部分湿分，然后再利用干燥方法得到合格的产品。故干燥是工业生产上较常使用的单元操作。

干燥过程可以按照不同的方法进行分类。按照操作方式可以分为间歇干燥过程和连续干燥过程。按照操作压力可以分为常压干燥和真空干燥，工业生产中通常采用常压干燥，真空干燥主要应用于热敏性物料。按照热能供给方式可以分为传导干燥、对流干燥、辐射干燥、介电加热干燥。

① 传导干燥　湿物料与加热壁面直接接触，热量靠热传导由壁面传给湿物料，所产生的蒸汽被干燥介质带走，或是用真空泵排走（真空干燥）。传导干燥热能利用率较高，对于潮湿颗粒非常适用；但由于传导干燥为间接加热干燥，与壁面接触的物料在干燥时易过热而变质，传导设备结构较复杂、造价较高，使用受到限制。

② 对流干燥（Convection Drying）　热空气或烟道气与湿物料直接接触，依靠对流传热向物料供热，蒸汽则由气流带走。在对流干燥中，干燥介质温度调节比较方便，使物料不至于过热，但热能利用率比传导干燥低。对流干燥在生产中应用最广，它包括气流干燥、喷雾

干燥、流化干燥、回转圆筒干燥和厢式干燥等。

③ 辐射干燥 热量以辐射传热方式投射到湿物料表面，被吸收后转化为热能，蒸汽靠抽气装置排出。辐射器可分为电能和热能两种，红外线干燥较传导干燥和对流干燥相比设备紧凑、使用灵活、能力大，缺点是电能消耗较大。

④ 介电加热干燥 在高频率的电磁场作用下，物料吸收电磁能量，在内部转化为热能，用于湿分汽化。通常无线电波频率为 3～300MH 称为高频干燥，无线电波频率为 3×10^2～3×10^5 MH 称为微波干燥。采用介电加热时，湿物料在高频电场中被快速均匀加热，使传热和传质方向一致，干燥效果好，但由于费用高，在工业上的普遍推广受到限制。

上面四种加热方式的干燥中，工业上应用最广泛的是对流干燥。在对流干燥中干燥介质多为空气，有时也采用高温烟道气、过热蒸汽或其他惰性气体。由于多数湿分为水分，故本章主要介绍以空气为干燥介质、湿分为水的对流干燥过程。

9.1.2 对流干燥过程流程

对流干燥按照操作方式可以分为连续过程和间歇过程，图 9.1.1 为典型的对流干燥过程示意图。空气经预热器加热至适当温度后进入干燥器。在干燥器内气流与湿物料（湿分为水）直接接触，气流中的水分含量逐渐增加，温度逐渐降低。充分接触后的气流（废气）从干燥器另一端排出。如果是间歇过程，湿物料成批放入干燥器内，待干燥至规定的湿含量后一次取出。如果是连续过程，物料被连续地加入、取出，物料与气流呈并流、逆流或其他形式的接触。

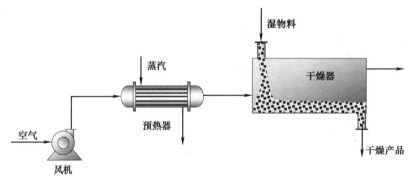

图 9.1.1 对流干燥过程示意图

9.1.3 对流干燥中的热量传递和质量传递

在对流干燥过程中，当空气和物料中水分直接接触时，同时发生质量传递和热量传递。质量传递和热量传递互相影响，均为控制因素，两者共同决定干燥过程的发生。在这种条件下，必须同时考虑质量传递速率和热量传递速率。

图 9.1.2 揭示了对流干燥器内气流与湿物料的传递机理。干燥介质（空气）中的湿分（水）分压 p_v 低于固体物料表面水的分压 p_s（界面处温度 θ_i 下湿分的饱和蒸气压），界面处水分汽化并通过物料表面的气膜扩散至热气流的主体；湿物料内部的水分以液态扩散至物料层表面，这是一个质量传递过程，其传质通量为 N。同时，干燥介质温度 t 高于物料表面温度 θ_i；热量以对流传热方式从干燥介质传递至物料表面，为湿分汽化提供潜热（相变热），这是一个热量传递过程，其传热通量为 Q。因此对流干燥过程是热量传递与质量传递过程相伴进行的过程。

以上分析可知，对于质量传递和热量传递均为控制因素的情况，需要在考虑质量传递速率的同时考虑热量传递速率。如图9.1.2所示，气液两相之间传热速率可表示为

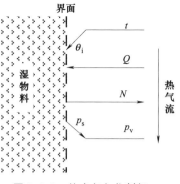

图9.1.2 热空气与物料间的传质与传热

$$q = h(t - \theta_i) \qquad (9.1.1)$$

式中　q——热流密度，W/m^2；

　　　h——空气侧表面传热系数，$W/(m^2 \cdot K)$。

　同理，传质速率可表示为

$$N = k_G(p_s - p_v) \qquad (9.1.2)$$

式中　N——传质通量，$kmol/(m^2 \cdot s)$；

　　　k_G——以分压差为推动力的气相传质系数，$kmol/(m^2 \cdot s \cdot kPa)$。

　当湿物料中水分汽化的热量均来自于气相主体时，有

$$q = 1000NMr \qquad (9.1.3)$$

式中　M——水的分子量；

　　　r——水的汽化潜热，kJ/kg。

　从式（9.1.1）~式（9.1.3）可知，对流干燥过程同时受传热速率、传质速率控制，如果传热速率太小，造成热流量太小，会导致汽化热量不足、蒸发量减少。同样，传质推动力不足，会导致蒸发量减少，空气降温不充分。

9.1.4　干燥过程操作评价

　干燥过程的评价指标，主要是干燥产品质量、干燥操作的经济性和环境影响。

　干燥产品的质量指标，不仅是产品的含水量，还有各种工艺要求。例如：蔬菜的干燥要求不破坏营养成分，并保持原来的多孔结构；木材的干燥要求产品不扭曲燥裂；热敏物料的干燥则要求不变质等。

　单位产品所消耗的能量，是衡量干燥操作经济性的一个指标，对于对流干燥，热量的利用通常用热效率来衡量。干燥操作的热效率，是指用于水分汽化和物料升温所耗的热量占干燥总热耗的分率，详见9.5.2节。衡量干燥操作经济性的另一指标是干燥器的生产强度，即单位干燥器体积或单位干燥面积所汽化的水量或生产的产品量。

　干燥是能耗较大的处理方法，我国干燥能耗约占全部工业能耗的12%，就目前我国的干燥技术状况来看，不论是生产装备程度，还是能量利用水平与国际先进水平相比都还存在很大差距。仅以对流干燥为例，连续对流干燥器的热效率国际先进水平约50%，而我国同种类型的干燥器热效率仅约为38%，节能潜力很大。提高热效率的途径主要有：

　① 湿物料中的水分尽量用机械分离的方法予以去除；

　② 对流干燥的热损失主要是废气带走的热量，为了降低废气带走热量，应尽量降低气流的出口温度，或设置中间加热器以减少气体的用量，或采用部分废气循环的方法减少新鲜空气的用量；

　③ 采取有效的密封、保温手段，同样可以提高热效率；

　④ 利用能量系统集成的思想，将对流干燥过程与其他工艺过程有效地集成，采用能量阶梯利用的方法来增加废热的利用率。

　近年来，干燥过程的环境污染问题越来越受到关注。干燥过程对环境的影响主要是噪

声、废气中的粉尘。干燥设备的选型和优化设计是解决上述问题的关键，特别是接触方式和空气速度的优化，可以有效降低噪声和粉尘夹带。为了排空气体中粉尘夹带，有些干燥系统配备了废气处理装置，如旋风分离器、水洗塔等装置。

值得注意的是，干燥过程的环境影响与用能问题紧密关联，选用清洁的能源，充分回收排气余热，降低排气温度，都可以显著减少环境负荷。

干燥操作的成功与否，主要取决于干燥方法和干燥器的选择是否适当。要根据湿物料的性质、结构以及对干燥产品的质量要求，比较各种干燥方法和设备的特性，并参照工业实践的经验，才能做出正确的选择。

9.2 干燥介质

对流干燥通过气流将湿物料中的湿分去除，该气流称为干燥介质（Drying Medium）。由于空气价廉易得，工业上对于湿分为水的湿物料多采用空气作为干燥介质。

9.2.1 湿空气的状态参数

含有水分的空气称为湿空气。湿空气的状态，直接影响干燥速率和干燥效果。湿空气的状态参数除总压、温度（Temperature）外，还有湿度（Humidity）、相对湿度（Relative Humidity）、湿比焓（Enthalpy of Humid Air）、湿比热容（Heat Capacity of Humid Air）、露点（Dew-Point Temperature）、绝热饱和温度（Adiabatic Saturation Temperature）和湿比体积（Volume of Humid Air）。

① 水汽分压 p_v　空气中水汽分压直接影响传热、传质同时传递过程的相平衡和传质速率，当湿空气处于常温、常压时可视为理想气体，则 p_v 可表示为

$$p_v = py \tag{9.2.1}$$

式中　p——湿空气总压，kPa；

p_v——空气中水汽的分压，kPa；

y——湿空气中水汽的摩尔分数。

② 湿度 H　为了便于计算，常将水汽分压 p_v 换算成湿度。湿度为湿空气中所含水蒸气的质量与干空气质量之比，表示为 H（kg/kg 干空气）。

$$H = \frac{m_v}{m_a} = \frac{M_v}{M_a} \times \frac{n_v}{n_a} = 0.622 \frac{n_v}{n_a} \tag{9.2.2}$$

式中　m_v——湿空气中水汽质量，kg；

m_a——湿空气中干空气质量，kg；

M_v——水的摩尔质量，kg/kmol；

M_a——干空气的摩尔质量，kg/kmol；

n_v——湿空气中水汽的物质的量，kmol；

n_a——湿空气中干空气的物质的量，kmol。

对理想气体混合物，各组分的摩尔比等于其分压比，于是

$$H = 0.622 \frac{p_v}{p - p_v} \tag{9.2.3}$$

由式（9.2.3）可知：湿空气总压一定时，湿度由水蒸气分压决定。若湿空气中水蒸气

含量处于饱和状态，即水蒸气分压等于该温度下水的饱和蒸气压，此时的湿度为该温度下空气的最大湿度，称为饱和湿度，以 H_s 表示。

$$H_s = 0.622 \frac{p_s}{p - p_s} \qquad (9.2.4)$$

式中，p_s 为同温度下水的饱和蒸气压，kPa。

由于水的饱和蒸气压只与温度有关，所以当总压一定时，饱和湿度只与温度有关。

③ 相对湿度 φ　湿空气中水蒸气分压 p_v 与相同温度下水的饱和蒸气压 p_s 之比的百分数，称为相对湿度

$$\varphi = \frac{p_v}{p_s} \times 100\% \qquad (9.2.5)$$

相对湿度表明了湿空气的不饱和程度和吸纳水汽的能力。$\varphi = 100\%$，空气中的水汽已经饱和，不能再吸收水汽。在相同 p_v 下，温度升高，p_s 愈大，φ 愈小，空气吸纳水汽能力愈强。可见，湿度 H 只表示湿空气中水蒸气的绝对含量，而相对湿度 φ 才反映出湿空气吸纳水汽的能力。

④ 露点 t_d　对于湿空气，在压力不变的情况下使温度降低至 t_d，该温度下水的饱和蒸气压为 p_d，此时恰有 $p_d = p_v$，则温度 t_d 称为露点。

由式（9.2.3）可知

$$H = 0.622 \frac{p_d}{p - p_d} \qquad (9.2.6)$$

露点只与空气中水汽分压有关，当总压一定时，露点只与湿度有关。

⑤ 湿比热容 c_H　单位质量干空气及其所带的水蒸气在升高 1℃时所需的热量，称为湿比热容，以 c_H [kJ/(kg 干空气·℃)] 表示。在常压下，有

$$c_H = c_a + c_v H = 1.01 + 1.88H \qquad (9.2.7)$$

式中　c_a——干空气的比热容，kJ/(kg 干空气·℃)；

c_v——水蒸气的比热容，kJ/(kg 干空气·℃)；

⑥ 湿比焓 I　单位质量干空气及其所带水蒸气的焓之和称为湿比焓，以 I（kJ/kg 干空气）表示。通常干空气的焓以 0℃气体为基准，水汽的焓以 0℃液态水为基准，故

$$I = c_a t + (r_0 + c_v t)H = (1.01 + 1.88H)t + 2490H \qquad (9.2.8)$$

式中，t 为湿空气的温度，℃。

⑦ 湿比体积 v_H　在选择风机和计算流速时，常常需要通过湿比体积计算气体的体积流量。湿比体积指单位质量干空气和其所带的水蒸气的体积之和，以 v_H（m³/kg 干空气）表示。在常压下，湿空气可按理想气体处理，有

$$v_H = \frac{22.4}{29} \times \frac{273 + t}{273} + \frac{22.4}{18} \times \frac{273 + t}{273} H = (0.773 + 1.244H) \frac{273 + t}{273} \qquad (9.2.9)$$

由上式可知，当 H 一定时，v_H 随温度升高而增大；当温度一定时，v_H 随 H 增大而增大。

⑧ 绝热饱和温度 t_{as}　某湿空气湿度为 H、温度为 t、总压为 p，当流动空气同水绝热接触时，只要空气的相对湿度小于 100%，水就会不断汽化。汽化所需热量均来自于空气温度的降低，此时空气的温度降低，湿度增加，相对湿度逐渐增大。当空气达到饱和状态时，空气的温度为其绝热饱和温度 t_{as}。此过程中湿空气降温所放出的热量全部用于水的汽化，水汽化所需要的热量全部来于湿空气的温度变化。

由上述分析可知，此过程湿空气的焓增来自于汽化水的显热，即

$$\Delta I = I_{as} - I = (H_{as} - H)c_{pL}t_{as} \qquad (9.2.10)$$

由于增量 ΔI 与 I 相比很小，一般可以忽略，则绝热饱和过程近似为等焓过程，将式 (9.2.8) 带入式 (9.2.10)，则有

$$c_H(t - t_{as}) = r_{as}(H_{as} - H) \qquad (9.2.11)$$

整理有

$$t_{as} = t - \frac{r_{as}}{c_H}(H_{as} - H) \qquad (9.2.12)$$

式中　r_{as}——温度为 t_{as} 时水的汽化潜热（相变热），kJ/kg；

　　　H_{as}——温度为 t_{as} 时空气的饱和湿度，kg/kg 干空气。

式 (9.2.12) 表明，在总压一定的条件下，空气的绝热饱和温度 t_{as} 是空气湿度 H 和温度 t 的函数，是湿空气的状态参数，也是湿空气的性质。

9.2.2　湿空气的湿球温度

如图 9.2.1 所示，将温度计的感温球用水润湿纱布包裹，保持湿纱布表面始终处于润湿状态，此时该温度计显示的是水层的温度。将它置于一定温度和湿度的流动空气中，达到稳态时所测得的温度称为空气的湿球温度（Wet-Bulb Temperature），以 t_w 表示。在空气流中放置一支普通温度计，所测得空气的温度为 t，相对于湿球温度而言，此温度称为空气的干球温度（Bulb Temperature）。

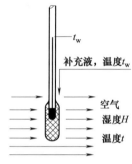

图 9.2.1　湿球温度计的原理

湿球温度为空气与湿纱布之间的传热、传质过程达到稳态时的温度。当不饱和空气流过湿球表面时，由于湿纱布表面的饱和蒸气压大于空气中的水蒸气分压，在湿纱布表面和气体之间存在着分压差（即湿度差）。湿度差为质量传递提供推动力，使湿纱布表面的水分汽化被气流带走；水分汽化所需的汽化潜热来源于湿纱布的显热，从而湿纱布表面水层温度低于气流温度，产生了温度差，温度差的存在引起了气流向湿纱布的热量传递。传热速率增加会使质量传递速率增加，质量传递速率增加又会进一步降低水层温度，增加传热速率，直至单位时间由空气向湿纱布传递的热量恰好等于单位时间自湿纱布表面水分汽化所需的热量时，湿纱布表面温度就达到稳态，即湿球温度。此时气流的温度为干球温度。

由于过程中湿空气的流量大，湿纱布表面小，可忽略湿空气的温度和湿度变化，即认为湿空气的温度 t 和湿度 H 恒定。此时传热速率可表示为

$$q = h(t - t_w) \qquad (9.2.13)$$

式中　q——热流密度，W/m^2；

　　　h——气流和水膜之间的表面对流传热系数，$W/(m^2 \cdot K)$。

同理，对于传质速率，如果将传质推动力用湿度差表示，则有

$$N = k_H(H_w - H) \qquad (9.2.14)$$

式中　N——传质速率，$kg/(s \cdot m^2)$；

　　　k_H——以湿度差为推动力的气相传质系数，$kg/(s \cdot m^2)$；

　　　H_w——空汽在 t_w 下的饱和湿度，kg/kg 干空气。

稳态时，当汽化水蒸气的热量均来自于空气传入的热量，则有

$$q = Nr_w \qquad (9.2.15)$$

式中　r_w——温度为 t_w 时水的汽化潜热（相变热），kJ/kg。

联立式（9.2.13）～式（9.2.15），可得

$$t_w = t - \frac{k_H r_w}{\alpha}(H_w - H) \tag{9.2.16}$$

实验表明，当温度不太高时，可以忽略热辐射的影响，当流速足够大（大于 5m/s）时，热、质传递均以对流为主，且 k_H 及 h 均与空气速度的 0.8 次幂成正比。因此在温度不高、流速较大时，k_H 与 α 比值只取决于气体状态和物性性质，与流速无关。

对于水蒸气与空气的干燥系统，一般在气速为 3.8～10.2m/s 的范围内，比值 h/k_H 近似为 0.96～1.005。由于 r_w、H_w 决定于湿球温度 t_w，从式（9.2.16）可知，如果物系性质确定，则湿球温度仅决定于气体状态，即气体的湿度和干球温度。

湿球温度和绝热饱和温度都是与之接触的液体变化的极限温度，二者均取决于湿气体的温度 t 和湿度 H。对于空气-水物系，当湿度 $H < 0.01$ 时，$c_H = 1.01 + 1.88H = 1.01 \sim 1.03$ 之间；而在气速为 3.8～10.2m/s 的范围内，h/k_H 近似为 0.96～1.005。比较式（9.2.12）和式（9.2.16）可知，湿球温度与绝热饱和温度在数值上近似相等。

对于空气和水系统，两者在数值上的近似相等，将给工程计算和控制带来较大方便。许多实际过程可以近似为绝热饱和过程，而湿球温度是很容易测定的，因此湿空气在等焓过程中的其他参数的确定就比较容易了。绝热饱和温度和湿球温度虽然在数值上近似相等，但是在本质上是截然不同的。

湿空气的四个温度参数：干球温度 t，绝热饱和温度 t_{as}，湿球温度 t_w 以及露点 t_d，都可用来确定空气状态。对不饱和空气：$t > t_{as} = t_w > t_d$；对饱和空气：$t = t_{as} = t_w = t_d$。

9.2.3　湿空气的温-湿图及其应用

(1) 湿空气的温-湿图

对于湿空气，当总压一定时，湿空气的参数（t、t_{as}、t_d、H、φ、I、v_H、p_v）只有两个是独立的性质参数，即当任意确定两个参数，可计算求得其他性质参数。通常为了便于计算，可将空气各种性质标绘在湿度图中，由已知的两个参数，直接读出其他参数。

湿度图（Hythergraph）有多种形式，常用的有温-湿图（或称 $t \sim H$ 图）和焓-湿度图（或称 $I \sim H$ 图）。$t \sim H$ 图应用较普遍，而 $I \sim H$ 图在作热量衡算时较方便。

图 9.2.2 为常压下的温-湿图，该图以温度 t（℃）为横坐标，以湿度 H 为纵坐标，图内有等温度线、等湿度线、等相对湿度线、绝热饱和线、湿比热容线、比体积线、水汽化潜热线。

(2) 湿空气温湿图的应用

① 确定湿空气的性质参数　根据给定总压下湿空气性质的两个独立参数，可以通过公式法计算湿空气的其他性质参数，也可以在 $t \sim H$ 图中找到代表该空气状态的相应点，从而直接读出其他性质参数。

② 描述加热和冷却过程　当不饱和空气流经换热设备的流动阻力不大时，可近似认为总压不变。空气在间壁式换热器中的加热过程是一个等湿度增温过程，可以由 A 到 B 表示一加热过程，如图 9.2.3（a）所示；图 9.2.3（b）表示一冷却过程，当冷却温度 t_2 不小于露点 t_d，则冷却过程是一个等湿度过程，当冷却温度 t_2 小于露点 t_d，则冷却过程先为等湿度过程，之后为沿饱和线的减湿降温过程。

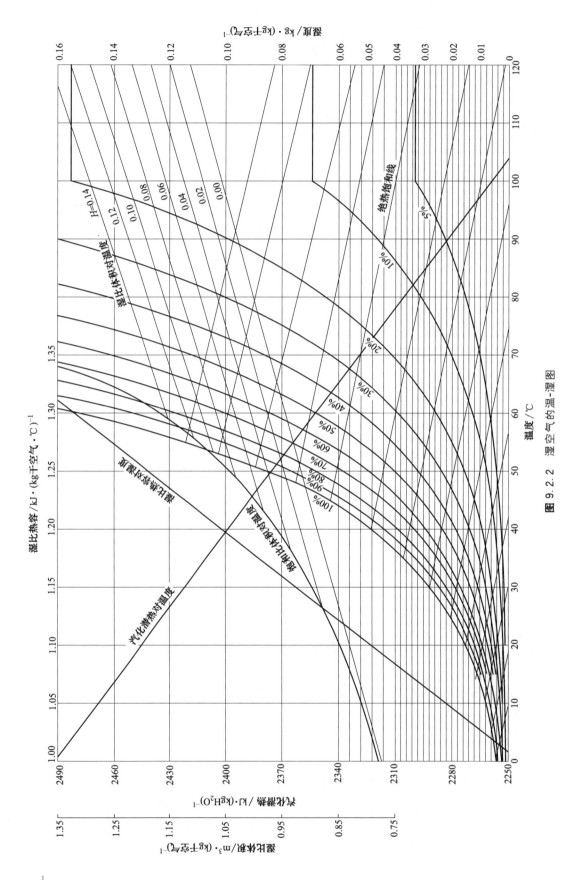

图 9.2.2 湿空气的温-湿图

③ 描述绝热饱和过程　湿空气与水的接触过程，如果是绝热过程，则空气将沿着绝热饱和线 AB 增湿降温，如图 9.2.4 所示，该过程近似为等焓过程。

在实际过程中，空气的增湿降温过程大多不是等焓的，如图 9.2.4 所示，线 AB'，此过程由于有热量补充，因此为焓增过程；如图 9.2.4 所示，线 AB''，此过程由于有热量损失，因此为焓减过程。

④ 描述不同温度、湿度的气流的混合　工业生产中，常见不同温度、湿度的气流的混合过程，也可以用 $t \sim H$ 图来描述，如图 9.2.5 所示。混合过程可以用杠杆定律描述。

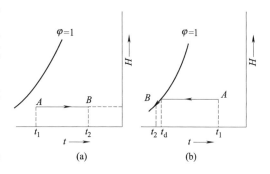

图 9.2.3　加热、冷却过程图示

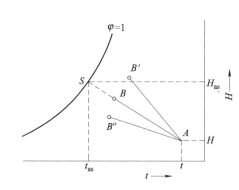

图 9.2.4　绝热、非绝热增湿降温过程

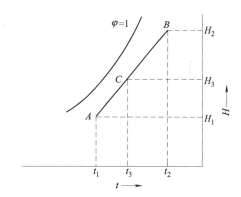

图 9.2.5　两股气流的混合

【例 9.1】　已知某湿空气温度 60℃，总压 101.325kPa，湿度 0.06kg 水/kg 干空气，求：湿空气的相对湿度 φ、绝热饱和温度 t_{as}、湿球温度 t_w、露点 t_d、湿比体积 v_H、湿比热容 c_H、湿比焓 I。

解：在温-湿图上做 60℃ 等温线、$H=0.06$ 等湿线交于 A 点，参见图 9.2.2。经过 A 点的相对湿度线为 44%；过 A 点沿绝热饱和线与相对湿度 $\varphi=100\%$ 线相交于 B 点，B 点对应温度为 46℃，则绝热饱和温度为 46℃；过 A 点等湿线与相对湿度 $\varphi=100\%$ 线相交于 C 点，C 点对应温度为 44℃，则露点为 44℃；在图 9.2.2 中找到湿度为 0.06 的湿比体积对温度线，该线与 60℃ 等温线交于 D 点，过 D 点做水平线，与湿比体积坐标相交，读得湿比体积 $v_H = 1.03\,\mathrm{m^3/kg}$ 干空气；0.06 等湿线与湿比热容对温度线交于 E 点，过 E 点作垂线与湿比热容坐标相交，读得湿比热容 $c_H = 1.1228\,\mathrm{kJ/(kg\ 干空气 \cdot ℃)}$。

根据式（9.2.7）可得

$$I = (1.01 + 1.88H)t + 2490H$$

$$= (1.01 + 1.88 \times 0.06) \times 60 + 2490 \times 0.06 = 216.8\,\mathrm{kJ/(kg\ 干空气 \cdot ℃)}$$

湿球温度　　　　　　　　　　　　　　$t_w = t_{as} = 46℃$

上述方法是利用温－焓图获取空气的状态参数，也可以采用公式法进行计算，试计算比较。

【例 9.2】 将 [例 9.1] 中的空气加热到 90℃，再绝热增湿冷却至 60℃。试在温-焓图上描述上述过程。

解：如 [例 9.2] 图 9.2.6 所示，A 点为空气的初始状态，线段 AB 表示空气由 60℃ 被加热到 90℃ 的过程，线段 BC 表示其绝热增湿冷却过程。

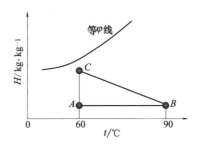

图 9.2.6　[例 9.2] 附图

9.3　水分在气-固两相间的相平衡

当湿物料与一定温度、一定湿度的空气接触时，只要物料表面水分压与空气中水蒸气分压不相等，就会发生质量传递和热量传递。质量传递方向视湿物料表面的蒸气压与空气中水蒸气分压的相对大小而定，若前者大于后者，物料中的水分将进入气相而物料被干燥；反之，气相中的水分进入物料，形成物料吸湿。只要接触的时间足够长，就会达到相平衡状态；此时固体物料的含水量称为该物料在这一空气状态下的平衡含水量（Equilibrium Water Content），湿物料表面的蒸气压称为该含水量下的平衡蒸气压。

(1) 平衡蒸气压曲线、平衡水分和自由水分

如图 9.3.1 表示一定温度下水分在气、固间达到平衡时，湿空气中的水汽分压 p_v 与湿物料的平衡含水量 X 之间的关系，常称为平衡曲线。

X 为物料的干基含水量，定义式为

$$X = \frac{湿物料中水分的质量}{湿物料中绝干物料的质量} \tag{9.3.1}$$

与之相对应，物料的湿基含水量定义为

$$w = \frac{湿物料中水分的质量}{湿物料的质量} \tag{9.3.2}$$

二者之间的关系

$$X = \frac{w}{1-w} \tag{9.3.3}$$

$$w = \frac{X}{1+X} \tag{9.3.4}$$

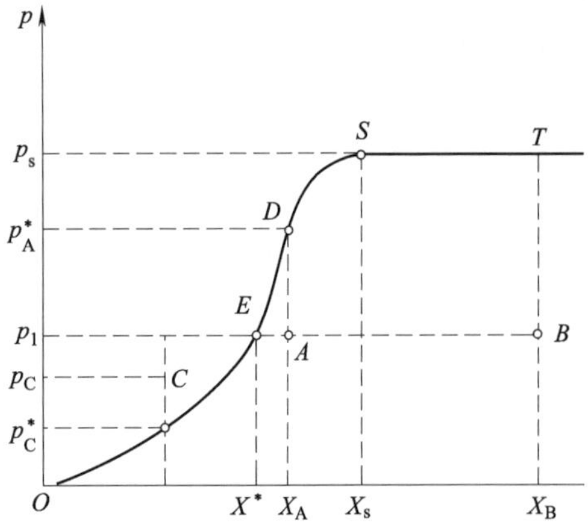

图 9.3.1 表示了湿物料和空气长时间接触处于平衡状态时，空气中水蒸气分压与物料含水量之间的对应关系。当空气中水蒸气分压为 p_1 时，所对应的湿物料的平衡含水量为 X^*，该含水量称为平衡水分。当物料含水量为 X_B 时，物料表面的水蒸气分压为 p_s。由于 $p_s > p_1$，水蒸气的传质方向是从湿物料向空气传递。如果空气状态恒定，则质量传递的极限为 E 点；$X_B \sim X^*$ 部分水分被汽化，这部分水分称为自由水分（Free Water）。湿物料的水分由平衡水分和自由水分组成，平衡含水量为其分界点。当物料中的含水量大于图 9.3.1 中 S 点时，物料表面被水膜包裹，

图 9.3.1　平衡蒸气压曲线（t = 常量）

其平衡蒸气压等同于该温度下水的饱和蒸气压。

通过以上分析可知，平衡蒸气压曲线可以应用于判断传质方向、确定传质推动力，还可以用来确定在给定干燥介质的条件下，湿物料中可能去除的水分量及干燥后物料的最低含水量。

值得注意的是当温度一定时，平衡含水量与空气的湿度相对应，若空气湿度发生变化，平衡水分、自由水分的量会相应变化。

同一物料的平衡蒸气压曲线受物料温度影响较大，随着温度升高，湿度相同的空气所对应的物料平衡含水量降低。由于空气湿度不变情况下，温度升高，物料平衡含水量减少，同时相对湿度也降低，因此相对湿度与平衡含水量关系曲线受温度影响较小。当实验数据缺乏时，工程计算上有时忽略温度的影响，采用相对湿度与平衡含水量关系，如图 9.3.2 所示。

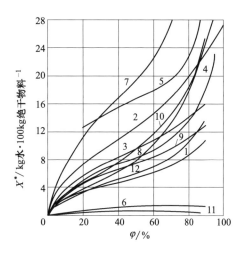

图 9.3.2　某些物料的平衡含水量（常温下）
1—新闻纸；2—羊毛；3—消化纤维；4—丝；
5—皮革；6—陶土；7—烟叶；8—肥皂；
9—牛皮胶；10—木材；11—玻璃丝；12—棉花

平衡含水量的大小与物料及其温度以及湿空气的性质有关，常通过实验求得。在缺乏实验数据时，表 9.3.1 可供参考。

表 9.3.1　某些物料的平衡含水量（$t=24℃$）

物料 ＼ φ	0.1	0.2	0.3	0.4	0.5	0.6	0.7	0.8	0.9
石棉纤维	0.13	0.25	0.30	0.33	0.39	0.49	0.61	0.75	0.83
板纸	2.05	3.20	4.05	4.75	5.40	6.05	7.20	8.75	10.70
吸湿棉	4.80	9.00	12.50	15.70	18.50	20.80	22.80	23.40	25.80
黄麻	3.05	5.50	7.40	8.85	10.35	12.00	14.15	16.75	20.00
高岭土	0.22	0.42	0.64	0.79	0.89	1.00	1.10	1.23	1.28
黏土砖				0.07	0.09	0.13	0.19	0.25	0.33
红砖				0.10	0.15	0.21	0.30	0.49	0.64
胶黏剂	4.30	4.80	5.80	6.60	7.60	9.00	10.70	11.80	12.10
亚麻	1.75	2.95	3.80	4.55	5.30	6.10	7.10	8.50	10.35
肥皂	1.90	3.80	5.70	7.60	10.00	12.90	16.10	19.80	23.80
硅胶	1.70	9.80	12.70	15.20	17.20	18.80	20.20	21.50	22.60
尼龙	0.0067	0.013	0.019	0.025	0.03	0.035	0.049	0.053	0.068

（2）结合水分和非结合水分

固体中存留的水分依据固、液间相互作用的强弱，可分为结合水分（Bound Water）和非结合水分（Unbound Water）。

当固体为可溶物时，其所含的水分可以溶液的形态存在于固体中。当固体的物料系多孔性、或固体物料系由颗粒堆积而成时，其所含水分可存在于细孔中并受到孔壁毛细管力的作用。当固体表面具有吸附性时，其所含的水分则因受到吸附力而结合于固体的内、外表面上，这部分水分统称为结合水。非结合水分包括湿物料表面上附着水分和大孔隙中的水分，结合力较弱。因而，结合水所产生的蒸气压小于同温度下纯水的蒸气压，而非结合水则可产

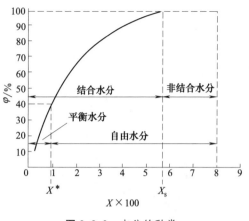

图 9.3.3 水分的种类

生同温度下与纯水相同的蒸气压。如图 9.3.3 所示，凡湿物料的含水量小于 X_s 的那部分水分称为结合水分，含水量超过 X_s 的那部分水分称为非结合水分。

平衡水分与自由水分、结合水分与非结合水分是两种概念不同的区分方法，结合水分较难除去，非结合水分容易除去。结合水、非结合水是固体物料本身的性质，与空气状态无关。自由水分是在干燥中可以除去的水分，平衡水分是不能除去的，自由水分和平衡水分的划分与物料和空气的状态有关。

9.4　恒定干燥条件下的干燥速率及过程计算

干燥速率（Drying Rate）的测定实验大多在恒定干燥条件下进行，恒定干燥条件（Constant Drying Condition）是指干燥过程中空气的温度、湿度、速度以及与湿物料的接触状况都不变。在恒定干燥条件下空气的性质参数恒定不变，但物料的温度和湿分含量随时间逐渐变化，这有助于直接分析物料本身特性。恒定干燥条件下的干燥过程为间歇过程。

干燥速率是指单位时间单位干燥表面积蒸发的水分量。

$$R = \frac{\mathrm{d}m_w}{A\,\mathrm{d}\tau} = -\frac{m_c\,\mathrm{d}X}{A\,\mathrm{d}\tau} \tag{9.4.1}$$

式中　R——干燥速率，$\mathrm{kg/(m^2 \cdot s)}$；　　　　　A——干燥面积，$\mathrm{m^2}$；

m_c——绝干物料质量，kg；　　　　　　　X——干基含水量；

m_w——汽化的水分质量，kg；　　　　　　τ——干燥时间，s。

水分由物料内部传递到空气的机理很复杂，干燥速率决定于干燥介质的条件，如温度、湿度、速度及流动的状态；同时决定于湿物料的性质，如物料结构、与水分结合形式、块度、料层的薄厚等；还决定于干燥介质与物料的接触方式、相对运动方向以及干燥器的结构型式。目前对干燥速率的机理了解得还很不充分，仍不能用数学关系式来描述干燥速率与相关因素的关系，因而在大多数情况下，还必须用实验的方法测定干燥速率。

9.4.1　恒定干燥条件下的干燥速率

大量空气流过小块固体湿物料属于典型的恒定干燥条件。如空气温度为 t、湿度为 H，空气流速及与物料接触方式不变，则随着干燥时间的持续，水分逐渐汽化被空气带走，湿物料重量逐渐减少直至恒定不变。这样可以得到自由含水量 X 与时间 τ 的关系曲线，即干燥曲线，如图 9.4.1 所示。

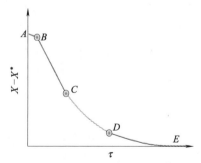

图 9.4.1　干燥曲线

测量湿物料与气流的接触面积，通过式（9.4.1）可以得到干燥速率 R 与自由含水量 X 之间的关系，即干燥速率曲线，如图 9.4.2 所示。

图 9.4.1 和图 9.4.2 中，A 点代表实验开始情况，AB 段为湿物料预热过程，此间物料含水量降至 B 点相应的含水量，温度则由初始温度升至与空气的湿球温度相等的温度。一般预热过程的时间很短，常可忽略。在 BC 段内干燥速率保持恒定，物料温度也恒定不变，称为恒速干燥阶段。从 C 点开始，物料干燥速率下降，称为降速干燥阶段。C 点称为临界点，对应的含水量称为临界含水量，以 X_C 表示。E 的干燥速率为零，X^* 为操作条件下的平衡含水量。

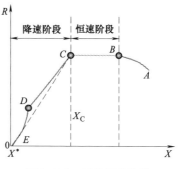

图 9.4.2　干燥速率曲线

(1) 恒速干燥阶段

在恒速干燥（Constant Rate of Drying）阶段，物料表面被非结合水覆盖，形成水膜。这一阶段除去的水分所表现的性质与纯水相同，相当于少量水与大量空气接触，物料温度等于空气湿球温度；物料内部水分含量充足，水分由内部向表面转移的速率高，足以保持表面上的润湿，因此物料温度维持不变，干燥速率同样维持不变，即 $N = k_H(H_w - H)$。这一阶段干燥速率的大小决定于空气的状态及气液接触方式，与物料性质无关。

(2) 临界含水量 X_C

恒速干燥阶段和降速干燥阶段间的转折点对应湿物料的含水量称为临界含水量（Critical Moisture Content）。临界含水量与湿物料的性质及干燥条件有关，不同的湿物料由于其结构不同、块度不同而具有不同的临界含水量，干燥介质的相对湿度、温度及流速的不同，临界含水量的大小也不同。临界含水量越大，干燥过程转入降速干燥阶段越早，对于相同的干燥要求，所需的干燥时间越长。

临界含水量通常由实验确定，测定应在相应的干燥器和相同的干燥条件下进行。表 9.4.1 所列为不同物料临界含水量的范围。当缺少数据时，也可参考相关手册。

表 9.4.1　不同物料临界含水量的范围

有机物料		无机物料		临界含水量/%水分（干基）
特　征	例　子	特　征	例　子	
很粗的纤维	未染过的羊毛	粗核无孔的物料，大于 50 目	石英	3～5
		晶体的、粒状的、孔隙较少的物料，颗粒大小为 50～325 目	食盐、海沙、矿石	5～15
晶体的、粒状的、孔隙较小的物料	谷氨酸结晶	结晶体有孔物料	硝石、细沙、黏土料、细泥	15～25
粗纤维细粉	粗毛线、醋酸纤维、印刷纸、碳素颜料	细沉淀物，无定形和胶体形态的物料，无机颜料	碳酸钙、细陶土、普鲁士蓝	25～50
细纤维，无定形的和均匀状态的压紧物料	淀粉、亚硫酸、纸浆、厚皮革	浆状，有机物的无机盐	碳酸钙、碳酸镁、二氧化钛、硬脂酸钙	50～100
分散的压紧物料，胶体状态和凝胶状态的物料	鞣制皮革、糊墙纸、动物胶	有机物中的无机盐、催化剂、吸附剂	硬脂酸锌、四氯化锡、硅胶、氢氧化铝	100～3000

(3) 降速干燥阶段

物料含水量降至临界含水量之后，便转入降速干燥（Falling-Rate Drying）阶段。这时，水分由物料内部向表面迁移的速率低于物料表面的汽化速率，导致干燥速率下降。降速的原因主要有：

① 润湿表面开始出现干点，干区面积逐渐增大，尽管此时干燥推动力未变，但以总表面积为计算基准的干燥速率不断降低，该段为第一降速阶段，如图 9.4.2 中 CD 段所示。

② 物料含水量逐渐减少，水分迁移速率逐渐下降，温度逐渐上升，干燥速率越来越低，干燥速率决定于水分在物料内部的迁移速率。水分在其内部迁移的机理取决于物料结构，物料结构不同，导致降速阶段速率曲线的形状也不同。某些湿物料，如催化剂颗粒、沙子等多孔性物料，降速阶段中有一转折点 D，把降速阶段分为第一降速阶段和第二降速阶段，如图 9.4.2 所示。但也有一些湿物料，如肥皂、骨胶等非多孔性物料，在干燥时不出现转折点，整个降速阶段形成了一个平滑曲线。

当物料达到平衡含水量时，物料质量维持不变，干燥速率为零，物料温度为空气的干球温度。

(4) 干燥操作对物料性状的影响

干燥操作对物料性状的影响主要有两方面：

① 温度升高导致物料变性　对于恒速干燥阶段，物料温度等于空气湿球温度，因此只要控制空气湿球温度低于物料变性温度，尽量提高空气干球温度，以提高干燥速率和热效率。

② 物料因脱水而产生的物理、化学性质的变化　如木材脱水导致的表面干裂等变化。为避免或减少表面硬化、干裂、起皱等现象，常常需要严格控制降速干燥的速度，使物料内部水分变化均匀。

9.4.2　恒定条件下干燥时间的计算

恒定条件下干燥过程为间歇干燥过程，其达到规定要求的干燥时间应通过实验来确定。实验所选用的物料及其分散程度、空气条件及产品标准都应与生产时相同，据此可对干燥时间进行估算。

(1) 恒速干燥阶段的干燥时间

恒速干燥阶段的干燥时间可由式（9.4.1）计算得

$$\tau_1 = -\int_{X_1}^{X_C} \frac{m_c}{AR} dX = \frac{m_c}{AR}(X_1 - X_C) \qquad (9.4.2)$$

式中　τ_1——恒速干燥阶段所需的干燥时间，s；

X_1——干燥开始时的物料干基含水量。

在恒速干燥阶段中，传质速率计算式可使用式（9.2.13）

$$N = k_H(H_w - H)$$

由于 $R = N$，将式（9.2.13）代入式（9.4.2）得

$$\tau_1 = \frac{m_c(X_1 - X_C)}{Ak_H(H_w - H)} \qquad (9.4.3)$$

在恒速干燥阶段中，传热速率计算式可使用式（9.2.12）及式（9.2.14）得

$$N = \frac{h}{r_w}(t - t_w) \qquad (9.4.4)$$

由于 $R=N$，将式 (9.4.4) 代入式 (9.4.2) 得

$$\tau_1 = \frac{m_c r_w (X_1 - X_C)}{Ah(t - t_w)} \quad (9.4.5)$$

通过式 (9.4.3) 和式 (9.4.5) 均可计算干燥时间。由于 h 的测量技术比 k_H 的测量技术成熟，所以通常用经验的表面传热系数。

① 物料层静止，空气平行流过物料层表面，表面传热系数

$$h = 0.0204(u\rho)^{0.8} \quad (9.4.6)$$

适用范围：空气的质量流速 $u\rho = 2450 \sim 29300 \text{kg}/(\text{m}^2 \cdot \text{h})$，温度 $t = 45 \sim 150℃$。

② 物料层静止，空气垂直流向固体表面，表面传热系数

$$h = 1.17(u\rho)^{0.37} \quad (9.4.7)$$

适用范围：空气的质量流速 $u\rho = 3900 \sim 19500 \text{kg}/(\text{m}^2 \cdot \text{h})$。

(2) 降速干燥阶段的干燥时间

降速干燥阶段干燥速率随湿物料的含水量减少而降低，此段干燥时间 τ_2 为物料从临界含水量 X_C 降至规定的 X_2 所需干燥时间。

$$\tau_2 = -\frac{m_c}{A} \int_{X_C}^{X_2} \frac{\mathrm{d}X}{R} \quad (9.4.8)$$

式中，R 与自由水含量 X 有关，如果写成 $R = f(X)$ 形式，则上式可写成

$$\tau_2 = -\frac{m_c}{A} \int_{X_C}^{X_2} \frac{\mathrm{d}X}{f(X)} \quad (9.4.9)$$

对于式 (9.4.8)，可采用图解积分法比较准确。

总干燥时间为

$$\tau = \tau_1 + \tau_2 \quad (9.4.10)$$

【例 9.3】 某湿物料装入盘中干燥，其含水量为 0.2kg 水/kg 干物料。大量空气平行流过物料表面，热空气温度为 80℃，湿度为 0.01kg 水/kg 干空气，流速为 6m/s。已知干燥表面积为 0.2m^2，绝干物料为 1kg，物料临界含水量为 0.01kg 水/kg 干物料，汽化潜热 2415kJ/kg。求恒速干燥阶段的干燥速率和干燥时间。

解：由式 (9.2.8) 计算得热空气的湿比体积

$$v_H = (0.773 + 1.244H)\frac{273 + t}{273} = (0.773 + 1.244 \times 0.01)\frac{273 + 80}{273} = 1.016 \text{m}^3/\text{kg 干空气}$$

湿空气密度

$$\rho = \frac{1 + 0.01}{1.016} = 0.994 \text{kg}/\text{m}^3$$

$$u\rho = 0.994 \times 6 \times 3600 = 21470.4 \text{kg}/(\text{m}^2 \cdot \text{h})$$

由式 (9.4.6) 得

$$h = 0.0204(u\rho)^{0.8} = 59.6 \text{W}/(\text{m} \cdot ℃)$$

由温-湿图可得空气湿球温度为 32℃，则由式 (9.4.4) 有

$$R = N = \frac{h}{r_w}(t - t_w) = \frac{59.6 \times (80 - 32)}{2215 \times 1000} \times 3600 = 4.65 \text{kg}/(\text{m}^2 \cdot \text{h})$$

根据式 (9.4.2) 或 (9.4.5) 得

$$\tau_1 = \frac{m_c r_w (X_1 - X_C)}{Ah(t - t_w)} = 0.2\text{h}$$

9.5 连续干燥过程及过程计算

9.5.1 连续干燥过程

实际操作中，连续干燥器应用非常广泛，图9.5.1所示为一典型连续干燥过程。湿物料连续进入干燥器中，经过干燥后从排出口连续排出；新鲜空气经过风机进入空气预热器加热后进入干燥器与湿物料接触增湿降温后废气从排出口排出。空气经过空气预热器后湿度不变，温度升高，相对湿度降低，绝热饱和温度升高，提高了空气的纳水能力。空气和物料接触方式有并流、逆流、错流等多种方式。由于该过程中空气的湿度逐渐增加，温度逐渐降低，因此与恒定干燥条件下的干燥过程有着明显的不同。

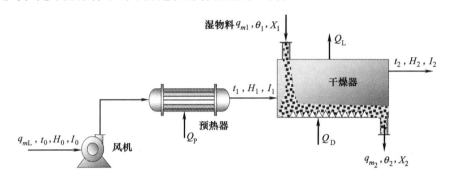

图9.5.1 连续干燥流程图

如图9.5.2所示，物料在干燥器内的干燥过程可分为三个区。

Ⅰ区为预热区，当物料含水量大于临界含水量时，物料在进入干燥器很短的一段距离后温度由 θ_1 升至空气的湿球温度 t_w，但实际蒸发水量很少，通常可忽略不计。

Ⅱ区为干燥的第一阶段，气体温度由 t_2' 降至 t_k，湿物料温度保持不变，但由于空气湿度增加、温度下降导致传质推动力、传热推动力减小，使传热速率和传质速率降低。虽然干燥速率并不恒定，但物料变化相当于恒定干燥条件下的恒速阶段。若干燥器是绝热的，则空气为绝热饱和过程。

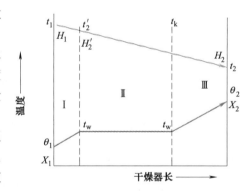

图9.5.2 并流连续干燥器内气液两相温度变化

Ⅲ区为干燥的第二阶段，进行不饱和表面干燥和结合水的汽化。此阶段物料温度逐渐升高、含水量减少，空气温度降低、湿度增加，传热速率和传质速率进一步降低。物料的变化相当于恒定干燥条件下的降速阶段。

9.5.2 连续干燥过程计算方法

干燥过程的计算也可分为设计型和操作型两种，其计算基础都是物料衡算、热量衡算、平衡关系和干燥速率计算。

(1) 物料衡算

通过干燥过程的物料衡算，可确定物料干燥到指定的含水量要除去的水分量及所需的空气量。

① 物料的水分蒸发量　在干燥过程中，绝干物料量并没有发生变化，而物料的质量减少的原因是水分汽化被空汽带走，如图 9.5.1 所示，设进干燥器湿物料量为 q_{m1}，离开干燥器的物料量为 q_{m2}，水的蒸发总量为 q_{mw}，则有

$$q_{mw} = q_{m1} - q_{m2} \tag{9.5.1}$$

$$q_{mw} = q_{m1} w_1 - q_{m2} w_2 \tag{9.5.2}$$

若绝干物料量为 q_{mc}，则有

$$q_{mw} = q_{mc} X_1 - q_{mc} X_2 = q_{mc} (X_1 - X_2) \tag{9.5.3}$$

② 空气用量　如图 9.5.1 所示，连续干燥过程中，干空气的质量 q_{mL} 恒定不变，空气的湿度由 H_1 增加至 H_2，空气中水汽的增加量等于湿物料中水分的减少量，因此

$$q_{mw} = q_{mL} (H_2 - H_1) = q_{mc} (X_1 - X_2) \tag{9.5.4}$$

根据式（9.5.4），干空气用量为

$$q_{mL} = \frac{q_{mw}}{H_2 - H_1} \tag{9.5.5}$$

则蒸发 1kg 水分所消耗的干空气量（比空气消耗量）l（kg 干空气/kg 水）为

$$l = \frac{q_{mL}}{q_{mw}} = \frac{1}{H_2 - H_1} \tag{9.5.6}$$

操作中，通常需要确定风机的体积流量，常压下由式（9.5.7）得

$$q_v = q_{mL} v_H = q_{mL} (0.773 + 1.244 t_0) \frac{273 + t_0}{273} \tag{9.5.7}$$

式中，t_0 为风机的入口温度，℃。

(2) 热量衡算

① 预热器的热量衡算　如图 9.5.1 所示，来自风机的空气经空气预热器后温度由 t_0 升至 t_1，焓值增加而湿度没有变化，如果忽略热损失，有

$$Q_P = q_{mL} (I_2 - I_1) \tag{9.5.8}$$

在常压下，将式（9.2.7）带入式（9.5.8）得

$$Q_P = q_{mL} (c_a + c_v H_0)(t_1 - t_0) = q_{mL} (1.01 + 1.88 H_0)(t_1 - t_0) \tag{9.5.9}$$

② 干燥器的热量衡算　如图 9.5.1 所示，来自空气预热器的空气经干燥器后温度由 t_1 降至 t_2，湿度由 H_1 升至 H_2；湿物料的温度由 θ_1 降至 θ_2，含水量由 X_1 降至 X_2，补充热量为 Q_D，热损失为 Q_L，有

$$q_{mL} I_1 + q_{mc} I_1' + Q_D = q_{mL} I_2 + q_{mc} I_2' + Q_L \tag{9.5.10}$$

式中　I_1'——入口湿物料比焓，kJ/kg 干物料；

　　　　I_2'——出口湿物料比焓，kJ/kg 干物料。

取基准温度为 0℃，则有

$$I' = c_s \theta + X c_w \theta = c_m \theta \tag{9.5.11}$$

式中　c_s——绝干物料的比热容，kJ/(kg 干物料·℃)；

　　　　c_w——水的比热容，kJ/(kg 水·℃)；

　　　　c_m——湿物料的比热容，kJ/(kg 干物料·℃)。

若干燥过程不对干燥器进行热量补充，忽略热损失，取湿物料进出口比热容的平均值为

c_m，将式 (9.5.11) 带入式 (9.5.10)，则有

$$q_{mL}(I_1-I_2)=q_{mc}c_m(\theta_2-\theta_1) \tag{9.5.12}$$

③ 理想干燥过程　若在干燥过程中物料表面足够湿润，温度变化忽略不计，干燥器内不补充热量，热损失忽略不计，此时空气传递给物料的热量全部用于水分的汽化，这一干燥过程称为理想干燥过程（Ideal Drying Process）。理想干燥过程空气进出干燥器的焓值不变，又称为等焓过程。对于理想干燥过程，有

$$I_1=I_2 \tag{9.5.13}$$

将式 (9.2.7) 带入式 (9.5.13) 得

$$(1.01+1.88H_1)t_1=(1.01+1.88H_2)t_2 \tag{9.5.14}$$

式 (9.5.14) 将空气进入、离开干燥器的温度、湿度关联起来。在干燥计算中经常将其与式 (9.5.3)、式 (9.5.5) 联立。

对于理想干燥过程，空气状态沿其绝热饱和线变化，因此可以利用空气温-湿图来确定空气离开干燥器的状态。

【例 9.4】 在常压连续干燥器中将处理量为 0.417kg/s 的湿物料自含水量为 47% 干燥到 5%（均为湿基），新鲜空气经预热器加热，再送入干燥器。新鲜空气的湿度 H_0 为 0.0116kg/kg 绝干气，温度为 22℃，废气的湿度 H_2 为 0.0789kg/kg 绝干空气，温度为 52℃。假设干燥过程为等焓过程，预热器的热损失可忽略不计。试计算：(1) 新鲜空气用量；(2) 预热器出口温度；(3) 耗热量。已知：干空气比热容为 1.01kJ/(kg·K)，水蒸气的比热容为 1.88kJ/(kg·K)，0℃时水蒸气潜热为 2490kJ/kg。

解： (1) 由于干燥过程中绝干物料质量不变，因此有

$$q_{mc}=q_{m1}(1-w_1)=q_{m2}(1-w_2)$$

可得

$$q_{m2}=\frac{q_{m1}(1-w_1)}{1-w_2}=0.233\text{kg/s}$$

由式 (9.5.2) 得水分蒸发量为

$$q_{mw}=q_{m1}w_1-q_{m2}w_2=0.184\text{kg/s}$$

由式 (9.5.5) 得

$$q_{mL}=\frac{q_{mw}}{H_2-H_1}=\frac{0.184}{0.0789-0.0116}=2.73\text{kg 绝干空气/s}$$

(2) 干燥过程为等焓过程，因此有 $I_1=I_2$。将式 (9.2.7) 带入上式得

$$(1.01+1.88H_1)t_1+2490H_1=(1.01+1.88H_2)t_2+2490H_2$$

计算得 $t_1=220.8$℃。

(3) 总能耗为预热器的热负荷，由式 (9.5.9) 得

$$Q_P=q_{mL}(1.01+1.88H_0)(t_1-t_0)=2.73\times(1.01+1.88\times0.0116)\times(220.8-22)=560\text{kW}$$

④ 非理想干燥过程　非理想干燥过程为非等焓干燥过程。实际的干燥过程大多有显著的热损失或有补充加热，空气状态不是沿绝热饱和线变化，因此实际干燥过程为非理想干燥过程。

如图 9.5.3 所示，在空气温-湿图中，A 为空气进入干燥器的初始状态，温度 t_1、湿度 H_1；AS 为空气的绝热饱和线。对于理想干燥过程，空气的状态沿 AS 变化，当空气出口温度为时 t_2，其湿度为 H_2。

若向干燥器补充热量 Q_D 小于热损失 Q_L 和物料所带走热量 $q_{mc}c_m(\theta_2-\theta_1)$ 之和，空气的变化线在 AS 的下方；当空气的出口温度同样为 t_2 时，则其湿度为 H_2'，此时 $H_2'<H_2$，

即单位质量新鲜空气通过干燥器所能携带水分较理想干燥过程减少，为达到同样处理量需增加空气流量；当保证出口空气湿度为 H_2 不变，则空气出口温度升高，热效率下降。

若向干燥器补充热量 Q_D 大于热损失为 Q_L 和物料所带走热量 $q_{mc}c_m(\theta_2-\theta_1)$ 之和，空气的变化线在 AS 的上方；当空气的出口温度同样为 t_2 时，则其湿度为 H_2''，此时 $H_2''>H_2$，即单位质量新鲜空气通过干燥器所能携带水分较理想干燥过程增加，为达到同样处理量空气流量减少。

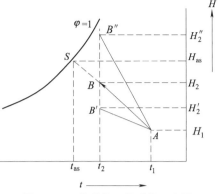

图 9.5.3　非理想干燥过程示意图

为了避免空气在干燥器后的分离设备或管道中出现冷凝水，影响产品质量或腐蚀、堵塞设备和管路，通常控制空气的出口温度 t_2 高于空气进干燥器时的绝热饱和温度 t_{as}，使 $(t_2-t_{as})>20\sim25℃$。

⑤ 干燥过程的热效率　通过对干燥器和空气预热器热量衡算，可以得到表 9.5.1。

表 9.5.1　干燥过程热量输入、输出表

输入热量	输出热量
1.空气带入热量： 　$q_{mL}I_0=q_{mL}[(1.01+1.88H_0)t_0+r_0H_0]$ 2.干产品带入热量：$q_{m2}c_m\theta_1$ 3.蒸发水分带入热量：$q_{mw}c_w\theta_1$ 4.空气预热器加入热量：Q_P 5.干燥器内补充热量：Q_D	1.空气带出热量： 　$q_{mL}I_2=q_{mL}[(1.01+1.88H_2)t_2+r_0H_2]$ 2.干产品带出热量：$q_{m2}c_m\theta_2$ 3.干燥器内热损失：Q_L

空气预热器加入热量和干燥器内补充热量是干燥过程热公用工程消耗，即系统的热消耗，总热消耗用于以下三个方面：

干产品升温消耗的热量 $Q_1=q_{m2}c_m(\theta_2-\theta_1)$

水分蒸发消耗热量 $Q_2=q_{mw}(r_0+c_vt_2-c_w\theta_1)$

干燥器内热损失 Q_L

由于 Q_2 直接用于干燥目的，Q_1 是为了达到干燥目标所必须的，因此干燥过程热量利用的经济性用热效率（Thermal Efficiency）定义如下

$$\eta=\frac{Q_1+Q_2}{Q_P+Q_D} \tag{9.5.15}$$

对于干燥器，如果热损失可以忽略，干燥器没有热补充，则空气降温放出的全部热量用于水汽化和物料升温，得

$$Q_1+Q_2=q_{mL}(c_{H1}t_1-c_{H2}t_2) \tag{9.5.16}$$

将式（9.2.7）带入得

$$Q_1+Q_2=q_{mL}(c_a+c_vH_0)(t_1-t_2) \tag{9.5.17}$$

将式（9.5.17）、式（9.5.9）带入式（9.5.16）得

$$\eta=\frac{t_1-t_2}{t_1-t_0} \tag{9.5.18}$$

式（9.5.18）适用于干燥器没有热补充及忽略干燥器热损失的情况。

(3) 设备容积

在干燥器设计中，干燥器的容积和干燥箱内空气的停留时间是非常重要的参数，直接影

响干燥器的体积和造价。

如图 9.5.2 所示，物料在干燥器内的干燥过程可分为三个区，物料的干燥时间为三个区域干燥时间的总和。通常预热区时间较短，实际计算中可以忽略，则干燥时间为第一阶段和第二阶段干燥时间总和。

① 干燥的第一阶段 干燥的第一阶段，湿物料温度保持 t_w 不变，在第一阶段任取一微元 dV 进行热量衡算和物料衡算，则有

$$q_{mL}dH = -q_{mc}dX \qquad (9.5.19)$$

$$dI = 0 \qquad (9.5.20)$$

微元内传热速率

$$h(t - t_w)adV = -q_{mL}c_Hdt \qquad (9.5.21)$$

式中 a——物料与空气接触的比表面积，m^2/m^3。

微元内传质速率

$$k_H(H_w - H)adV = q_{mL}dH \qquad (9.5.22)$$

若干燥器内无补充热量，热损失可忽略，空气温度下降所放出的热量均用于水分的汽化，则空气为绝热饱和过程，即

$$k_H(H_w - H) = \frac{h}{r_w}(t - t_w) \qquad (9.5.23)$$

第一干燥阶段和第二干燥阶段的临界点为临界含水量 X_C，对式 (9.5.19)、式 (9.5.20) 进行积分得

$$q_{mL}(H_C - H_1) = q_{mc}(X_1 - X_C) \qquad (9.5.24)$$

$$I_1 = I_C \qquad (9.5.25)$$

对式 (9.5.22) 进行积分得到干燥所需容积

$$V_1 = \frac{q_{mL}}{k_Ha}\int_{H_1}^{H_C}\frac{dH}{H_w - H} = \frac{q_{mL}}{k_Ha}\ln\frac{H_w - H_1}{H_w - H_C} \qquad (9.5.26)$$

式中 V_1——第一干燥阶段所需要的容积；

H_C——物料含水量为 X_C 时空气的湿度，kg/kg 干空气。

如果采用传热速率计算式 (9.5.21) 进行积分，同样可以获得干燥所需容积

$$V_1 = \frac{q_{mL}c_H}{ha}\ln\frac{t_1 - t_w}{t_C - t_w} \qquad (9.5.27)$$

式中 t_C——物料含水量为 X_C 时空气的温度，℃。

② 干燥的第二阶段 物料温度逐渐升高、含水量减少，空气温度降低、湿度增加，传热速率和传质速率进一步降低。此阶段空气温度下降放出的热量为 Q_2，则

$$Q_2 = q_{mL}c_H(t_C - t_2) \qquad (9.5.28)$$

若忽略物料升温与消耗热量，则采用传热速率计算式 (9.5.21) 进行积分，可得

$$V_2 = \frac{q_{mL}c_H}{ha}\ln\frac{t_C - \theta_2}{t_2 - \theta_2} \qquad (9.5.29)$$

式中 V_2——第二干燥阶段所需要的容积。

根据传热速率方程

$$Q_2 = hA\Delta t_m = haV_2\Delta t_m \qquad (9.5.30)$$

式中

$$\Delta t_m = \frac{(t_C - \theta_2) - (t_2 - \theta_2)}{\ln \dfrac{t_C - \theta_2}{t_2 - \theta_2}}$$

将式（9.5.28）带入式（9.5.30）得

$$V_2 = \frac{q_{mL}c_H}{ha\Delta t_m}(t_C - t_2) \tag{9.5.31}$$

③ 干燥器总容积　忽略预热段，则干燥器容积为

$$V = V_1 + V_2 \tag{9.5.32}$$

④ 空气流速和干燥箱长度　干燥箱内空气的流速 u 一般根据干燥箱结构、物料特性、风机能力等选取，通常在 2.5～6m/s 之间。则干燥箱长度

$$L = \frac{V}{u} \tag{9.5.33}$$

⑤ 空气在干燥箱内的停留时间

$$\tau = \frac{V}{q_V} \tag{9.5.34}$$

9.5.3 连续干燥过程操作条件和设计参数的确定

在干燥器的设计计算和操作计算中，除生产工艺过程的给定数据外，有些参数需根据干燥过程的具体条件、经济性及有关经验资料予以规定。

(1) 干燥介质的选择

干燥介质的选择决定于工艺过程和物料性质，空气是最常见的干燥介质。对于某些特殊物料，有时从保质或者安全考虑采用惰性气体（如氮气、天然气等）作为干燥介质；有时从节能角度考虑用烟道气作为干燥介质。

(2) 流动方式选择

气体和物料的流动方式有并流、逆流和错流。逆流操作干燥器内传热温差比较均匀；物料出口处空气温度高、湿度低，使平衡含水量较低，对于保证产品脱水效果更为有利；但有时容易产生物料表面温度过高而变性。

并流操作时传热推动力逐渐降低，空气入口温度高，但由于物料含水量高使物料表面温度并不高；空气出口温度低、湿度高，使其平衡含水量降低，从而较难获得含水量低的产品。

(3) 空气的入口温度

通过式（9.5.18）可知，空气的入口温度高，热效率提高，同时传热速率提高，设备成本降低。因此在湿物料允许的范围内（以免物料在高温下变质、龟裂、变形等）尽量提高空气的入口温度。入口温度高也使空气预热器热源等级提高，相应提高操作费用。

(4) 空气出口温度

通过式（9.5.18）可知，降低空气的出口温度，提高热效率，降低操作费用。但若出口温度太低，使其平衡含水量降低，从而较难获得含水量低的产品。为了避免空气在干燥器后的分离设备或管道中出现冷凝水，通常控制空气的出口温度 t_2 高于空气进干燥器时的绝热饱和温度 t_{as}，使（$t_2 - t_{as}$）>20～25℃。

(5) 湿物料的出口温度

物料在降速阶段中将被加热到空气的湿球温度以上，这一温度是气、固两相间传热、传质的综合结果，与许多因素有关。物料出口温度高可使物料平衡含水量降低，提高产品品

质；但物料温度太高容易出现变质等现象。

9.6 干燥器

9.6.1 干燥器的分类及其基本要求

(1) 干燥器的分类

干燥过程中，湿物料种类繁多、物性千差万别，干燥装置组成单元的差别、供热方式的差别以及干燥器内空气与物料运动状态的差别等决定了干燥器的复杂性。工业上应用的干燥器种类有数百种，分类方法也多种多样。

按干燥器操作压力可分为常压式和真空式干燥器；按干燥器的操作方式可分为间歇操作和连续操作干燥器；按加热方式可分为对流干燥器、传导干燥器、辐射干燥器和介电加热干燥器；按干燥器的构造可分为喷雾干燥器、流化床干燥器、回转圆筒干燥器、滚筒干燥器、厢式干燥器等。

(2) 干燥器选择的基本要求

干燥过程的复杂性，决定了干燥器的选择是一个复杂过程。干燥器的选择应遵循以下基本原则：

① 适应被干燥物料的特性　首先考虑湿物料的形态。湿物料形态千差万别，可能是薄片、块、颗粒状，也可能是黏稠溶液或膏状物料。对于液态物料常选择喷雾干燥器、转鼓干燥器和搅拌间歇真空干燥器；对于膏状物常选择旋转闪蒸干燥器。

其次考虑物性差别。由于物料内部结构以及与水分结合强度的不同，其干燥特性曲线或临界含水量也不同，所需的干燥时间也不相同。对于临界含水量高的难干燥的物料，应选择干燥时间长的干燥器；临界含水量低的易于干燥的物料及热敏性物料，可选择干燥时间短的干燥器，如气流干燥器、喷雾干燥器。

此外考虑产品质量。干燥产品的质量要求多种多样，有含水量、外观、色泽等。对外观要求高的物料，在干燥过程中应控制干燥速度和物料温度，如果干燥速度太快、温度过高可能会使表面硬化、严重收缩或龟裂，因此应选择干燥条件比较温和的干燥器，如带有废气循环的、并流的干燥器。

除非干燥批量小，通常干燥器不要求处理多种物料。

② 设备的生产能力　设备的生产能力取决于湿物料达到指定干燥程度所需的时间。提高生产能力主要是缩短降速阶段干燥时间。通常采用的方法是将物料尽可能地分散以提高传热、传质速率，气流式干燥器、流化床式干燥器和喷雾式干燥器可以达到以上效果。当物料处理量小，可选厢式干燥器等间歇操作的干燥器，处理量大时，可选连续操作的干燥器。

③ 能耗　干燥是能耗较大的过程，因此干燥器的热效率是其重要指标。在对流干燥中，尽量提高干燥介质的入口温度和降低干燥介质的出口温度，如式（9.5.18）。为此，干燥器结构应能有利于气固接触，在物料耐热允许的条件下空气的入口温度尽可能高，在干燥器内设置加热面，或尽量选择逆流操作。

④ 环境问题　干燥过程的环境问题是指废气中的粉尘或有毒物质。应选择合适的干燥器来减少排出的废气量，或对排出的废气加以处理。

干燥器的最终选择通常是在设备价格、操作费用、产品质量、安全及便于安装等方面对其提出一个综合评价方案。

干燥器选择的步骤：首先是根据湿物料的形态、干燥特性、产品的要求、处理量和所采用的热源进行干燥实验，确定干燥动力学和传递特性，确定干燥设备的工艺尺寸，并结合环境要求，选择适宜的干燥器型式。

9.6.2 常用对流式干燥器

(1) 厢式干燥器

厢式干燥器（Chamber Dryer）是一种古老的干燥设备。干燥过程中湿物料是静止的，热风通过湿物料表面将湿分带走达到干燥目的。小型厢式干燥器又称烘箱，大型厢式干燥器又称烘房。厢式干燥器可分为平流式厢式干燥器、穿流式厢式干燥器、自然对流式厢式干燥器、真空式厢式干燥器。

如图9.6.1厢式干燥器外壁多为绝热材料保温的方箱形，厢内有多层框架，框架上放有长方形浅盘，湿物料放在盘中，空气由风机送入到预热器中加热后与物料接触，物料中的水分蒸发被空气带走。达到规定的干燥时间后，打开厢门，取出物料。厢式干燥器一般为间歇操作过程。

湿物料在浅盘中的厚度由实验确定，通常为10~100mm；空气的流速应使物料不被气流带走，常用的流速范围为1~10m/s。空气的加热方式通常分为单级和多级两种。如图9.6.1所示为空气单级加热，在湿度图中表示空气在干燥器中的变化过程如图9.6.2所示，线段AB表示空气单级预热过程，线段BC表示空气在干燥器内增湿过程。空气多级加热是指在干燥器内盘架被分为多个区域，如图9.6.3所示，空气经过第一级盘架后再次被加热后进入第二级盘架，图9.6.2中折线$AB_1C_1B_2C_2B_3C$表示三级加热过程中空气在干燥器中的变化过程。通过比较发现单级加热过程进入干燥器的气体温度很高，这不仅影响物料的质量，而且要用很高的蒸汽预热空气；多级加热的方法干燥速度比较均匀。

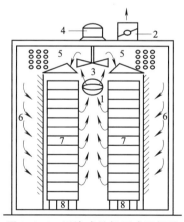

图9.6.1 平流式单级厢式干燥器

1—空气入口；2—空气出口；3—风扇；4—电动机；
5—加热器；6—挡板；7—盘架；8—移动轮

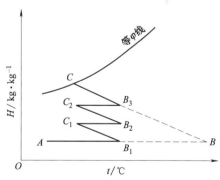

图9.6.2 单级加热、多级加热干燥过程

图9.6.3中调节门用于调节废气的排出量，在恒速干燥阶段排出较多废气，在降速干燥阶段可使用更多的废气循环，即将部分废气返回到预热器入口，其优点在于：① 可灵活准确地控制干燥介质的温度、湿度；② 干燥推动力比较均匀；③ 增加气流速度使得传热（传质）系数增大；④ 减少热损失，提高热效率。采用部分废气循环时，空气状态变化如图

9.6.4 所示，A 点表示新鲜空气，C 点表示废气，M 点表示混合空气，B' 点表示混合空气预热后的温度，B 点表示没有废气循环时空气预热后的温度。在相同的初、终状态下，废气循环时的新鲜干空气用量仍不变。

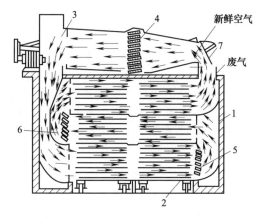

图 9.6.3　多级厢式干燥器

1—干燥室；2—小板车；3—送风机；
4～6—空气预热器；7—调节门

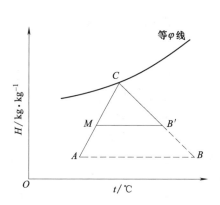

图 9.6.4　具有废气循环的干燥过程

厢式干燥器的优点十分显著，主要有：物料适应性强、构造简单、设备投资少。因此适用于批量小、需要经常更换产品的情况。

厢式干燥器的主要缺点是：物料得不到分散，干燥时间长，工人劳动强度大，热利用率低，产品质量不均匀。

（2）喷雾干燥器

将溶液、乳浊液、悬浊液或浆料在热风中喷雾成细小的液滴，在其下落过程中，水分被蒸发而成为粉末状或颗粒状产品的过程，称为喷雾干燥（Spray Dryer）。

如图 9.6.5 所示，在干燥器顶部导入热空气，同时用泵将料液送至顶部，经过雾化器喷成雾状的液滴，由于液滴群表面积很大，与高温空气接触后水分迅速蒸发，干燥时间极短，干燥产品从干燥器底部排出。热空气降温、增湿后作为废气排出。通常由于废气中的细粉通

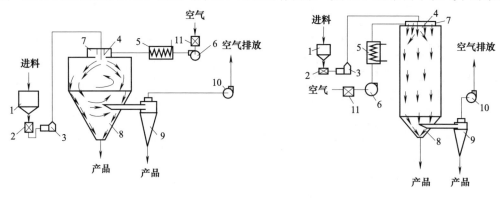

(a) 旋转式(或称轮式)雾化器　　　　　　(b) 喷雾式雾化器

图 9.6.5　喷雾干燥流程

1— 料罐；2,11—过滤器；3—泵；4—雾化器；5—空气加热器；6—鼓风机；7— 空气分布
器；8— 干燥室；9—旋风分离器；10—排风机

过旋风分离器分出,废气在排空前经湿法洗涤以提高回收率,并防止污染。

物料干燥分等速阶段和减速阶段两个部分进行。

喷雾干燥器由雾化器、干燥室、产品回收系统、供料系统及热风系统组成。雾化器是关键设备,因为雾化的好坏不但影响干燥速度,而且对产品质量有很大影响。常用的雾化器有三种:气流式、压力式和离心式。

① 气流式雾化器　气流式雾化器采用压缩空气带动料液以很高的速度从喷嘴喷出,气液两相间的速度差产生的摩擦力将料液分裂为雾滴。如图9.6.6所示,中心管走料液,压缩空气走环隙,气液两相在端面接触时,由于气体速度高达200~340m/s,而液体流速一般不超过2m/s,气液间的摩擦力把料液雾化。气流式雾化器根据气液两相的混合形式又可分为内混合型、外混合型及外混合冲击型等。气流式喷嘴的特点是适用范围广,操作弹性大,结构简单,维修方便;但动力消耗大,大约是压力式喷嘴或旋转式雾化器的5~8倍。

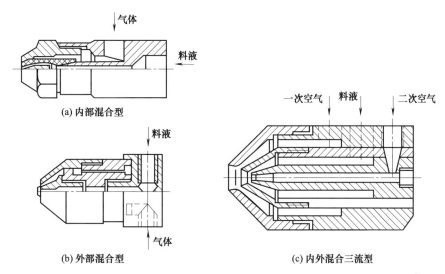

图9.6.6　气流式雾化器

② 压力式雾化器　压力式雾化器是采用高压泵将液体加压至3~20MPa,高压液体通过喷嘴时,将静压能转变为动能而高速喷出并分散为雾滴。压力式喷嘴有三种类型:旋转型、离心型和压力气流型。图9.6.7所示为压力气流型雾化器。由于离开喷嘴的液体速度很高,容易造成喷嘴磨损,所以喷嘴通常采用碳化钨等耐磨材料。压力式雾化器所得粒子较粗,也不适用于含固体颗粒的液体。

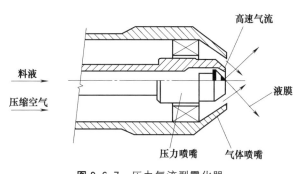

图9.6.7　压力气流型雾化器

③ 离心式雾化器　又称为旋转式雾化器。如图9.6.8所示,料液送入高速旋转的圆盘中央,在离心力作用下由圆盘周边甩出,分散为液滴。旋转圆盘可以是平盘,但更多的是带有叶片或带有沟槽的圆盘。

三种雾化器各有特点,见表9.6.1。

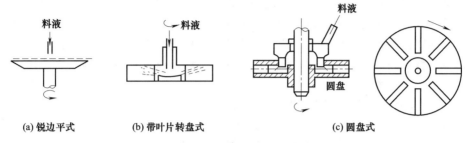

(a) 锐边平式　　　　(b) 带叶片转盘式　　　　　　　　(c) 圆盘式

图 9.6.8　离心式雾化器

表 9.6.1　三种雾化器的优缺点

型式	优　点	缺　点
离心式	操作简单,对物料适应性强,操作弹性大 可以同时雾化两种以上的料液 操作压力低 不易堵塞,腐蚀性小 产品粒度分布均匀	不适于逆流操作 雾化器及动力机械的造价高 不适于卧式干燥器 制备粗大颗粒时,设计上有上限
压力式	大型干燥塔可以用几个雾化器 适于逆流操作 雾化器造价便宜 产品颗粒粗大	料液物性及处理量改变时,操作弹性变化小 喷嘴易磨损,磨损后引起雾化性能变化 要有高压泵,对于腐蚀性物料要用特殊材料 要生产微细颗粒时,设计上有下限
气流式	适于小型生产或实验设备 可以得到 $20\mu m$ 以下的雾滴 能处理黏度较高的物料	动力消耗大

喷雾式干燥器具有以下优点:①料液经喷雾后,表面积很大,因而干燥速率大;②干燥过程中液滴的温度不高,产品质量较好;③产品具有良好的分散性、流动性和溶解性;④生产过程简化,操作控制方便。

喷雾式干燥器缺点是热效率低、设备占地面积大、设备成本费用高、对气固混合物的分离要求较高。

(3) 气流式干燥器

气流干燥（Pneumatic Dryer）是一种连续高效的固体流态化干燥方法。它使泥状、块状或粉粒状的物料悬浮于热气流中,物料在与热气流并流输送的同时进行干燥。基本流程如图 9.6.9 所示,主要设备为直立圆筒形的干燥管,其长度一般为 $10\sim20m$,在干燥管内热气流速度应大于湿物料最大颗粒的沉降速度,形成气力输送床,在输送过程中进行传热、传质。物料在干燥管中的停留时间约为 $0.5\sim3s$,湿空气需经粉尘回收后排出。

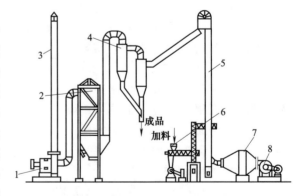

图 9.6.9　气流干燥基本流程图

1—抽风机;2—袋式除尘器;3—排气管;4—旋风除尘器;
5—干燥管;6—螺旋加料器;7—加热器;8—鼓风机

气流式干燥器中，由于物料高度分散、干燥表面积大、物料湍动提高了传热和传质的强度，干燥速率较快。

气流干燥器的优点是干燥强度大、干燥时间短、热效率高、处理量大、设备简单、实用范围广。气流干燥器的缺点是必须有高效能的粉尘收集装置、不适用于对有毒物质、于对不易分散的物料需要性能好的加料装置、气流干燥系统的流动阻力降较大。

目前气流干燥装置已成为广泛应用的一种干燥器。适宜于处理含非结合水及结块不严重又不怕磨损的粒状物料；尤其适宜于干燥热敏性物料或临界含水量低的细粒或粉末物料；对黏稠和膏状物料，采用干料返混方法和适宜的加料装置也可正常操作。

(4) 流化床干燥器

流化床干燥器（Fluidized Bed Dryer）是流态化原理在干燥中的应用（详见上册第 3 章流态化原理部分）。如图 9.6.10、图 9.6.11 所示。

流化床干燥器的特点是：传热传质速率高、热效率高、设备简单、操作控制容易。

工业上常用的流化床干燥器的类型，从其结构上可分为单层圆筒型、多层圆筒型、卧式多室型、喷雾型、惰性粒子式、振动型和喷动型等。

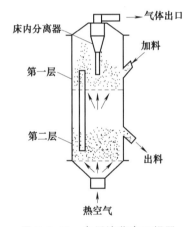

图 9.6.10　多层流化床干燥器

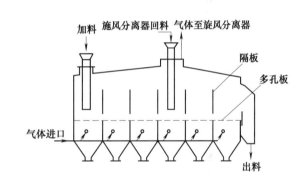

图 9.6.11　卧式多室流化床干燥器

9.6.3　干燥过程节能和技术发展

干燥单元的重要性不仅在于它对产品生产过程的效率和总能耗有较大的影响，还在于它往往是生产过程的最后工序，操作的好坏直接影响产品质量，从而影响市场竞争能力和经济效益。许多产品，由于干燥技术的原因造成堆积密度、粒度、色泽等物性指标不高造成价值降低。

由于环境、工艺等要求，干燥过程节能和技术发展方向为：

① 改进干燥工艺，改变单一粗放型干燥方式。从物料的干燥动力学特性可以看出，在物料的不同干燥阶段，其最优的干燥参数是不同的。如果采用单一干燥设备和单一干燥参数，不仅会造成能源与资源的浪费，还会影响干燥质量与产量。因此采用组合干燥方式，在物料的不同干燥阶段，采用不同的干燥参数和干燥方式。

② 从系统上进行节能。系统节能的根本目的是要提高能源的利用效率，以降低一次能源的消耗和提高单位能耗的产值。如对干燥尾气的循环利用，达到了节能的目的；对系统中各单元设备的优化配置，要进行热效率分析和热经济分析，以实现能源的温度对口合理梯级

利用等。

③ 单元设备节能。单元设备节能包括干燥器本身和热源设备的节能。干燥单元操作可以采取下列措施节能：提高入口空气温度；降低出口空气温度；降低蒸发负荷；预热料液；减少空气从联接处漏入；用废气预热干燥介质；采用组合干燥；利用内换热器；废气循环；改变热源；干燥区域保温，防止干燥过度等。

④ 近年来，国内外干燥设备发展很快，发展趋势明显表现为：a. 对膏糊状物料干燥的设备越来越多；b. 追求设备的多功能化，如反应、凝聚、干燥、冷却、加热、涂覆、掺合、造粒、粉碎、分级等尽可能为一机；c. 发展组合型干燥设备及多级干燥；d. 干燥设备向大型化、自动化的方向发展。

习　题

计算题

9-1　常压下，湿空气温度为 30℃，其水蒸气分压 $p_v = 3kPa$，试计算湿空气以下参数：(1) 湿度；(2) 饱和湿度；(3) 相对湿度；(4) 比热容；(5) 焓；(6) 湿空气比体积；(7) 露点；(8) 绝热饱和温度。

9-2　天气晴朗，测得大气压 101.3kPa，空气干球温度为 35℃，湿球温度为 20℃。雨后，干球温度不变，湿球温度为 30℃。则空气中水蒸气分压及湿度变化。

9-3　用湿空气的温-湿图重作习题 9-1、习题 9-2。

9-4　试利用总压为 101.3kPa 下的湿空气的温-湿图填充下表，并对分题 3 画出求解过程示意图。

分题号	干球温度 t/℃	湿球温度 t_w/℃	湿度 H /kg·(kg 干空气)$^{-1}$	相对湿度 φ/%	热焓 I/kJ·(kg 干空气)$^{-1}$	水汽分压 /kPa	露点 t_d /℃
1	100	50					
2	60						30
3	30			60			
4			0.03	40			
5	70					13	
6		35					30

9-5　工业生产中，湿空气流量 2000kg 干空气/h，总压 101.3kPa，干球温度 80℃，湿度 0.1。将湿空气冷却到 40℃，问有多少水析出。(利用湿空气的温-湿图解题)

9-6　已知在常压、25℃下，高岭土与湿空气平衡关系如下：

湿空气相对湿度 100% 时，平衡含水量 1.31kg 水/kg 干物料；

湿空气相对湿度 20% 时，平衡含水量 0.43kg 水/kg 干物料。

现将含水量 1.5kg 水/kg 干物料的高岭土与 25℃、相对湿度 20% 的湿空气接触，试问物料的自由水含量和平衡水含量。

9-7　某物料在恒定干燥条件下进行间歇干燥，已知恒速干燥速率为 2.3kg/(m²·h)，每批物料为 2000kg 干物料，含水量为 0.2kg 水/kg 干物料，干燥面积为 100m²，若将物料干燥到 0.05kg 水/kg 干物料，试求需要多少干燥时间。(干燥过程近似为恒速干燥)

9-8　将干球温度为 30℃、湿球温度为 20℃ 的空气经预热后升温到 80℃ 后，送干燥器，绝热冷却到 50℃，试求：

(1) 干燥器出口处空气的湿度、相对湿度；

(2) 1000kg 的绝干空气预热到 80℃ 时所需热量

(3) 上述工况，通过干燥器时移走的水量。

9-9　用连续干燥器干燥氧化锌，含水氧化锌量为 1000kg/h，从初含水量 2% 干燥至 0.1%（以上均为湿基）。热空气的温度为100℃，湿度为0.02kg 水/kg 干空气。假定为理想干燥过程，空气离开干燥器的温度为70℃，求：（1）离开干燥器空气湿度；（2）除去的水分量；（3）干产品量；（4）空气消耗量。

9-10　将干球温度16℃，湿球温度14℃的空气预热到80℃，然后进入干燥器，出口气体的温度为45℃，干燥器把2t/h的湿物料，从含水量50％干燥到5％（均为湿基）。（1）求理想干燥过程所需的空气量和热量；（2）如果热损失为116kW，忽略物料中水分带入的热量及物料升温所需热量，空气及热消耗量有何变化？

9-11　连续干燥器干燥含水量为1.5％（湿基，下同）的物料，其流量为9200kg/h，物料进口温度为25℃，产品出口温度为34.4℃，含水量为0.2％，比热容为1.842kJ/(kg·℃)，空气的干球温度为26℃，湿球温度为23℃，在预热器内加热到95℃后进入干燥器，空气离开干燥器时的温度为65℃，干燥器热损失为600kJ/kg 水。试求：（1）产品量；（2）空气消耗量；（3）预热器所需热量。

9-12　附图为腈纶的平衡曲线，如果将含水量为0.08（干基，下同）的腈纶与相对湿度为40％的空气接触，求平衡含水量 X^* 以及 X_s。如果以100kg 绝干物料为基准，则结合水分、非结合水分、平衡水分和自由水分各为多少？

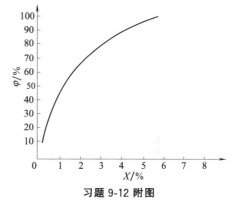
习题 9-12 附图

9-13　某湿物料在气流干燥器中的连续干燥过程，湿物料为1000kg 干物料/h，物料入口含水量0.3kg 水/kg 干物料，产品含水量0.1kg 水/kg 干物料，进入干燥器空气温度100℃，干燥器出口温度为60℃。新鲜空气温度为30℃，湿度为0.05kg 水/kg 干空气。干燥过程为理想干燥过程。试求：

（1）新鲜空气需求量、预热器热负荷和干燥器热效率；

（2）若采用废气循环，循环量等于排出量，保证进入干燥器空气温度为100℃，离开干燥器空气温度为60℃，则新鲜空气需求量、预热器热负荷和干燥器热效率。

思考题

9-14　常用物料去湿的方法有哪些？

9-15　按照热能供给方式干燥过程可以分为哪几类？

9-16　对流干燥过程的特点？

9-17　对流干燥过程的评价指标主要有哪些？

9-18　常压下，空气的绝热饱和温度和湿球温度的关系？

9-19　结合水分和非结合水分的区别？

9-20　影响物料平衡含水量的因素有哪些？

9-21　为什么恒定干燥条件下恒速干燥阶段物料表面温度等于空气湿球温度？

9-22　恒定干燥条件下恒速干燥阶段和连续干燥过程干燥器内第一干燥阶段有何区别？

9-23　理想干燥过程有哪些条件？

9-24　可以采用哪些措施提高干燥效率？

9-25　选择干燥器的基本原则是什么？

本章符号说明

符号	意义与单位	符号	意义与单位
a	单位干燥管体积内的干燥表面积，m^2/m^3	c_H	湿空气的比热容，kJ/(kg·℃)
A	干燥面积，m^2	c_m	湿物料的比热容，kJ/(kg·℃)
c_p	定压比热容，kJ/(kg·℃)	c_s	绝干物料的比热容，kJ/(kg·℃)
c_a	干空气的比热容，kJ/(kg·℃)	c_v	水蒸气的比热容，kJ/(kg·℃)

符号	意义与单位	符号	意义与单位
c_w	水的比热容，kJ/(kg·℃)	q_m	固体物料的质量流量，kg/s
d_p	颗粒或液滴直径，m	q_{mc}	干物料质量流量，kg/s
h	表面传热系数，W/(m²·K)	q_V	干燥管中湿空气的体积流量，m³/h
H	气体湿度，kg 水/kg 干空气	q_{mw}	水分蒸发量，kg
H_{as}	温度为 t_{as} 时空气的饱和湿度，kg 水/kg 干空气	Q	传热速率，W
H_w	温度为 t_w 下的饱和湿度，kg 水/kg 干空气	Q_P	预热器耗热量，W
		Q_D	干燥器补充加热量，W
H_s	空气的饱和湿度，kg 水/kg 干空气	Q_L	干燥器热损失，W
I	空气的比焓，kJ/kg 干空气	r	汽化潜热，kJ/kg
k_G	以分压差为推动力的气相传质系数，kmol/(m²·s·kPa)	r_{as}	温度为 t_{as} 时的汽化潜热（相变热），kJ/kg
		r_w	温度为 t_w 时水的汽化潜热（相变热），kJ/kg
k_H	以湿度差为推动力的传质系数，kg/(m²·s)	R	干燥速率，kg/(m²·s)
K_x	干燥速率曲线斜率	t	气体温度，℃
l	单位绝干空气消耗量，kg 干空气/kg 水	t_{as}	绝热饱和温度，℃
M	分子量，kg/kmol	t_d	露点温度，℃
M_a	干空气的分子量，kg/kmol	t_w	湿球温度，℃
M_v	水的分子量，kg/kmol	u	干燥箱中的空气流，m/s
m_c	绝干物料质量，kg	v_H	湿空气的比体积，m³/kg 干空气
m_w	汽化的水分质量，kg	V	干燥管的体积，m³
N	传质通量，kmol/(m²·s)；传质速率，kg/(s·m²)	w	物料的湿基含水量，kg 水/kg 湿物料
		X	物料的干基含水量，kg 水/kg 干物料
n_a	湿空气中干空气的物质的量，kmol	X_C	临界含水量，kg 水/kg 干物料
n_v	湿空气中水蒸气的物质的量，kmol	y	湿空气中水汽的摩尔分数
p	总湿空气总压，Pa	**希腊字母**	
p_a	干空气分压，Pa	θ	物料温度，℃
p_v	水蒸气分压，Pa	τ	干燥时间，s
p_s	饱和蒸气压，Pa	ρ	空气的密度，kg/m³
p^*	平衡分压，Pa	ρ_s	固体颗粒的密度，kg/m³
q	热流密度，W/m²	φ	相对湿度
q_{mL}	绝干空气流量，kg/s	η	干燥过程热效率

第10章
其他分离过程

10.1 概述

分离（Separation）是借助混合物中各种物质在物理或化学性质上的差异，通过适当的方法或装置，将待分离的物质从混合物中分离出来的过程。分离在石油、化工、食品、医药等领域都有重要应用，其设备投资、能量消耗常占化工企业总投资及生产成本的 $50\% \sim 90\%$。混合物中各物质的性质越相近，分离就越困难。例如，水和乙醇分子中都含有羟基（—OH），有较强的极性，二者的混合物较难分离。而通常油性有机化合物分子只含有非极性的碳、氢元素，所以油和水的混合物较易分离。

在分离过程中常涉及富集（Enrichment）、浓缩（Concentration）和纯化（Purification）等概念。富集是指使混合物中特定物质的浓度增加的过程；将溶液中部分溶剂蒸发掉，使溶液中存在的所有溶质浓度提高的过程称为浓缩；通过分离操作进一步除去杂质使目标产物纯度提高的过程称为纯化。因此，实际的分离过程往往是一种或多种操作方式的组合。

随着不同领域对分离精细程度和能耗、成本的要求逐步提高，不仅吸收、蒸馏、萃取等常规分离技术不断发展，更使一些新的分离过程，如膜分离、吸附、色谱分离、结晶等不断研究开发，并应用于实际生产。本章将对膜分离、吸附分离、离子交换和色谱分离、结晶的原理和应用予以简要介绍。

10.2 膜分离技术

膜分离（Membrane Separation）技术是自 20 世纪六七十年代发展起来的一种新的分离方法，以外界能量或化学势差作为推动力，利用分离膜的选择性透过功能实现对混合物中不同物质的浓缩、分离和纯化；而膜分离技术（Membrane Separation Technology）可以理解为膜分离过程中所用到的一切手段和方法的总和。

膜分离兼具浓缩、分离和纯化的功能，可将混合流体分离成透过物和截留物。以截留物为产物的膜分离过程称为浓缩；将透过物和截留物均作为产物的膜分离过程称为分离；以透过物为产物的膜分离过程称为提纯或纯化。与传统分离技术相比，膜分离具有操作简便、能耗低、无污染、占地少等优点，在许多领域正在取代常用的蒸馏、吸收、萃取等，而成为一种新的单元操作，其应用领域还在进一步扩大。

10.2.1 膜的定义

广义地说，膜是分隔两相的中间相，有固体膜和液体膜之分，本章主要介绍固体分离膜。本章所涉及的"膜（Membrane）"专指具有选择性分离功能的膜，亦称为分离膜（Separation Membrane），可使流体内的一种或几种物质透过，而其他物质不能透过，从而起到浓缩、分离和纯化等作用。不同的物质以不同的速率透过膜，实现分离，如图10.2.1所示。

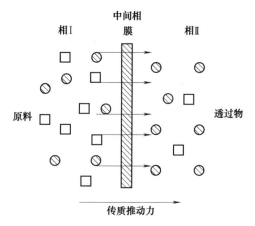

图 10.2.1　膜-分隔两相的中间相

物质透过膜的传递方式主要有三种，即被动传递、促进传递和主动传递，如图10.2.2所示。最常见的是被动传递，以化学位差为推动力，即物质由高化学位相向低化学位相传递。反渗透（Reverse Osmosis，RO）、纳滤（Nanofiltration，NF）、超滤（Ultrafiltration，UF）、微滤（Microfiltration，MF）、气体分离（Gas Separation）等膜分离过程都属于被动传递。对于促进传递，膜内有载体（某些能传递能量或运载其他物质的物体，通常是功能化的高分子或生物大分子），载体在高化学位一侧同被传递的物质发生反应，而在低化学位一侧又将被传递的物质释放，如乳化液膜的分离常采用促进传递，具有很高的选择性。主动传递过程中，物质的传递方向为逆化学位梯度方向，即膜中的载体同被传递物质在低化学位侧发生反应，使被传递物质由低化学位一侧传递到高化学位一侧，这类现象主要发生在生命膜（细胞膜）中。

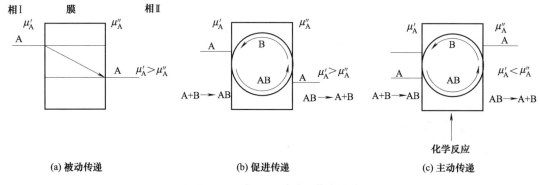

图 10.2.2　物质透过膜的传递方式

μ_A'，μ_A''—膜两侧被传递物质 A 的化学位

10.2.2 膜的分类和形态结构

膜的种类与功能较多，分类的方法很多，但普遍采用的是按膜的形态结构分类。根据膜的不同形态结构可将膜分为均相膜和异相膜、致密膜和多孔膜，对称膜、非对称膜以及复合

膜，表 10.2.1 中为膜的常用分类方法。

① 对称膜、非对称膜和复合膜：对称膜是指沿膜的厚度方向结构均一、同性，对称膜可以是多孔的，亦可以是致密的；非对称膜是由同一种材料制成的，沿膜的厚度方向上呈不同结构。一般在非对称膜的表面是一层极薄的致密或具有细孔的表层，厚度约为 0.1～1μm，相当于膜厚的 1% 左右，表层下面是大孔的支撑；复合膜一般是指在对称或非对称的底膜上，复合上一层很薄的、致密的、有特殊功能（分离或堵孔）的另一种材料的膜层，复合层厚度约为 0.01～0.1μm。

② 膜孔：膜中的孔具有多样性，从孔的类型来说，主要有网络孔、聚集孔、海绵状孔、指状孔、针状孔、密闭孔和开放孔等。网络孔的孔径在 1nm 以下，它是由溶剂和溶胀剂在胀大的聚合物分子间的网络中形成的孔。聚集孔的孔径一般约为 2～5nm，是由聚合物分子的聚集体之间的间隙形成的。图 10.2.3 所示为具有指状孔和海绵状孔膜的电镜照片。

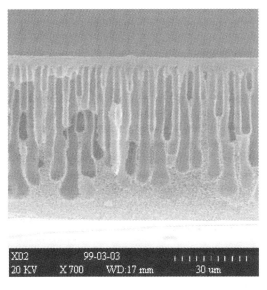

(a) 指状孔

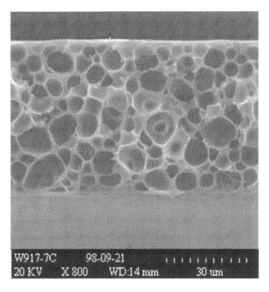

(b) 海绵状孔

图 10.2.3 有机膜的指状孔和海绵状孔膜断面的电镜照片

③ 膜的厚度：膜的厚度也是描述膜性能的一个重要参数，有整个膜的厚度和膜的某个层次厚度之分。

对称的多孔膜主要应用于微滤、超滤、甚至气体分离等膜分离过程。

非对称膜是现在应用极广的一种膜，保证其机械强度的支撑层有较大的孔径和孔隙率，因而传质阻力较小，而起分离作用的表皮层极薄，传质阻力较对称膜大大减小，其透量可比对称膜大两个数量级，主要应用于反渗透、纳滤、气体分离、渗透蒸发和超滤等过程。

复合膜由于选用不同的膜材料制备支撑底膜和致密层，使其有下列特点：拓宽了制膜材料的选择范围，可分别优选不同的材料制备支撑层和超薄致密层，分别使它们的材料达到最优化；增加了制备超薄致密层的方法，可使厚度极薄，约 0.01～0.1μm，这样复合膜可同时具有较高的透量、较大的选择性、良好的力学性能及化学稳定性；还可分别对致密层、支撑层结构进行选择优化，使之最大限度地满足需要。复合膜主要应用于反渗透、气体分离、渗透蒸发等过程。

表 10.2.1 常见膜的分类

分类依据	分类
来源	天然膜、合成膜
状态	固体膜、液膜、气膜
材料	有机膜、无机膜
结构	对称膜(微孔膜、均质膜)、非对称膜、复合膜
电性	非荷电膜、荷电膜
形状	平板膜、管式膜、中空纤维膜
制备方法	烧结膜、延展膜、径迹刻蚀膜、相转换膜、动力形成膜
分离体系	气-气、气-液、气-固、液-液、液-固分离膜
分离机理	吸附性膜、扩散性膜、离子交换膜、选择渗透膜、非选择性膜
分离过程	反渗透膜、超滤膜、微滤膜、气体分离膜、电渗析膜、渗透蒸发膜等

10.2.3 膜分离过程的分类

综合考虑分离目的、被截留物质与透过物质的特性、推动力、分离机理以及进料状态，膜分离过程可分为气体膜分离、渗透蒸发、渗析、电渗析、反渗透、纳滤、超滤、微滤、膜萃取、膜吸收、膜蒸馏等过程。几种已在工业中使用的膜分离过程及其特性见表 10.2.2，其应用范围见图 10.2.4。

纳滤、超滤、微滤和反渗透都是以压力差作为推动力的膜过程，在膜两侧施加一定的压力差时，可使溶剂和一部分分子尺寸小于膜孔径的组分透过膜，而大于膜孔径的微粒、大分子和盐等被膜截留下来。由于被分离体系和使用的膜具有多样性，膜分离过程的机理非常复杂，主要可分为两大类：即不可逆热力学模型和传递机理模型。不可逆热力学模型是从非平衡热力学着手，基于混合物在各种推动力下透过膜得以分离的过程是不可逆的过程，而较完善地描述了分离过程中同时具有两个或几个伴生过程及混合物中多组分同时渗透、相互影响的伴生效应，但它没有表达物质性质与传递过程之间的内在联系。传递机理模型包含了被分离物质的物理、物化和传递性质，较为直观，易于理解。本章中涉及的机理模型基本都属于后者。

表 10.2.2 工业化膜分离过程及其特性

分离过程	分离目的	截留物性质	透过物	推动力	传递机理	原料、透过物相状态
气体分离 (Gas Separation)	气体的浓缩或净化	大分子或低溶解性气体	小分子或高溶解性气体	浓度梯度或分压差	溶解扩散	气态
渗透蒸发 (Pervaporation)	液体的浓缩或提纯	大分子或低溶解性物质	小分子或高溶解性或挥发性物质	浓度梯度温度梯度	溶解扩散	进料:液相 透过物:气相
渗析 (Dialysis)	大分子溶液脱除低分子溶质或低分子溶液脱大分子溶质	$>0.02\mu m$，血液透析中 $>0.005\mu m$	低分子和小分子溶剂	浓度梯度	筛分、阻碍扩散	液体
电渗析 (Electrodialysis)	脱除溶液中的离子或浓缩溶液中的离子成分	大尺寸离子和水	小分子离子	电势梯度	反离子传递	液体

分离过程	分离目的	截留物性质	透过物	推动力	传递机理	原料、透过物相状态
反渗透 (Reverse Osmosis)	溶液脱除所有溶质或溶质浓缩	$>0.1\sim$ 1nm 的溶质	溶剂	静压差	溶解-扩散、优先吸附/毛细管	液体
纳滤 (Nanofiltration)	脱除或浓缩低分子有机物	$>200\sim$ 3000(相对分子质量)	溶剂、盐及小分子（< 200）	静压差	溶解扩散及筛分	液体
超滤 (Ultrafiltration)	溶液脱除大分子或大分子与小分子溶质分离	$>1\sim$ 20nm 的物质	低分子	静压差	筛分	液体
微滤 (Microfiltration)	脱除或浓缩液体中颗粒	$>0.02\sim$ 10μm 的物质	溶液或气体	静压差	筛分	液体或气体

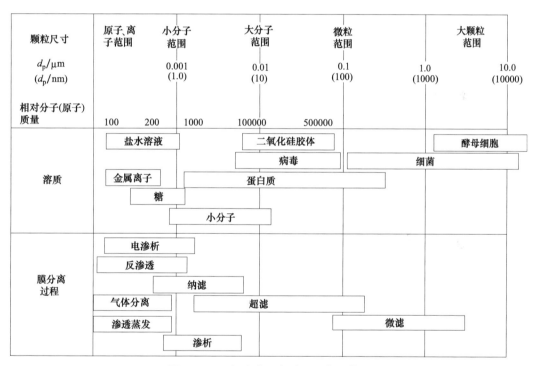

图 10.2.4　部分膜分离过程的应用范围

10.2.4　膜分离技术在过程强化中的应用

目前，膜分离技术在不同领域的应用和影响力不断增加。海水和苦咸水脱盐、工业水的回收利用、废水处理、膜生物反应器（MBR）、人工合成有机化合物均为膜分离技术成功应用的典型案例。如 MBR 被认为最可行的膜法水处理技术，膜成功应用的动力很大程度上源于膜的基本特性，如节能、环保、占地面积小、无化学试剂且易于操作。这与过程强化紧密相关。

膜在过程强化中起到重要作用，它具有替代传统能量强化技术的潜力，实现特种组分的选择性和高效传递，提高反应过程的性能。如在膜的运行系统中，反渗透（RO）膜系统的脱盐效率是蒸发法的 10 倍；MBR 的紧凑度是传统淤泥法的 5 倍多（图 10.2.5 所示为 MBR 水处理现场及组件）。

图 10.2.5　MBR 水处理现场及组件

10.2.5　超滤与微滤过程

超滤和微滤已广泛应用于化学工业、医药工业、电子工业、机械工业和环境保护等领域，尤其微滤是应用最广、经济效益最大的膜分离过程。

超滤、微滤都是以压力为推动力的膜分离过程。微滤分离利用筛分机理，在压力驱动下，截留直径为 $0.03\sim15\mu m$ 及以上的颗粒物、微粒和亚颗粒，膜孔径一般为 $0.1\sim10\mu m$，孔径比较整齐且均匀，介于微米和亚微米级之间，因此称为微滤。如对悬浮物、细菌、病毒分子、酵母、红细胞及大尺寸胶体，都有很好的截留作用。而超滤是截留大分子溶质，允许低分子溶质和溶剂通过，从而将大分子与小分子物质分开。一般来说，超滤的膜孔径范围在 $1\sim50nm$，能够截留的物质大小为 $10\sim100nm$，已经达到分子级别，如蛋白质、酶、病毒、胶体、部分染料分子等，膜通量比微滤小很多。

超滤、微滤与反渗透、纳滤的截留范围大致如图 10.2.4 所示。应当说，这四个过程没有明显的界限，多以被膜截留的物质来区分，参见图 10.2.6。

超滤和微滤分离机理属于筛分机理，主要是物质在膜表面及微孔内的吸附、在孔内的停留（阻塞）、膜表面的机械截留（筛分）、架桥截留和膜内部网络截留，如图 10.2.7 所示。

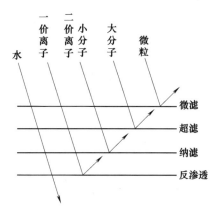

图 10.2.6　超滤、微滤、纳滤和反渗透对物质的截留

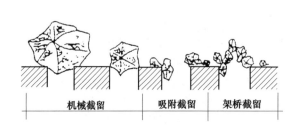

(a) 膜表面截留

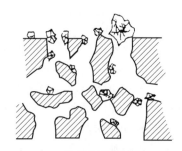

(b) 膜内部网络截留

图 10.2.7　超滤和微滤的截留机理

物质透过微滤膜时，其透过液流量服从 Poiseuille 方程

$$\frac{Q}{A} = \frac{\pi \Delta p}{8 \eta \delta} \sum n_i d_i^4 \qquad (10.2.1)$$

式中　Q——透过液的体积流量，m^3/s；　　　　Δp——膜两侧的压力差，Pa；

　　　A——膜面积，m^2；　　　　　　　　　　d_i——膜的孔径，m；

　　　η——透过液的黏度，$Pa \cdot s$，　　　　　n_i——单位膜面积上，孔径为 d_i 的孔

　　　δ——活化孔长度，m；　　　　　　　　　　　的个数，m^{-2}。

膜组件运行过程中，经常遇到的一个重要问题是膜污染。在超滤和微滤过程中，同样存在着浓度极化和膜污染现象，参见 10.2.6 节。其中膜污染主要有 3 种：蛋白质、胶体和树脂等的吸附，细菌黏附在膜表面和孔壁上，以及浓度极化而形成滤饼层和孔堵塞。膜污染造成的直接后果是膜的通量和处理能力下降，且会增加膜的操作和清洗费用。

微滤膜污染的处理方法主要包括以下几种：

① 优化膜结构，制备非对称膜，尽量将膜污染物截流在膜的表面，避免污染物进入膜孔内造成孔堵塞。

② 采用亲水膜减少蛋白质在膜表面的吸附。

③ 在设计和操作时，尽可能加大流体的湍动程度，或者增大料液流量。

④ 在较高温度下操作，降低料液的黏度和流通阻力。

微滤在工业上主要用于灭菌液体的生产和超纯水制备、空气的过滤等。另外，微滤过程还是检测微细杂质的重要工具，如用于饮用水中大肠菌群、游泳池水假单胞族菌和链球菌、啤酒与软饮料中酵母和细菌、医药制品中细菌和空气中微生物的检测等，还可用于注射剂中不溶性异物、棉粉尘、航空燃料中的微粒子、水中悬浮物、排气中粉尘及放射性尘埃的分析检测等。

超滤过程已广泛应用于各行各业，其主要特点如下：

① 与精馏、蒸发等过程相比，超滤过程无相变、操作压力低、能耗低。如多效蒸发除去 $1m^3$ 水的耗能为 73kW·h，而超滤过程仅约为其能耗的 1/10；在处理纺织废浆过程中，超滤过程仅需要蒸发过程耗能量的 10%。

② 在常温无相变的温和条件下进行，超滤过程尤为适应分离热敏性物质，如食品、药物及酶等生物活性物质。

③ 超滤过程还具有流程简单、占地少、配套设备少、操作简便、易维护等特点。

下面仅介绍用超滤处理电泳漆废水。汽车、家具等金属制品在用电泳法将涂料沉淀到金属表面以后，要用清水将制品上的多余涂料冲洗掉，因而产生了电泳漆废水，废水中的涂料大约为使用涂料的 10%～50%，如果这些涂料被排放掉，既污染环境又是一种浪费。使用超滤过程处理电泳漆废水则可分离出清水重复用于清洗，同时又使涂料得到浓缩重新用于涂漆，因此，超滤过程处理电泳漆废水有三大优点，即减少排污量、节约漆液、提高产品质量。超滤过程处理电泳漆废水的工艺流程如图 10.2.8 所示，它几乎是一个闭路的循环系统。

10.2.6　反渗透与纳滤

反渗透（Reverse Osmosis）是渗透的逆过程，以压力差为推动力，利用液体混合物中只能透过溶剂（如水）而截留小分子或离子的特点，进行液体混合物的分离。反渗透膜非常致密，孔径在 0.1nm 左右，因此能有效地除去水中溶解的盐类、小分子有机物、微生物、细菌、病毒等，是最早工业化和最成熟的膜分离过程之一。

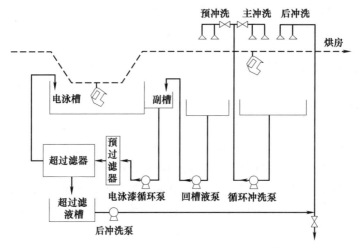

图 10.2.8 超滤过程处理电泳漆废水的工艺流程

由于反渗透同其他分离方法，如蒸发、冷冻等相比具有显著的优点，如无相变、设备简单、效率高、占地少及能耗低等，因此在同其他分离方法的竞争中，随着技术的逐渐成熟，越来越占有优势。反渗透的工业应用从海水、苦咸水的脱盐，已拓展到许多新的应用，如食品、医药工业中的浓缩，超纯水的制造，锅炉水的软化，城市污水的处理以及对微生物、细菌和病毒进行控制等。

(1) 反渗透的基本原理

渗透是一种自然现象，如果用一张理想半透膜（只能透过溶剂而不能透过溶质）将纯溶剂和溶有溶质的溶液隔开（或两种不同浓度的溶液），如图 10.2.9（a）所示，则溶剂侧的溶剂将自发地穿过膜进入溶液一侧，这种现象称为渗透（Osmosis）。随着渗透不断进行，溶液侧的液面将不断提高，最后当两侧液面差为 H 时，溶剂将停止透过膜，体系处于平衡状态，如图 10.2.9（b）所示。H 高度溶液所产生的压头，称为该溶液的渗透压 π。若在图 10.2.9（a）所示容器的溶液上方加一个外压力 p，且 $p > \pi$，如图 10.2.9（c）所示，则溶液中的溶剂透过膜向纯溶剂侧流动。由于此时溶剂的渗透方向同自发的渗透方向相反，所以这一现象称为反渗透。

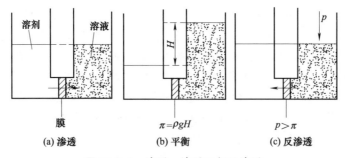

图 10.2.9 渗透、渗透压与反渗透

半透膜实际上对任何组分都有透过性，只是透过的速率相差很大，实际反渗透的透过液不可能是纯水，多少含有一些溶质。有许多理论来描述这一过程，Lonsdale 和 Riley 提出的溶解—扩散理论是目前普遍被接受的理论。该理论首先进行以下假设：

① 膜表面无孔，是完整无缺陷的。

② 水和溶质通过膜是分两步完成的，第一步是水和溶质被吸附溶解于膜表面，第二步是水和溶质在膜中扩散传递，最终透过膜。

③ 在溶解-扩散过程中，扩散是控制步骤，并服从 Fick 定律。

则可推导出透水率 F_w [kg/(m^2·s)] 为

$$F_w = \frac{D_w \rho_w V_w (\Delta p - \Delta \pi)}{RT\delta} = A(\Delta p - \Delta \pi) \tag{10.2.2}$$

$$A = D_w \rho_w V_w / RT\delta \tag{10.2.3}$$

式中　D_w——水在膜中的扩散系数，m^2/s；

ρ_w—— 水 在 膜 中 的 质 量 浓 度，kg/m^3；

V_w——水的偏摩尔体积，m^3/mol；

Δp——膜两侧的压力差，Pa；

$\Delta \pi$——膜两侧溶液的渗透压差，Pa；

δ——膜的有效厚度，m；

R——气体常数，m^3·Pa/(mol·K)；

A——膜的水渗透系数，表示特定膜中水的渗透能力，kg/(m^2·Pa·s)。

同样，可以推导出溶质透过速率或称透盐率 F_s [kg/(m^2·s)]，方程如下

$$F_s = \frac{D_s K_s \Delta c}{\delta} = B \Delta c \tag{10.2.4}$$

$$B = D_s K_s / \delta \tag{10.2.5}$$

式中　D_s——溶质在膜中的扩散系数，m^2/s；

K_s——溶质在膜和溶液两相中的质量浓度比；

Δc——膜两侧溶液的质量浓度差，kg/m^3；

B——膜的溶质渗透系数或透盐系数，m/s。

溶解-扩散理论阐明了溶剂透过膜的推动力是压力差，溶质透过膜的推动力是浓度差，这已被许多实验数据所验证。但该理论同样有局限性，如它认为溶剂和溶质通过膜的过程是独立的、互不相干的，这在某些情况下是不符合实际的，所以一些研究者对该理论做了进一步修正，可参见有关文献。

(2) 浓度极化

在膜分离过程中，分离膜表面涉及浓度极化（Concentration Polarization）和膜污染（Membrane Fouling）的问题。在反渗透过程中，由于溶剂优先透过膜，而溶质在膜的高压侧积累，造成溶质由膜高压侧表面到原料主体溶液之间的浓度梯度，如图 10.2.10 所示，这种现象叫作浓度极化。

浓度极化几乎存在于所有的膜分离过程中，它可使膜表面截留物的浓度暂时性提高，是可恢复的过程，但对分离产生一系列不利影响：

① 加速多孔膜表面凝胶层的形成或加速反渗透、纳滤等致密膜表面难溶盐的饱和析出，在高压侧膜表面形成沉淀等。

② 加快了溶质通过膜的速度，即加大了透盐率，使产品水的质量下降。

③ 使膜高压侧表面的渗透压增加，减少了反渗透过程的推动力。

由于膜的选择渗透性，膜分离过程中的浓度极化是无法根除的。但浓度极化可以通过改变操作条件加以控制。如：

① 增加原料液的流速，使靠近高压侧膜表面的滞留层减薄；或加大湍动程度，使主体流同膜表面液体混合均匀，减小浓度差。另外，还可以采取在原料液中加入小玻璃球、在原料液流道中增设挡板等方式，增加原料液的湍动程度。

② 适当提高操作温度，增大溶质在溶液中的扩散系数，以利于膜高压侧表面上积累的

溶质在浓度差推动下扩散回主体流中,减轻浓度极化。

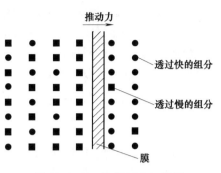

图 10.2.10 浓度极化示意图

(3) 膜的污染

膜分离过程中必然有部分溶质被截留,被截流的溶质或颗粒沉淀物沉积在膜表面或膜孔中,导致膜分离性能变差的过程称为膜污染。膜污染减少了水的产量,降低了产品的质量,大大缩短了膜的寿命,增加了膜的清洗维护费用,对反渗透过程极为不利。膜的污染与浓度极化对膜所产生的不利影响从表面上看是类似的,但却存在着本质的不同。浓度极化是可逆的,并没有使膜遭到破坏,改变操作条件,消除浓度极化后,可使膜恢复至原来的性能;而膜的污染破坏了膜,使膜性能不可能恢复到初始状态。

膜的寿命主要由膜污染所决定,反渗透过程中的膜污染主要是由于原料液处理不当所造成的,如:

① 原料液中的悬浮颗粒造成的膜污染。如果预处理没有把原料水中的悬浮颗粒清除干净,经一段时间的操作后,将在膜表面形成滤饼,造成膜污染。一些物质如金属氧化物、二氧化硅离子、有机物、淤泥等均可引起膜的污染。

② 膜表面结垢。对于反渗透过程,有必要对原料水进行分析,以确定正确的设计参数和操作参数。防止当 BaS、CaS、CaF_2 等被浓缩,形成饱和溶液后从溶液中析出、结垢,沉淀于膜的表面。

③ 细菌污染。反渗透膜对微生物的附着和形成生物膜非常敏感。研究表明,在原料侧膜表面形成微生物膜后,会降低反渗透膜的透量、盐截留率和能量的利用率,而且细菌侵蚀膜的渗透通道,还会恶化水质。

如果要预防膜污染,就必须对原料水进行严格的预处理。但预处理的方法和步骤,要根据原料水的来源、膜材料的种类和膜组件的类型而定。一般包括凝胶、沉淀、过滤等方法除去悬浮物,加入氯除去细菌,加入酸防止结垢等。原料水的预处理成本相当可观,约占整个反渗透脱盐操作费用的 30%。对膜污染及其防治方法可归纳如图 10.2.11 所示。

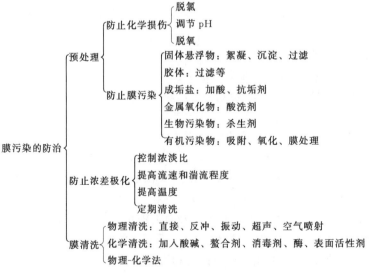

图 10.2.11 膜污染及其防治方法

（4）纳滤

纳滤（Nanofiltration）是一种介于超滤和反渗透之间的膜过程，因其膜孔径在 1nm 左右而得名。纳滤过程与反渗透过程极为相近，纳滤过程使用的膜也几乎与反渗透膜相同，绝大多数纳滤膜的结构是多层疏松结构，属于非对称膜，在膜的界面方向是非对称的。膜表面为超薄的、起分离作用的致密的或具有纳米孔的分离层，分离层下面是多孔的支撑层。纳滤对 Na^+、Cl^- 等一价离子的截留率较低，但对 Ca^{2+}、CO_3^{2-} 等二价离子以及相对分子质量超过 200 的有机物，如糖类、染料、除草剂、杀虫剂等有较高的截留率。纳滤与反渗透分离性能的比较见表 10.2.3。

表 10.2.3　纳滤与反渗透分离性能的比较

溶　质	截　留　率	
	反　渗　透	纳　滤
一价离子(Na^+,K^+,Cl^-,NO_3^-)	＞98%	＜50%
二价离子(Ca^{2+},Mg^{2+},SO_4^{2+},CO_3^{2-})	＞99%	＞90%
病毒和细菌	＞99%	＞99%
溶质(相对分子质量＞100)	＞90%	＞50%
溶质(相对分子质量＜100)	0~99%	0~50%

纳滤是一种绿色水处理技术，是国际上膜分离技术的最新进展。可用于废水处理、脱除水溶液中的杂质和有机物，如印染废水的脱色，饮用水的预处理，水的软化，食物的部分脱盐，食品溶液、饮料的浓缩，酶制品的浓缩和地下水脱盐等。同反渗透过程相比，纳滤过程的优势在于水透量大、操作压力低、成本低，被认为将来会有相当好的应用前景。

10.2.7　渗析和电渗析

（1）渗析的基本原理

渗析（Dialysis）也称透析，是借助物质在渗析膜中扩散速率的不同，使膜两侧溶液中的溶质或溶剂在浓度差的推动下透过膜，再次分配建立新的溶质平衡过程的一种膜过程。在该过程中，浓度差是唯一的推动力。如图 10.2.12 所示，A 侧溶液中溶质的浓度高于 B 侧，则 A 侧的溶质在浓度差的推动下透过膜扩散到 B 侧，而 B 侧的溶剂在浓度差的推动下透过膜扩散到 A 侧。渗析过程最典型、应用最多的是血液透析，即人工肾，用于从肾衰竭或尿毒症患者的血液中脱除尿素、尿酸、肌肝酸和其他蛋白代谢物，以缓解病情。

渗析过程的传质速率方程为

$$q = KA\Delta c_{lm} \tag{10.2.6}$$

式中　q——传质速率，kg/s；

　　　K——总传质系数，$kmol/(s \cdot m^2 \cdot kPa)$ 或 m/s；

　　　A——膜面积，m^2；

　　Δc_{lm}——膜两侧的对数平均质量浓度差，kg/m^3。

总传质系数 K 不仅与膜和溶液的性质有关，而且与两侧的流动状态有关。一般认为传质阻力主要集中于膜和膜两侧的边界层中，则总传质系数 K 与膜两侧边界层及膜中的传质系数 K_1、K_2 和 K_m 的关系如下

$$\frac{1}{K} = \frac{1}{K_1} + \frac{1}{K_2} + \frac{1}{K_m} \tag{10.2.7}$$

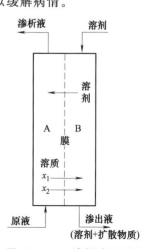

图 10.2.12　渗析过程原理

和反渗透、超滤等膜一样，渗析膜也是渗析装置的核心。目前制备渗析膜的材料主要有天然纤维素及其衍生物与合成聚合物两大类：纤维素类如醋酸纤维素，再生纤维素；合成类聚合物如聚酰胺、聚丙烯腈、聚碳酸酯、聚乙烯醇、聚甲基丙烯酸酯等。理想的渗析膜应具有以下特点：

① 具有优异的生物相容性，对血液中的红细胞、蛋白质和透析液中的细菌、病毒等无特异性吸附。

② 稳定的物理化学性能和良好的力学性能，消毒处理不影响其结构、性能。

③ 易于加工成型，膜表面皮层应尽可能薄，皮层和支撑层的孔隙率尽可能大，以获得加大的通量。

④ 孔径尽可能窄，对需要脱除的分子有较高的筛分系数。

(2) 电渗析的基本原理

电渗析 (Electrodialysis) 技术是 20 世纪 50 年代发展起来的一项水处理技术。其操作简单、运行可靠、效率高、占地面积小，适合于规模不等的工业水处理。在直流电作用下，电解质溶液中的带电离子以电位差为推动力，利用离子交换膜的选择透过性，同其他不带电的组分分开，从而实现溶液的浓缩、淡化、精制和提纯。电渗析过程的基本原理如图10.2.13 所示。在两电极间交替放置着带负电的阳离子传递膜和带正电的阴离子传递膜 (Cation and Anion Transfer Membrane)，简称阳膜和阴膜。其中阳膜和阴膜分别选择透过阳离子和阴离子。当加上直流电压后，在电场的作用下，溶液中的全部阳离子趋向阴极，透过带负电的阳膜之后，被浓室的阴膜所挡，留在浓室中；而淡室中的全部阴离子趋向阳极方，在通过阴膜之后，被浓室的阳膜所挡，也留在浓室中。于是淡室中电解质浓度逐渐下降，而浓室中电解质浓度则逐渐升高。这种与膜所带电荷相反的离子透过膜的传递现象称为反离子迁移，其结果使高离子浓度溶液和低离子浓度溶液在相邻的隔离室中交替出现。以NaCl 溶液为例，当 NaCl 溶液进入淡室后，Na^+ 则通过阳膜进入右侧浓室，而 Cl^- 则通过阴膜进入左侧浓室。在实际的电渗析系统中，一般把 200～400 块阴、阳膜与特制的隔板等部件装配起来，而形成 100～200 个隔离室。由上述分析可知，电渗析过程的三个基本条件为直流电场、离子选择传递膜和含离子的被处理液。

那么离子交换膜为什么会有选择透过性呢？这是因为离子交换膜是一种由高分子材料制成的具有离子交换基团的薄膜，如季铵型阴膜中的—$N(CH_3)_3OH$、磺酸型阳膜中的—SO_3H。浸入水溶液后，膜会吸水溶胀，解离出反离子，H^+、OH^-，在膜上就留下了带一定电荷的固定基团，如—$N^+(CN_3)_3$、—SO_3^-。这些带电荷的固定基团会对溶液中的带同种电荷的离子产生排斥作用，而对带异种电荷的离子产生吸引作用，并允许其透过膜，使膜具有对离子的选择透过性。因此，离子交换膜的作用并不是起离子交换的作用，而是起离子选择透过的作用。

目前电渗析已是一种相当成熟的膜分离技术，已普遍应用于苦咸水淡化、生产饮用水、浓缩海水制盐以及从体系中脱除电解质。电渗析在节能和促进传统技术的升级方面具有很大潜力。

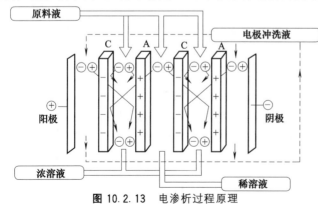

图 10.2.13　电渗析过程原理

① 溶液脱盐和盐溶液的浓缩。电渗析主要用于苦咸水脱盐、海水淡化。与反渗透技术相比，电渗析抗污染能力强，消耗的材料很少，在低浓度盐溶液的脱盐处理中具有成本优势。日本国内制盐基本上都是利用电渗析技术从海水中提取食盐，与常规盐田法相比具有占地面积小、不受环境影响、易于实现自动化的优点。

② 应用于食品、医药工业。如牛奶脱盐制婴儿奶粉，调节牛奶中的矿物质，使其更接近于母乳组成；提纯硫酸铵、尿素等试剂。

③ 应用于化学工业分离离子性物质与非离子性物质等。如工业废水的处理，从酸液清洗金属表面所形成的废液中回收酸和金属；从纸浆废液中回收亚硫酸盐；从合成纤维废水中回收硫酸盐；从电镀废水中回收电镀液等。

10.2.8 气体膜分离过程

膜法分离气体（Membrane Gas Separation）的基本原理，主要是根据混合原料气中各组分在压力作用下，通过半透膜的传递速率不同而得以分离。气体膜分离技术能耗低、无污染、投资少、操作灵活方便，和传统气体分离技术如精馏、吸收、变压吸附等相比，显示出极诱人的应用前景。

(1) 气体膜分离的机理

气体分离膜可以是均质的、微孔的、非对称的或者是复合的。气体膜分离的机理归纳起来主要有两种：较常用的溶解-扩散机理。如图 10.2.14 所示。首先，膜与气体接触，并迅速达到溶解平衡，一般服从 Henry 定律；其次在气体溶解产生的浓度差的推动下，气体分子向前扩散，服从 Fick 定律，扩散是整个渗透过程的速率控制步骤；气体通过孔径小于操作条件下分子平均运动自由程的膜孔，遵循 Knudsen 扩散定律。

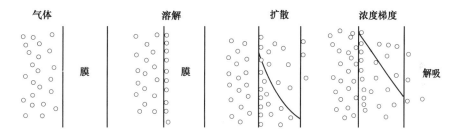

图 10.2.14 气体在均质膜中的渗透机理

描述气体分离膜的主要参数有：

① 渗透率 P 采用渗透率 P [$m^3 \cdot m/(m^2 \cdot s \cdot Pa)$] 描述膜的气体透过性。渗透率是一定压力和温度下高聚物的特性常数，由分离气体和膜材料的性质所决定

$$P = SD \tag{10.2.8}$$

式中 S——Henry 系数，Pa^{-1}；

　　　D——气体的扩散系数，m^2/s。

② 渗透系数 J 渗透系数 J [$m^3/(m^2 \cdot s \cdot Pa)$] 表示气体通过膜的难易程度，是体现膜性能的重要指标。其物理意义是单位时间、单位膜面积、单位推动力作用下所透过气体的量，国际上常用的单位是标准状态下 cm^3（STP)/($cm^2 \cdot s \cdot cmHg$），STP 表示状态 [即 0℃，101325Pa（1atm)]。J 是透过气体性质、膜材料性质及膜结构的函数，可用下式计算

$$J = \frac{q}{A \Delta p} = \frac{P}{L} \qquad (10.2.9)$$

式中　q——气体透过膜的体积流量，标准状态下 m^3/s；

　　　A——膜面积，m^2；

　　　Δp——膜两侧气体分压差，Pa；

　　　P——膜的渗透率，$m^3 \cdot m/(m^2 \cdot s \cdot Pa)$；

　　　L——膜的厚度，m。

对于现有的玻璃态气体分离高分子膜，J 值由大到小的排列顺序一般为 $H_2O > H_2 > He > CO_2 > O_2 > Ar > CO > CH_4 > N_2$。

③ 分离系数 α　各种膜对混合气体的分离性能，一般用分离系数 α 来描述。它标志着膜的分离选择性能，一般将其定义为两种气体 i、j 渗透系数之比，即

$$\alpha_{i/j} = J_i / J_j \qquad (10.2.10)$$

一般 $\alpha_{H_2/N_2} > 30$、$\alpha_{O_2/N_2} > 2$ 就有较好的工业使用价值。

(2) 气体膜分离的主要应用

自 1979 年膜法从合成氨驰放气回收氢以来，膜的应用迅速拓展至不同领域，如有机物蒸气回收、调节控制合成气比例、从空气中制取富氮或富氧气体、CO_2 的回收或脱除等。

① 膜分离回收氢气　膜分离回收氢气是第一个实现商业化的气体膜分离过程，已由最早的从合成氨驰放气和石油炼厂气中提氢，推广到甲醇生产尾气回收氢、催化裂化尾气回收氢、催化重整尾气回收氢、H_2/CO 浓度调节等领域，并带来可观的经济效益。

众所周知，在炼油和石化生产中会产生大量的含氢气体。以前，由于没有合适的回收方法或传统的分离方法回收氢的费用太高，一般都将含氢尾气作为低热值的燃料烧掉，这不仅污染环境，还是一种很大的浪费。自从膜法、变压吸附和深冷法等用于氢气回收以来，各国都非常重视从含氢尾气中回收氢气。自 20 世纪 80 年代以来，美国、日本等均已成功将气体膜分离技术用于从炼厂气中回收氢气，取得了巨大的经济效益。几种分离氢气的方法的经济性比较见图 10.2.15。如产量为 1000t/d 的合成氨厂，在安装了膜分离氢回收装置后，每天可增产合成氨 5%，以 200 美元/t 计算，年获利 300 万美元，一般 8~10 个月可收回成本。

② 富氮和富氧气体制取　至 20 世纪 70 年代末，膜分离空气技术开始从实验室走向工业化。目前世界上对氧、氮的需求量极大，是产值和税收最高的气体产品。空气中含氮 79%，含氧 21%，选用透氧膜，在透过侧可以得到浓度 30%~40% 的富氧气体，另一侧富集的氮气，其浓度可达 95%，现在用膜法制摩尔分数为 95% 的氮气是极具吸引力的。和深冷与变压吸附法相比，膜法富氮具有成本低、操作灵活，设备轻便、安全等特点。高浓度氮气的应用市场也正日益扩大，如用于惰性保护防爆，易燃液体的储存、运送等；用于食品保鲜，抑制苹果的呼吸作用，可大大延长苹果的保质期；还可用于保存肉类、奶粉、白兰瓜、梨、香

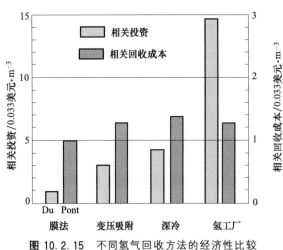

图 10.2.15 不同氢气回收方法的经济性比较

蕉、葡萄、西红柿、菠菜、土豆、白菜等。在富氧方面，高温燃烧节能和家庭医疗保健是富氧应用的主要领域。据报道，用摩尔分数 30％的氧气助燃，可节约 40％的天然气。膜法制取富氧，由于受现有膜分离系数（一般小于 7）的限制，用其制取摩尔分数大于 60％的氧气是不经济的，但是制取较低浓度的富氧则是有竞争力的。对膜法和其他方法富氮的分析比较，膜法的最佳操作范围如图 10.2.16 所示。

10.2.9　渗透蒸发过程

渗透蒸发（Pervaporation）是液体混合物在膜的一侧与膜接触，其中易透组分较多地溶解在膜上，在膜的另一侧汽化而被抽出（气相真空或负压操作），进而得到分离的膜过程。渗透蒸发区别于其他膜分离过程的重要特点就是有相变。

(1) 渗透蒸发的基本原理

如图 10.2.17 所示，在膜的上游连续输入经过加热的液体，在膜的下游以真空泵抽吸造成负压，在渗透侧保持极低的渗透物蒸气压从而使特定的渗透组分不断以蒸气形式分离出去。整个分离过程可分为三步：被分离的物质在膜表面有选择性地吸附并被溶解；溶解的物质在膜内的选择性扩散渗透；在膜的另一侧脱附到蒸气相离开膜界面。

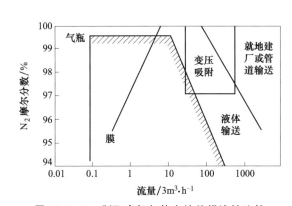

图 10.2.16　制取富氮气体方法的经济性比较

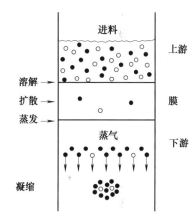

图 10.2.17　渗透蒸发分离的原理

整个渗透蒸发过程的分离系数

$$\beta_{pv} = \frac{c_{i,P}/c_{j,P}}{c_{i,F}/c_{j,F}} \tag{10.2.11}$$

式中，c_i、c_j 分别为 i、j 组分的浓度；P 和 F 分别表示膜的渗透侧和原料侧。

(2) 渗透蒸发的主要操作方式

根据维持膜上下游组分蒸气压差方式的不同，渗透蒸发主要有以下几种操作方式以维持组分的蒸气压分差，如图 10.2.18 所示，实验室和工业生产中常采用抽真空渗透汽化法。渗透蒸发原料侧一般为常压。

① 真空法。在膜的透过侧使用真空泵获得真空状态，以造成膜两侧组分的蒸气分压。实际使用时常采用下游侧冷凝与抽真空联合方式。

② 冷凝法。在膜的渗透侧使用冷凝器连续冷凝透过的蒸气组分以维持膜上下游的蒸气分压，该法产生的推动力小于真空法。

③ 惰性气体吹扫法（Inactive Sweeping Gas Pervaporation）。在膜的渗透侧采用惰性气体吹扫的方式以维持膜两侧的蒸气分压，吹扫气回收渗透组分后可循环使用，如图 10.2.18

所示。

④ 可凝性气体吹扫法（Condensable Sweeping Gas Pervaporation）。当透过组分与某一种液体不互溶时，可以采用低压液体蒸气为吹扫气，冷凝后液体与透过组分分层后，经蒸发器蒸发重新使用。

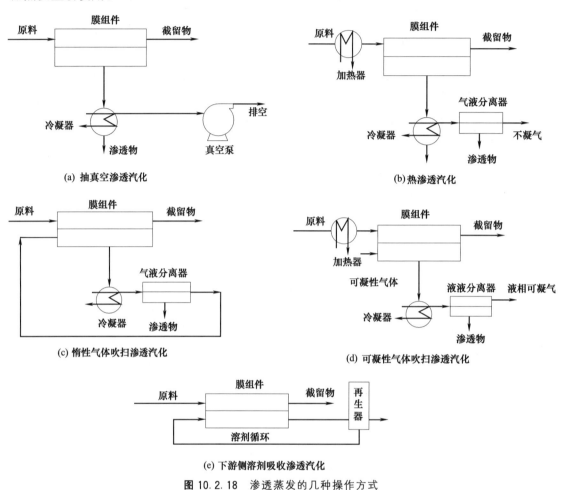

(a) 抽真空渗透汽化

(b) 热渗透汽化

(c) 惰性气体吹扫渗透汽化

(d) 可凝性气体吹扫渗透汽化

(e) 下游侧溶剂吸收渗透汽化

图 10.2.18　渗透蒸发的几种操作方式

⑤ 渗透侧溶剂吸收法（Solvent Absorbing Pervaporation）。在膜的渗透侧采用溶剂吸收透过组分以维持膜两侧蒸气分压差和浓度差。

(3) 渗透蒸发的应用

目前，渗透蒸发主要应用于有机溶剂脱水、水的净化和有机混合物的分离三个方面，成为精馏强有力的竞争对手。渗透蒸发膜可以优先选择透过易挥发组分，也可以优先选择透过难挥发组分，不过需要膜的选择性足够大，如丙酮-水体系中即可优先透过丙酮，又可优先透过水，见图 10.2.19。

渗透蒸发脱水技术适用于一定的料液浓度

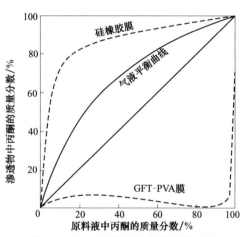

图 10.2.19　两种性质不同的膜用于
渗透蒸发分离丙酮-水混合物

范围，对于水的质量分数小于 10% 的溶液，渗透蒸发具有经济性；当料液中含水量较高时，如水的质量分数大于 90% 时，单纯的渗透蒸发不经济，而普通精馏和渗透蒸发过程的集成是最佳选择。渗透蒸发在有机溶剂脱水中的应用，最经济的是分离恒沸物。如从乙醇-水的恒沸物中制取质量分数 99% 左右的乙醇产品。恒沸精馏与渗透蒸发分离乙醇-水恒沸物的流程对比见图 10.2.20。

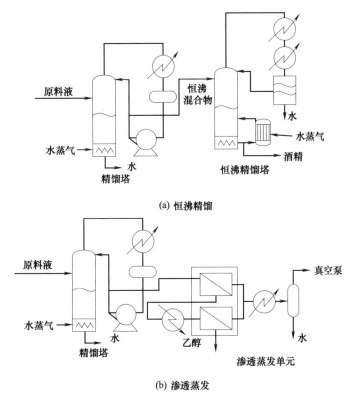

(a) 恒沸精馏

(b) 渗透蒸发

图 10.2.20　乙醇脱水恒沸精馏与渗透蒸发的流程对比

10.2.10　其他膜分离过程*

除了前面提到的几种主要膜分离过程外，还有许多其他膜过程。

(1) 控制释放

所谓药物的控制释放（Controlled Release）是指药物从制剂中以受控形式恒速地释放到作用器官或特定靶器官，从而长久地发挥治疗作用。在药物的控制释放体系中，药物或其他生物活性物质通常以高分子包裹成微胶囊或同载体结合在一起，然后置于释放环境中。膜或载体中的药物通过扩散或其他方式释放到环境中。如图 10.2.21 所示，通常的药物在体内的浓度经常高于或低于有效范围，前者可能产生毒副作用，而后者达不到治疗或其他预期效果，药物效率仅为 40%～60%。而控制释放则能使药物在相当长的时间内，保持相对恒定的浓度，药物的有效率可达 80%～90%。因此控制释放与常规体系相比有如下优点：控制释放药物不需要经常服用，一般可一个月或者更长，能够减少用药次数；释放到环境中的浓度比较稳定，有效地利用药剂，减少毒副作用，还可控制释放的部位。在农业中，控制释放可用在除草剂、杀虫剂、杀鼠剂和肥料等方面，使药剂不易随雨水流失，药效可长达几个月甚至几年。

(2) 膜反应器

随着科技的发展，膜技术的应用已不限于单纯的分离，而正与反应工程结合，这就是把反应和分离合为一体的膜反应器，如图10.2.22所示。膜反应器通常有惰性膜反应器和催化膜反应器两类。催化膜反应器所用的膜，同时具有催化和分离双重功能；而惰性膜反应器（多为陶瓷微孔膜、微孔玻璃或高分子膜）是利用膜反应过程中对产物的选择透过性，连续脱除某些反应产物，保留反

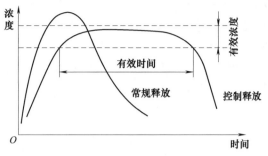

图 10.2.21　两种不同给药方式的对比

应物或中间产物，以达到移动化学平衡促使反应不断向生成物方向进行，提高可逆反应的转化率，减少未反应物的循环量。因此，和一般反应器相比，膜反应器具有以下特点：膜反应器能够移动化学平衡，提高反应的转化率，这对于受平衡限制的反应尤为重要；在温和的反应条件下，可获得较高的转化率和反应的选择性；使化学反应、产物分离和反应物净化等几个单元操作在一个膜反应器内完成，大大节省了投资；通常较低温度下反应，节约能源。

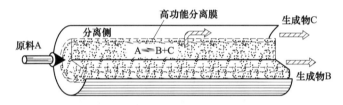

图 10.2.22　膜生物反应器示意图

10.3　吸附分离*

吸附（Adsorption）是一种重要的工业分离过程。在一定条件下，一些物质的分子、原子或离子能自动地附着在某固体表面上的现象，称为吸附。把具有吸附作用的物质称为吸附剂（Adsorbent），被吸附的物质称为吸附质（Adsorbate）。如在充满溴蒸气的玻璃瓶中，加入一些活性炭，红棕色的溴蒸气将逐渐消失，说明活性炭的表面有富集溴分子的能力。吸附过程中，分子从流体中向吸附剂固体表面扩散，这与吸收过程中分子从气相中向液相中扩散完全不同。

10.3.1　吸附分离原理

在一定的温度和压力下，固体表面可自动地吸附那些能降低其表面自由焓的物质。处在固体表面上的质点，受到相内质点的拉力，力场是不平衡的，具有过剩的能量（表面自由焓）。这些不平衡力场由于吸附作用可得到某种程度的补偿，从而使固体的表面自由焓降低。

按吸附作用力的不同，吸附可分为物理吸附和化学吸附。物理吸附的吸附作用力为分子间力（即范德华力）；而化学吸附依靠化学键力。因此较低的温度有利于物理吸附，较高的温度（有时可超过200℃）有利于化学吸附。由于吸附质和吸附剂的物理化学性质不同，吸附剂对不同吸附质的吸附能力也不同。当流体与吸附剂接触时，吸附剂对流体的组分的吸附

具有选择性，某一组分可被富集，从而实现了流体中不同组分的分离。

10.3.2 吸附剂

吸附的效率可以用单位质量（kg）[或单位比表面积（m^2）]的吸附剂所吸附的吸附质的质量（kg）[或物质的量（mol）]来表示，吸附达到平衡时的吸附量称为平衡吸附量，有时简称吸附量。在一定的温度和压力下，当吸附剂和吸附质的种类一定时，被吸附物质的量将随着吸附表面积的增加而加大。因此，必须尽可能地增大吸附剂的表面积以提高其吸附能力，只有那些比表面积很大的物质，才能是良好的吸附剂。另外为了适应工艺需要，还要求吸附剂具有较高的机械强度。随着人们不断研究与开发，满足上述要求的吸附剂种类很多，主要有：

① 天然类吸附剂。如活性硅藻土、铝土矿和漂白土等一些天然矿物质经适当加工处理后可直接作为吸附剂使用。如硅藻土可用于干燥变压器油，经石灰溶液活化后生成活性很高的无定形 SiO_2 用于油品的精制等，因其价格低廉用于处理污水。硅胶（$SiO_2 \cdot nH_2O$）吸附气体中的水分可达硅胶本身质量的 50% 之多，多用于气体或液体的干燥脱水、吸附分离剂和催化剂的载体。天然类吸附剂材料廉价易得，一般使用一次后不再重复使用。

② 活性氧化铝。活性氧化铝一般都不是纯的 Al_2O_3，其中不仅有无定形的凝胶，还有氢氧化物的晶体，其比表面积可达 $250m^2/g$。由于它的吸附容量大，用于高湿度气体的干燥和脱湿具有使用周期长，不用频繁地切换再生的优点。活性氧化铝可用作脱水和吸湿的吸附剂或用作催化剂的载体。

③ 合成沸石分子筛。合成沸石分子筛比表面积可达 $1500m^2/g$，对极性分子如 H_2O、SO_2、H_2S 等具有较强的亲和力，但与有机物的亲和力较弱。分子筛具有热稳定性好、化学稳定性高的特点，且选择性能和吸附性能优异。常用的合成沸石分子筛类型见表 10.3.1。

表 10.3.1　常用的合成沸石分子筛类型

型号	SiO_2/Al_2O_3（摩尔比）	孔径/nm	典型化学组成
3A(钾 A 型)	2	0.3～0.33	$2/3K_2O \cdot 1/3Na_2O \cdot Al_2O_3 \cdot 2SiO_2 \cdot 4.5H_2O$
4A(钠 A 型)	2	0.42～0.47	$Na_2O \cdot Al_2O_3 \cdot 2SiO_2 \cdot 4.5H_2O$
5A(钙 A 型)	2	0.49～0.56	$0.7CaO \cdot 0.3Na_2O \cdot Al_2O_3 \cdot 2SiO_2 \cdot 4.5H_2O$
10X(钙 X 型)	2.3～3.3	0.8～0.9	$0.8CaO \cdot 0.2Na_2O \cdot Al_2O_3 \cdot 2.5SiO_2 \cdot 6H_2O$
13X(钠 X 型)	2.3～3.3	0.9～1.0	$Na_2O \cdot Al_2O_3 \cdot 2.5SiO_2 \cdot 6H_2O$
Y(钠 Y 型)	3.6～6	0.9～1.0	$Na_2O \cdot Al_2O_3 \cdot 5.0SiO_2 \cdot 8H_2O$
钠丝光沸石	3.3～6	约 0.5	$Na_2O \cdot Al_2O_3 \cdot 10SiO_2 \cdot 6～7H_2O$

④ 活性炭。活性炭是由含碳的有机物质加热炭化，除去全部挥发物质，再经破碎、活化和加工成型几个工序制成。活性炭性能稳定，广泛应用于石油化工、轻工、食品等工业的脱色、脱臭、精制、三废处理以及催化剂的载体。近年来用高分子含碳化合物或合成纤维类在一定的条件下炭化活化制成碳纤维，它具有拉伸强度大，织成网状填料阻力小的优点，是一种很有应用潜力的吸附剂。

依照原料和制备方法不同，活性炭孔径分布为：碳分子筛在 1nm 以下，活性焦炭 2nm 以下，活性炭 5nm 以下。活性炭可分为果实壳（椰子壳、核桃壳）系、木材系、泥炭褐煤系、烟煤系和石油系等几个系列，其中微孔表面常占到总表面的 90% 以上，比表面积可达 $1500m^2/g$ 以上。

10.3.3 吸附分离的应用

吸附分离已广泛地应用于化工、冶金、环境保护、石油炼制、生化、轻工等工业中，成为工业生产中重要的单元操作。吸附分离典型的应用，是从液体和气体中除去痕量的物质，比如从工业排放物中回收或除去有毒成分；干燥气体，以防腐蚀或冷凝等不良作用，如我们经常可以见到电子仪器或饼干盒中放有装干燥剂的小袋子，以保持足够低的湿度。

吸附分离的主要应用有：

① 气体的分离和净化。吸附法可用于工业生产中原料气的预处理，以脱除其中的 CO_2、H_2S、SO_2、CO 及水等微量杂质。如表 10.3.2，目前用变压吸附工艺分离气体已在气体工程中得到广泛应用。对于从空气中生产氮或氧而言，当生产能力低于标准状态下的 $2000m^3/h$ 时，使用变压吸附法普遍地要比深冷法经济。

表 10.3.2 变压吸附在气体分离中的应用

名称	最大处理能力 $V_n/m^3 \cdot h^{-1}$	原料气	产品气纯度 $\varphi_A/\%$
氢气的富集	100000	合成氨变换气、合成气、发酵气、甲醇生产尾气、焦炉煤气、甲醛生产尾气、水煤气、重油裂解气及其他含氢的气体	$99.0\sim99.999$
二氧化碳气体的富集	10000	石灰窑炉气、发酵气、合成氨变换气、煤矿气	$\geqslant99.5$
一氧化碳气体的富集	40000	水煤气、高炉气、黄磷、生产尾气	$\geqslant98.0$
氧气的富集	20000	空气	$28\sim95$
氮气的富集	10000	空气	$98.5\sim99.999$
甲烷气的富集	20000	煤矿气	$\geqslant90$
乙烯气的富集	5000	含乙烯的气体混合物	$\geqslant50$
二氧化碳的脱除	50000	合成氨变换气	$CO_2\leqslant0.2$
C_2 及 C_2 以上烃类的脱除	10000	天然气、缔合气	C_2 等 $\leqslant100\times10^{-4}$

② 气体和液体的除湿。工业生产过程中，气体或液体等物料中常含有组成不等的水分，水分的存在可使化工产品的质量受损。如少量的水分在压力和低温下，时常会生成固体的烃水合物，会堵塞管道，增加管道输送动力的消耗，影响生产；对一些溶液，如氟里昂冷冻剂，也要严格干燥，因微量水分常使之分解，生成氯化氢，腐蚀设备。用吸附分离法可有效地脱除气体和液体中的水分，如用 3A 分子筛干燥裂解气，可使水的体积分数脱至 5×10^{-6} 以内，露点达 $-60℃$ 以下。

③ 有机烷烃和芳烃的分离和精制。对于一些性质比较接近的烃类混合物，不能用精馏法分离，但可选择适当的吸附剂进行分离。如间-二甲苯和对-二甲苯的沸点极为接近（在 0.1MPa 压力下，二者仅差 $0.75℃$），无法采用普通精馏分离，可采用吸附的方式进行分离。

④ 气体中少量溶剂的回收。在油漆或轻纺工业中，排出的气体内常常含有大量的溶剂蒸气，如苯、丙酮或二硫化碳等有价值的组分。用活性炭吸附剂回收，既可减少环境污染，又可回收部分有价值的产物。

10.4 离子交换分离*

离子交换（Ion Exchange）分离是利用离子交换剂上的离子与溶液中的离子进行交换，去除、提取或置换溶液中离子的过程。离子交换过程为液固相间的传质过程，其传质过程与液固相间的吸附过程相似。离子交换分离过程具有以下特点：选择合适的离子交换剂和操作条件，使对所处理的离子具有很高的选择性；应用广泛，例如，从处理痕量物质到工业用水，尤其适用于从大量样品中富集微量物质；通过离子交换剂后，固、液相已实现分离，易于操作，便于维护。

10.4.1　离子交换剂

离子交换剂可分为无机质和有机质两类。无机质类如海绿石、合成沸石等；有机质类如磺化煤、合成树脂等。其中离子交换树脂具有耐酸、碱、有机溶剂，稳定性强等优点，在工业上得到广泛应用。离子交换树脂（Ion-Eexchange Resin）是具有离子交换功能的高分子材料，是高分子酸、碱或盐。其中可交换的离子的电荷与固定在高分子基体上的离子基团的电荷相反，故称它为反离子（Counter Ion）。反离子在溶液中可以解离，并在一定条件下与溶液中其他符号相同的离子发生交换反应。离子交换反应一般是可逆的，故解吸被交换的离子可使离子交换树脂恢复到原来的状态，即离子交换树脂的再生。根据反离子电荷的性质，离子交换树脂可分为阳离子交换树脂和阴离子交换树脂两类。对于阳离子交换树脂，又分为强酸性和弱酸性两种；对于阴离子交换树脂，又分为强碱性和弱碱性两种。

① 强酸性阳离子交换树脂　强酸性阳离子交换树脂是指在高分子机体 R 上带有磺酸基（—SO_3H）的离子交换树脂，它在水中的离解式为

$$R—SO_3H \rightleftharpoons R—SO_3^- + H^+$$

以苯乙烯-二乙烯苯共聚球体为基础的强酸性阳离子交换树脂是目前用量最大、用途最广泛的一种离子交换树脂。它在碱性、中性、甚至酸性介质中都显示离子交换功能。树脂可以是 H 型或 Na 型。这种树脂的特点是可以用无机酸（HCl、H_2SO_4）或 NaCl 再生。它比阴离子交换树脂热稳定性高，可承受 120℃高温。

② 弱酸性阳离子交换树脂　弱酸性阳离子交换树脂是含有羧酸基（—COOH）、磷酸基（—PO_3H_2）或酚基的离子交换树脂。以含羧基的树脂用途最广，如丙烯酸或甲基丙烯酸和二乙烯苯的共聚物。它在水溶液中的解离如下，显弱酸性。

$$R—COOH \rightleftharpoons R—COO^- + H^+$$

这类树脂仅能在中性或碱性介质中解离而显示交换功能，交换容量大，对多价金属离子的选择性高。耐用温度为 100～120℃。

③ 强碱性阴离子交换树脂　强碱性阴离子交换树脂是以季铵基为交换基团的离子交换树脂，其在水溶液中的解离如下：

$$R—N(CH_3)_3OH \rightleftharpoons R—N^+(CH_3)_3 + OH^-$$

该类树脂碱性较强，相当于季铵碱，它在酸性、中性、甚至碱性介质中都能显示离子交换功能。常用的强碱性离子交换树脂是用苯乙烯-二乙烯苯共聚物经氯甲基化［季铵盐基—$(CH_3)_3NCl$］和叔胺胺化［—$(CH_3)_2N^+$—CH_2—CH_2—OH］制得。Cl 型交换树脂易于水解，对弱酸的交换能力较强，用途更广泛。

④ 弱碱性阴离子交换树脂　这类树脂是指以伯胺（—NH_2）、仲胺（—NHR）或叔胺（—NR_2）为交换基团的离子交换树脂。其在水中的离解度小，呈弱碱性，因此易于与强酸反应。

$$R—NH_2 + H_2O \rightleftharpoons R—NH_3^+ + OH^-$$

弱碱性树脂需要强碱如 NaOH 再生，使用温度为 70～100℃。

离子交换树脂的交换性能有两个指标：交换容量和选择性。交换容量是指单位质量树脂

所能交换的离子的当量数。选择性是树脂对不同反离子亲和力强弱的反映,与树脂亲和力强的离子的选择性高,可以置换树脂上亲和力弱的反离子。

根据树脂的骨架结构不同,离子交换树脂又可分为凝胶型和大孔型两类。

① 凝胶型树脂。为外观透明的均相高分子凝胶结构。在水溶液中,树脂吸水溶胀,在大分子链节间形成微细的孔隙,称为凝胶孔。润湿树脂的平均孔径为 2~4nm。溶液中的反离子可以通过微孔扩散到树脂颗粒内部进行交换反应。树脂的交联度越低,树脂溶胀越大,凝胶孔的尺寸越大。凝胶型树脂适宜于吸附无机离子(其粒径为 0.3~0.6nm),而不能吸附大分子有机物质。

② 大孔型树脂。是指在聚合时加入致孔剂,形成多孔海绵状的骨架结构,内部有大量永久性的微孔,再导入交换基团制成。大孔型树脂兼有微细孔和大网孔,润湿树脂的孔径达 100~500nm,其大小和数量在制备时可以控制。其具有比表面积大(孔道的表面积可增大到 1000m²/g),化学稳定性和力学性能较好,吸附容量大和再生容易等优点。

10.4.2　离子交换平衡

离子交换过程是可逆反应,这种可逆过程是离子交换剂中的反离子与溶液中的溶质离子进行交换。以常见的强酸性阴离子交换剂为例,在水溶液中,连接在交换树脂中固定不变的骨架(如苯乙烯-二乙烯苯共聚物)上的功能基团—$SO_3^-H^+$解离出可交换离子 $H^+(B^+)$,H^+ 在较大范围内可自由移动并扩散到溶液中。同时,溶液中的同类离子 $Na^+(A^+)$ 也能扩散到整个树脂内部,这两种离子之间的浓度差推动着它们之间的交换。其浓度差越大,交换速率就越快。当交换进行到一定程度时,溶液中各种离子的浓度就不再发生变化而达到平衡,称为离子交换平衡,结果交换树脂和溶液中同时含有 A^+ 和 B^+ 两种离子,如图 10.4.1 所示。

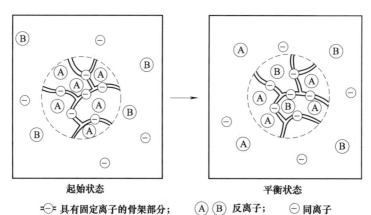

起始状态　　　　**平衡状态**

≡○≡ 具有固定离子的骨架部分;　　Ⓐ Ⓑ 反离子;　　○⁻ 同离子

图 10.4.1　离子交换平衡示意图

以阳离子交换反应式为例

$$A^{n+} + n(R—SO_3^-)B^+ \rightleftharpoons nB^+ + (R—SO_3^-)_n A^{n+}$$

根据质量守恒定律可定义其平衡常数为

$$K_B^A = \frac{(\alpha_B)^n (\alpha_{RnA})}{(\alpha_A)(\alpha_{RB})^n} \tag{10.4.1}$$

式中　α_{RnA},α_{RB}——离子 A、B 在树脂内的相应活度;

α_A,α_B——溶液中离子 A、B 的活度;

K_B^A——化学平衡常数，亦称 A 置换 B 的选择性系数。

影响平衡常数 K_B^A 大小的主要因素有：树脂本身的性质、交换离子性质以及温度、溶液浓度等。与树脂亲和力强的离子选择性高，可取代树脂上亲和力弱的离子。一般来说，在室温时低浓度溶液中高价离子的选择性系数大，比低价离子更容易被树脂吸附，如对水处理和废水处理中比较常见的一些不同价数离子的选择性顺序为

$$Cl^- < SO_4^{2-} < PO_4^{3-}, Na^+ < Ca^{2+} < La^{3+} < Th^{4+}$$

在低浓度和室温条件下，等价离子的选择性随着原子序数的增加而增加，如

$$Li^+ < Na^+ < K^+ < Rb^+ < Cs^+, Mg^{2+} < Ca^{2+} < Sr^{2+} < Ba^{2+}, F^- < Cl^- < Br^- < I^-$$

对于高浓度反离子溶液，多价离子的选择性随离子浓度的增高而减小。能与树脂中固定离子形成键合作用的反离子具有较高的选择性。温度升高，选择性降低。压力对选择性的影响很小，可以忽略。

工业上应用的离子交换树脂的要求是：交换容量大、选择性高、再生容易、机械强度高、化学和热稳定性好、价格低廉等。

10.4.3　离子交换设备

工业离子交换过程一般分为两部分：①料液中的离子与交换树脂中可交换的离子进行交换反应；②饱和离子交换树脂用再生液再生。

离子交换过程所用的设备种类繁多，设计各异。下面介绍几种常见的离子交换设备。

(1) 固定床

固定床是广泛应用的离子交换设备，为高径比通常为 $H/D = 2 \sim 5$ 的圆柱形设备。离子交换剂处于静止状态，经一定时间运行后，树脂饱和失效，需进行再生处理。固定床离子交换设备（Fixed-Bed Ion Exchange Equipment）主要优点是结构简单，操作方便，适宜于处理澄清料液。主要缺点是不适合处理悬浮液，树脂的利用率低，交换操作的速度较慢。

以水的软化为例，说明固定床离子交换设备的工作过程。如图 10.4.2 所示，软化器中装有 Na 式阳离子交换树脂，含 Ca^{2+} 的原水流经树脂层，Ca^{2+} 对树脂的亲和力强于 Na^+，因此它被树脂吸附而将树脂上的 Na^+ 置换下来，从而得到含有 Na^+ 的软水。直到软水中的 Ca^{2+} 浓度下降到设定值为止。该过程使用浓度高的 NaCl 溶液使树脂再生，即利用高浓度的 Na^+ 将树脂上的 Ca^{2+} 置换出来，并用软水冲洗树脂后进行下一个离子交换循环。

(2) 移动床

移动床离子交换设备（Moving-Bed Ion Exchange Equipment）的特点是离子交换树脂在交换区、返洗区、脉动区、再生区、清洗区组成的循环系统中定期移动。图 10.4.3 所示为典型的移动床离子交换设备——希金斯（Higgins）连续离子交换器。设备中各区彼此间以自动控制阀 A、B、C、D 隔开。该设备操作包括运行阶段和树脂转移两个步骤。在运行阶段，各控制阀关闭，树脂在各区内固定，分别通入原水、返洗水、再生液和清洗水，同时在各区内进行离子交换、交换后

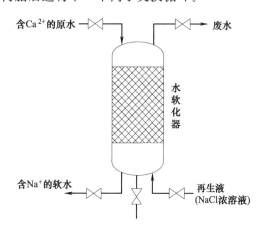

图 10.4.2　离子交换树脂法水的软化流程示意图

树脂的返洗、树脂再生和再生树脂的清洗过程。然后进入树脂转移阶段，此时停止溶液进入，打开控制阀 A、B、C、D，依靠在脉动柱中脉动阀通入液体的作用使树脂按逆时针方向在系统中移动一段距离，即交换区中已饱和的一部分树脂进入返洗区，返洗区已清洗的部分树脂进入再生区，再生区部分再生的树脂进入清洗区，清洗区内已清洗好的部分树脂重新进入交换区。再进入运行阶段，如此循环。

该设备的优点是树脂用量少（约为固定床的 15%），树脂利用率高，设备的生产能力大，废液少，费用低；缺点是由于树脂的转移通过高压水力脉冲实现，结构复杂，树脂易破碎，不适合处理悬浮液或矿浆。

10.4.4 离子交换分离技术的应用

离子交换树脂适用于化工、医药、电子、饮料及高压锅炉给水处理等诸多工业部门。以下是常见的离子交换技术在工业上的应用领域。

(1) 水处理

离子交换技术在水处理领域中的应用十分广泛，包括水的软化、脱盐、高纯水的制备等。硬水中因含有高浓度的 Ca^{2+}、Mg^{2+} 会给水的使用带来很多麻烦，如锅炉产生水垢、染色和洗净工艺中引起沉淀等。工业上，中、低压锅炉给水常用钠离子交换器，以 Na^+ 置换水中的 Ca^{2+}、Mg^{2+}，实现水的软化。树脂可用 8%～10% 的食盐水再生后重新使用。

普通水中无机盐的质量分数为 0.01%～0.03%，若用作锅炉用水，无线电工业的洗涤用水等必先经过脱盐。阳离子交换树脂可吸附阳离子，阴离子交换树

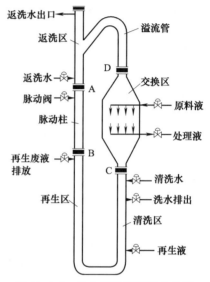

图 10.4.3 希金斯连续离子交换器

脂可吸附阴离子，因此由阳离子交换树脂和阴离子交换树脂组成的复合床或混合床能达到脱盐的目的。脱盐后的离子交换树脂可分别用酸、碱再生。

在食品、医药、电子等工业，常要求使用不纯物含量在 1ppm 以下的且无细菌、热原和还原性物质的水，常用离子交换法和其他方法（如超滤等）联合制备。

(2) 提取分离稀有金属和稀土金属

离子交换树脂可以选择性地从矿物浸液或矿浆中吸附分离某种金属离子，经不同的洗脱，得到含金属离子的溶液，再还原可得纯度较高的金属。离子交换树脂提取分离稀有金属，以钨的研究最多。首先将钨精矿加压碱煮，使钨转化为 WO_4^{2-}，然后将料液通入强碱性阴离子交换树脂柱分离 WO_4^{2-}（如 717# 树脂对 WO_4^{2-} 有很高的选择性），钨的回收率可达 99%。

稀土金属的湿法冶金中以镓（Ga）的研究最多，Ga（Ⅲ）离子可通过阳离子交换树脂与 Al（Ⅲ）分离；亦可将 Ga（Ⅲ）转化为络合物，用阴离子交换树脂使之与 Cu（Ⅱ）、Ni（Ⅱ）、Co（Ⅱ）、Zn（Ⅱ）、Fe（Ⅱ）等离子分离。两种方法均取得了很好的效果。稀土元素工业规模的分离也是基于相同的原理。即不同稀土元素与某种配合剂形成稳定性不同的配合物，一般稳定性随原子序数的增大而提高。当配合物的混合物通过阳离子交换树脂时，稳定性小的轻稀土配合物容易解络使金属离子吸附在树脂床的上部，而稳定高的重稀土配合物吸附在下部。用淋洗剂淋洗并通过一组足够数目的串联树脂分离柱，可分别得到含单一稀土

金属离子的纯溶液。

（3）离子交换树脂分离提纯天然产物

氨基酸是一类含氨基和羧基的两性化合物，在不同的 pH 条件下能以正离子、负离子或两性离子的形式存在。因此，应用阳离子交换树脂和阴离子交换树脂均可以提纯分离氨基酸。天然氨基酸主要来源于蛋白水解液、微生物发酵液以及动植物体内存在的游离氨基酸。同时，多肽、蛋白质和酶是由 α-氨基酸缩合而成的生物高分子，某些氨基酸残基含有羧基和碱基，使这些高分子成为两性物质。因此，一定 pH 条件下，离子交换树脂能够提取、分离和纯化多肽、蛋白质和酶。

混合氨基酸的分离原理是基于树脂对不同氨基酸的选择性。氨基酸的碱性越强，阳离子交换树脂对其的选择性越高，即阳离子交换树脂的选择性大小顺序为：碱性氨基酸＞中性氨基酸＞酸性氨基酸。解吸时，氨基酸的流出顺序正好相反。另外，阳离子交换树脂提取仍是从发酵液中分离氨基酸的主要手段。表 10.4.1 所列为离子交换树脂分离混合氨基酸的一些实例。

表 10.4.1　离子交换树脂从蛋白质水解液中分离氨基酸

原料	树脂类型	分离得到的氨基酸
猪血粉	$001 \times 7^\#$ 阳离子交换树脂	Asp,Glu,Leu,His,Lys,Arg
猪血粉	$732^\#$ 阳离子交换树脂（NH_4^+）	His,Lys,Arg
猪血粉	$110^\#$,$001 \times 7^\#$,D371	Arg,Lys,His,Phe,Tyr 等
猪血粉	含—COOH 和—SO_3H 阳离子交换树脂	His,Lys,Arg 等
猪血母液	$732^\#$ 阳离子交换树脂	Tyr,Phe 及混合氨基酸
低档明胶	$001 \times 7^\#$/$201 \times 7^\#$	Glu,Asp,Pro,Ala,Gly,Arg
蚕衣	$001 \times 7^\#$/$201 \times 7^\#$	Ser 等
猪毛	$732^\#$ 阳离子交换树脂	Lys 等
鸡毛	$732^\#$ 树脂/$711^\#$ 树脂	Pro,Ala,Arg 等
鱼皮、鱼鳞	阳离子交换树脂	Pro 等

生物碱是自然界中一大类含氮碱性化合物，是许多中草药的有效成分。它们在中性或酸性条件下以阳离子的形式存在，能用阳离子交换树脂从其提取液中分离富集出来。离子交换树脂分离生物碱后，可根据各生物碱组分的碱性差异，采用分步洗脱或分步提取的方法，将各个生物碱组分一一分离。如通过阳离子树脂交换法从麻黄草的稀盐酸浸液中提取麻黄碱和伪麻黄碱，从洋金花的 0.1% 盐酸浸液中分离莨菪碱和东莨菪碱，从护心胆根的 0.5% 盐酸浸液中分离紫堇块茎碱、毕扣灵碱和南开什碱等，均取得良好效果。

抗生素是一大类天然抗菌、抗病毒药物，主要由发酵法生产。利用离子交换树脂可以选择性地分离多种离子型抗生素，回收率高、产品纯度好。如青霉素和新生霉素等具有酸性基团，在中性或弱碱性条件下以阴离子的形式存在，故能以阴离子交换树脂提取分离；大量的氨基糖苷类抗生素如红霉素、链霉素等具有碱性，在中性或弱酸性条件下以阳离子形式存在，可用阳离子交换树脂富集分离。抗生素分子中往往含有多种化学基团，在强酸、强碱性条件下容易发生化学变化，导致活性丧失。因此，提取分离抗生素所用的离子交换树脂主要为弱酸性阴离子交换树脂。

此外，离子交换树脂法还常用于有机化工产品的脱色、脱水等。

10.5　色谱分离技术 *

色谱法（Chromatographic Separation）是一种物理化学分离和分析方法。其分离原理是基于物质溶解度、蒸气压、吸附能力或离子交换等物理化学性质之间的差异，使其在流动相和固定相之间的分配系数不同，而当两相作相对运动时，组分在两相间进行连续多次分配，从而达到彼此分离。色谱必须包括两相，一相是固定相，通常为表面积很大的多孔性固体材料；另一相是流动相，为液体或气体。当流动相流过固定相时，由于物质在两相间的分配情况不同，易分配于固定相中的组分移动速度慢，易分配于流动相中的组分移动速度快，因而达到分离目的。色谱分离作为一种分离和分析方法，具有以下特点：①分离效能高，可选择固定相和流动相以达到最佳分离效果，比工业精馏塔的分离效能高出许多倍；②高灵敏度，如紫外检测器可达 0.01ng，进样量在微升（μL）数量级；③应用范围广，如 70% 以上的有机化合物可用高效液相色谱分析，特别是高沸点、大分子、强极性、热稳定性差化合物的分离分析；④分析速度快，分析一个样品一般小于 1h。

根据分离机理不同，可分为吸附色谱法（各组分在固定相上的吸附力不同）、分配色谱法（各组分在两相间的分配系数不同）、离子交换色谱法（组分对离子交换树脂的化学亲和力不同）、凝胶色谱法（根据各组分的分子大小或形状不同而分离）；根据固定相形状不同，可分为柱色谱法、纸色谱法、薄层色谱法、凝胶色谱法、旋转色谱法等；根据流动相物态，可分为气相色谱法和液相色谱法。

10.5.1　色谱分离的基本原理

色谱分离纯化的基本原理如图 10.5.1 所示。从图可以看出由于混合物各组分与固定相的亲和力不同，故各组分的移动速度不一样，因而得到分离。在色谱固定相长度足够的情况下，连续洗脱，则混合物中三组分逐渐被分开。A 组分分子首先洗出，C 组分最后洗出，各组分的分开情况称为色谱图。由于可选择不同性质的物质作为固定相和流动相，因此色谱分离法具有广泛的应用。

溶质在色谱柱中的移动可以用阻滞因数 R_f（Retardation Factor）或洗脱容积 V_e（Elution Volume）来表征。两者都表示溶质分子在流动相方向的移动速率或在流动相中的停留时间。在一定的色谱系统中，各组分有不同的阻滞因数或洗脱体积，吸附力较弱的组分易被流动相解吸下来，移动距离较远，有较高的 R_f 值。改变固定相、流动相和操作条件，可使阻滞因数在较大范围内变化。

（1）分配系数

定义分配系数或平衡常数为

$$K_D = \frac{c_S}{c_L} \qquad (10.5.1)$$

式中，c_S 为固定相中溶质的浓度，mol/L；c_L 为流动相中溶质的浓度，mol/L。分配系数大的组分在色谱柱中洗出速度比较慢，平衡常数小的洗出速度比较快。

（2）阻滞因数

阻滞因数是指色谱系统中溶质的移动速率和流动相（一个理想的标准物

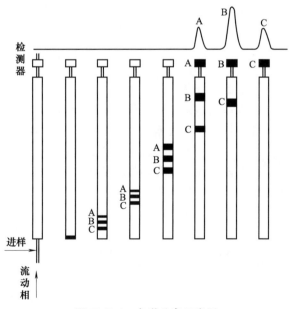

图 10.5.1　色谱分离示意图

质，通常是与固定相没有亲和力的流动相，即分配系数 $K_D=0$ 的物质）的移动速率之比。

$$R_f=\frac{溶质的移动速率}{流动相在色谱系统中的移动速率}=\frac{溶质的移动距离}{在同一时间内溶剂(前缘)的移动距离}$$

R_f 在 $0\sim1$ 之间变化，R_f 大表示系统中溶质组分易被流动相解吸下来，移动速度快；吸附较强的组分解吸较慢，移动距离短，所以 R_f 较低。R_f 值和分配系数 K_D 有关，其关系式如下

$$R_f=\frac{A_m}{A_m+K_DA_s} \tag{10.5.2}$$

式中 A_m——流动相的平均截面积，m^2；

A_s——固定相的平均截面积，m^2。

可见，当 A_m、A_s 一定时，溶质在固定相和流动相中的分配系数 K_D 与其阻滞因素相对应。K_D 越大，R_f 值越小。

(3) 洗脱容积 V_e

洗脱容积是指溶质从柱中洗出时所通过的流动相体积。

如果色谱柱的长度为 L，t 时间内流过的流动相的体积为 V，则流动相的体积速率为 V/t。溶质流出色谱柱所需时间为

$$t=\frac{L(A_m+K_DA_s)}{V/t} \tag{10.5.3}$$

此时流过的流动相体积为

$$V_e=L(A_m+K_DA_s)=V_m+K_DV_s \tag{10.5.4}$$

式中 V_m——色谱柱中流动相体积，m^3；

V_s——色谱柱中固定相体积，m^3。

10.5.2 色谱分离技术的应用

色谱分离分析技术在化工、医药、农药等各方面具有广泛的应用。据统计，在已知化合物中，能用气相色谱分析的约占 20%，而能用液相色谱分析的约占 $70\%\sim80\%$。以下是液相色谱应用的几个实例。

① 环境中有机氯农药残留量分析 固定相为薄壳型硅胶（$37\sim50mm$）；流动相为正己烷；检测器为差示折光检测器。可对水果、蔬菜中的农药残留量进行分析

② 稠环芳烃的分析 稠环芳烃多为致癌物质。固定相为十八烷基硅烷化键合相；流动相为 20% 甲醇-水~100% 甲醇；线性梯度淋洗，$2\%/min$；柱温 $50℃$。

③ 阴离子分析   双柱；薄壳型阴离子交换树脂分离柱（$3\times250mm$）。流动相：$0.003mol/L\ NaHCO_3/0.0024mol/L\ Na_2CO_3$，流量 $138mL/h$。七种阴离子在 $20min$ 内基本上得到完全分离，各组分含量在 $3\sim50ppm$（$1ppm=10^{-6}$）。

10.6 结晶

结晶（Crystallization）是一种重要的化工单元操作。它是固体物质以晶体状态从蒸汽、溶液或熔融物中析出的过程，广泛应用于石油化工、肥料、食品工业、橡胶、塑料、农药、炸药等领域。在医药、染料、精细化工等高经济附加值产品生产中，结晶过程占据非常重要

的地位；在冶金工业、材料工业（包括电子材料与高分子材料）等行业中，结晶也是关键的单元操作，直接决定了产品的性质；随着生物工程、纳米技术等高新技术领域的不断发展，结晶的重要性亦与日俱增，例如蛋白质结晶，催化剂行业中超细晶体的生产以及新材料工业中超纯物质的净化都离不开结晶过程。

相对于其他的化工分离操作，结晶过程的特点在于：

① 可分离同分异构体、共沸物系、热敏性物系等难分离的混合物系。

② 与蒸馏、萃取、吸附、吸收等分离技术相比，结晶分离能量消耗低（通常结晶热仅是蒸发潜热的 $1/10 \sim 1/3$）。

③ 能从多组分溶液或熔融物中分离出高纯或超纯的晶体产品，产品中杂质的含量甚至可降低至 ppb 级（10^{-3}ppm）。

④ 可在较低温度下进行，对设备要求低，操作安全。一般没有有毒或废气排出，是环境友好的分离技术。

⑤ 结晶产品的分离多需结合其他固液分离技术，除去母液，必要时还需洗涤晶体，才能获得最终产品。

同时，作为一个复杂的单元操作，结晶是多相、多组分的传热-传质过程，也涉及表面反应过程，对于结晶过程机理和控制方法的研究一直受到化学工程师的关注。

结晶一般分为溶液结晶、熔融结晶、升华结晶、沉淀结晶四类。本节将概述结晶过程的基本原理，重点介绍溶液结晶、熔融结晶原理和应用，并简介升华、沉淀和其他结晶过程。

10.6.1　晶体的特性和几何结构

晶体是物质的分子、原子或离子以三维有序规则排列的固态物质。晶体的物理性质和化学性质具有宏观均一性，纯度极高。晶习（Crystal Habit）是指在一定的环境中晶体的外部形态，它受晶体外部生长条件的影响很大。工业结晶中的晶体产品多为颗粒状，因此，晶体的粒度分布（Crystal Size Distribution，CSD）就成为衡量产品的一个重要质量指标。同颗粒群类似，晶体的粒度分布也可以通过筛分法测定。根据筛分结果，可以绘制晶体样品筛下累积质量（Cumulative Mass）或筛分质量密度（Mass Density）百分率与筛孔尺寸的关系曲线，并可进一步绘制累积粒子数密度与粒度的关系曲线，如图 10.6.1 所示。

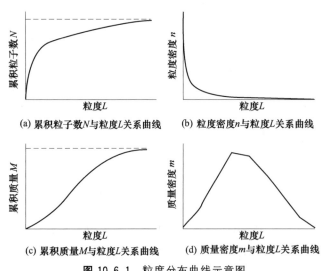

(a) 累积粒子数N与粒度L关系曲线

(b) 粒度密度n与粒度L关系曲线

(c) 累积质量M与粒度L关系曲线

(d) 质量密度m与粒度L关系曲线

图 10.6.1　粒度分布曲线示意图

晶体颗粒的粒度分布特性通常用"平均粒度"（Medium Size，M.S.）与"变异系数"（Coefficient of Variation，C.V.）来描述。"平均粒度"是指筛下累积质量比为定值（常取 50%）处的筛孔尺寸值。"变异系数"是一个统计值，与高斯分布的标准偏差 σ 相关，它的计算式为

$$C.V. = \frac{100(PD_{84\%} - PD_{16\%})}{2PD_{50\%}}$$

(10.6.1)

式中，$PD_{m\%}$ 为筛下累积质量分数为 $m\%$ 的筛孔尺寸。对于一

个晶体样品，M. S. 大，代表总的平均粒度大，C. V. 值愈大，表明其粒度分布的范围愈广；相反，C. V. 值愈小则表示晶体粒度分布愈集中，颗粒大小趋于均匀一致。需要结合 M. S. 和 C. V. 两个参数，才能描述一定量晶体产品的颗粒群特性。

10.6.2 结晶分离的基本原理

结晶过程主要由形成过饱和溶液（或过冷熔体）、晶体成核、晶体生长几个步骤组成。溶液的浓度超过平衡浓度（溶解度）时的溶液称为过饱和溶液；温度低于熔点的熔体称为过冷熔体。结晶过程的各个步骤可以一个接续一个，也可以彼此同时进行。过饱和度（或过冷度）是结晶过程的推动力，过饱和度的产生将导致晶体成核，晶体的成核和生长又将消耗体系的过饱和度。

(1) 溶解度

溶解度最常用的单位是 100g 的溶剂中溶解的无水溶质质量（g/100g 溶剂），也可以 mol% 或 mol/L（溶液）等为单位。溶解度是状态函数，随温度或压力而改变，图 10.6.2 所示为常压下某些无机物盐类在水中的溶解度随温度变化的曲线。不同物质的溶解度曲线有不同的特征：有的随温度升高而迅速增加，如 KNO_3、$AgNO_3$、$ZnCl_2$ 等；有的随温度升高以一定速率增加，如 KCl、KBr 等；有的随温度升高只有微小变化，如 NaCl、K_2SO_4 等；还有一些物质，如 Na_2SO_4、$Ce_2(SO_4)_3 \cdot 9H_2O$ 等溶解度随温度上升而下降。除温度外，溶液的 pH 值，可溶性杂质都会影响物质的溶解度。

物质的溶解度性质对于结晶工艺的选择有着决定性的意义。例如，溶解度随温度变化敏感的物质，适用变温结晶方法（如降温冷却结晶）分离；对于溶解度随温度增高而变化不明显的物质，就需要选用蒸发结晶，先将溶液浓缩，然后再分离。

(2) 过饱和溶液、超溶解度曲线及介稳区

当溶液中溶质浓度恰好等于其溶解度，即达到固液溶解相平衡状态时的溶液称为饱和溶液。溶液中溶质浓度超过其溶解度时称为过饱和溶液（Supersaturated Solution）。

将一个完全纯净的溶液在不受任何扰动（无搅拌、无震荡）及任何物理场（如无超声波、微波、电磁场等）作用下，缓慢冷却，就可以得到过饱和溶液。当这种过饱和状态超过一定限度后，澄清的过饱和溶液就会开始自发地析出晶核，这种不稳定状态区域为"不稳区"。溶液达到过饱和而欲自发地产生晶核的极限浓度曲线定义为超溶解度曲线。

一个特定物系只存在一条明确的溶解度曲线，是热力学性质的数据。但是，超溶解度曲线要受多种

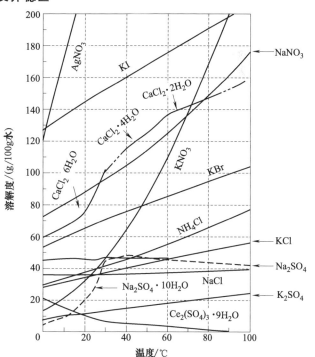

图 10.6.2 常压下某些无机盐类在水中的溶解度随温度变化的曲线

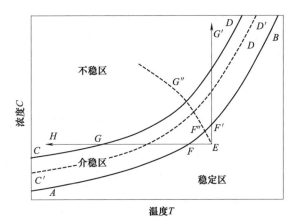

图 10.6.3　溶液的过饱和与超溶解度曲线

外界因素的影响，是一个受动力学参数影响的数据。例如，有无搅拌，搅拌强度大小；有无晶种，晶种大小与多少；变温冷却速率快慢，浓度变化快慢；有无外加物理场，场强大小等。溶解度平衡曲线与超溶解度曲线之间区域为结晶的"介稳区"（图 10.6.3）。在介稳区内溶液不会自发成核，通常结晶过程要控制在介稳区内进行，以保证结晶成核和生长过程可控。

图 10.6.3 中 AB 线段是溶解平衡曲线，超溶解度曲线应是一系列趋势大体一致的曲线族（如 $C'D'$、CD 等）。图中点 E 代表一个欲结晶物系的温度-浓度状态，可分别使用冷却法、真空绝热冷却法或蒸发法进行结晶，其温度-浓度的变化路径分别为 EFH、$EF''G''$ 及 $EF'G'$。

溶液的过饱和度有许多表示方法：过饱和浓度 ΔC，过饱和度比 S，相对饱和度 σ 等。这些表示法定义如下

① $\Delta C = C - C^*$；

② $S = C/C^*$；

③ $\sigma = \Delta C/C^* = (C - C^*)/C^* = S - 1$

式中　C^*——饱和浓度（任何一种浓度表示法）；

　　　　C——过饱和浓度（任何一种浓度表示法）。

各种过饱和度表示法的数值对所采用的单位非常敏感，尤其是对于水合物体系，它的数据变化很大，需注意单位换算。

(3) 结晶动力学

在饱和溶液中新生成的结晶颗粒称为晶核（Crystal Nucleus），关于晶核形成模式大体分为两类：①初级成核，即无晶体存在下的成核；②二次成核，即有晶体存在下的成核。在工业结晶过程中，通常控制二次成核，使其作为晶核的主要来源。初级成核的速率远大于二次成核速率，通常会大 $10^2 \sim 10^6$ 倍，且对过饱和度变化非常敏感而难以控制，一般用于超微粒子、纳米晶体的制备过程。

一般使用经验关联式来表达过饱和浓度 ΔC 与初级成核速率 B_p［单位时间下单位体积内的成核数目，$\#/(m^3 \cdot s)$］的关系

$$B_p = K_p \Delta C^a \tag{10.6.2}$$

式中　ΔC——过饱和度；

　　　　K_p——晶体成核速率常数；

　　　　a——成核指数。

K_p 和 a 的数值由具体系统的物理环境和动力学条件决定，是动力学参数。

二次成核机理比较复杂，一般认为起主导作用的是流体剪应力成核及接触成核。剪应力成核是指当饱和溶液以较大的流速经过正在生长的晶体表面时，在流体边界层存在的剪应力将附着在晶体上的粒子扫落，成为新的晶核。接触成核是指当晶体与其他固体接触时导致晶体表面破碎，掉落的碎粒成为新的晶核。结晶过程中，晶体与晶体之间、晶体与搅拌桨、壁

面之间的撞碰都可导致接触成核。

使用经验表达式来描述二次成核速率 B_s 如下

$$B_s = K_1 M_T^j N^l \Delta C'^b \tag{10.6.3}$$

式中　B_s——二次成核速率，$\sharp/(m^3 \cdot s)$；

　　　K_1——与温度相关的成核速率常数；

　　　M_T——悬浮密度，kg/m^3；

　　　N——系统搅拌强度量（转速或周边线速等），$1/s$ 或 m/s；

　　　$\Delta C'$——过饱和浓度，kg/m^3 或 mol/m^3。

指数 j、l 及 b 是受操作条件影响的因子，与初级成核相比较，二次成核所需的过饱和度较低，所以在二次成核为主时，初级成核速率可忽略不计。

一旦晶核在过饱和溶液中生成，溶质分子或离子会按照一定的规律，继续一层层规则排列上去，使晶核继续长大，成为晶体颗粒。晶体的生长分为溶质扩散和表面反应两个步骤。

第一步为溶质扩散，结晶的溶质通过扩散通过晶体表面附近的一个静止的液体边界层，到达晶体表面；第二步为表面反应，到达晶体表面的溶质嵌入特定的晶面，使晶体长大。这两个步骤中的任一步都可能是过程的控制步骤，实际在结晶过程中，结晶成核与成长是连续发生的。结晶成长速率 G 也是过饱和度函数，可用下面的经验方程式表示

$$G = K_s \Delta C'^g \tag{10.6.4}$$

式中　g——成长指数；

　　　K_s——成长动力学常数。

结晶成核与成长是相互关联的，并且受到结晶过程条件和诸多参数的影响。如图10.6.4所示，原料通过各种方式产生过饱和度后，在介稳区或不稳区中成核、生长，溶液的过饱和度被不断消耗。在结晶过程的不同阶段，晶体成核和生长之间互相竞争、又互相控制，例如，当发生爆发成核时，大量晶核的形成消耗了大量的过饱和度，就会限制晶体生长的速率，最终产品的平均粒度就会偏小。大量晶核在溶液中的悬浮状态也更为复杂，各种二次成核现象显著，已经长大的晶核也会被切削、碰碎，最终产品的粒度分布就会较宽，容易引起结晶的包藏，这会给后期的分离操作带来困难，导致产品纯度降低。

结晶的包藏是指在晶体产品内包含有固体、液体或气体杂质的现象。结晶成长过快是引起包藏的主要原因。含有杂质的母液往往不能彻底地脱除，而被包藏在晶体中，对于粒度较小的晶体，干燥等方法很难去除液体包藏。在晶体产品存贮时，一旦某些破碎的晶体中包藏液体会引起结块。为了避免固体杂质的包藏，在进行结晶时应尽量防止尘土或其他固体杂质进入，结晶时也要避免剧烈搅拌或沸腾导致空气在结晶中的包藏。

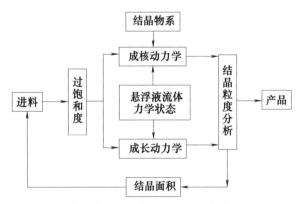

图 10.6.4　结晶成核与生长的关系

影响结块现象的因素很多。从晶体产品本身的性质来看，主要有粒度、粒度分布及晶习等因素：一般来说，均匀整齐的粒状晶体（即粒度分布集中，晶习均匀一致）的结块倾向小，即使发生了结块现象，由于接触点少，接触面积小，结块也易破碎。而对于粒度参差不

齐的粒状晶体，由于大晶粒之间的空隙通常填充有较小的结晶颗粒，系统整体表面能较高，单位体积中接触点也多，结块倾向也较大。例如，片状的、枝状的、不规则柱状晶体都易于结块。

10.6.3 溶液结晶

(1) 溶液结晶的基本类型

按照结晶过程中产生过饱和度方法的不同，溶液结晶主要可分为冷却结晶、蒸发结晶、真空绝热冷却结晶等。

冷却结晶是将溶液冷却降温达到过饱和而析出结晶，一般不去除溶剂。冷却的方法分为自然冷却、间壁换热冷却和直接接触冷却。最简单的自然冷却结晶是在没有搅拌的结晶釜中，加入热的结晶母液，静置几小时甚至几天，靠自然降温冷却结晶。此法所得晶体纯度低，粒度分布不均匀且很难控制，容易发生结块现象。设备所占空间较大，容时生产能力[单位体积设备在单位时间内的产品产量，kg 产品/(m³ 结晶器·h)] 较低。不过，这种结晶过程设备造价低，安装使用方便，在某些产品量不大，产品纯度及颗粒要求不高的情况下，可以应用。

蒸发结晶是依靠蒸发除去一部分溶剂，使溶液浓缩达到过饱和状态，进而结晶的技术。利用太阳能晒盐是一种最典型、最古老的蒸发结晶过程。由于需要通过蒸发沸腾脱除溶剂，蒸发结晶消耗的热能较多。此外，在加热面处，容易结晶产生垢层，会增加设备热阻，进而增加操作难度和导致处理时间延长。目前糖及盐类的工业生产多采用蒸发结晶，通常采用多个蒸发结晶器组成的多效蒸发，操作压力逐效降低，以便重复利用二次蒸汽的热能，提高能量利用率。

真空绝热冷却结晶是使溶剂在真空下蒸发而使溶液绝热冷却的结晶方法。真空绝热冷却结晶同时具有蒸发浓缩和降温冷却的特点，是通过这两种效应共同产生过饱和度。真空绝热冷却结晶的特点是主体设备结构相对简单，没有固相换热界面，不存在内表面结垢、结垢清理等问题，操作比较稳定。两级至三级的喷射制冷真空绝压与蒸发温度相平衡，可以得到15℃或更低的冷却温度。

(2) 溶液结晶过程操作与控制

溶液结晶过程可分为间歇操作和连续操作。连续操作具有许多优点，当结晶生产规模大到一定水平时也必须采用连续操作。间歇结晶通常操作成本比较高，操作及产品质量的稳定性较差，不同批次间的产品质量难以保证，通常必须依靠使用计算器辅助控制方能保证生产重复性。

但是，许多大规模结晶过程却至今仍采用分批间歇操作，这是因为结晶过程涉及复杂的传质、传热过程，晶体产品的分离还涉及过滤、洗涤、干燥等固液分离操作。相比于连续结晶，间歇结晶过程具有独特的优点，如设备相对简单，热交换器表面上结垢现象不严重等。对于某些结晶物系（如药物结晶、蛋白质结晶等），由于连续操作过程中体系不能达到近似平衡的结晶状态，得到的固液悬浮液会在运输管路、储罐中继续成核、生长，导致结晶产品的粒度分布等性质随着连续操作过程不断变化。为了避免这一现象，连续结晶中的晶浆悬浮液必需放入一个产品悬浮液的中间槽中等待它达到平衡态，以避免可能在结晶出口管道或其他部位继续结晶，结垢和阻塞管路的现象。连续结晶过程操作一段时间后常会发生自生晶种的情况，因而也必须经常中断操作，彻底洗涤，才能保证过程正常运行。而间歇结晶操作所产生的结晶悬浮液，可以达到热力学平衡态，比较稳定。对于这种情况，只有使用间歇操作才能生产出指定的纯度、粒度分布及晶形的合格产品。

在制药行业中常应用间歇结晶操作，一是由于生产规模相对于石油化工等大规模化工行业要小；二是便于利用各个生产批次的间歇时间对设备进行清理，防止批间污染，进而保证药品质量。当然，对于高产值、低批量的精细化工产品也适宜采用间歇结晶操作。

在间歇结晶过程中，不加晶种溶液的迅速冷却结晶，体系的过饱和状态必然穿过介稳区，自发成核，此时的成核速率很高且难以控制，并将释放大量的结晶潜热，冷却后又产生更多的晶核，整个过程的结晶成核及成长控制难度较大。因此，有时为了得到高纯度与粒度分布优良的结晶产品，需要通过加入少量经过筛选的晶种，并进行温度的程序控制，见图 10.6.5 和图 10.6.6。

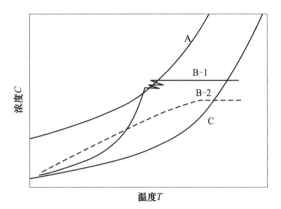

图 10.6.5　加晶种的冷却结晶
A—超溶解度曲线；B—溶液冷却曲线
（B-1—不加晶种，迅速冷却；
B-2—加晶种，缓慢冷却）；C—溶解度曲线

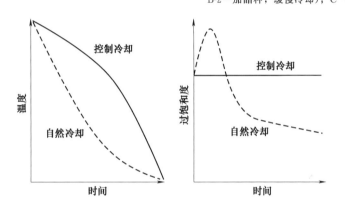

图 10.6.6　自然冷却结晶与控制冷却结晶

(3) 溶液结晶设备

对于溶液结晶，结晶器主要是三种类型，即釜式、强迫循环式与流化床式。目前应用较广的釜式结晶器有带搅拌的混合悬浮混合出料结晶器（Mixed Suspension Mixed Product Removal，MSMPR，图 10.6.7）与外循环式釜式结晶器（图 10.6.8）。冷却结晶过程所需的冷量可由夹套换热或通过外换热器传递实现，具体选用何种形式结晶器主要取决于换热量的需求。

外循环式的结晶器通过溶液的外循环操作强化结晶器内溶液的混合与传热过程，并通过提供更大的换热表面提高换热速率。操作方式可以是连接或间歇操作。使用外循环结晶器时，循环泵的选型非常重要，须选用合适的循环泵避免悬浮颗粒晶体的磨损、破碎，导致大量不可控的二次成核。一种典型的强制外循环型结晶器——Swenson 结晶器（图 10.6.9）由结晶室、循环泵组成，配备有蒸汽冷凝器。部分晶浆由结晶器底部的锥形口排出后，通过循环泵输送，经过循环管路重新返回结晶室，循环往复，实现连续结晶过程。这种结晶器亦可用于蒸发结晶、冷却结晶等多种结晶过程。

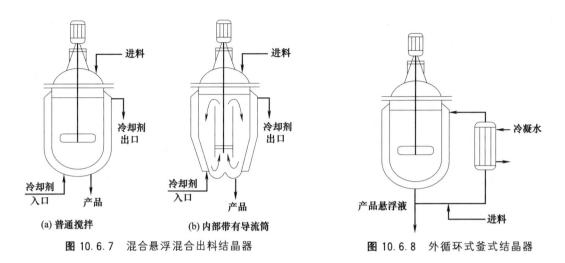

图 10.6.7 混合悬浮混合出料结晶器

(a) 普通搅拌   (b) 内部带有导流筒

图 10.6.8 外循环式釜式结晶器

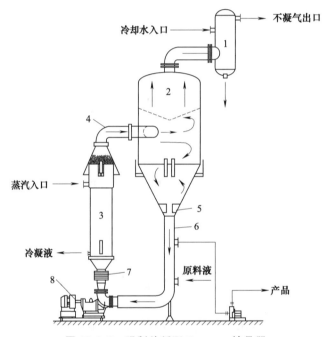

图 10.6.9 强制外循环 Swenson 结晶器

1—大气冷凝器；2—结晶器；3—换热器；4—返回管；5—漩涡破坏装置；
6—循环管；7—伸缩接头；8—循环泵

    Oslo 流化床型蒸发结晶器（图 10.6.10）在工业上曾得到较广泛的应用，晶体通过外循环装置不断在蒸发浓缩区和换热器管路中循环，产生的晶体在悬浮室中悬浮分层。其特点是过饱和度产生的区域与晶体生长区分开，晶体在悬浮室循环、悬浮，相对停留时间较长，结晶生长条件温和，有益于获得粒度较大而且分布均匀的晶体。Oslo 流化床型结晶器对循环泵性能的要求也很高，需要避免循环晶浆中的晶粒与循环泵高速旋转的叶轮碰撞而导致的二次成核，影响产品纯度和分离。

10.6.4 熔融结晶*

    熔融结晶（Melt Crystallization）是利用待分离物质之间的凝固点不同，通过物质熔融再结晶而实现物质固相与流动相结晶分离的过程。不同于溶液结晶，熔融结晶的操作温度是在结晶组分的熔点附近；熔融结晶的产品通常是液相或成整体固相晶体层，结晶过程中包括固液两相的结晶转化和分离；熔融结晶的目的通常不是得到颗粒状的晶体产品，而是为了分离与纯化某一物质，获得超纯物质，这也是熔融结晶特有的优势之一。溶液结晶和熔融结晶过程的主要不同点见表 10.6.1。

熔融结晶过程主要应用于有机物和部分低熔点无机物系的分离提纯。冶金、高分子材料领域的加工过程中的区域熔炼过程也属于熔融结晶。

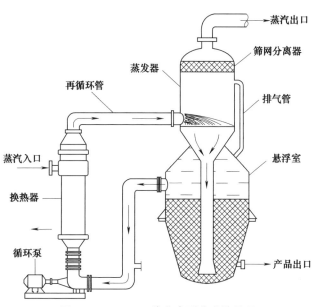

图 10.6.10　Oslo 流化床型蒸发结晶器

表 10.6.1　溶液结晶与熔融结晶过程比较

特征	溶液结晶	熔融结晶
目的	分离＋颗粒化	分离＋纯化
晶体产品纯度	低～中（一般＜99％～99.5％）	高（＞99.5％）杂值含量可小于 1ppm
结晶温度	由溶剂决定	由结晶物质熔点决定
结晶机理	结晶成核＋成长＋粒度分级	结晶成核＋成长＋纯化
决定过程速率的主要因素	结晶速率＋质量传递	热量传递＋质量传递
结晶器形式	釜式	釜式或塔式
操作方式	连续或间歇	连续或间歇

(1) 熔融结晶的基本操作模式

熔融结晶的基本操作模式包括层结晶、悬浮结晶和区域熔炼。

① 层结晶：在静止的或者熔融体滞留层上，通过冷却缓慢结晶沉析出结晶层，也称为定向结晶、逐步冻凝法。层结晶法根据熔融体的静止和流动状态还可分为静态法和降膜法（也称为液膜法）。

② 悬浮结晶：在有搅拌的结晶釜中从熔融体中快速降温结晶，析出晶体粒子，晶体粒子悬浮在熔融体之中生长，然后再经纯化（或融化）后得到晶体产品。

③ 区域熔炼：使待纯化的固体材料，按照一定方向顺序逐段、逐区域局部加热，使熔融区从一端到另一端通过固体材料，完成材料的纯化或结晶度提升。

在层结晶和悬浮结晶熔融结晶过程中，结晶区产生的粗晶体颗粒或粗晶体层，通常还因晶体的快速成核、生长包藏有杂质，纯度不够高，还需通过专门的净化装置或结晶器中的纯化区来分离排出多余的杂质而达到结晶净化提纯，根据杂质存在机理，可使用的分离纯化技术如表 10.6.2 所示。其中发汗纯化是对降温冷却得到的粗晶体层进行升温热处理，利用包藏的杂质与纯晶体在熔融速度和毛细孔道中表面张力等的差异，将包藏的杂质通过熔体形式分离，实现粗晶体层的再纯化。层结晶过程中广泛使用发汗这一纯化技术（图 10.6.11）。

表 10.6.2　净化的机理与方式

杂质存在机理	杂质存在位置	杂质的移除技术
母液的沾附	结晶表面粒子之间	洗涤、离心
宏观的夹杂	结晶表面和内部包藏	挤压＋洗涤
微观的夹杂	内部的包藏	发汗＋再结晶
固体溶解度	晶格点阵	发汗＋再结晶

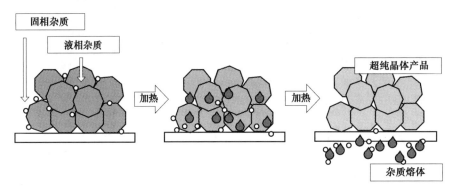

图 10.6.11　发汗过程示意图

(2) 熔融结晶设备

熔融结晶过程多为塔式设备,在结晶塔内用晶体和液体的逆流进行结晶提纯,比传统的结晶或蒸馏可产生较高的产品纯度。主要形式分为中央加料塔式、末端加料塔式、组合塔式、降膜结晶器等。

10.6.5　其他结晶过程*

(1) 沉淀结晶

沉淀结晶包括反应结晶和盐析结晶。反应结晶过程通过气体或液体与液体之间的化学反应,生成溶解度很小的产物,再在溶液中实现结晶分离。盐析结晶是通过向溶液中加入某种物质来降低溶质在所得到的混合溶剂中的溶解度,进而获得过饱和度。制药工业中常采用反应结晶制备固体药物产品。例如,青霉素 G 钾盐与 N,N'-二苄基乙二胺二醋酸溶液通过反应结晶生产苄星青霉素,头孢呋辛酸与碱性钠盐反应结晶制备头孢呋辛钠盐等。

在沉淀结晶过程中微小晶粒会聚并成晶簇,同时,还会发生"老化"(或称熟化)而改变晶体粒度分布。所谓"老化",即分散在饱和溶液中的固体小颗粒可能再溶解,溶质又会沉积在大的颗粒上,最终,小晶粒消失,大晶粒愈长愈大。产生这种现象的原因是系统中固相倾向于保持表面自由能最小的状态。

最简单的反应沉淀是将两个反应试剂快速混合而生成沉淀。工业上进行规模化沉淀过程时,主要的困难是如何保证反应容器中混合程度的均一,这就要严格控制两种试剂的浓度、流量配比、反应釜的混合方式等因素。因为过饱和度、pH 值、不同试剂浓度的不均一,甚至两个试剂先后加入顺序都会影响最终沉淀形态与组成。

在工业上,运用气体或液体之间的化学反应,沉淀出固体产品的例子也很多。特别是对于回收有市场价值的工业废气时可用此方法。例如,为了从焦炭炉废气中回收 NH_3,可以采用 NH_3 与 H_2SO_4 反应结晶生成 $(NH_4)_2SO_4$。在生物化学领域如制药、食品添加剂等生产中也广泛应用反应结晶制取产品。

目前一般反应沉淀产生的固体粒子很小,要想取得易于与母液分离,能够有效沉降的颗粒，需要固体粒子的尺寸足够大，这就必须将反应试剂高度稀释，控制初期沉淀结晶成核的数量，同时，还要保证沉淀时间要充分的长，固体粒子能够充分长大。所以，在沉淀过程中大多采用间歇操作或间歇半连续操作。由于操作的关键在于要达到反应试剂在一定物理环境下的快速混合，因此，沉淀结晶对于结晶器的混合能力，高效搅拌能力要求较高。

盐析结晶是通过向溶液中添加某种物质，较大程度地降低溶质在原溶剂中的溶解度进而产生过饱和度导致结晶。所加入的物质（可以是固体、也可以是液体或气体）称为盐析剂、溶析剂或沉淀剂。在制药工业中水析结晶也属于这一类结晶过程，只要控制加水量，就可从与水共溶的有机溶剂中分离出其中某种溶质。$NaCl$ 作为一种常用的盐析剂，在联合法生产纯碱和 NH_4Cl 中，向低温的饱和 NH_4Cl 母液中加入 $NaCl$，利用共同离子效应，大幅减低母液中 NH_4Cl 的溶解度，尽可能多地析出结晶。

盐析结晶的优点包括：将变温获得过饱和度转变为加入除溶质和溶剂外的第三组分获得过饱和度，因此，可将结晶过程温度保持在较低水平，这对于热敏性物质提取过程尤为重要；选择适当盐析剂，可以在获得晶体产品的同时，溶去不需要的残留杂质，进一步提高产品的纯度。基于这两个优点，盐析结晶在药物结晶中取得了较广泛的应用，通常采用液体溶剂作为溶析剂。盐析结晶的缺点有：为了回收有价值的盐析剂和溶剂，往往对后序分离回收操作较繁琐，需结合萃取、吸收等过程。

（2）升华结晶

升华是一个物质从固态汽化成为汽态而中间不形成液态的现象，反升华是蒸气直接凝结为结晶固体，升华结晶包括这两个过程，常简称为升华。升华常应用于把一个挥发组分从含其他不挥发组分的混合物中分离出来，如碘、蒽、樟脑、萘、水杨酸、对苯二酸、六氟化铀等。此外，在生物化工与食品领域，利用水的升华作用的冻干法处理产品是一个非常重要操作。

升华结晶适用的情况有：①材料不稳定或对温度和氧化作用敏感；②待回收的物质有高的熔点，而且如果在高温下加工，会出现诸如设备腐蚀等问题；③为了产品的某一种晶型、粒度或晶习，需要从蒸气直接固化产生晶体；④待回收的产品是不挥发且为热敏物系，同时，是要与一个挥发性物质分离；⑤挥发性物质同高浓度的不挥发物质混合分离；⑥要分离挥发性物质的混合物。

（3）特殊结晶过程

① 冰析结晶　特点在于使用冷却方法移走溶液的热量使溶剂结晶而不是溶质结晶。一般的方法是从浓缩的溶液中冷却分离结晶，用纯溶剂洗涤结晶后，再将结晶溶剂熔化，得到纯度较高的溶剂。目前，这一过程已用于水处理、食品工程等领域，如海水脱盐、水果汁浓缩以及咖啡的萃取等。

② 萃取结晶　特点是向二元体系中加入第三组分来改变原有的固-液相平衡曲线，然后通过再结晶的方法达到原有两组分的分离目标。

③ 加压结晶　是靠加大压力改变相平衡曲线进行结晶的方法。喷射（加压）结晶类似于喷雾干燥过程，是将浓溶液的溶质或者是熔融体固化的一种方式。严格地说，喷射固化的固体具有一定的洁净度，但并不一定能形成很好的晶体结构，而其固体形状很大程度上取决于喷口的形状、操作压力和溶液组成等因素。高聚物熔融纺丝牵伸过程也形成部分结晶结构，也属于这种类型。

同时，常通过多种结晶方法或结晶与其他分离方法耦合，以达到更好的分离效果：例如，采用反应-溶析-冷却结晶耦合技术制备头孢呋辛钠药物；NH_4Cl 采用蒸发-冷却耦合结晶；冷却溶析-反应-萃取耦合结晶法生产氯化钾；将膜蒸馏技术和溶液结晶过程耦合，开发出的膜结晶方法，用于处理反渗透后得到的高浓度卤水等。此外，还有采用超声、磁场等物理场促进成核、控制特定晶型的晶体产品生长。

习　题

10-1　什么是膜、非对称膜和复合膜？

10-2　推动力为静压差 Δp 的膜分离过程都有哪几种？并简述其异同点。

10-3　简述膜分离过程中产生浓度极化的原因？浓度极化对反渗透过程产生哪些影响？如何降低该影响？

10-4　如何减少膜污染？清洗膜有哪几种方法？

10-5　渗透蒸发是否可以优先透过难挥发组分？用分离机理进行分析，并举例说明。

10-6　吸附过程主要分为哪几类？各有什么优缺点？

10-7　常见的离子交换分离设备有哪几类？离子交换分离技术主要应用在哪些领域？

10-8　影响离子交换平衡常数 $K_{\rm B}^{\rm A}$ 的因素有哪些？

10-9　色谱分离技术的原理？有哪些优点？

10-10　结晶的基本分类？溶液结晶产生过饱和度的方法有哪几种？

10-11　超溶解度曲线和溶解度曲线的关系？分别受何因素影响？什么是溶液的稳定区、介稳区、不稳区？

10-12　晶体成核有哪几种方式？晶体的生长有哪几种基本模型？

10-13　选择结晶设备和结晶操作条件时要考虑哪些因素？

本章符号说明

符号	意义与单位	符号	意义与单位
A	膜面积，$\mathrm{m^2}$ 或 $\mathrm{cm^2}$；反渗透膜的水渗透系数，$\mathrm{kg/(m^2 \cdot Pa \cdot s)}$	K	总传质系数，$\mathrm{m/s}$
$A_{\rm m}$	流动相的平均截面积，$\mathrm{m^2}$ 或 $\mathrm{cm^2}$	K_1、K_2	膜两侧边界层中的传质系数，$\mathrm{m/s}$
$A_{\rm s}$	固定相的平均截面积，$\mathrm{m^2}$ 或 $\mathrm{cm^2}$	$K_{\rm B}^{\rm A}$	化学平衡常数（A 置换 B 的选择性系数）
B	膜的溶质渗透系数或透盐系数，$\mathrm{cm/s}$	$K_{\rm D}$	组分在色谱中的分配系数或平衡常数
$B_{\rm p}$	初级成核速率，$\#/(\mathrm{m^3 \cdot s})$	$K_{\rm p}$、$K_{\rm l}$	晶体成核速率常数
$B_{\rm s}$	二次成核速率，$\#/(\mathrm{m^3 \cdot s})$	$K_{\rm m}$	膜中的传质系数，$\mathrm{m/s}$
$c_{\rm S}$	固定相中溶质的浓度，$\mathrm{kg/m^3}$、$\mathrm{mol/L}$ 等	$K_{\rm s}$	溶质在膜和溶液两相中的质量浓度比；晶体成长动力学常数
$c_{\rm L}$	流动相中溶质的浓度，$\mathrm{kg/m^3}$、$\mathrm{mol/L}$ 等	L	色谱柱长度，m 或 cm
d_i	膜孔径，m	$M_{\rm T}$	悬浮密度，$\mathrm{kg/m^3}$
D	气体的扩散系数，$\mathrm{m^2/s}$	N	系统搅拌强度量，$\mathrm{m/s}$
$D_{\rm s}$	溶质在膜中的扩散系数，$\mathrm{m^2/s}$	n_i	面积为 A 的膜上，孔径为 d_i 的孔的个数
$D_{\rm w}$	水在膜中的扩散系数，$\mathrm{m^2/s}$	P	膜的渗透率，$\mathrm{m^3 \cdot m/(m^2 \cdot s \cdot Pa)}$
$F_{\rm s}$	透盐率，$\mathrm{kg/(m^2 \cdot s)}$	R	气体常数，$\mathrm{m^3 \cdot Pa/(mol \cdot K)}$
$F_{\rm w}$	反渗透膜的透水率，$\mathrm{kg/(m^2 \cdot s)}$	S	Henry 系数，$\mathrm{Pa^{-1}}$；过饱和度比
J	渗透系数，$\mathrm{m^3/(m^2 \cdot s \cdot Pa)}$	q	气体透过膜的体积流量，标准状态下 $\mathrm{m^3/s}$；传质速率，$\mathrm{kg/s}$
L	膜的厚度，m		

符号	意义与单位	符号	意义与单位
Q/A	单位膜面积透过的体积流量，$m^3/(m^2 \cdot s)$	Δp 希腊字母	膜两侧的压力差，Pa
R_f	阻滞因数	$\Delta \pi$	膜两侧溶液的渗透压差，Pa
V_e	洗脱容积，m^3	α	膜的气体分离系数
V_m	色谱柱中流动相体积，m^3	α_{RnA}, α_{RB}	离子 A、B 在树脂内的相应活度
V_s	色谱柱中固定相体积，m^3	α_A, α_B	溶液中离子 A、B 的活度
V_w	水的偏摩尔体积，m^3/mol	β_{pv}	渗透蒸发过程的分离系数
Δc	膜两侧溶液的质量浓度差，g/m^3	δ	膜的有效厚度或活化孔长度，cm 或 m
ΔC	过饱和浓度，kg/m^3、mol/L 等	η	透过液的黏度，$Pa \cdot s$
Δc_{lm}	膜两侧的对数平均质量浓度差，kg/m^3	ρ_w	水在膜中的质量浓度，kg/m^3
		σ	相对饱和度

习题参考答案
《化工原理》（下册）

第 6 章

[6-1] 205.5℃，0.155

[6-2] $x_A=0.095$，$t=106.5℃$

[6-3] $y_A=0.884$

[6-4] $\bar{x}=0.763$；$x_W=0.530$

[6-5] $x_D=0.781$；$x_W=0.539$

[6-6] 52.4kmol/h，47.6kmol/h，0.7，0.5

[6-7] 14.08kmol/h，19.92kmol/h

[6-8] 49.1kmol/h，107.9kmol/h，0.0042

[6-9] 3.83

[6-10] 1842kg/h，199430.5kg/h，368kg/h，1989kg/h，199430.5kg/h

[6-11] $x_{n-1}=0.515$，$y_{n+1}=0.6678$，$y_n=0.7726$

[6-12] (1) 0.98，0.221；(2) $y=0.8x+0.19$，$y=1.534x-0.0112$；(3) 1.42

[6-13] (1) $R=3$，$x_D=0.96$，$q_{nD}=35kmol/h$，$x_W=0.05$；(2) 1477.8kW

[6-14] (1) $y=0.8x+0.14$，$y=1.3x-0.01$；(2) 0.75

[6-15] 14（含釜），7

[6-16] 12，10，16

[6-17] $R_{min}=1.32$，$N_{min}=8$（含釜）

[6-18] $R_{min}=2.68$，$x_e=0.3577$，$y_e=0.527$

[6-19] 10.7，4.77

[6-20] (1) 7，6；(2) 1.83；(3) 0.033

[6-21] (1) $x_D=0.974$；(2) 1.4

[6-22] $E_{mV}=59\%$，$E_{mL}=70\%$

[6-23] (1) 0.02；(2) 0.966

[6-24] (1) 53%；(2) x_D下降；x_W下降；(3) 增加 R

[6-25] x_D升高，x_W升高

[6-26] 略

[6-27] x_D降低，x_W升高

[6-28] (1) 0.95，0.05；(2) 500kmol/h，300kmol/h；(3) 1.8；(4) 0.91；(5) 略

[6-29] 略

[6-30] 略

[6-31] 35.8kmol/h，0.759

[6-32] 4.29

[6-33] 97.7℃，0.666，0.272，0.0625

[6-34] $D=32.653kmol/h$，$W=67.34kmol/h$；$x_{DA}=0.99$，$x_{DB}=0.01$、$x_{DC}=0$；$x_{WA}=0.01$，$x_{WB}=0.5$，$x_{WC}=0.49$

[6-35] $x_{DA}=0.6214$，$x_{DB}=0.3686$，$x_{DC}=0.01$；$x_{WA}=0.02174$，$x_{WB}=0.02964$，$x_{WC}=0.9456$

[6-36] (1) 0.62；(2) 13

[6-37] 1.04m/s

[6-38]　0.10，0.104m 液柱，0.28m，11.9s

<h1 style="text-align:center">第 7 章</h1>

[7-1]　$H=5.53$kPa・m^3/kmol，$E=296$kPa，$m=2.919$

[7-2]　（1）吸收；（2）解吸；（3）吸收；（4）吸收

[7-3]　$x=5.42\times10^{-6}$，9.316×10^{-6}；$x=3.00\times10^{-6}$，5.333×10^{-6}

[7-4]　$\Delta y_1=0.0118$，$\Delta y_2=0.002$；$\Delta x_1=3.09\times10^{-4}$，$\Delta x_2=4.18\times10^{-5}$；$\Delta p_1=1.1953$kPa，$\Delta p_2=0.2026$kPa；$\Delta c_1=0.1716$kmol/$m^3$，$\Delta c_2=0.00232$kmol/$m^3$

[7-5]　6.13×10^{-3}kgCO$_2$/kg 水；3.91×10^{-3}kgCO$_2$/kg 水

[7-6]　N_A（等分子）$=2.44\times10^{-6}$kmol/(m^2・s)；N_A（单向）$=3.18\times10^{-6}$kmol/(m^2・s)

[7-7]　$D=1.17\times10^{-5}$ m^2/s

[7-8]　（1）$1/k_y=0.5\times10^5$ m^2・s/kmol，$m/k_x=2.0\times10^5$ m^2・s/kmol；$1/K_y=2.5\times10^5$ m^2・s/kmol；$1/5$，$4/5$；$N_A=1.6\times10^{-7}$kmol/(m^2・s)。（2）$1/k_y=0.5\times10^5$ m^2・s/kmol，$m/k_x=1.0\times10^5$ m^2・s/kmol；$1/K_y=1.5\times10^5$ m^2・s/kmol；$1/3$，$2/3$；$N_A=6.0\times10^{-7}$kmol/(m^2・s)

[7-9]　（1）$K_G=1.2\times10^{-5}$kmol/(m^2・s・kPa)，$K_L=1.8\times10^{-5}$m/s；（2）0.4

[7-10]　（1）$y_2=0.01$；（2）x_1增大，$x_{2max}=0.02$

[7-11]　（1）$q_{nL}=73.29$kmol/h；（2）$D=1$m，$x_1=0.049$

[7-12]　（1）$h=4.61$m；（2）$x_1=0.0201$；（3）$\Delta y_m=0.0072$

[7-13]　（1）$\dfrac{(q_{nL}/q_{nG})_{操作}}{(q_{nL}/q_{nG})_{min}}=1.2$；（2）$N_{OG}=9.73$

[7-14]　（1）$h_B/h_A=1.2$；（2）$h_B/h_A=1.42$

[7-15]　（1）$N_{OG}=6.99$；（2）$N_{OG}=19$；（3）$N_{OG}=10.22$；（4）$\varphi=83.4\%$

[7-16]　（1）$N_{OG}=8.83$，$H_{OG}=0.793$；（2）$K_ya=189.63$kmol/(m^3・h)$=0.0527$kmol/(m^3・s)；（3）达不到

[7-17]　（1）$q_{nL}=247$kmol/h，$h=4.05$m；（2）4.75kmol/h；（3）4.9kmol/h

[7-18]　（1）$h=6.9$m；（2）$\varphi=95\%$

[7-19]　（1）减少 1.81m；（2）减少 0.63m；（3）增加 6.17m

[7-20]　$\Delta h=2.91$m

[7-21]　（1）$(q_{nL}/q_{nG})_{min}=1.263$；（2）略；（3）略

[7-22]　（1）$(q_{nL}/q_{nG})_{min}=25.4$；（2）$N_T=9.2$；（3）$\varphi=99.4\%$

[7-23]　$N_T=3.42$

[7-24]　略

[7-25]　$N_{OG}=11.89$

[7-26]　（1）$x_1=0.01$，$h=4.03$m；（2）$\varphi=64.8\%$，$x_1'=0.0115$；（3）略

[7-27]　（1）$x_1=0.095$，$\varphi=90\%$；（2）$N_{OG}'=6.93$；（3）$h'=44.26$m

[7-28]　（1）$(q_{nL}/q_{nG})_{min}=\varphi$；（2）$h_o=\dfrac{0.5\varphi}{\varphi-0.667}\ln\dfrac{0.333}{1-\varphi}$

[7-29]　$h_{高}=4.25$m；$h_{低}=3.91$m

[7-30]　（1）$q_{nL}/q_{nG}=124.22$，$x_2=0.008$，$\varphi=69.8\%$；（2）$y_1'=0.643$；$H_{OL}=0.543$

[7-31]　（1）$\varphi=90.9\%$；（2）$\varphi=86\%$；（3）$\varphi=74.83\%$

[7-32]　$\varphi_A=0.134$，$\varphi_B=0.635$，$\varphi_C=0.984$，$\varphi_D=0.9999$，$y_{2A}=0.9615$，$y_{2B}=0.003769$，$y_{2C}=0.00082$，$y_{2D}=6.893\times10^{-7}$；$x_{1A}=0.0273$，$x_{1B}=0.01202$，$x_{1C}=0.009316$，$x_{1D}=0.0473$

<h1 style="text-align:center">第 8 章</h1>

[8-1]　（1）分层；可以增加原料 F 的量使混合点 M 进入单相区，使其不分层，加入 F 量为 240kg；（2）

0.27, 0.1, 0.63

[8-2] (1) 略；(2) M (0.25　0.25　0.5)；E (0.28　0.01　0.28)；R (0.20　0.74　0.06)；(3) 分
配系数 $k_A=1.4$；$k_B=0.0135$；$\beta=k_A/k_B=103.7$；(4) 254kg 醋酸

[8-3] 21.1kg，0.774

[8-4] (1) 43kg；(2) 65.1kg；77.9kg；(3) 21.5kg；$x_A=0.92$，$x_B=0.08$

[8-5] (1) $m_E=305.6$kg；$m_R=694.4$kg；E (0.22，0.1，0.68)；R (0.12，0.85，0.03)；(2) 5555kg；
0.015，(3) 45kg；0.32

[8-6] (1) 略；(2) 17.1kg；0.43；(3) E (0.16；011；0.73)；M (0.13；032；0.54)；(4) 76.4kg

[8-7] (1) 0.05；(2) 0.03

[8-8] $N=7$

[8-9] 理论级数 $N=3$

[8-10] (1) 301kg/h；(2) $N=3$

第 9 章

[9-1] (1) 0.019kg 水/kg 干空气；(2) 0.0272kg 水/kg 干空气；(3) 0.706；(4) 1.046kJ/(kg 干空气·℃)；
(5) 78.7kJ/kg 干空气；(6) 0.884m³/kg 干空气；(7) 23.9℃；(8) 25.1℃

[9-2] 水蒸气分压 1.9128kPa，湿度增加 0.0125kg 水/kg 干空气

[9-6] 自由水含量 1.07kg 水/kg 干物料；平衡水含量 0.43kg 水/kg 干物料

[9-7] 干燥时间 1.3h

[9-8] (1) 0.022kg 水/kg 干空气，30％；(2) 51500kJ；(3) 11kg

[9-9] (1) 0.033kg 水/kg 干空气；(2) 19kg/h；(3) 981kg/h；(4) 1463kg 干空气/h

[9-10] (1) 63160kg/h，1153kW；(2) 78950kg/h，1441kW

[9-11] (1) 9080kg/h；(2) 17140kg/h；(3) 340kW

[9-12] 5.7kg，2.3kg，0.9kg，7.1kg

[9-13] (1) 11765kg 干空气/h，253kW，67％；(2) 5714kg 干空气/h，196kW，73％

参 考 文 献

[1] 贾绍义，柴成敬. 化工传质与分离过程. 第 2 版. 北京：化学工业出版社，2010.

[2] 大连理工大学. 化工原理（下册）. 第 3 版. 北京：高等教育出版社，2015.

[3] 李鑫钢等. 蒸馏过程节能与强化技术. 北京：化学工业出版社，2012.

[4] 谭天恩，窦梅等. 化工原理（下册）. 第 4 版. 北京：化学工业出版社，2013.

[5] 天津大学化工原理教研室编. 化工原理. 天津：天津科技出版社，1983.

[6] 潘艳秋，贺高红. 化工原理（下册）. 第 3 版. 北京：高等教育出版社，2015.

[7] 杨祖荣. 化工原理. 第 3 版. 北京：化学工业出版社，2014.

[8] 陈敏恒，潘鹤林，齐鸣斋. 化工原理（少学时）. 第 2 版. 上海：华东理工大学出版社，2013.

[9] 钟理，武钦，曾朝霞. 化工原理（下册）. 北京：化学工业出版社，2008.

[10] Kim J K，Jung J Y，Kang Y T. Absorption Performance enhancement by nanoparticles and chemical surfactants in binary nanofluids. International Journal of Refrigeration，2007（30）：50-57.

[11] 谷德银，刘有智，祁贵生，师小杰. 新型旋转填料床强化气膜控制传质过程. 化工进展，2014，33（9）：2315-2320.

[12] Warren L Mccabe，Julian C Smith，Peter Harriott. Unit Operations of Chemical Engineering. Seventh Edition. New York：McGraw-Hill，2005.

[13] 王瑶，张晓东. 化工单元过程及设备课程设计. 北京：化学工业出版社，2013.

[14] 中国石化集团上海工程有限公司. 化工工艺设计手册（上册）. 第 4 版. 北京：化学工业出版社，2009.

[15] 唐文光，周海明. 竖管降膜吸收反应器结构设计分析. 川化，2010（3）：8-10.

[16] 王洁欣，潘美园，邵磊，周月，陈建峰. 利用膜分散式微通道反应器选择性吸收含 CO_2 混合气体中 H_2S 的方法. CN 103463958，2015.

[17] Coulson J M，Richardson J F. Chemical Engineering. Sixth ed. 大连：大连理工大学出版社，2008.

[18] 大连理工大学化工原理教研室. 化工原理（下册）. 第 2 版. 大连：大连理工大学出版社，1992.

[19] 陈敏恒，丛德滋，方图南，齐鸣斋，潘鹤林. 化工原理（下册）. 第 4 版. 北京：化学工业出版社，2015.

[20] 李凤华，于士君. 化工原理（上册）. 大连：大连理工大学出版社，2004.

[21] 王维周. 化学工程基础. 杭州：浙江科学技术出版社，2005.

[22] 叶世超等. 化工原理（下册）. 北京：科学出版社，2002.

[23] 蒋维钧，余立新. 化工原理. 北京：清华大学出版社，2005.

[24] 胡小玲，管萍. 化学分离原理与技术. 北京：化学工业出版社，2006.

[25] 刘家祺. 分离工程与技术. 天津：天津大学出版社，2001.

[26] 丁明玉. 现代分离方法与技术. 第 2 版. 北京：化学工业出版社，2012.

[27] Sole K C，Feather A M，Cole P M. Solvent extraction in southern Africa：An update of some recenthydrometallurgical developments. Hydrometallurgy，2005，78（1&2）：52-78.

[28] Ou Yang X K，Jin M C，He C H. Preparative separation of four major alkaloids from medicinal plant of Tripterygium wilfordii Hook F using high-speed counter-current chromatography. Separation and Purification Technology，2007，56（3）：319-324.

[29] 沈剑. 萃取过程强化的基础研究及在雷公藤甲素分离中的应用. ［学位论文］. 杭州：浙江大学，2011：1-10.

[30] 戴猷元，张瑾. "场""流" 分析与分离过程强化. 膜科学与技术，2011，31（3）：47-52.

[31] 都健，阎红. 化学工程师手册. 北京：机械工业出版社，2000.

[32] 潘永康. 现代干燥技术. 第 2 版. 北京：化学工业出版社，2007.

[33] 金国森. 干燥设备设计. 上海：上海科学技术出版社，1986.

［34］ 大连理工大学. 化工原理. 北京：高等教育出版社，2002.

［35］ Keey R B. Introduction to Industrial Drying Operations. Oxford：Pergamon Press，1978.

［36］ Keey R B. Drying—Principles and Practice. Oxford：Pergamon Press，1972.

［37］ 贺高红. 膜分离过程//袁一. 化学工程师手册. 北京：机械工业出版社，2000.

［38］ 贾志谦. 膜科学与技术基础. 北京：化学工业出版社，2012.

［39］ 张宏伟，王捷. 膜法水处理实验. 北京：中国纺织出版社，2015.

［40］ 王学松，郑领英. 膜技术. 第2版. 北京：化学工业出版社，2013.

［41］ 肖长发，刘振. 膜分离材料应用基础. 北京：化学工业出版社，2013.

［42］ 杨座国. 膜科学技术过程与原理. 上海：华东理工大学出版社，2009.

［43］ 王金渠. 吸附与离子交换//袁一. 化学工程师手册. 北京：机械工业出版社，2000.

［44］ 大连理工大学. 化工原理. 第2版. 大连：大连理工大学出版社，2009.

［45］ ［苏］哈姆斯基. 化学工业中的结晶. 古涛，叶铁林译. 北京：化学工业出版社，1984.

［46］ 丁绪淮，谈道. 工业结晶. 北京：化学工业出版社，1985.

［47］ 王静康. 第10篇结晶//时钧，汪家鼎，余国琮，陈敏恒. 化学工程手册（上卷）. 第2版. 北京：化学工业出版社，1996.

［48］ J W Mullin. Crystallization. 4th. Oxford：Butterworth-Heinemann，2001.

［49］ Allan S Myerson. Handbook of Industrial Crystallization. 2ed. Elsevier，2002.